中国科学技术大学精品教材

"十二五"国家重点图书出版规划项目

中国科学技术大学
交叉学科基础物理教程

主 编 侯建国   副主编 程福臻

热 学

朱晓东 编著

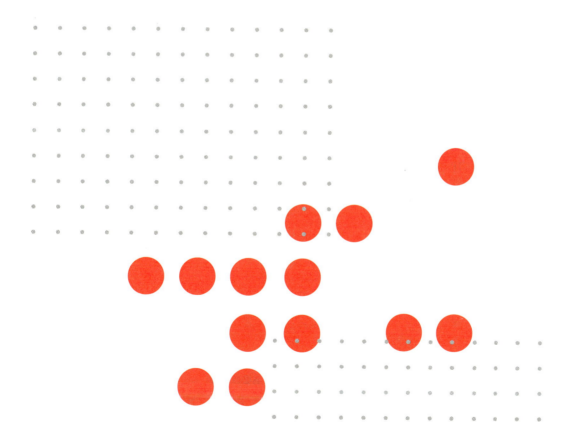

中国科学技术大学出版社

内 容 简 介

本书作者在中国科学技术大学长期讲授本科生的热学基础课,具有丰富的教学经验。在参阅多部国内外优秀教材和多年教学积累的基础上,作者试图编写一本适应交叉学科人才培养的需求、具有时代气息的热学教材。内容以温度为主线,热与温度相呼应、微观和宏观相配合,力图给读者以清晰完整的物理图像。书中重视热学理论与实践的联系,重视学科的新发展和新成就。书后亦附有大量的习题,供读者有针对性地选择练习,以加深对课程内容的理解,培养利用所学理论、知识解决实际问题的能力。

本书可作为综合性大学和理工类院校普通物理热学教科书或主要参考书,亦可供大专院校相关专业及科技工作者参考。

图书在版编目(CIP)数据

热学/朱晓东编著. —合肥:中国科学技术大学出版社,2014.5(2017.8 重印)
(中国科学技术大学交叉学科基础物理教程)
中国科学技术大学精品教材
"十二五"国家重点图书出版规划项目
ISBN 978-7-312-03183-0

Ⅰ.热… Ⅱ.朱… Ⅲ.热学—高等学校—教材 Ⅳ.O551

中国版本图书馆 CIP 数据核字(2013)第 023169 号

中国科学技术大学出版社出版发行
安徽省合肥市金寨路 96 号,230026
http://press.ustc.edu.cn
合肥市宏基印刷有限公司印刷
全国新华书店经销

开本:880 mm×1230 mm 1/16 印张:21 字数:465 千
2014 年 5 月第 1 版 2017 年 8 月第 2 次印刷
定价:68.00 元

序

物理学从17世纪牛顿创立经典力学开始兴起,最初被称为自然哲学,探索的是物质世界普遍而基本的规律,是自然科学的一门基础学科。19世纪末20世纪初,麦克斯韦创立电磁理论,爱因斯坦创立相对论,普朗克、波尔、海森堡等人创立量子力学,物理学取得了一系列重大进展,在推动其他自然学科发展的同时,也极大地提升了人类利用自然的能力。今天,物理学作为自然科学的基础学科之一,仍然在众多科学与工程领域的突破中、在交叉学科的前沿研究中发挥着重要的作用。

大学的物理课程不仅仅是物理知识的学习与掌握,更是提升学生科学素养的一种基础训练,有助于培养学生的逻辑思维和分析与解决问题的能力,而且这种思维和能力的训练,对学生一生的影响也是潜移默化的。中国科学技术大学始终坚持"基础宽厚实,专业精新活"的教育传统和培养特色,一直以来都把物理和数学作为最重要的通识课程。非物理专业的本科生在一二年级也要学习基础物理课程,注重在这种数理训练过程中培养学生的逻辑思维、批判意识与科学精神,这也是我校通识教育的主要内容。

结合我校的教育教学改革实践,我们组织编写了这套"中国科学技术大学交叉学科基础物理教程"丛书,将其定位为非物理专业的本科生物理教学用书,力求基本理论严谨、语言生动浅显,使老师好教、学生好学。丛书的特点有:从学生见到的问题入手,引导出科学的思维和实验,再获得基本的规律，重在启发学生的兴趣；注意各块知识的纵向贯通和各门课程的横向联系，避免重复和遗漏，同时与前沿研究相结合，显示学科的发展和开放性；注重培养学生提出新问题、建立模型、解决问题、作合理近似的能力；尽量作好数学与物理的配合，物理上必需的数学内容而数学书上难以安排的部分，则在物理书中予以考虑安排等。

  这套丛书的编者队伍汇集了中国科学技术大学一批老、中、青骨干教师，其中既有经验丰富的国家教学名师，也有年富力强的教学骨干，还有活跃在教学一线的青年教师，他们把自己对物理教学的热爱、感悟和心得都融入教材的字里行间。这套丛书从2010年9月立项启动，期间经过编委会多次研讨、广泛征求意见和反复修改完善。在丛书陆续出版之际，我谨向所有参与教材研讨和编写的同志，向所有关心和支持教材编写工作的朋友表示衷心的感谢。

  教材是学校实践教育理念、达到教学培养目标的基础，好的教材是保证教学质量的第一环节。我们衷心地希望，这套倾注了编者们的心血和汗水的教材，能得到广大师生的喜爱，并让更多的学生受益。

2014年1月于中国科学技术大学

前 言

　　普通物理中的热学显现着各种矛盾的对立与统一,冷与热、随机与必然、平衡与非平衡、可逆与不可逆,等等,是学生系统地从宏观和微观两个角度去认识物质世界的开始。有意思的是,对热学这门课的学习,也有"浅与易、深与难"两种截然不同之说。热学的基本原理乍看起来似乎很简单,有些甚至被认为是显而易见的;一些概念也是日常生活中的常用语,如温度、能量等;这些使一些初学者认为热学很容易学习,无需多大努力。但另一种说法是,这些原理博大而深邃,基本概念像熵、能量等又极为抽象,要弄清楚这些绝非易事。

　　同样,编好一本热学教材亦非易事。多年来,经过同行们不懈的努力,有大批优秀的热学教材问世。随着时代的发展,热学应用领域不断扩大,而且学科本身也有了许多重大发展,教科书也应适应这种变化,在传承中发展。作者在编写本书时,参看了很多热学教材和资料,书后附了一部分。编写过程中一些考量如下:

　　1. 尽管热学从创建至今已有数百年,但其基本原理、基本规律没有变化。在热学中,将物理概念、物理定律的渊源、精髓,以及物理思想清楚地表述,是教材的基本任务。在这方面,作者采用多种方式来进行讲述,例如对一些重要的概念如热、能量等,从其发展的历史进程来理解,对熵的概念,则从其多属性、多层次及其扩展外延来理解。

2. 在体系上,以热学理论为线索,以热学理论对不同物态的应用为内容,不再以单独章节来讲述固体和液体。强调热学理论的普适性,适用于一切固体、液体和气体;固、液、气三态的微观结构不同导致了它们的热性质差异。避免使初学者产生热学只是用来描述理想气体的印象。

3. 通俗、好懂,使学生真正感受到普通物理学的"普通",这也是作者在编写过程中时刻提醒自己注意的。尽可能用通俗、口语化的语言进行描述、类比,不刻意追求严谨;尽可能引用生活或实践中与热运动有关的例子,使学生认识到热学理论源于生活和实践、就在我们身边。这些也反映在每一章的开头,每章都以前人在诗词中对热现象的描述来引出。进一步地,让同学们充分认识到热学理论与全球变暖、环境污染等当今社会发展中面对的重大问题的相关性,培养学生基本的物理素养。

4. 学习了经典统计的基本图像,若不了解量子统计会有点遗憾,尤其对那些可能不再继续学习后续课程(热力学与统计物理)的同学。因此,我们在第 2 章(《热运动统计规律》)的最后一节,简述了量子统计。这部分内容,只讲物理图像和思想,不涉及具体过程的演绎,力图使具有普通物理知识的学生能看懂,能对量子统计思想、量子统计对经典统计的过渡有所了解。

5. 普通物理学是物理学大厦的基石。温度向高、低端延伸,随之出现前沿的物理学研究领域——等离子体物理与低温物理。在本书的最后一章,我们从普通物理的视角对高、低温作些介绍。人们源于科学的基本兴趣及实际应用,在高、低温领域获得了巨大成就,对这些成就的物理本质的了解,能让学生开阔眼界,并认识到普通物理学的基础性地位以及物理学对推动社会科技进步的重要意义。

具体内容,除绪论外共有 7 章。绪论部分对热学的研究对象、理论体系和物理思想作阐述,以期初学者一开始就对热学概貌有所了解;第 1 章讲述温度,介绍温度的由来,如何定义、测量等,温度和物质聚集状态的关系等;第 2 章介绍热运动的微观理论;第 3 章介绍物质的热性质;第 4 章和第 5 章分别讨论热力学第一、第二定律;第 6 章介绍相变与潜热;第 7 章简单介绍非常规温度,作为对经典热学的补充。各章节打"*"号的部分,在教学中可不选用,仅作为学生的阅读材料。

  本书的基本框架经编委会多次讨论后确定。主编侯建国院士审阅了书稿,提出了有价值的指导性意见;副主编程福臻教授与作者进行了多次讨论,并逐字逐句对书稿进行了认真的修改;俞昌旋院士对第7章(《非常规温度》)提出了很好的建议;蒋一教授审阅了第2章,并提出了有价值的修改建议;在本书的前期准备阶段,张玉民教授、阮可青副教授与作者进行过有益的讨论,且张玉民教授还阅读了全书并提出了有价值的修改意见;编委会又邀请了清华大学的安宇教授和北京大学的穆良柱博士审阅了书稿,提出了珍贵的、有建设性的意见;理论物理专业的博士生王兆亮同学,我的研究生张一川、李唤同学编写了习题;中国科学技术大学出版社为本书的成稿和出版做了大量的工作。此外,在编写的过程中引用了大量的资料,有的直接来源于网络,如文章中的一些图片,无法在引用处一一注明,书后所附的参考书目也不完整,敬请读者谅解。在此对大家的帮助和支持一并致以衷心的感谢。

  历时三年多,书终于脱稿了。由于作者水平有限,知识面有限,对课程的理解有限,书中肯定有不妥甚至错误之处,敬请各位老师、同学指正。大家共同努力,推动热学教学的改革与发展。

朱晓东

2014 年 3 月于科大东区

目 录

序 ··· (i)

前言 ·· (iii)

绪论 ·· (1)

  0.1 热运动 ··· (2)

  0.2 热学的发展 ·· (3)

  0.3 热学的研究对象与方法 ·· (4)

  0.4 热学的理论体系与思想 ·· (5)

第1章 温度 ·· (7)

  1.1 热力学系统的描述 ··· (8)

    1.1.1 热力学系统 ··· (8)

    1.1.2 热力学系统性质 ··· (9)

    1.1.3 热力学系统的状态 ·· (10)

  1.2 热力学第零定律 ·· (12)

    1.2.1 热平衡和热力学第零定律 ··· (12)

    1.2.2 温度 ·· (13)

    *1.2.3 温度世界 ··· (14)

  1.3 温标及温度测量 ·· (16)

    1.3.1 经验温标 ·· (16)

    *1.3.2 几种常用的温度计 ··· (17)

    1.3.3 理想气体温标 ·· (21)

    1.3.4 热力学温标及其他温标 ·· (23)

  1.4 不同温度下物质的聚集状态 ··· (25)

1.4.1 固态 ……………………………………………………………………………（25）
1.4.2 液态与气态 ……………………………………………………………………（27）
1.5 物态方程 …………………………………………………………………………………（28）
1.5.1 一般情形 ………………………………………………………………………（28）
1.5.2 各向同性的固体与液体的状态方程 …………………………………………（29）
1.5.3 气体状态方程 …………………………………………………………………（32）

第 2 章 热运动统计规律 …………………………………………………………………（43）

2.1 物质的微观模型 …………………………………………………………………………（44）
2.1.1 原子-分子论 ……………………………………………………………………（44）
2.1.2 固体的微观特征 ………………………………………………………………（47）
2.1.3 液体的微观特征 ………………………………………………………………（50）
2.1.4 气体的微观特征 ………………………………………………………………（53）
2.2 描述大数粒子的统计方法 ………………………………………………………………（58）
2.2.1 决定论与概率论 ………………………………………………………………（58）
2.2.2 概率与概率分布函数 …………………………………………………………（60）
2.2.3 统计平均值 ……………………………………………………………………（63）
2.2.4 涨落现象 ………………………………………………………………………（64）
2.3 理想气体的压强和温度 …………………………………………………………………（65）
2.3.1 理想气体的微观模型 …………………………………………………………（66）
2.3.2 理想气体压强公式 ……………………………………………………………（67）
2.3.3 温度的统计意义 ………………………………………………………………（69）
2.4 范德瓦耳斯方程的微观图像 ……………………………………………………………（72）
2.5 麦克斯韦分布律 …………………………………………………………………………（74）
2.5.1 速度空间与速度分布函数 ……………………………………………………（75）
2.5.2 麦克斯韦速度分布律 …………………………………………………………（76）
2.5.3 麦克斯韦速率分布律 …………………………………………………………（77）
2.5.4 麦克斯韦速率分布律的应用 …………………………………………………（81）
*2.5.5 麦克斯韦分布律的验证与推导 ………………………………………………（85）
2.6 玻耳兹曼分布律 …………………………………………………………………………（89）
2.6.1 玻耳兹曼分布律 ………………………………………………………………（89）
2.6.2 气体分子在重力场中按高度的分布 …………………………………………（90）
*2.6.3 悬浮粒子按高度的分布 ………………………………………………………（91）
2.7 能量均分定理及应用 ……………………………………………………………………（92）

2.7.1　自由度 …………………………………………………………………（92）
　2.7.2　能量均分定理 ……………………………………………………………（93）
　2.7.3　理想气体的内能和热容 …………………………………………………（95）
　2.7.4　经典极限 …………………………………………………………………（97）
*2.8　经典统计对量子统计 ……………………………………………………………（98）
　2.8.1　宏观状态与微观状态 ……………………………………………………（98）
　2.8.2　经典统计与量子统计对粒子微观状态的描述 …………………………（99）
　2.8.3　经典统计与量子统计对系统微观状态的描述 …………………………（101）
　2.8.4　量子统计向经典统计的过渡 ……………………………………………（105）
　附录2.1　积分表 ……………………………………………………………………（108）
　附录2.2　误差函数简表 ……………………………………………………………（108）

第3章　热与热传递 …………………………………………………………………（109）

3.1　热 ……………………………………………………………………………………（110）
　3.1.1　热相互作用 …………………………………………………………………（110）
　3.1.2　热的本质 ……………………………………………………………………（111）
　3.1.3　热量 …………………………………………………………………………（112）
3.2　物质的热性质与分子热运动 ………………………………………………………（114）
　3.2.1　物质热容量 …………………………………………………………………（114）
　3.2.2　黏滞现象 ……………………………………………………………………（117）
　3.2.3　扩散现象 ……………………………………………………………………（121）
3.3　表面现象与分子力 …………………………………………………………………（126）
　3.3.1　界面与表面 …………………………………………………………………（126）
　3.3.2　液体的表面张力 ……………………………………………………………（127）
　3.3.3　润湿与毛细现象 ……………………………………………………………（132）
*3.3.4　固体表面的吸附现象 ………………………………………………………（134）
3.4　热传递 ………………………………………………………………………………（136）
　3.4.1　热传导 ………………………………………………………………………（136）
　3.4.2　对流传热 ……………………………………………………………………（138）
　3.4.3　辐射传热 ……………………………………………………………………（139）
*3.5　传热与环境和生命现象 ……………………………………………………………（142）
　3.5.1　太阳对地球的辐射能流 ……………………………………………………（142）
　3.5.2　大气环境中的热传递 ………………………………………………………（144）

  3.5.3 传热与生命现象 ··· (145)

第 4 章 热力学第一定律 ·· (147)
 4.1 热力学过程 ··· (148)
  4.1.1 一般的热力学过程 ··· (148)
  4.1.2 准静态过程 ·· (148)
 4.2 功与热 ·· (150)
  4.2.1 功相互作用 ·· (150)
  4.2.2 准静态过程的功 ··· (151)
  4.2.3 热功相当 ·· (154)
 4.3 热力学第一定律 ·· (155)
  4.3.1 能量守恒定律 ·· (155)
  4.3.2 内能 ·· (157)
  4.3.3 热力学第一定律的数学表述 ··· (159)
 4.4 热力学第一定律对 $p\text{-}V$ 系统的应用 ·· (161)
  4.4.1 定容热容和内能 ··· (161)
  4.4.2 定压热容和焓 ·· (161)
  4.4.3 化学反应热 ·· (162)
 4.5 理想气体的热力学过程 ·· (163)
  4.5.1 焦耳实验 ·· (163)
  4.5.2 理想气体的内能和焓 ·· (164)
  4.5.3 理想气体的准静态过程 ··· (166)
 4.6 焦耳-汤姆孙效应 ··· (173)
  4.6.1 焦耳-汤姆孙实验 ··· (173)
  4.6.2 焦耳-汤姆孙效应的初步解释 ··· (175)
 4.7 循环过程与热机 ·· (176)
  4.7.1 循环过程 ·· (176)
  4.7.2 卡诺循环 ·· (178)
 *4.7.3 热机 ·· (180)

第 5 章 热力学第二定律 ·· (187)
 5.1 热力学第二定律的经典表述 ··· (188)
  5.1.1 热力学过程的方向性 ·· (188)
  5.1.2 热力学第二定律的经典表述 ··· (190)
 5.2 卡诺定理及其应用 ·· (193)
  5.2.1 卡诺定理 ·· (193)
  5.2.2 卡诺定理的应用 ··· (195)
 5.3 热力学温标 ··· (197)

5.4 热力学第二定律的熵表述 ………………………………………………………… (200)
　　5.4.1 克劳修斯不等式 ……………………………………………………………… (200)
　　5.4.2 熵 ……………………………………………………………………………… (203)
　　5.4.3 熵的计算 ……………………………………………………………………… (205)
　　5.4.4 熵增加原理 …………………………………………………………………… (208)
5.5 熵的属性 …………………………………………………………………………… (211)
　　5.5.1 熵与无序程度 ………………………………………………………………… (211)
　　*5.5.2 熵与可用能量 ………………………………………………………………… (216)
　　*5.5.3 熵与时间方向 ………………………………………………………………… (218)
*5.6 热机与环境 ………………………………………………………………………… (219)
　　5.6.1 热机的能流 …………………………………………………………………… (219)
　　5.6.2 热污染和空气污染 …………………………………………………………… (221)
*5.7 非平衡态与非平衡过程 …………………………………………………………… (223)
　　5.7.1 近平衡的非平衡态 …………………………………………………………… (223)
　　5.7.2 远离平衡的非平衡态系统 …………………………………………………… (225)

第6章 相变与潜热 ……………………………………………………………………… (229)

6.1 相与相变 …………………………………………………………………………… (230)
　　6.1.1 相与态 ………………………………………………………………………… (230)
　　6.1.2 一级相变与潜热 ……………………………………………………………… (231)
　　6.1.3 相变的物理机制 ……………………………………………………………… (232)
6.2 气液相变 …………………………………………………………………………… (233)
　　6.2.1 蒸发与凝结 …………………………………………………………………… (233)
　　6.2.2 沸腾 …………………………………………………………………………… (236)
　　*6.2.3 湿空气与湿度 ………………………………………………………………… (240)
6.3 固液及固气相变 …………………………………………………………………… (241)
　　6.3.1 固液相变 ……………………………………………………………………… (241)
　　6.3.2 固气相变 ……………………………………………………………………… (242)
6.4 相平衡 ……………………………………………………………………………… (243)
　　6.4.1 相平衡条件 …………………………………………………………………… (243)
　　6.4.2 相图 …………………………………………………………………………… (245)
　　6.4.3 相平衡时的参量关系 ………………………………………………………… (247)
*6.5 临界现象 …………………………………………………………………………… (251)
　　6.5.1 实际气体的等温线 …………………………………………………………… (251)
　　6.5.2 临界状态 ……………………………………………………………………… (252)
　　6.5.3 临界参数 ……………………………………………………………………… (254)

第7章 非常规温度 ……………………………………………………………………… (257)

- *7.1 低温与极低温的获得 …… (258)
  - 7.1.1 低温获得 …… (258)
  - 7.1.2 极低温的获得 …… (260)
- *7.2 热力学第三定律 …… (262)
  - 7.2.1 绝对零度 …… (262)
  - 7.2.2 零点问题 …… (264)
  - 7.2.3 负温度 …… (265)
- *7.3 低温世界的奇异物性 …… (267)
  - 7.3.1 超流现象 …… (267)
  - 7.3.2 超导现象 …… (269)
  - 7.3.3 低温世界色彩纷呈 …… (270)
- *7.4 高温条件下的物质 …… (271)
  - 7.4.1 温度与等离子体 …… (271)
  - 7.4.2 等离子体特有的性质 …… (273)
- *7.5 等离子体的温度与热力学态 …… (277)
  - 7.5.1 等离子体的温度概念 …… (277)
  - 7.5.2 等离子体的热力学态 …… (279)
  - 7.5.3 等离子体分类 …… (280)
- *7.6 等离子体应用 …… (281)
  - 7.6.1 高温等离子体聚变能应用 …… (281)
  - 7.6.2 低温等离子体的应用 …… (285)

习题 …… (289)

部分习题参考答案 …… (310)

参考书目 …… (317)

附录 热学中常用的物理常量 …… (318)

常用概念中英文索引 …… (319)

绪 论

热学这一门科学起源于人类对于热与冷现象本质的追求。由于在有史以前人类已经发明了火,我们可以想象到,追求热与冷现象的本质的企图可能是人类最初对自然界法则的追求之一。

——摘自王竹溪先生的《热力学》

0.1 热运动

我们还在襁褓之中就有了对冷热的本能反应。与冷热有关的现象统称为热现象。滴水成冰、骄阳似火、热胀冷缩、趁热打铁……，热现象是如此普遍。从时间跨度上看，热现象是人类史前就已认识的一种自然现象，人类从野蛮的原始社会进入文明社会，就是从火的利用开始的(图 0.1)。在今天，从大型动力内燃机到我们日常煮饭的灶头，从食品制造到钢铁、化工生产，无一不与热现象有关(图 0.2)。

当我们从物理学角度来审视热现象时，自然要问，这些纷杂的热现象是否有自身统一的规律？又如何来研究它？

我们已经学习了力学，知道了物体的机械运动及其遵循的规律。我们可以用牛顿定律来研究水珠在空气中下落、火箭在空间飞行等。在研究机械运动时，我们关注的对象是物体的整体运动。当我们将注意力转向物体内部，将会发现一个新的物理世界——一个由大数粒子组成的微观世界。

微观世界的基本特征是由大数粒子组成、粒子无规则运动及粒子间复杂的相互作用。最简单的例子就是我们所熟悉的空气。在 0 ℃和 1 个大气压条件下，每立方厘米空气约有 10^{19} 个分子。单个分子极频繁地和其他分子碰撞，每秒约几十亿到近百亿次。气体分子运动的平均速率的数量级为 10^2 m·s^{-1}。即平均地讲，气体分子以每秒数百米的速度运动着。尽管分子的速度相当大，但由于相互碰撞，分子的运动状态在不断地改变，表现为杂乱无章的、无规则的分子运动，如图 0.3 所示。

图 0.1 火的使用

1965 年，我国考古工作者在云南发现了元谋人遗址，在地层中发掘到大量的炭屑。这表明，早在 170 万年前，元谋人可能就已经懂得火的使用。火的使用给人类带来了光明、文明，驱散了黑暗、愚昧，正因为如此，在许多民族的神话传说中，火被赋予某种特殊的意义。最有名的关于火的神话是希腊神话中普罗米修斯为人类盗取天火的故事，既颂扬了为人类造福者、追求光明与真理者的英雄精神，也体现了火在人类文明史上所处的重要地位，火象征着能量和力量。

图 0.2 钢铁冶炼

图 0.3 分子热运动的微观图示

在标准状态下，分子的平均自由程约为 10^{-8} m，单个分子极频繁地和其他分子碰撞，约每隔 10^{-10} s 就碰撞一次。

应该说，分子间力的相互作用是普遍的。对单个分子而言，其运动仍然属于机械运动，适用力学的基本概念，服从力学规律。但实际上，由于受其他分子的影响及复杂的相互作用，分子的具体运动具有很大的偶然性。对这群大数分子的运动情况，用牛顿力学来描述就无能为力了，重要的是我们将会发现也没这个必要。即是说，单个分子的运动遵循力学规律，大数分子的运动虽包含机械运动，但已经从**量变到质变**，不能归结为机械运动，而是一种更复杂、更高级的运动形式。因此，我们需要引入一个新的概念来描述它，这就是热运动。热运动所导致的宏观物理现象就是我们所熟悉的热现象。

我们把研究热运动、热现象的科学叫热物理学（热学），准确地说，热学是研究物质热现象规律以及热运动与其他运动形式相互转化规律的一门科学。它的基本概念、基本定律和基本理论，不但是物理学各分支学科的理论基础，也是化学、生物学、工程技术学科甚至社会科学的理论基础。

热运动也是生命体（人体、微生物、动植物……）存在于自然界所必须进行的活动。同时，热运动和其他运动形式之间存在着极为广泛和深刻的联系。火车、轮船、火箭等动力装置就是利用热功转换来获得机械能的。随着科学技术的发展，热运动及其应用在科学研究以及人类生产活动中起着越来越重要的作用。

0.2 热学的发展

尽管人类在史前就有了对热现象的利用，然而对热现象进行研究、从而走上实验科学的道路，还只有三百多年的历史。伴随着热力学四个定律的发现，热学逐步建立起自己的理论体系。

1. 测温技术和量热技术

18 世纪以前，人们对热的本质和温度的概念还只有一些不成熟的想法，甚至连"温度"与"热量"都难区分开来。自 18 世纪初开始，正是测温技术和量热技术的逐步建立使热学走上了定量科学的轨道。

2. 对热的本质的认识

在对热的本质的科学认识过程中，人们建立起热力学第一定律，这是热学理论发展的一个里程碑。从远古开始，人们一直在探究热到底是什么。代表性的有"热质说"，认为热是一种没有质量的流质——"热质"，可以从温度高的物体流向温度低的物体，但在传递过程中热质总量不变。与"热质说"相对立的"热动说"则认为热是一种运动的表现形式。以迈尔、焦耳为代表的科学家们经过多年不懈的努力,令人信服地阐明了热是分子运动的表现,动摇了"热质说"的基础,建立起热运动和其他形式运动的广泛联系,为19世纪能量守恒和转换定律的最终确立奠定了基础。

3. 动力效率的研究

在人们认识热的本质的同时,蒸汽机的发明和广泛使用(图0.4)推动了19世纪的产业革命。蒸汽机使用范围的不断扩大,特别是蒸汽机在航海和铁路运输方面的应用,促使人们对水、水蒸气和其他物质的热性质做深入的研究,探讨如何提高热机效率。在此过程中,人们建立起热学第二定律,为热机的发展指明了方向。而随之发明的更高效率的内燃机,与电动机一起掀起了第二次技术革命的高潮,是人类动力史上的一次大飞跃,其应用之广、数量之多,也是当今任何一种其他的动力机械无法比拟的。

回顾这段历史可以看出,热学发展史是"实践—认识—实践"认识论的光辉典范。

图0.4　行驶中的火车
利用水蒸气的能量来提供动力。

4. 微观理论的发展

热力学定律是人们从宏观角度对热现象的认识。宏观研究的发展也促使人们从微观角度来认识热运动和热现象。从早期的分子动理论把宏观性质看成微观性质的统计平均,发展到平衡态的概率统计法,再到非平衡态统计理论,研究物体处于非平衡态下的性质、各种输运过程等,从而产生了统计物理学。

到了近代,人们将统计物理学的理论应用到热辐射现象。德国物理学家普朗克(Plank)正是在对黑体辐射能谱的研究中提出了量子假说,由此揭开了量子力学创建的序幕。有趣的是,量子力学的建立与量子统计物理学的建立是相互依赖和相互促进的关系,并非先有量子力学,后有量子统计物理学。

现代科学技术的发展,仍在继续推动着热力学的发展。例如,传统的热力学常把讨论限于无生命情形,然而在生命体中,热运动也是一种基本的运动形式,热力学第一定律和热力学第二定律依旧适用;超快过程和超热技术的发展,使非平衡性和非线性的影响加剧,对非平衡热力学的研究将产生深远影响。

0.3　热学的研究对象与方法

热学的研究对象是宏观物体,更确切地说,是一个由大数微观粒子组成的物体系统。正因为如此，我们可以从宏观和微观两个不同角度对热现象、热运动进行研究，分别对应于热力学和统计物理学。

热力学是宏观理论，它是在概括大量实验事实的基础上，通过逻辑推理和演绎，归纳总结出关于物质各种宏观性质之间的关系、宏观过程进行的方向和限度等的规律，因而热力学理论是非常普遍和可靠的。从这个意义来说，热力学是无经典和现代之分的。热力学方法自然也有它的不足之处，除不能在理论上给出特定物质具体特性的知识外，它没有考虑物质的微观结构对宏观性质的作用，而是把物质作为宏观的连续体，把物质的性质用确定的连续函数来表示。事实上，物质是由大数微观粒子构成的，宏观性质是微观性质的统计平均，会表现出围绕平均值的涨落现象。热力学承认这是客观事实，但并不企图给予解释。

统计方法从物质的微观结构出发，认为一个系统的宏观性质是大数粒子无规则热运动的平均结果；从研究每个粒子所遵循的力学规律出发，用统计方法研究宏观物体的热现象。

在热现象的研究中，热力学和统计物理学是相辅相成的。对于任何热力学系统，微观量和宏观量必定是有联系的，因为它们是在描述同一物理现象的两种不同方法中所使用的量。热力学为统计物理学提供了大量实验依据，从而可以验证微观理论的正确性；统计物理学为热力学提供微观理论，从而可以深入到热现象的本质。**把宏观观点和微观观点结合起来进行研究，是现代物理学的特征。**

0.4 热学的理论体系与思想

牛顿（Newton）力学体系的建立，给人类的物理思想大厦奠定了基础。牛顿力学从物体间相互作用即力的观点来认识物体的运动；将"天"和"地"统一起来，使人们看到天体和地上的物体遵从相同的力学规律，这是人类自然界认识史上的一次重大飞跃。

随着牛顿力学体系的巨大成功，以及牛顿力学的迅速发展、完善及在其他领域的有效渗透，以力为中心的物理学思想被物理学界普遍接受。应该说，力的作用是普遍的，在热学理论体系中我们将看到力学规律的观点和方法。然而，物质的运动形式除了机械运动以外，还有其他的运动形式，如热运动、电磁运动等等。各种运动形式既相互联系又各自内在的规律。

热力学理论体系的建立，是以热力学定律的发现为基础的。热力学的四个基本定律有很深刻的内在联系。第零定律是热学所特有的物理量——温度概念建立的物理基础；第一定律指出了热运动与其他形式运动的转化；第二定律则表明热运动与其他形式运动的转化是有限制的，即在有些情况下可以转化，在有些情况下不能转化；第三定律强调热运动不可能全部转化为其他形式运动。而在统计理论部分，从微观量和宏观量的相互联系出发，探讨热运动、热现象的微观本质，突出从概率角度来认识微观和宏观的相互联系。

由此我们可以清楚地看到，热学理论体系的建立，给人们带来的新的物理学思想是：运动普遍联系与转化的思想，自然过程方向性的思想，以及微观世界的统计思想等，而这些思想的本质则是以"能"和"熵"为中心。能量的观点在今天已经深入人心，但随着人们认识的加深，熵的概念正在引起人们越来越多的关注。以"能"和"熵"为中心的物理学思想是人类物理学思想发展的一大进步，深刻地影响着人们研究物理的思维方式和操作方法。

需要指出的是，在人类发展进程中，热学理论和思想曾有力地推动过技术革命，并在实践中获得了广泛的应用。而现今，热学原理已扩展至自然科学各个领域，并与人类的社会活动密切相关。从日常的衣食住行到全球变暖、空气污染、能源枯竭等重大的社会问题，从制冷设备到航天系统……无不与热学原理有关；另外，热学思想也正在向现代经济学、管理学等社会科学领域渗透。这些都体现了热物理学重要的基础性地位和发展的勃勃生机。

第 1 章 温 度

"人间四月芳菲尽,山寺桃花始盛开",描绘了气温随地势变化、山上较低的气温使花期延迟的自然景象。我们生活在一个**温度并非常数**的世界中,千姿百态的自然景观及生命现象都与温度紧密关联。在日常生活中,人们感知温度的高低常常依赖于自己的冷热感觉。但当温度成为物理学概念时,必须给温度一个科学的定义。我们介绍热学就从温度开始,大家将看到温度是热学所特有的概念,这一概念是随着热学理论的完善而逐步建立起来的。在物理学中,对与温度有关的问题的讨论还远未结束。

1.1 热力学系统的描述

1.1.1 热力学系统

"系统"一词源于古希腊文,意思是由个体、部分组成的集合。这是一个被广泛使用的词语,理解其含义需要看使用的场合。物理学探究的物质世界宏大而多样化,但在具体的研究工作中,我们总是把注意力集中在感兴趣的那部分物质,并假想有一个边界把这部分物质与其周围的环境隔离开来,如图 1.1 所示。我们称被关注的这部分物质为系统,而边界之外、对系统有影响的那部分环境,则称为外界。

热力学研究的对象称为热力学系统或物体。热力学系统是由大数微观粒子所组成的宏观物体。例如,气缸中的气体、液体、磁体、超导体以及生物体等等,还可以是辐射场。由少量粒子组成的系统不是热力学的研究对象。

划清了系统和外界后,就可以通过外界和系统间的相互作用来研究系统的性质和行为。系统和外界之间的相互作用,不外乎物质和能量的交换。这些相互作用可以借助边界来描述。

图 1.1　系统与外界示意图

图中不规则的虚线代表边界,它的内侧是系统,外侧是外界。

我们对界定热力学系统的边界充满着想象力。它可以是实在的,也可以是虚拟的。它可以是刚性壁,不允许物体发生位移和形变;也可以是完全弹性的。它可以是绝热壁,完美地阻塞它两侧的物体发生任何形式的热交换;也可以是导热壁,能够理想地进行热交换。它可以是开放的,允许系统与外界发生物质交换;也可以是封闭的。在图 1.1 中,我们用一条不规则的封闭曲线来代表边界,它有一定的任意性。当然,不同的划分不应该影响最后的物理结果。

有了以上对边界的想象,我们就可以对系统进行分类。若系统与外界不发生任何物质和能量交换,称之为孤立系统,如系统被刚性且绝热的壁与外界环境分隔开。与外界无物质交换的系统称为封闭系统,反之为开放系统。封闭系统允许与外界有能量交换,这可以通过做功与传热来实现。开放系统是粒子数可变的系统,例如,对于密闭在容器中的水和水蒸气,如果把水蒸气作为系统,水作为外界,那么,水蒸气系统就是一个开放系统,它可以与外界交换分子,系统的粒子数是可变的(图 1.2)。

图 1.2　容器中的水和水蒸气

1.1.2　热力学系统性质

热力学系统确定后,下面我们来讨论如何描述它的性质。说到性质,大家可能觉得很抽象,其实不然。在物理学中,宏观性质反映在物理量上,是量化的、可测量的。

描述热力学系统宏观性质的物理量称为状态参量或热力学坐标。尽管热力学系统指的是由大数微观粒子组成的宏观系统,但有趣的是,在热力学研究中却把系统看作连续介质,完全不管其微观结构。

通过力学的学习,我们已经对力学物理量很熟悉。由力学中的力、长度、质量等,我们可以给出描述热力学系统的力学参量和几何参量,如压强(压力)、体积(长度)、密度等。此外,若系统有不同组分,还有化学参量(组分摩尔数)。进一步的,若空间存在电磁场,还有电磁参量(电场、磁场等)。

既然我们很容易找到这四类参量来描述一个热力学系统,它们分别属于力学、化学和电磁学的范畴,那我们还需要一门针对热力学系统的科学——热学吗?

提出这个问题,说明你正在叩响热学的大门,热学所特有的概念——温度正向你"走"来。在学习力学时,摩擦似乎给我们留下了"不好"的印象,尽管我们做任何事都离不开它,比如走路,没有摩擦你将"寸步难行"。在力学问题中,常常用"不计摩擦"来假定一个理想情况。但在真实世界中,如果不对运动的物体做功,它最终会停下来;即使继续做功来保持物体的运动状态,它也会变得"热起来"(图1.3)。这时,只在力学的框架内对系统进行描述已经很困难了。同样,在电磁学中,通电使电阻发热也超出了其范畴。

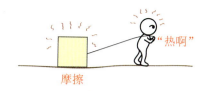

图1.3　在坑洼不平的路上拉一个物体

摩擦使人"热"物也"热"。

由于摩擦及其他损耗因素,系统要发热,这是一个可观测的事实。**若要对一个系统进行完整的描述,这个事实是回避不了的。**这个被看成真实世界的"不完美"正是热物理学活力的源泉。这样,温度出场了,我们用温度来描述物体的冷热现象;也正是因为温度的变化,才有了人类赖以生存的自然界的丰富多彩。

用以上四类参量的部分或全体同时来描述一个系统的状态,这也是热学的一个重要特征。在讨论的问题中,若不存在或不必考虑电磁效应,也就不需要用到电磁参量;若不考虑与化学成分有关的性质,就不必引入化学参量。但这四类参量都不能直接表征系统冷热程度的宏观物理属性,这一任务必须由热学特有的参量——温度来承担。

状态参量可以分为两类:一类为广延量,它与系统的总质量成正比,例如摩尔数、体积等;另一类为强度量,表示物质的内在性质,它与总质量无关,如压强、密度、温度等。

1.1.3 热力学系统的状态

由大数粒子构成的热力学系统在宏观上表现为两类基本状态,即平衡态和非平衡态。

我们知道,力学中物体平衡需要满足的条件是合外力和合外力矩均为零。但对由大数粒子组成的热力学系统而言,所讨论的平衡态与力学中的有所不同。我们在力学的学习中,遇到的平衡通常是单纯的静止问题,而热力学系统处于平衡态,不但是系统静止,而且所有能观察到的系统的宏观性质都不随时间变化。

设一绝热刚性材料制成的气缸,内盛某种气体,如图1.4所示。在活塞左移过程中,气体的分子数密度、温度和压强各处均不相同。若活塞不动,经过足够长的时间后气体趋于均匀。在无外界影响的情况下,这种均匀状态将继续保持,不发生变化。又如,冷热不同的两个物体相互接触,经过足够长的时间后温度相同。若无外界影响,这两个物体温度相同的状态也将维持下去而不发生变化。再如,密闭在刚性、绝热容器中的水和水蒸气(图1.2),足够长时间后,水蒸气达到饱和状态,水和水蒸气的宏观性质都将不随时间变化。

这三种情况有个共同点,那就是:**在没有外界影响的情况下,系统的宏观性质不随时间变化。**

我们称在不受外界影响的情况下,系统的宏观性质不随时间变化的状态为热力学平衡态,简称平衡态。这里所说的外界影响,是指外界对系统既不做功也不传热。当然对一个实际系统而言完全不受外界影响、宏观性质绝对保持不变的情况是不存在的。故平衡态只是一个理想的模型,如同我们在学习力学时遇到的第一个物理模型——质点一样,是在一定条件下对实际情况的概括和抽象。

需要指出的是:第一,此时宏观性质虽不随时间变化,但从微观上看,分子仍在不停地运动,是动态平衡,只不过其平均效果不随时间变化,宏观量保持不变。第二,平衡态的概念不限于孤立系统。若封闭系统和开放系统的状态不随时间变化,而且与外界也相互平衡,系统虽受外界影响,但影响的平均效果为

图1.4 绝热刚性材料制成的气缸
活塞不动,气体最终将达到平衡。

零。这时,如果系统完全脱离外界的影响,**在系统内不存在任何自发转变的因素**,系统的宏观性质仍将保持不变。这样的封闭系统或开放系统也是处于平衡态。第三,平衡态时,系统性质不随时间变化,但并不意味着空间处处均匀一致。例如,在图 1.2 中,密闭容器中水与饱和水蒸气组成的系统处于平衡态,但水与水蒸气的性质显然有很大差别。再如重力场中的等温大气,平衡时密度随高度减小,是非均匀的。

此外,经验表明,在平衡态下,描述系统的宏观量并不完全独立,它们之间存在一定的联系。这样,确定一个热力学系统的平衡态就只需要一定数目的参量就可以了。我们总认为这组参量是完整的,其实不然。系统在许多细节上还有大量我们所不知道的信息,这是客观事实。不要求系统信息的完整性,有了系统参量就可以导出我们所需要的系统的值,反映系统在某一方面的宏观性质,使其成为有用的东西,这种实用性才是物理学最引以为豪的。

当处在平衡态的系统受到外界影响时,例如图 1.4 中的活塞移动时,系统原有的平衡态遭到破坏,内部出现气体分子的宏观流动。这时系统处在非平衡状态,简称非平衡态。因此非平衡态是系统内部存在宏观能量或粒子流动的状态。由前面的讨论可知,这种宏观运动是由系统内部的不均匀性引起的。当活塞停止移动后,系统将渐渐趋向一个新的平衡态。这种由非平衡态转变到平衡态的过程称为弛豫过程。

如果处于非平衡态的系统其内部存在的是稳定的能量和粒子流动,即在单位时间内通过系统内任一截面的能量和粒子数不随时间变化,则系统的宏观性质也不会随时间变化。这样一种非平衡状态称为稳定状态,简称稳态。如图 1.5 中,金属棒两端与温度不同的恒温热源 T_1 和 T_2 接触($T_1 > T_2$),经过足够长的时间后,棒上温度不随时间改变,但它不是平衡态而是稳态,棒上有流动的热流。

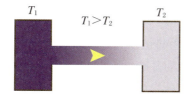

图 1.5 稳态示意图

金属棒两端与温度不同的恒温热源 T_1 和 T_2 接触($T_1 > T_2$),经过足够长的时间后,棒上温度不均匀,但宏观性质不随时间变化。

用状态参量描述系统状态的方法,严格来说只适用于平衡态。当系统处在非平衡态时,它们内部存在不均匀性,各部分具有不同的性质,且宏观性质还可能随时间而变化,所以不能用统一的参量来描述。但是对偏离平衡态不远的系统,一般可以将系统分割成许多子系统,每个子系统都是宏观小、微观大。这时整个系统虽然没有达到平衡,但可以近似地认为各个子系统已经处在局域平衡的状态,可以用状态参量来描述,只是系统各部分的参量可能不同罢了。这将在第 5 章中进一步描述。

1.2 热力学第零定律

1.2.1 热平衡和热力学第零定律

大家知道这样一个事实,当两物体相互接触,经过足够长的时间后两物体的冷热程度一样,我们说它们达到了热平衡。例如,你感冒了去医院,医生想知道你的体温,他不会用头与你的头接触来判断你是否发烧,而是给你一个体温计。因为他相信,经过足够长的时间你与体温计达到热平衡,体温计显示的读数就是你的体温。将不同温度的食品一起放入 14 ℃ 的冰箱冷藏箱中,经过足够长时间后,你的经验是它们都应该是 14 ℃,因为它们都与冷藏箱互为热平衡。

这些现象在现实世界中多得被视为常识。将这种经验事实用物理语言来描述,就是热传递导致热平衡,且热平衡具有传递性。进一步地将这种真实性总结如下:

若物体 A 分别与物体 B 和 C 处于热平衡,那么,如果让 B 和 C 热接触,它们一定也处于热平衡(图 1.6)。

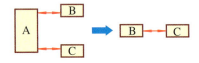

图 1.6 热力学第零定律示意图

这就是热力学第零定律,亦称热平衡定律。简单地说,和第三个物体分别处于热平衡的两个物体,它们之间也互为热平衡。它反映了客观世界的一种真实,这个真实就是"温度"概念的基础。历史上,人们认识热平衡定律的重要意义经历了较长的过程。它被确认为定律之前,热力学第一、第二定律已经建立,但从热力学逻辑来看,它应该是第一、第二定律的前提。因此,尽管在年代上滞后,但它仍被排在首位,冠以热力学第零定律。

乍看热力学第零定律,似乎是理所当然、毋庸置疑的。实际上,**热力学第零定律表明的是物理世界的本质之一,是自然法则**。它不是从某些更基本的假设逻辑推理出来的,也并非显而易见。例如,两个铁块分别与磁铁相吸,但铁块之间并不会互相吸引;水和酒精可以互溶,汽油和酒精也可以互溶,但汽油和水并不互溶。

1.2.2 温度

由热力学第零定律可知,无论有多少个热力学系统,相互接触后都将达到热平衡。这告诉我们,每一个热力学系统都具有某种反映各自热运动状态特征的宏观性质,而对处于同一热平衡状态的所有系统,表征这一宏观性质的量将有相同的值。

我们把这个宏观性质叫"温度",那么温度相等是热平衡的充分必要条件。

因此,热力学第零定律的本质是:**存在一个叫做温度的有用的量**。

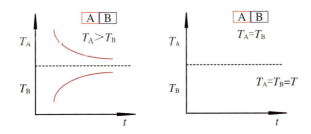

图 1.7 两个物体 A 和 B 达到热平衡的图示

横坐标是时间,纵坐标是温度。左图是热接触前物体 A 比物体 B 的温度高的情形($T_A > T_B$),经过足够长时间会达到热平衡,这是一个"动态"的过程。右图是在热接触前物体 A 和 B 就已经热平衡($T_A = T_B$),接触后仍为热平衡,表示一个"静态"过程。

处于热接触的两个系统趋于相同的温度,并在相同的温度达到平衡。趋于平衡的过程中有动态和静态两种情形,如图 1.7 所示。几乎没有什么物理量(如力、质量、加速度等)具有温度这种自发趋于平衡的特征。在考虑温度时,我们不是把它作为日常生活用语,而是把它看成一个全新的物理概念。尽管温度是热学特有的参量,不是由质量、长度和时间等概念派生出来的,但以后我们会看到,从微观角度来看,温度的性质最终仍有力学基础。

热平衡概念是在平衡态概念的基础上引入的,容易使人认为两个热力学系统热接触达到热平衡,则它们也处于平衡态。其实不然,一个系统与其他系统是否热平衡,只取决于它们的温度是否相等,不要求系统本身处于平衡态,如用体温计测人体温度,体温计与口腔达到热平衡,而人体的口腔处于非平衡态。

物理学的不同分支,各有其特有的物理量,其中很多物理量是根据定律来定义的。例如,力学中牛顿第一定律定义了"自然运动",若非自然运动则必须从物体间的相互作用——"力"来解释。牛顿第一定律给出了力的定性定义,但并没有告诉我们如何测量力。同样,热力学第零定律给出了温度的定性定义,即互为热平衡的热力学系统具有相同的温度,但并没有告诉我们如何测量温度。

*1.2.3 温度世界

温度是描述热现象特有的物理概念。**任何物体都有温度,可以说物质世界也是温度的世界。**与自然界的五彩斑斓相对应,温度世界也是多变的。但它的变化和分布并非杂乱无章,而是变中有常,呈现出一定的规律。在自然界中,气温、水温或土壤温度随陆地高度、水域及土壤深度变化而呈现出阶梯式递增或递减,这就是所谓的温度梯度。在日常生活中,我们更多的是通过温度梯度和温度变化来感知温度的。

人类赖以生存的地球就是一个具有温度梯度的球体(图 1.8),也是一个巨大的热库。地球的地质构成包括地壳、地幔和地核。地壳是地球最外面的构造层,平均厚度约 32 km。地表温度主要受太阳辐射影响,它因时因地而异。但地表以下的温度与太阳辐射关系不大,在地面几百米以下,其影响可以完全忽略。同地表温度相比,地球内部温度要高得多。平均来说,向下每 100 m 温度升高 3 ℃左右。穿透地壳就是炽热的岩浆,称为地幔,是介于地壳和地核之间的中间层,厚度近 2 900 km,估计温度超过 1 000 ℃。地球的中心部分称为地核,厚度约为 3 500 km,地幔与地核界面的温度约为 3 700 ℃,而地核中心温度估计高达 6 600 ℃。

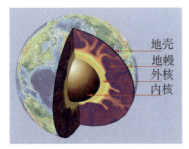

图 1.8 地球结构示意图

而从地表往上,大气温度随高度变化非常明显,而且并非单调地降低或升高。按温度垂直分布的特征,大气层可分为对流层、平流层、中间层和热层。从地表向上的 11 km 的对流层内,大约以 6.5 ℃·km^{-1} 的速率降温。自对流层顶上至 50 km 左右的大气层称为平流层。平流层下半部的温度随高度变化很缓慢,上半部由于臭氧层把吸收的紫外辐射能量转化为分子动能,温度随高度增加而升高,平流层顶部温度可达 -3 ℃。自平流层往上至 85 km 左右的空间为中间层,气温又再次随高度增加而迅速降低,因为这一范围内臭氧已经很少。到中间层顶部,温度下降到约 -100~-90 ℃,这是地球大气中最冷的部分。85 km 以上是热层,这一层没有明显的上界,温度始终是增加的。太阳辐射导致了大气分子分解和电离,大气温度再次升高,最高可达 2 000 ℃。尽管分子的平均动能很大,但这里的气体已经非常稀薄,不会对从中通过的飞行器造成很大影响。如果宇航员能从飞行器中伸出手来,他也不会感觉到"热",因为热还与气体分子的多少有关。

地球表面的热量主要来自太阳的非均匀辐射,而来自地球内部的地热甚为微小,地球表面的温度分布是不均匀的。在纬度上,从赤道向两极,纬度升高温度逐渐降低。我国的南部和北部跨纬度很大,南北纬度相差 50°,气温差异大。

当北国"千里冰封、万里雪飘"时(图 1.9),我国南方却是"风和日丽、百花盛开"(图 1.10)。此外,由于受水陆分布、地形、水汽、洋流等的影响,地球表面的温度分布复杂。例如,临海地区的温度变化较缓和,为海洋性气候;陆地则有极端的温度变化,表现为大陆性气候。在陆地上,山地的温度随高度递减。平均每升高 1 000 m,温度下降约 6 ℃。高原上阳光照射充足,紫外辐射强度增加,气温日变化显著。

图 1.9　白雪皑皑的冬季

地球上的所有生物都在一定的温度条件下生长、发育、繁殖和活动,其范围大致在 0~50 ℃,少数物种能够在更低或更高的温度下生活。温度对生物的重要作用主要体现于生物的生理活动、生化反应都必须在一定的温度条件下进行。对植物而言,温度过高或过低都会影响其开花、结果,甚至导致其死亡;而且植物发育、生长过程中的不同阶段都要求一定的温度界限。所以在不同纬度的地区,相应地出现了不同的植物种类。如在我国的南方地区有椰子、咖啡、菠萝蜜等,且一年中能种植双季甚至三季水稻;而在北方地区,由于气温低,只能种植苹果树、李树和枣树等耐寒的果树,且一年种一季水稻或小麦。

图 1.10　中国科大的校园春景

外界环境的温度经常变化,在温带一年四季温度的变化幅度较大,有时还出现持续的低温或高温,甚至出现极端温度。有意义的是,在漫长的进化过程中,生物逐渐形成了对温度变动的适应性,其适应方式是多种多样的。在中、高纬度地区,冬季寒冷且时间较长,生物抵抗寒冷的方式因种类而异。树木在秋季落叶,使新陈代谢水平降至最低点,并进入休眠状态度过寒冬。休眠是植物度过恶劣环境条件的一种适应。对高等动物,冬眠也是度过严寒和食物短缺期的一种适应,如蛇、松鼠、黑熊、棕熊等。此外,在夏季许多动物通过蛰伏或转移至阴凉处的方法来躲避高温;动物种群在春秋季节的迁徙等,都是对环境温度变化的适应性反应。

人们在日常生活中,气温升降 1 ℃ 似乎感觉并不明显。可是,从大环境和生态来看,这 1 ℃ 的温度变化所产生的影响却是巨大的。地球平均气温升高 1 ℃,首先引起的就是冰川的大面积融化,海水受热膨胀,从而导致海平面上升。温度升高或降低 1 ℃,也将给经济带来很大影响。比如,如果夏季气温偏低 1 ℃,粮食生产就可能大面积歉收。如果全球平均气温升高 1 ℃,世界气候带将北移数百米,农业生产会重新布局。其实,这 1 ℃ 的温度变化,不仅仅在气候意义上不可低估,即便是对人们的日常生活也会有一定的影响。尤其是在夏季,如果平均气温偏高 1 ℃,那么 35 ℃ 以上的高温天数会显著增多。

我们生活的自然界,"温度并非常数"是如此重要,正是它促成了自然界的千姿百态和生物世界的多样性。温度变化也如此深刻地影响着自然界的生物及人类的生活。你能想象一个恒温的世界将会怎样吗?

1.3 温标及温度测量

温度反映物体的冷热程度,是物质特有的属性。我们平时辨别物体冷与热的简单方法就是利用触觉。尽管人的触觉相当灵敏,但如果将其称为"测量",实际上测量到的是"温差"。此外,人的感官是主观的,在科学上是不能用的。例如,即使是相同的温度,铁块要比木块感觉冷些。况且人体对温度的感觉是有限的,我们不能去触摸沸水,而当接近冰点的低温时对冷热的感觉又十分迟钝了。

因此,我们需要一个客观的、可以用数值表示的温度量度。物理学是定量科学,若只是定性的,那就不是物理学了。温度的数值表示方法叫温标。需要指出的是,温标是一套用来标定温度数值的规则,并不是作为一件实物的温度计。

1.3.1 经验温标

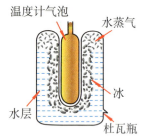

图 1.11 水的三相点的实验装置示意图

三相点管是一个有温度计插槽的封闭玻璃管,中央的温度计槽用于插入待校正的温度计。通常的做法是:将高纯度的水灌入三相点管,然后把管中的空气抽净,把容器封闭起来。在三相点管中央的温度计槽内放置深度冷冻的混合物,使三相点管内的水围绕温度计槽的外壁形成一层冰衣。然后撤掉冷冻混合物,注入温水,使之与温度计槽外壁接触的薄冰层熔融。此时,将注入的温水吸出,倒入预先冷却到0℃的冷水。这样,在温度计槽外壁周围实现了冰、水、水蒸气的三相平衡共存状态。只要维持这三相平衡,三相点温度将不变。插入温度计,就可以工作了。

当温度变化时,物质的许多其他物理属性随之发生变化,可利用这个特性来建立温标。我们首先要选定测温物质,再考虑利用测温物质随温度变化的何种属性,接下来就是规定温度 T 与表示测温属性的测温参量 x 的函数关系。最简单的函数关系可取线性关系,表示为

$$T(x) = \alpha x \tag{1.3.1}$$

式中,α 是一个待定常数。为了确定 α,需要选定固定点,并规定其温度数值。1954 年后国际上规定水的三相点为固定点。水的三相点为水、冰和水蒸气三相平衡共存的状态,严格规定其温度为 273.16 K,K(开)是热力学温标单位。这种状态只有在一定的压强和温度下才能实现,因而是唯一的。水的三相点的实验装置(水的三相点管)如图 1.11 所示。

设 x_{tr} 表示测温参量在固定点(水的三相点)时的 x 值,代入式(1.3.1),得

$$\alpha = \frac{273.16 \text{ K}}{x_{tr}}$$

因此,式(1.3.1)可写为

$$T(x) = 273.16 \text{ K} \cdot \frac{x}{x_{tr}} \tag{1.3.2}$$

利用上式,就可根据参量 x 的测量值来确定温度 $T(x)$。

这种利用特定测温物质的特定测温参量所建立的温标称为经验温标。一般说来,任何一种物质的任一属性,只要它随温度发生单调、显著的变化,就可以用来标定温度、制作温度计。例如受热时金属棒伸长、液体体积膨胀、电阻变化等。

定容气体温度计选择气体压强为测温参量,在气体体积不变的情况下,通过压强随温度的变化来标定温度。由式(1.3.2)可得

$$T(p) = 273.16 \text{ K} \cdot \frac{p}{p_{tr}} \tag{1.3.3}$$

式中,p_{tr} 是气体在水的三相点时的压强。同理,定压气体温度计选择体积为测温参量,在气体压强不变的情况下,通过气体体积随温度的变化来标定温度,有

$$T(V) = 273.16 \text{ K} \cdot \frac{V}{V_{tr}} \tag{1.3.4}$$

式中,V_{tr} 是气体在三相点时的体积。

* 1.3.2 几种常用的温度计

1. 膨胀式温度计

液体膨胀式温度计选用液体作测温物质。液体随温度热胀冷缩,在式(1.3.2)中测温参量 x 为体积 V,则 $T \propto V$,根据液体体积变化来标定温度。

图 1.12 所示的是一玻璃水银温度计,其主要部分是一个内径很细且均匀的玻璃管,下端的玻璃瓶里装有水银,细管的上部为真空。

这种水银温度计最早的雏形是 1593 年意大利科学家伽利略(Galileo)发明的测温计(图 1.13)。它是一根一端敞口的玻璃管,另一端为空心玻璃泡。将玻璃管插入水中,空心玻璃泡可以与冷或热的物体接触。随着温度的变化,玻璃球内气体热胀冷缩,玻璃管中的水位就会上下移动。根据水位移动的多少可以判定温度的变化,这应该是有记录的第一个温度计。当然这种温度计有很多问题,如温度计下端是与大气相通的,玻璃管中的水位高度不仅受到玻璃球中空气温度的影响,还受到大气压强的影响,等等。

在此基础上,科学家们后来进行了反复改进,如把玻璃管倒过来,液体放在管内,玻璃管封闭起来等。比较突出的是法国天文学家布利奥(Boulliau)在

图 1.12 液体温度计

图 1.13 伽利略温度计示意图

1659 年制造的温度计,他把玻璃泡的体积缩小,并把测温物质改为水银。

1742 年瑞典天文学家摄尔修斯(Celsius)制定了摄氏温标,其温度单位是摄氏度,用 ℃ 表示。摄氏温标有两个固定点,即冰点和汽点。冰点是 1 个标准大气压下纯水和纯冰平衡时的温度,而汽点是 1 个标准大气压下纯水和水蒸气平衡时的温度。规定冰点和汽点的温度值分别为 0 ℃ 和 100 ℃,其间 100 等分,每一等分为 1 ℃。

当选水银作测温物质时,设水银的体积在冰点时为 $x_{冰点}$,在汽点时为 $x_{汽点}$,用 t 表示摄氏温标确定的温度值,则

$$t(x) = ax + b \tag{1.3.5}$$

将冰点和汽点代入式(1.3.5),有

$$0 = ax_{冰点} + b, \quad 100 = ax_{汽点} + b$$

得

$$a = \frac{100}{x_{汽点} - x_{冰点}}, \quad b = -\frac{100 x_{冰点}}{x_{汽点} - x_{冰点}}$$

则有

$$t(x) = 100 \frac{x - x_{冰点}}{x_{汽点} - x_{冰点}} \tag{1.3.6}$$

只要知道 x,就可以得到其所对应的摄氏温度 t。这种温度计的测量范围为 $-60 \sim 500\ ℃$。

我们也可以利用固体的热胀冷缩来标定温度。图 1.14 所示的是一种双金属膨胀式温度计。双金属片由热膨胀系数差别较大的两种金属叠焊在一起(图左),一端固定,另一端自由。当温度升高时,热膨胀系数大的金属片向热膨胀系数小的金属片弯曲。温度越高,弯曲程度越大。弯曲程度和温度的高低有对应关系,从而可以用双金属片的弯曲程度来指示温度。双金属片通常弯成螺旋状(图右),一端固定在温度计上,另一端与指针相连接,指针旋转指示温度变化。

图 1.14 双金属温度计结构示意图
利用两种金属的热膨胀差异来标定温度。

2. 热电阻温度计

纯金属的电阻率随温度的升高而增大,温度每升高 1 ℃,增加的电阻值约为 0 ℃ 时电阻值的千分之四,这个温度系数几乎和气体的热膨胀系数相当。我们可以利用导体或半导体的电阻与温度间的函数关系来标定温度。

铂的化学稳定性好,熔点高,容易化学提纯,是理想的电阻温度材料。在一定温度范围内,电阻和温度的关系可表示为

$$R = R_0(1 + At + Bt^2) \tag{1.3.7}$$

式中，t 为摄氏温度，R_0 是温度计在冰点时的电阻值，A 和 B 是常数，可由温度计在已知温度下的电阻值来确定。

半导体的电阻随温度的降低而迅速增大，低温下半导体电阻温度计的灵敏度比铂电阻温度计高得多。因此半导体温度计常被用于低温测量。

热电阻的测量方法有电位差计法和电桥法，其中电桥法又分为平衡电桥法和非平衡电桥法。平衡电桥法是最基本的热电阻测量方法，下面以二线制平衡电桥为例简单介绍。如图 1.15 所示，图中 R_1 和 R_2 为阻值已知的电阻，通过对 R_3 的调节使检流计 M 中无电流通过，电桥达到平衡。此时，有

$$R_t = \frac{R_2}{R_1} \cdot R_3$$

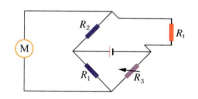

图 1.15 二线制平衡电桥测电阻示意

这种测量方法简单，但误差大，后来被进一步改进为三线制、四线制平衡电桥。

3. 热电偶温度计

热电偶温度计利用两种金属的结点处在不同温度时产生电动势来计量温度。

两种不同的金属丝 A 和 B 如图 1.16 所示构成回路，其中一个结点放在待测的温度区域（T），为工作端。另一个结点为参考端，温度为 T_0。由于 T 和 T_0 不同，回路中产生一个电动势，这种电动势称为温差电动势。温差电动势的大小取决于构成回路的材料及结点处的温度。当两种热电偶丝材料成分确定后，电动势只取决于工作端和参考端的温度，与金属丝的长度和直径无关。

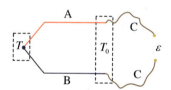

图 1.16 热电偶温度计示意图

用电位差计测出电动势，如果该电动势和温差之间的关系事先已经标定好，则根据已有的数据，就可以得出待测温度 T。另外，金属引线 C（通常是铜丝）对温差电动势测量无影响，只要 A 和 B 的连接点在同一温度处。

大多热电动势与温度的定标关系可表示为

$$\varepsilon(T, T_0) = A + BT + CT^2 + DT^3 \tag{1.3.8}$$

式中，A, B, C, D 为系数。

温差热电偶价格便宜，使用简单方便，测量范围大（$-200 \sim 1\,600\ ℃$），因此它被广泛地使用在工业生产中。

4. 光学高温计

任何物体在任何温度下，都在不断地以电磁波的形式向四周辐射能量，辐射能量与波长以及物体的温度有关，称为热辐射。

根据普朗克（Planck）定律，若物体温度为 T，单位时间内、单位面积上、在波长 λ 附近的单位波长间隔内的辐射能量 $J_\lambda(T)$ 为

$$J_\lambda(T) = \frac{c_1 \lambda^{-5}}{e^{\frac{c_2}{\lambda T}} - 1} \tag{1.3.9}$$

式中,c_1,c_2是常数,由物体的性质决定。若波长给定,则$J_\lambda(T)$由温度决定。温度越高,$J_\lambda(T)$越大,物体亮度也越大。光学高温计就是在选定的波长下,比较待测物体与灯丝的亮度来工作的。这与我们的经验类似,一个物体的温度高低可以从其颜色来判断,"白热"就是这个意思。所有实际物体的辐射量除依赖于辐射波长和物体的温度外,还与构成物体的材料以及表面状态和环境条件等因素有关。

光学高温计利用灯丝发出的光的亮度与受热物体的亮度相比较来测量受热物体的温度。图 1.17 是光学高温计的构造示意图。它由一个镜筒内装有红色滤光片和小灯泡的望远镜系统及测量电路构成。小灯泡 L、电池、可变电阻 R 和电流计 M 组成回路。灯丝由电池供电,其亮度取决于流过灯丝的电流大小。比较被测物和灯丝的亮度,调节可变电阻 R 来改变流过灯丝的电流,直到灯丝的亮度与被测物体的亮度相当、灯丝分辨不出为止。由于测量仪器已经被标定,不同的电流对应不同的温度,于是可以直接得出待测温度。

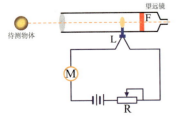

图 1.17 光学高温计的构造示意图

光学高温计的特点是结构简单,使用方便,无需与被测物体接触。另外,光学高温计量程较宽,有较高的精度,常用来测量 700~3 200 ℃ 范围的温度。当物体的温度较高时,光学高温计的灯泡将因亮度太高而失去稳定性。因此,在光学高温计中使用吸收玻璃来减弱被测物体的光辐射。使用吸收玻璃后,光学高温计的测温上限可以高达 10 000 ℃。

5. 红外测温仪

红外测温仪的测温原理与光学高温计类似,不同的是光学高温计使用可见光波段,而红外测温仪选用的是红外波段辐射,红外线的波段在 0.75~1 000 μm。

红外测温仪由光学系统、光电探测器、信号放大器及信号处理电路、显示输出系统等部分组成。光学系统汇聚其视场内目标的红外辐射能量,红外辐射能量聚焦在光电探测器上并转变为相应的电信号。该电信号经过放大器和信号处理电路,并按照一定的定标关系转变为被测目标的温度值。

自然界中,一切温度高于绝对零度的物体都在不停地向周围空间发出红外辐射能量。物体的红外辐射能量的大小与它的表面温度有关。因此,通过对物体自身辐射的红外能量的测量,便能准确地测定它的表面温度,这就是红外辐射测温的理论依据。

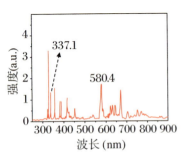

图 1.18 氮气的发射光谱

这是本书作者在工作中,利用氮气放电所获得的光发射谱图。

6. 光发射谱测量温度

当测温对象是气体时,随着气体温度升高或放电,大量原子或分子被激活和激发。它们在向低能级跃迁时会产生光发射(图 1.18),记录的谱线带有系统的信息,包括温度和密度。

这种测量牵涉到有关等离子体物理的知识,通常称为等离子体发射光谱测量。在这里,我们仅用一个简单的例子来描述。设某一种粒子从高能级的激发态向低能级跃迁时,产生的两条谱线的强度分别为 I_1 和 I_2。根据玻耳兹曼(Boltzmann)统计分布规律,它们的相对强度与能级及相关参数之间的关系为

$$\frac{I_1}{I_2} = \frac{g_1 A_1 \lambda_2}{g_2 A_2 \lambda_1} e^{-\frac{\varepsilon_1 - \varepsilon_2}{kT}} \qquad (1.3.10)$$

式中,λ,A,g 和 ε 分别是谱线的波长、跃迁几率、相应能级的简并度(统计权重)和激发能级。

利用式(1.3.10),可以得到温度 T。需要指出的是,只有当等离子体处在热力学平衡态时,这种方法测量的温度才可称为等离子体温度,否则 T 是对应于粒子处于某一激发态时的激发温度。当气体一旦被激活,温度这个概念就变得复杂多了,这在第 7 章将有所介绍。

1.3.3 理想气体温标

在使用以上温度计的过程中,大家可能已经注意到一个问题:除了在固定点的温度读数一致以外,测量的温度值与我们测量时所选用的温度计有关。究竟哪个温度计的读数是对的?我们目前的答案是,选择哪个都对。就是说,测量要指出使用了何种温度计,用了何种测温物质及何种测温属性。

但是,除了固定点以外,其他点的温度值也应该是唯一的,不会因为你选择的温度计的不同而变化。因此,必须找到一个特定种类的温度计作为"标准"温度计,其测量应不依赖于任何测温物质及其物理属性。否则,温度就不是物质的基本属性了。我们平时进行长度测量,基本方式就是用尺子去度量,拿尺子与待测物体进行比较,当然不同的尺子与标准尺子是有误差的。但对于温度,不用说测量误差了,就是温度测量方式本身就五花八门,那我们如何去做呢?

我们寻找的依据不是实验是否方便,而是要弄清楚由一特定温度计所测量的温度是否确实是物理学定律中一个有用的物理量,即是否科学、准确。

实验表明,各种温度计中,使用气体温度计的温度读数差异最小。这提示我们用一种气体作为测温物质。图 1.19 是定容气体温度计示意图。测量中通过调节水银槽的位置,使 A 侧的水银液柱的液面始终指向 O 点,由此保证测温泡 B 内的气体体积不变,则 A′侧水银液柱的高度 h 就表示测温泡 B 内气体与大气压强的压差。这样,根据式(1.3.3)即可求出待测温度 $T(p)$。

定容气体温度计常用的气体有氢气(H_2)、氦气(He)、氮气(N_2)、氧气(O_2)和空气。实验发现,当用各种不同气体作为测温物质时,所测的温度只有微小差别,而且随着温度计测温泡内气体量的减少,这种差别渐渐减小。在极限情

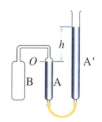

图 1.19 定容气体温度计示意图
测温泡 B 内贮有一定质量气体,经毛细管与水银槽 A 侧相连。

况下，即当气体非常稀薄（$p_{tr} \to 0$）时，差别将消失。因此用外推法所得的温度读数只取决于气体的共同性质，与气体种类无关。

图 1.20 给出了利用几种不同气体制作的定容气体温度计，在不同的 p_{tr} 时测量水的汽点温度的实验结果。从图中可以看出，温度计的测温泡中气体越稀薄，即 p_{tr} 越小，不同气体温标的差异越小；当压强趋于零时，各种气体定容温标的差别完全消失，给出的温度值为

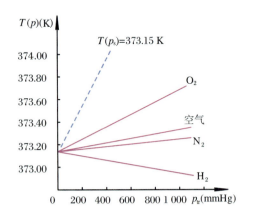

图 1.20 不同气体制作的温度计测量水的汽点的实验结果

$$\lim_{p_{tr} \to 0} T(p) = 373.15 \text{ K}$$

定压气体温度计也重复了以上实验结果，即气体越稀薄，p_{tr} 越小，各种气体定压温标的差别越小，直至消失，给出的 $T(V)$ 是一致的，即

$$\lim_{p_{tr} \to 0} T(V) = 373.15 \text{ K}$$

无论使用什么气体，所建立的定容温标或定压温标，在气体无限稀薄时，所测量的温度值都将趋于一个共同的极限值，这个极限温标叫做理想气体温标，即

$$T = \lim_{p_{tr} \to 0} T(p) = \lim_{p_{tr} \to 0} T(V) \tag{1.3.11}$$

需要指出的是，尽管理想气体温标不依赖于任何气体的个性，但它毕竟还依赖于气体的共性。对极低或极高的温度，它就不适用了。当温度降低，气体会产生液化，不能再使用气体温标；而在高温时，气体分子的内能要发生变化，理想气体的模型也就不再适用。我们将无限稀薄的气体称为理想气体，实际气体只有当其压强趋于零时才是严格意义上的理想气体。

1.3.4 热力学温标及其他温标

1. 热力学温标

能否建立一个温标,它完全不依赖于测温物质及其物理属性?在第5章中,我们将在热力学第二定律的基础上引入一种温标,称为热力学温标。它与任何测温物质及其物理属性都无关,因而也称为绝对温标。热力学温标是由开尔文(Kelvin)最先引入的,其单位叫开尔文,简称开,用 K 表示。1 K 为水的三相点的热力学温度的 1/273.16。

按照国际规定,热力学温标是最基本温标,一切温度测量最终都以热力学温标为准。虽然热力学温标只是一种理想化的温标,但我们可以证明,只要在理想气体温标适用(即气体温度计能精确测定)的范围内,热力学温标与理想气体温标是一致的。热力学温标可通过理想气体温标来实现。

2. 国际实用温标

在理想气体温标适用的范围内,热力学温标常以精密的气体温度计作为它的标准温度计。但在实际测量中气体温度计并非是一种很方便的仪器,它体积大、笨重,而且使它达到高精度很不容易,需要复杂的技术设备与优良的实验条件,还要考虑许多繁杂的修正因素。目前世界上只有少数几个实验室有条件能进行这项工作。

为了能更方便、简单地进行精确的温度计量,有必要制定一套实用温标。经过科学家们的长期努力,国际间多次协商,于 1927 年拟定了一套便捷得多的参考温标——国际温标(ITS-27)。国际实用温标是国际间协议性的温标,使用一系列固定的平衡点温度,重要的是这些温度固定点易于实验复制。此后,国际实用温标经过多次重大修订,亦日趋成熟。国际计量委员会颁布的最新版,是自 1990 年 1 月 1 日起在全世界实行的 1990 年国际温标(ITS-90)。

ITS-90 选定的固定点如表 1.1 所示。除了这些固定点以外,国际实用温标还定出了详细的内推步骤,以得到定点间的温度值。用这些固定点将温度分成若干区域,每个温区又规定一些基准仪器(如铂电阻温度计、铂铑热电偶温度计等)去测量;在同一温区的不同温度范围内给出不同的测温关系式。这些方法和公式能保证国际间的温度标准在相当精确的范围内一致,并尽可能地接近热力学温标。

表 1.1　1990 年国际实用温标(ITS-90)的温度定点

物质状态	T_{90}(K)	t_{90}(℃)
氦,蒸气压点	3.0~5.0	-270.15~-268.15
平衡氢三相点	13.803 3	-259.346 7
平衡氢沸点,3.3×10^4 Pa 下	≈17.0	≈-256.15
平衡氢沸点,1 个大气压下	≈20.3	≈-252.85
氖三相点	24.556 1	-248.593 9
氧三相点	54.358 4	-218.791 6
氩三相点	83.805 8	-189.344 2
汞三相点	234.315 6	-38.834 4
水三相点	273.16	0.01
镓溶点	302.914 6	29.764 6
铟凝固点	429.748 5	156.598 5
锡凝固点	505.078	231.928
锌凝固点	692.677	419.527
铝凝固点	933.473	660.323
银凝固点	1 234.93	961.78
金凝固点	1 337.33	1 064.18
铜凝固点	1 357.77	1 084.62

注:① 在 3~5 K 范围内,温度由氦的气-液平衡时蒸气压与温度的函数关系来确定。
② 平衡氢为正、仲氢分子处于平衡浓度时的氢。
③ 熔点和凝固点是指在 1 个大气压下,固-液相平衡时的温度。

3. 摄氏温标

为了统一摄氏温标和热力学温标,国际计量大会在 1960 年对摄氏温标作了新的定义,规定它由热力学温标导出。摄氏温标所确定的温度 t 与热力学温度 T 的关系如下:

$$t(\text{℃}) = T(\text{K}) - 273.15 \tag{1.3.12}$$

在新的规定下,摄氏温标的零点,等于热力学温度 273.15 K,摄氏温度的单位仍叫摄氏度,其温差与热力学温标相同。在新的定义下,摄氏温标的零点与冰点并不严格相等,但误差很小;类似地,汽点也不严格等于 100 ℃,但差别也很小。

在前面的理想气体温标中,选择的固定点是水的三相点,而没有采用冰点(273.15 K),虽然它们之间仅有 0.01 K 的差别。冰点是 1 个标准大气压下纯水和纯冰平衡时的温度。由于空气会不同程度地溶入冰水混合物中,影响其平衡状态,故冰点很难精确地复制。而水的三相点温度容易复制,在相当精确的范围之内,提供了一个非常方便的绝对标准。0.01 K 虽小,但在极低温度下,比如在第 7 章所介绍的低温世界中,你会发现 0.01 K 的误差还是很大的,甚至比所工作的温度还要大,即超过 100%的误差。

4. 华氏温标

在某些说英语的国家,除了摄氏温标外还沿用华氏温标。华氏温度的单位为华氏度,用 °F 表示。华氏温度和摄氏温度的换算关系为

$$t_F(°F) = 32 + \frac{9}{5} t(°C) \tag{1.3.13}$$

根据这个关系可以确定冰点(0.0 °C)为 32.0 °F,汽点(100.0 °C)为 212.0 °F。

1.4 不同温度下物质的聚集状态

热力学系统是由大数粒子组成的。微观粒子之间的相互作用及其运动状态不同,粒子堆积的密集程度也就不一样。所以,宏观上热力学系统呈现出固态、液态和气态三种不同的聚集状态,简称物态。相应的物体也就是大家常说的固体、液体和气体。

温度变化深刻地影响着自然界,而"温度并非常数"对物态的影响尤为明显。在自然界中,滴水成冰说的就是温度变化导致物态的改变。固、液、气三态在一定条件下可以相互转化。

1.4.1 固态

固体、液体是粒子密集系统,液态和固态统称为凝聚态。固体的主要宏观特征是具有一定的形状和体积。固体分为晶体和非晶体两大类,其中晶体又分为单晶体和多晶体。

1. 晶体

晶体有三个突出的宏观性质。晶体是由若干平面围成的凸多面体(图 1.21),这种平面称为晶面。晶面的交线为晶棱,晶棱汇集点为顶点,晶面间的夹角为晶面角。研究表明,对于同一种晶体,由于生长过程中所受的外界条件

不同,晶体的大小和形状可能不同,但相应晶面之间的夹角保持不变,称为晶面角守恒定律,它是鉴别不同晶体的重要方法之一。

 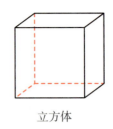 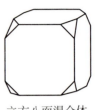

八面体　　　　　立方体　　　　　立方八面混合体

图 1.21　NaCl 晶体的外形示意图

单晶体在不同方向上具有不同的物理性质,称为晶体的各向异性。所谓各向异性是指物体在各方向上的物理性质如力学性质(硬度、杨氏模量)、热学性质(热膨胀系数、热导率)、电学性质(介电常量、电阻率)、光学性质(吸收系数、折射率)等有所不同。一块单晶体,沿某些方向平行的面很容易被劈开,而沿与这些方向垂直的面劈开就比较困难。例如,云母的结晶薄片,在外力作用下很容易沿平行于薄片的平面裂开,但使薄片断裂则要困难得多。这是晶体在不同方向上力学性质不同的表现。晶体的这种易于劈裂的平面称为解理面,单晶体外形显露的晶面往往是它的一些解理面。实验中发现的其他现象,如石墨加热时,沿某些方向膨胀,而沿另一些方向收缩;又如方解石的双折射现象,这些是晶体在热学和光学性质方面的各向异性。

在一定压强下加热一种晶体,它的温度升高。但到达某一温度时,晶体开始熔解。继续加热,温度保持不变,直到晶体全部熔解成液体。图 1.22 是晶体和非晶体在熔化过程中温度随时间变化的曲线。对晶体而言(图中的实线),固态和液态平衡共存的温度 T_0,就是一定压强下该晶体的熔点,晶体具有一定的熔点。

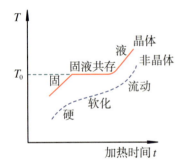

图 1.22　晶体与非晶体的熔化温度随时间变化的曲线

多晶体实际上是由很多小单晶体组成的。小晶粒的线度一般在 $10^{-4} \sim 10^{-3}$ cm。每一个晶粒内部具有各向异性。但各晶粒的空间取向和排列是无规则、随机分布的,因而多晶体没有规则的外形,且不呈现各向异性。图 1.23 是本书作者利用等离子体化学气相沉积技术制备的金刚石薄膜的扫描电镜照片,可以清楚地看出合成的金刚石薄膜的多晶特性。

图 1.23　等离子体化学气相沉积多晶金刚石薄膜的扫描电镜照片

金属和岩石大多属于多晶体。但是和单晶体一样,多晶体也具有确定的熔点,这是晶体的共性,是晶体内部结构规律具有共性的宏观表现。单晶体和多晶体的划分不是绝对的,当将多晶体中较大的晶粒取出或单独研究时,也可称之为单晶体。

世界上绝对完美无瑕的东西是不存在的,晶体也是有缺陷的。晶体的缺陷有多种,有面缺陷(晶粒间界面缺陷)、线缺陷(位错)和点缺陷(空位和填隙原子,将在第2章介绍)。值得一提的是,晶体中的缺陷会对晶体物性产生极大的影响。

2．非晶体

非晶体,如玻璃、石蜡、橡胶、沥青、松脂等,不具有各向异性、固定的熔点等性质。非晶体没有一定的熔点,而有一个软化间隔,如图 1.22 中的虚线所示。加热时,随温度升高,它首先变软,然后逐渐由稠变稀。加热石蜡、普通玻璃就可以观察到这样的现象。正是由于非晶体玻璃没有确定的熔点,在熔化为液体之前先有一个软化阶段,这样可以把软化的玻璃吹制成各种式样的器皿。

1.4.2　液态与气态

液态是一种常见的物质存在形态,这种物质形态介于气态和固态之间。液体有相对稳定的体积,但无确定的形状。液体有流动性,把它放在什么形状的容器中就呈现什么形状。所以,液体和气体一起合称为流体。另一方面,液体像固体那样,不容易压缩且具有一定的体积,故又把它和固体一起称为凝聚态物体。

液体在物理性质上是各向同性的。这点和非晶体一样,从某种意义上说,非晶体固体可以看作"过冷液体"。

某些化合物,在由晶体熔解为液体的过程中,要经过一个(或几个)中间态,这种处在过渡状态的物质称为液晶。它既具有液体的流动性,又具有晶体的光学各向异性。液晶是某些物质的一种"中间态",只能当温度 T 在 $T_1 < T < T_2$ 的范围内存在。温度下限 T_1 叫熔点,当温度低于 T_1 时表现为普通的晶体。温度的上限 T_2 为清亮点,当温度高于 T_2 时表现为普通的、各向同性的液体。除了热效应外,人们还发现了液晶的磁效应、光电效应等,利用这些效应,液晶在电子工业、航空、生物等领域获得重要应用。图 1.24 是采用液晶为材料的显示器(Liquid Crystal Display)。

液体加热会变成气态,气体没有固定的形状和体积。气体具有流动性,能自动地充满任何容器。气体容易被压缩,物理性质各向同性。

图 1.24　液晶显示器

1.5 物态方程

1.5.1 一般情形

一个热力学系统所处的平衡态,有一组几何的、力学的、电磁的和化学的独立参量,在一定的平衡态,这四类参量都具有一定的数值。而热力学第零定律又告诉我们,在平衡态下,系统具有确定的温度。温度的改变必然引起其他参量的变化,因此温度一定是其他状态参量的函数。

经验证明,对于一定质量的简单固体(各向同性)、液体或气体,在不考虑表面张力、不存在外场(重力场、电磁场)时,它们的状态可用 p,V,T 三个参量中的任意两个作为状态参量来描述,这类系统称为 p-V 系统。因此 p-V 系统的温度 T 一定是 p 和 V 的函数,即

$$T = f(p, V) \tag{1.5.1}$$

或把上式写成隐函数形式,即

$$F(T, p, V) = 0 \tag{1.5.2}$$

式(1.5.1)或式(1.5.2)称为系统的物态方程,给出了系统处于平衡态时热力学参量之间的函数关系。

普遍来说,若描述系统平衡态的状态参量为 $(x_1, x_2, \cdots, x_n)$,则系统的物态方程可以表示为

$$F(x_1, x_2, \cdots, x_n) = 0$$

一般情况下,我们并不知道物体的热力学参量之间的关系,即系统的状态方程是未知的。对于大部分的液体和固体而言,甚至连粗略的近似都没有。但有一点是肯定的,对一定的物质来说,$F(x_1, x_2, \cdots, x_n) = 0$ 一定会存在,**这是真实的,与我们是否知道无关。**

物态方程不能从热学的宏观理论推出来。热力学理论肯定了物态方程的存在,但它并不能告诉我们特定系统的物态方程的具体形式。物态方程常常由具体的实验数据和理论分析给出。一些简单的物态方程也可以在假设的微观模型的基础上,应用统计物理的方法导出,但它仍然需要通过实验验证。

1.5.2 各向同性的固体与液体的状态方程

热胀冷缩是指物体体积随温度的变化,是我们生活中常见的现象。

1. 体膨胀

对一定量的化学纯的简单固体(各向同性)或液体的平衡态,物态方程的一般形式可表示为式(1.5.2)。若选择压强 p 和温度 T 为状态参量,则体积 V 可表示为

$$V = V(p, T)$$

当系统的压强 p 和温度 T 发生微小变化时,体积的变化量 dV 可写为

$$dV = \left(\frac{\partial V}{\partial T}\right)_p dT + \left(\frac{\partial V}{\partial p}\right)_T dp \quad (1.5.3)$$

式中,$\left(\frac{\partial V}{\partial T}\right)_p$ 表示当系统的压强保持不变时体积随温度的变化率,$\left(\frac{\partial V}{\partial p}\right)_T$ 表示当系统的温度不变时体积随压强的变化率。显然它们都与系统的体积有关,随体积增大而增大。为了更好地反映物质本身的属性,定义

$$\alpha \equiv \frac{1}{V}\left(\frac{\partial V}{\partial T}\right)_p \quad (1.5.4)$$

为等压体膨胀系数,表示等压条件下,体积随温度的相对变化率。类似地定义

$$\beta \equiv -\frac{1}{V}\left(\frac{\partial V}{\partial p}\right)_T \quad (1.5.5)$$

为等温压缩系数,表示等温条件下,体积随压强的相对变化率。式(1.5.5)右边的负号表示当温度恒定时,物体的体积总是随压强的增大而减小。

利用等压体膨胀系数和等温压缩系数,式(1.5.3)可改写为

$$dV = \alpha V dT - \beta V dp \quad (1.5.6)$$

如果由实验测得 α, β 与 T, p 的关系,我们就可以由式(1.5.6)求出状态方程,反之亦然。

在一定温度范围内,α, β 可近似视为常数,精确到一级近似,可得简单固体与液体的状态方程为

$$V = V_0[1 + \alpha(T - T_0) - \beta(p - p_0)] \quad (1.5.7)$$

2. 线膨胀

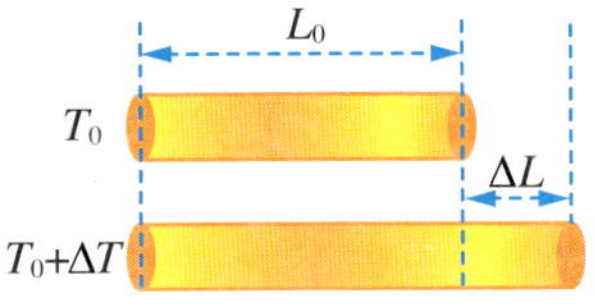

在实际中常常需要考虑对象在某个方向上随温度的变化，这时可以用线度代替体积来描述系统随温度的变化。这类现象一般发生在大气环境中，所以我们可以不考虑压强的改变。

设在温度 T 时，棒长为 L_0。当温度升高 ΔT 时，棒长改变 ΔL，如图 1.25 所示。实验表明，如果温度变化不是太大，ΔL 与 ΔT 成正比，即

$$\Delta L = \alpha_l L_0 \Delta T \tag{1.5.8}$$

式中，α_l 为线膨胀系数。则在温度 $T + \Delta T$ 时，棒长为

$$L = L_0 + \Delta L = L_0 + \alpha_l L_0 \Delta T = L_0(1 + \alpha_l \Delta T) \tag{1.5.9}$$

对各向同性材料而言，一维线性变化遵循方程(1.5.9)。因此 L 可以是棒的长度、正方形板的边长或圆孔的直径。但对一些在不同方向上膨胀不一致的材料，如晶体和木材等，式(1.5.8)并不成立。对于一定的材料，α_l 随 T_0 和温度改变的间隔 ΔT 而变化；但当温度变化不大时，α_l 可以近似看成常数。

温度升高通常导致液体和固体的体积增加。实验表明，当温度改变不大时（如小于 100 ℃），体积的增加近似与温度变化成正比，即

$$\Delta V = \alpha V_0 \Delta T \tag{1.5.10}$$

体膨胀系数 α 随温度略有变化。对许多物质而言，当温度降低时，α 变小。一般温度下固体的体膨胀系数的数量级在 $10^{-5} \sim 10^{-4}$ K^{-1}，比液体的体膨胀系数小一个数量级。表 1.2 是几种材料在 20 ℃ 时的线膨胀系数和体膨胀系数。

图 1.25 线膨胀示意图

表 1.2 几种材料在 20 ℃ 时的线膨胀系数和体膨胀系数

材料		线膨胀系数 α_l (10^{-6} K^{-1})	体膨胀系数 α (10^{-6} K^{-1})
固体	铝	25	75
	铅	29	87
	铜	19	56
	铁	12	35
	混凝土和砖	≈12	≈36
	石英	0.4	1
	普通玻璃	9	27

续表

材料		线膨胀系数 α_l (10^{-6} K^{-1})	体膨胀系数 α (10^{-6} K^{-1})
液体	水银		180
	汽油		950
	酒精		1 100
	甘油		500
	水		210
气体	空气(大部分气体、标准大气压下)		3 400

对各向同性的固体,在一级近似情况下,可证明体膨胀系数与线膨胀系数之间的关系为

$$\alpha \equiv 3\alpha_l$$

温度变化会引起物体热胀冷缩,如果阻止物体的形变,那么在物体中将产生热应力。我们分别考虑棒自由和棒两端被固定这两种情况的形变。对一截面积为 A、长为 L_0 的棒,当温度增加 ΔT 时,若棒自由,根据式(1.5.8)有

$$\Delta L = \alpha_l L_0 \Delta T \quad 即 \quad \frac{\Delta L}{L_0} = \alpha_l \Delta T$$

在温度升高 ΔT 时,若棒两端固定,不让其自由伸缩,则棒中的应力 F/A 必须增大,且增大到与棒产生相同的形变量 $\Delta L/L_0$ 相当。则根据胡克(Hooke)定律,棒中的应力 F/A 与应变 $\Delta L/L_0$ 成正比,即

$$\frac{F}{A} = -Y\frac{\Delta L}{L_0}$$

式中,Y 是杨氏模量。实验发现,杨氏模量 Y 与 F 关系很小,主要取决于温度。在温度变化范围不大时可把 Y 看成常数。将 $\Delta L/L_0 = \alpha_l \Delta T$ 代入,则有

$$\alpha_l L_0 \Delta T = -\frac{1}{Y}\frac{F}{A}L_0$$

所以温度变化时在棒中所产生的热应力为

$$\frac{F}{A} = -\alpha_l Y \Delta T \tag{1.5.11}$$

式中,F/A 为热应力,单位是 N·m^{-2};$\Delta T = T - T_0$。负号表示当温度升高时 ($\Delta T > 0$),产生的是压应力;当温度降低时($\Delta T < 0$),产生的是张应力。表1.3列出了一些金属材料的杨氏模量值。热应力可以很大,足以超过物体的弹性限

度。让我们来看一个例子。

表 1.3 一些金属材料的杨氏模量值

材料	铝	铜	铁	铅	银
$Y(10^{10}\,\text{N}\cdot\text{m}^{-2})$	7.0	12.0	20.0	1.16	8.0

例 1.1 一条高速公路由 10 m 长混凝土单元无缝连接而成,对接处的截面积是 0.20 m²。如果高速公路是在 10 ℃温度下施工建成的,当环境温度升高到 40 ℃时,会产生多大的压应力? 已知混凝土的杨氏模量 $Y = 20 \times 10^9$ N·m^{-2}。

解 已知温度升高 $\Delta T = 30$ K,杨氏模量 $Y = 20 \times 10^9$ N·m^{-2},由表 1.2 可知,$\alpha_l = 12 \times 10^{-6}$ K^{-1}。

根据式(1.5.11),压力为

$$F = \alpha_l Y \Delta T A$$
$$= (12 \times 10^{-6}\,\text{K}^{-1}) \times (30\,\text{K}) \times (20 \times 10^9\,\text{N}\cdot\text{m}^{-2}) \times (0.20\,\text{m}^2)$$
$$= 1.4 \times 10^6\,\text{N}$$

这个压力是相当大的。考虑到建造过程中混凝土本身的非对称,还有可能引发其他形式的应力如切应力和张应力。这些会使混凝土遭到破坏。

在很多工程中,系统设计时要考虑到温度变化产生的热应力。例如在桥梁中,将桥的一段固定在桥墩上,另一端放在滚轴上。还有,在长的水蒸气管道上插入一些可伸缩的接头或一段 U 型管。图 1.26 显示的是混凝土路面的接缝,被用于释放由热胀冷缩而导致的热应力。另一方面,固体在非均匀加热时,会由于非均匀膨胀而产生内应力。例如,当把沸水倒入厚壁玻璃杯时,容易造成杯子破裂。

图 1.26 混凝土路面的接缝
用于释放由热胀冷缩而导致的热应力。

1.5.3 气体状态方程

1. 气体的实验定律

对于气体,人们经过大量的实验研究,总结出气体的状态参量关系的三个实验定律:玻意耳(*Boyle*)定律、盖-吕萨克(*Gay-Lussac*)定律和查理(*Charles*)定律。

玻意耳定律:
一定质量的气体,若温度保持不变,则其压强与体积成反比,即

$$pV = 常数 \tag{1.5.12}$$

一定量的气体温度保持不变时,只要它的压强不太高,温度不太低,都近似遵从玻意耳定律。式(1.5.12)中的常数与温度有关,对不同温度取不同值。

用体积 V 作为横坐标,压强 p 作为纵坐标,将式(1.5.12)表示为如图1.27所示的一条曲线。曲线上每一点代表系统的一个状态,且各点温度都相同,故称等温线。

盖-吕萨克定律和查理定律,则分别表示一定量的气体在压强保持不变或体积保持不变时,状态参量间的关系。

盖-吕萨克定律(等压过程):

$$\frac{V}{T} = 常数 \qquad (1.5.13)$$

查理定律(等体过程):

$$\frac{p}{T} = 常数 \qquad (1.5.14)$$

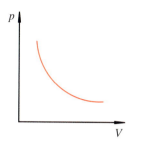

图 1.27　p-V 图上的等温线

需要指出的是,上述两式中的 T 均取热力学温度。

2. 理想气体的物态方程

在玻意耳定律的基础上,我们来进一步讨论气体的物态方程。设一定质量的某种气体的两个平衡态分别为状态1(p_1, V_1, T_1)和状态2(p_2, V_2, T_2),如图1.28所示。

我们可以设想,利用该气体作为工作物质制成一定容气体温度计,来测量温度 T_1 和 T_2。在状态 1,显示压强为 p_1 时,温度则为 $T_1(p)$。根据式(1.3.3),有

$$T_1(p) = 273.16\,\text{K} \cdot \frac{p_1}{p_{\text{tr}}} \qquad (1.5.15)$$

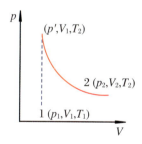

图 1.28　状态变化

式中,p_{tr} 为该气体在水的三相点时的压强。再将其等体变化到压强 p',在状态 (p', V_1, T_2)时有

$$T_2(p) = 273.16\,\text{K} \cdot \frac{p'}{p_{\text{tr}}} \qquad (1.5.16)$$

式中,$T_2(p)$ 是与 p' 对应的温度。由式(1.5.15)和(1.5.16)可得 $\frac{p'}{p_1} = \frac{T_2(p)}{T_1(p)}$,则

$$p' = \frac{T_2(p)}{T_1(p)} p_1 \qquad (1.5.17)$$

进一步将气体从状态(p', V_1, T_2)等温变化到状态 2 (p_2, V_2, T_2)。根据玻意

耳定律有

$$p'V_1 = p_2 V_2 \tag{1.5.18}$$

将式(1.5.17)代入式(1.5.18),则有

$$\frac{p_1 V_1}{T_1(p)} = \frac{p_2 V_2}{T_2(p)} \tag{1.5.19}$$

显然,若气体不同,方程(1.5.19)中对应的 $T_1(p)$ 和 $T_2(p)$ 值不一样。但当气体非常稀薄时,根据理想气体温标有

$$T_1(p) \to T_1, \quad T_2(p) \to T_2$$

因此,式(1.5.19)可变为

$$\frac{p_1 V_1}{T_1} = \frac{p_2 V_2}{T_2} \tag{1.5.20}$$

方程(1.5.20)是在气体压强趋于零时得到的,尽管其形式上与式(1.5.19)类似,但意义却大不相同。方程(1.5.20)不再依赖于气体种类,只要气体无限稀薄,就严格满足该方程。**不同气体表现出的这种共性并非偶然,而是反映了气体一定的内在规律。**

为了概括并研究这种共同的规律,我们引入理想气体的概念,称严格遵循方程(1.5.20)的气体为理想气体,则方程(1.5.20)为理想气体状态方程。理想气体是个理想模型,可以近似地应用这一模型来概括压强不是很高的实际气体;压强越低,这种描述的精确度越高。

理想气体模型确定后,常温常压下的气体研究被大大简化。人们把三个气体实验定律统一起来,得到一个更一般的理想气体状态方程,简洁地反映出气体压强、温度和体积三个状态参量之间的关系,揭示出气体的共同本质。另一方面,也作为进一步研究的起点,如修正为范德瓦耳斯(van der Waals)方程。对复杂事物的认识,是不可能一步到位的。实验已经表明,在压强趋于零时,式(1.5.20)对任何气体都适用。对多数气体,一般的常温常压,该定律也近似成立。

3. 常用的几个物理量

在式(1.5.20)中,物理量的单位均取国际单位,压强的单位为 $N \cdot m^{-2}$,称为帕斯卡(用 Pa 表示)。在实际应用中,压强还常用一些其他单位。如,大气压(atm)、托(Torr)、毫米汞柱(mmHg)、巴(bar)、工程大气压($kgf \cdot cm^{-2}$)等。大气压由当地的空气柱重量所导致,1个标准大气压是指在纬度45°的海平面上的常年平均大气压,当温度为0 ℃时,为76 cm高的汞柱所产生的压强。它们与Pa 的关系如下:

1 atm = 1.013 25 × 10⁵ Pa = 1.013 25 bar = 760 Torr = 760 mmHg
1 Pa = 10⁻⁵ bar = 7.501 × 10⁻³ Torr
1 Torr = 1 mmHg = 1.333 2 × 10² Pa = 1.333 2 × 10⁻³ bar
1 工程大气压 = 1 kgf · cm⁻² = 0.980 665 × 10⁵ Pa = 0.967 8 atm

1811 年,阿伏伽德罗(A. Avogadro)提出了一个假设,在温度和压强相同的情况下,1 摩尔任何气体所占的体积都相等。这个假设后来得到验证,称之为阿伏伽德罗定律。

在国际单位制中,表示一个系统物质的量的基本单位是摩尔(mol)。1 mol 所包含的基本单元数与 0.012 kg 的 ^{12}C 所包含的原子数相等。这个数目就是阿伏伽德罗常量 N_A。根据实验测定,可得

$$N_A = 6.022\ 136\ 7 \times 10^{23}\ \text{mol}^{-1}$$

国际上规定,一个碳同位素 ^{12}C 的原子的质量 m_C 的 1/12 定义为原子质量单位 u,

$$1\ \text{u} = \frac{0.012}{12 N_A}\ \text{kg} = \frac{1}{N_A} \times 10^{-3}\ \text{kg} = 1.660\ 540\ 1 \times 10^{-27}\ \text{kg}$$

物质的分子量 m_r 是分子质量 m 相对于原子质量单位 u 的比值,即 $m_r = m/(1\text{u})$,则 1 mol 物质的质量(摩尔质量)μ 为

$$\mu = N_A m = m_r \times 10^{-3}\ \text{kg} \cdot \text{mol}^{-1}$$

根据阿伏伽德罗定律,1 摩尔任何气体的 pV/T 值都相同,不随气体种类而变化。物理学中规定,压强为 1 个标准大气压、温度为 0 ℃ 的状况为标准状况。实验测得,在标准状况下,即当 $p_0 = 1\ \text{atm} = 1.013\ 25 \times 10^5\ \text{Pa}$,$T_0 = 273.15$ K 时,气体的摩尔体积为

$$V_m = 22.413\ 88 \times 10^{-3}\ \text{m}^3 \cdot \text{mol}^{-1}$$

将 p_0, T_0, V_m 代入 pV/T,则得

$$R = \frac{p_0 V_m}{T_0} = 8.314\ 472\ \text{J} \cdot \text{mol}^{-1} \cdot \text{K}^{-1}$$
$$= 8.205\ 7 \times 10^{-2}\ \text{L} \cdot \text{atm} \cdot \text{mol}^{-1} \cdot \text{K}^{-1}$$
$$= 1.987\ 2\ \text{cal} \cdot \text{mol}^{-1} \cdot \text{K}^{-1} \approx 2\ \text{cal} \cdot \text{mol}^{-1} \cdot \text{K}^{-1}$$

R 称为普适气体常量。

有了以上几个物理量后,我们可以改写方程(1.5.20)。将质量为 M 或摩尔数为 ν 的理想气体在标准条件下的参量 (p_0, V_0, T_0) 代入方程(1.5.20),则有

$$\frac{pV}{T} = \frac{p_0 V_0}{T_0}$$

而 $V_0 = \nu V_m = \dfrac{M}{\mu} V_m$，则有

$$\frac{pV}{T} = \frac{p_0 V_0}{T_0} = \nu \frac{p_0 V_m}{T_0} = \nu R = \frac{M}{\mu} R$$

即

$$pV = \nu RT = \frac{M}{\mu} RT \tag{1.5.21}$$

式中，μ，M 体现系统的特征，p，V，T 是系统在平衡态的状态参量。

理想气体状态方程(1.5.21)具有普遍意义。在压强趋于零时，一切气体压强、温度和体积的变化关系具有共性，表现为严格地遵从该方程。实际气体通常较好地遵从该定律；压强越低，近似程度就越高；不同气体的个性表现为遵从方程的准确程度不同，且随压强降低，准确程度越高。

图 1.29 一种常用于低温测量的气体温度计

例 1.2 某汽车司机在大热天开始长途行驶前检查了轮胎的压强为 2.14×10^5 Pa，气温为 22 ℃。经过几个小时的路途后，他检查轮胎的压强是 2.55×10^5 Pa，试求轮胎里的空气温度。

解 已知初态压强为 $p_0 = 2.14 \times 10^5$ Pa，终态压强为 $p_0 = 2.55 \times 10^5$ Pa。假设没有漏气，忽略轮胎体积变化，则由理想气体状态方程得

$$\frac{T}{T_0} = \frac{\dfrac{pV}{\nu R}}{\dfrac{p_0 V}{\nu R}} = \frac{p}{p_0}$$

则

$$T = \frac{p}{p_0} T_0 = 1.19 T_0$$

在理想气体状态方程 $pV = \nu RT$ 中，T 代表的是绝对温度，$T_0 = 295.15$ K，所以

$$T = 295.15 \text{ K} \times 1.19 = 351.23 \text{ K}$$

换成摄氏温度，即 77.90 ℃。可以看出，轮胎的温度上升了约 56 ℃。可见轮胎在冷或热的时候压强是不一样的。我们应该在轮胎冷的时候测量压强来判定胎内气体是否充足。而在轮胎跑得热的时候测量胎压，可能考虑压强大会放气降压，这将导致正常温度下胎压的严重不足。

例 1.3 图 1.29 所示为低温测量中常用的一种气体温度计。其中 A 为测温泡，体积为 V_A，B 为压力计，体积为 V_B，两者通过导热性能差的长毛细管 C 连通。测量时，先将温度计在室温 T_0 下充气到压强 p_0 密封。然后将温

度计的测温泡浸入待测物质(如液化空气)中。设测温泡内气体与待测物质达到热平衡后,压力计测得气体压强为 p,试求待测物质的温度 T。

解 已知测温前 A 和 B 中气体压强同为 p_0。设 A 和 B 中原有气体质量分别为 m_A 和 m_B,μ 为气体摩尔质量。则

$$\frac{p_0 V_A}{T_0} = \frac{m_A}{\mu} R, \quad \frac{p_0 V_B}{T_0} = \frac{m_B}{\mu} R$$

将两式相加,得

$$\frac{p_0(V_A + V_B)}{T_0} = \frac{m_A + m_B}{\mu} R \tag{1.5.22}$$

降温过程中,有部分气体(设质量为 Δm)由 B 进入 A。因为毛细管导热性能很差,测温泡温度降为 T 时,压力计中气体温度仍为室温 T_0;但由于毛细管将 A 和 B 联通,则 A 和 B 的压强同为 p。同 V_A 和 V_B 相比,毛细管的体积可忽略。则分别有

$$\frac{p V_A}{T} = \frac{m_A + \Delta m}{\mu} R, \quad \frac{p V_B}{T_0} = \frac{m_B - \Delta m}{\mu} R$$

将两式相加,得

$$p\left(\frac{V_A}{T} + \frac{V_B}{T_0}\right) = \frac{m_A + m_B}{\mu} R \tag{1.5.23}$$

由式(1.5.22)和(1.5.23)可得

$$\frac{p_0(V_A + V_B)}{T_0} = p\left(\frac{V_A}{T} + \frac{V_B}{T_0}\right)$$

所以

$$T = \frac{p}{p_0} \frac{T_0}{1 + \frac{V_B}{V_A}\left(1 - \frac{p}{p_0}\right)}$$

4. 混合理想气体的状态方程

上面讨论的是化学成分单一的气体。在很多问题中,往往遇到包含几种不同化学成分的混合气体。对混合气体的压强,有一条实验定律——道尔顿(Dalton)分压定律:"混合气体的压强等于各成分气体的分压强之和。"

所谓分压强是指单一成分气体在与混合气体同体积、同温度的条件下所产生的压强。道尔顿分压定律可用公式表示为

$$p = p_1 + p_2 + \cdots + p_n \tag{1.5.24}$$

式中，$p_1, p_2, \cdots, p_n$ 为分压强。

由道尔顿分压定律，可以把式(1.5.21)推广到混合气体。设混合气体由 n 种气体组成，第 i 种成分的质量为 m_i，摩尔质量为 μ_i，分压强为 p_i，按照上述分压强的定义，可得

$$p_i V = \frac{m_i}{\mu_i} RT$$

式中，V, T 分别表示混合气体的体积和温度。对 n 种气体，各有一个这样的状态方程。把这 n 个方程叠加起来，考虑到混合气体的压强 $p = p_1 + p_2 + \cdots + p_n = \sum_{i=1}^{n} p_i$，得

$$pV = \left(\sum_{i=1}^{n} \frac{m_i}{\mu_i}\right) RT \tag{1.5.25}$$

$M = m_1 + m_2 + m_3 + \cdots + m_n$，$\nu = \sum_{i=1}^{n} \nu_i$，定义混合气体的平均摩尔质量为

$$\bar{\mu} = \frac{M}{\nu} = \frac{M}{\sum_{i=1}^{n} \nu_i} = \frac{\sum_{i=1}^{n} m_i}{\sum_{i=1}^{n} \frac{m_i}{\mu_i}}$$

将 M 和 $\bar{\mu}$ 代入式(1.5.25)，得

$$pV = \frac{M}{\bar{\mu}} RT$$

这就是混合理想气体的状态方程，它和单组分的理想气体的状态方程形式一样，但必须注意式中各量都对应于混合气体。

例1.4 已知空气中几种主要组分氮气、氧气、氩气的体积百分比分别是 $78\%, 21\%, 1\%$。求在标准状况下空气中各组分的分压强、密度以及空气的密度。已知氮气、氧气、氩气的分子量分别是 $28.0, 32.0, 39.9$。

解 混合气体中各组分的体积百分比指每一组分处在混合气体的压强与温度下所占体积和混合气体体积之比。设氮气、氧气、氩气单独存在时在标准状况下的体积分别为 V_1, V_2, V_3，V 为空气的体积，则

$$V_1 = 0.78V, \quad V_2 = 0.21V, \quad V_3 = 0.01V$$

将它们混合成标准状态下的空气，相应的状态变化为：

$$(氮气)\ p, V_1, T \rightarrow p_1, V, T$$
$$(氧气)\ p, V_2, T \rightarrow p_2, V, T$$
$$(氩气)\ p, V_3, T \rightarrow p_3, V, T$$

其中 $p = 1.0$ atm，是标准状态下的压强；p_1, p_2, p_3 分别为三种组分的分压强。由于温度不变，有

$$pV_1 = p_1 V, \quad pV_2 = p_2 V, \quad pV_3 = p_3 V$$

由物态方程(1.5.21)，可以求出混合气体的分压强为

$$p_1 = \frac{V_1}{V} p = 0.78 p = 0.78 \text{ atm}$$

$$p_2 = \frac{V_2}{V} p = 0.21 p = 0.21 \text{ atm}$$

$$p_3 = \frac{V_3}{V} p = 0.01 p = 0.01 \text{ atm}$$

在标准状况下空气中各组分的密度为

$$\rho = \frac{M}{V} = \frac{p\mu}{RT}$$

所以标准状况下氮气、氧气、氩气组分的密度分别为

$$\rho_1 = \frac{p_1 \mu_1}{RT} = \frac{0.78 \text{ atm} \times 28.0 \times 10^{-3} \text{ kg} \cdot \text{mol}^{-1}}{8.21 \times 10^{-2} \text{ atm} \cdot \text{L} \cdot \text{mol}^{-1} \cdot \text{K}^{-1} \cdot 273 \text{ K}}$$
$$= 0.97 \times 10^{-3} \text{ kg} \cdot \text{L}^{-1}$$

$$\rho_2 = \frac{p_2 \mu_2}{RT} = \frac{0.21 \text{ atm} \times 32.0 \times 10^{-3} \text{ kg} \times \text{mol}^{-1}}{8.21 \times 10^{-2} \text{ atm} \cdot \text{L} \cdot \text{mol}^{-1} \cdot \text{K}^{-1} \times 273 \text{ K}}$$
$$= 0.30 \times 10^{-3} \text{ kg} \cdot \text{L}^{-1}$$

$$\rho_3 = \frac{p_3 \mu_3}{RT} = \frac{0.01 \text{ atm} \times 39.9 \times 10^{-3} \text{ kg} \cdot \text{mol}^{-1}}{8.21 \times 10^{-2} \text{ atm} \cdot \text{L} \cdot \text{mol}^{-1} \cdot \text{K}^{-1} \times 273 \text{ K}}$$
$$= 0.02 \times 10^{-3} \text{ kg} \cdot \text{L}^{-1}$$

相应的，空气的密度为

$$\rho = \rho_1 + \rho_1 + \rho_1 = 1.29 \times 10^{-3} \text{ kg} \cdot \text{L}^{-1}$$

5. 实际气体的状态方程

尽管理想气体状态方程是在气体压强趋于零的情况下给出的，但在通常的压强和温度条件下，理想气体状态方程还是能很好地解决实际问题。例如，在温度为 0 ℃、压强为几个大气压甚至更高的情况下，理想气体状态方程可以很好地反映氢气的性质。

在一些实际应用中，我们经常遇到处理高温气体或低温气体的问题。例如，在现代化大型蒸汽机中，采用高温高压水蒸气作为工作物质。在这种情况

下,理想气体状态方程就不适用了。人们做了大量工作,积累了非常多的资料,建立了非理想气体的状态方程。所有这些方程可以分为两类:一类方程的基本出发点是物质结构的微观理论,这类方程的特点是形式简单,物理意义清晰,具有一定的普遍性和概括性,但在实际应用中,所得的结果常常不够精确;另外一类是经验和半经验的状态方程,这类方程尽管形式复杂,但每个方程只是在某一特定范围内适用,因此有较高的准确度。下面就分别以范德瓦耳斯方程和昂尼斯(Onnes)方程为例来简单地介绍这两类方程。

范德瓦耳斯方程:该方程考虑到分子间的引力和斥力作用,对理想气体方程进行修正。对 1 mol 气体,范德瓦耳斯气体的状态方程表示为

$$\left(p + \frac{a}{V^2}\right)(V - b) = RT \tag{1.5.26}$$

式中,a 和 b 对一定气体来说都是常数,$\frac{a}{V^2}$ 表示分子之间的吸引力所引起的修正,而 b 是分子之间的排斥力所引起的修正。若气体密度足够低,范德瓦耳斯气体的状态方程就还原为理想气体方程。范德瓦耳斯气体方程是从气体分子结构上做一些假设推导出来的,但其中的参数仍由实验确定,表 1.4 列出了几种常用气体的 a,b 实验值。

表 1.4 几种常用气体的范德瓦耳斯常量

气体	$a(\text{Pa} \cdot \text{m}^6 \cdot \text{mol}^{-2})$	$b(10^{-6} \cdot \text{m}^3 \cdot \text{mol}^{-1})$
氦	0.003 45	23.4
氢	0.024 8	26.6
氧	0.138	31.8
氮	0.137	38.5
氩	0.132	30.2

为了说明范德瓦耳斯方程的准确程度,我们在表 1.5 中给出了 0 ℃时、1 mol 氢气在不同的压强下实验测得的 pV 值和 $\left(p + \frac{a}{V^2}\right)(V - b)$ 值。在 0 ℃情况下,$RT = 22.41$ atm·L。从该表可以看出,在 1 个到几十个大气压范围,pV 和 $\left(p + \frac{a}{V^2}\right)(V - b)$ 的值都与 RT 没什么区别,即理想气体状态方程与范德瓦耳斯方程都能很好地反映氢气的性质。当压强达到 100 atm 时,氢气的 pV 值已与 RT 出现偏差,到 500 atm 时,理想气体方程偏离实际情况已经较远。但直到 1 000 atm,范德瓦耳斯方程的偏差还不算过大。

表 1.5　0 ℃时 1 mol 氢气理想气体状态方程与范德瓦耳斯方程准确度比较

压强(atm)	pV(atm·L)	$\left(p+\dfrac{a}{V^2}\right)(V-b)$(atm·L)
1	22.41	22.41
100	24.00	22.6
500	30.85	22.0
1 000	38.55	18.9

昂尼斯方程：昂尼斯提出用级数来表示气体状态方程，即

$$pV = A + Bp + Cp^2 + Dp^3 + \cdots \quad (1.5.27)$$

或

$$pV = A'(1 + B'p + C'p^2 + D'p^3 + \cdots) \quad (1.5.28)$$

式中，$A, B, C, D\cdots$ 或 $A', B', C', D'\cdots$ 分别称为第一、二、三、四……维里系数，均为温度的函数，并与气体的性质有关。显然，当压强趋于零时，式(1.5.27)就回到理想气体状态方程。因此，级数中第一项后面的其他项，都可视为偏离理想气体的修正。表 1.6 是五个不同温度下氮气的维里系数的实验值。从该表中可以看出，在同一温度下的维里系数的数量级减小得很快。这说明方程中只有前面几项较为重要，在实际应用中往往只需取前几项。

表 1.6　氮气的维里系数的实验值

温度(K)	$B'(10^{-3}\ \mathrm{atm}^{-1})$	$C'(10^{-6}\ \mathrm{atm}^{-2})$	$D'(10^{-9}\ \mathrm{atm}^{-3})$
100	－17.951	－348.7	－216.630
200	－2.125	－0.0801	＋57.27
300	－0.183	＋2.08	＋2.98
400	＋0.279	＋1.14	－0.97
500	＋0.408	＋0.623	－0.89

昂尼斯方程还常用下列形式来表示：

$$pV = A + \frac{B_V}{V} + \frac{C_V}{V^2} + \frac{D_V}{V^3} + \cdots \quad (1.5.29)$$

式中，$A, B_V, C_V, D_V\cdots$ 都是温度的函数，并与气体的性质有关，它们也称为维里系数。

昂尼斯方程不仅适应性强，在实际计算中广泛使用，而且有重要的理论意义。各种状态方程，一般都可展开成级数形式。例如，范德瓦耳斯方程可展

开为

$$pV = RT\left(1 - \frac{b}{V}\right)^{-1} - \frac{a}{V}$$

根据二项式定理,有

$$\left(1 - \frac{b}{V}\right)^{-1} = 1 + \frac{b}{V} + \frac{b^2}{V^2} + \cdots$$

代入上式即得

$$pV = RT + \frac{RTb - a}{V} + \frac{RTb^2}{V^2} + \cdots$$

与昂尼斯方程(1.5.29)比较可得

$$A = RT, \quad B_V = RTb - a, \quad C_V = RTb^2, \quad \cdots$$

第 2 章 热运动统计规律

"花气袭人知骤暖,鹊声穿树喜新晴",描绘了气候变暖而"花气袭人"、天气放晴则"鹊声穿树"的清新怡人的自然景致。从热学角度来看,这是花朵分泌出的香物质分子的热运动以及随气温升高热运动加快所致。**热运动是微观粒子的基本运动形式,尽管形式上看杂乱无序,实则乱中有章,具有一定的规律。**我们所看到的宏观热现象正是大数粒子微观运动的集体表现。本章我们将从微观角度来了解粒子热运动的基本图像及规律。

2.1 物质的微观模型

2.1.1 原子-分子论

1. 原子与分子

在日常生活中,我们对物质的感知是具体而实在的,像水、面包、石块、空气等等。这些形态各异、千差万别的物质有没有统一性?这个问题一直困扰着人类,激励无数的思想家、科学家去溯本求源。

早在我国古代,先贤们就提出了金、木、水、火、土的五行学说,认为大自然由这五种要素构成。这是对物质世界本质认识的思想萌芽。物质是由微小粒子组成的这一观念,可以远溯到公元前 450 年左右古希腊哲学家德谟克利特(Democritus)的推测。他提出物质是由许多肉眼看不见的微粒构成的,这种微粒叫做"atom"(图 2.1),希腊文中"不可分"的意思,而现在称 atom 为原子。德谟克利特思想中的原子是指组成物质的基本单元,是坚不可摧的,当然还不是我们今天所认识的原子。一直到近代,原子的概念还未被实验证实,只是一个有根据的猜想或假设。

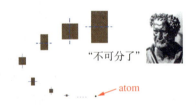

图 2.1 德谟克利特的"原子"

17 世纪以后,科学家们在观察和实验的基础上,发展了古代的原子论,建立起今天科学的原子-分子论:一切物质都是由原子、分子组成的;分子是保持物质一切化学性质的最小单元;分子可以用化学方法分解为更小的粒子——原子,而原子是化学方法不可分割的最小粒子。近代物理学的发展已经表明,原子是由原子核(带正电)和若干核外电子(带负电)组成(图 2.2);原子核又由中子和质子组成。对不同的分子或原子而言,电子、质子和中子都是一样的,只是数量各异。当然,这些粒子仍然是有内部结构的,这里就不再进一步讨论了。

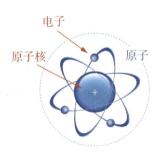

图 2.2 原子结构示意图

表 2.1 列出了几种常见的气体和金属的分子或原子的有效直径(平均值),其原子、分子的线度在 10^{-10} m 的数量级。最简单的分子只含有一个原子,而大分子可以由成千上万的原子组成。

表 2.1　0 ℃ 时几种常见的气体和金属的分子或原子的有效直径　　　单位：10^{-10} m

氦(He)	氮(N_2)	氧(O_2)	二氧化碳(CO_2)	铁(Fe)	铜(Cu)	水银(Hg)
1.9	3.1	3.0	3.3	2.5	2.5	3.0

对很小或很大的数目进行估计时，我们能估计到 10 的乘方就足够好了，如数目接近 10^{-10} 还是 10^{10} 等，这称之为数量级估计。对数量级进行估计，而不期望得到准确的单一答案，这是一种正确选择。在物理学中，每个物理量对不同研究对象有着不同的数量级要求。学习物理，就应该留意对各种事物做粗略的数量级估算，有意识地养成这种习惯。这对增强物理现象的实感、提高认识事物本质的能力是非常重要的。直接记住一些典型物理量的数量级，是进一步对其他数量级进行估计的基础。

任何宏观物质都含有极大数目的原子和分子。例如，标准情况下 1 cm^3 气体的分子数的数量级是 10^{19}；1 cm^3 水中约有 $3.3×10^{22}$ 个分子；而 1 μm^3 水中有 $3.3×10^{10}$ 个分子，这是目前世界人口数的 5 倍。

原子、分子的线度太小，不能用肉眼直接看到。用光学显微镜观察时，由于光的衍射，视觉经过光学显微镜只能分辨线度比可见光波长大得多的物体。可见光的波长约在 400～750 nm 的范围，而一般分子的线度数量级为 10^{-1} nm。尽管如此，很多宏观现象能间接说明这一特征。例如气体易被压缩；水在 4 万个大气压下，体积被压缩三分之一；钢筒中的油在 2 万个大气压下可以透过筒壁渗出；相同体积的水和乙醇，均匀混合后的体积小于混合前两者体积之和。这些事实均说明气体、液体、固体是不连续的，它们都是由分子或原子构成的，粒子间有间隙，而且不同物质的分子或原子的大小和间隙各不相同。

2. 分子运动的观点

大家都有这样的经历，一进蛋糕店，面包的香味就扑鼻而来；春天的公园里花香袭人……这些都源于分子的运动。**一切物体的分子都在做永不停息的无规则运动**，称之为热运动，这是原子-分子论的主要观点之一。这些香物质分子一旦进入空气中，运动着的空气分子就撞击香物质分子，使之四处运动、散布开来，最终被你感知。将墨汁滴入一杯水中，它会在水中扩散开来而形成均匀液体，这也是分子运动所致。

分子热运动最形象化的实验观察是布朗运动。1827 年英国植物学家布朗（R. Brown）通过显微镜看到悬浮在液体中的花粉到处游来游去（图 2.3）。若把视线集中于某一微粒，可看到其不停地做短促的跳跃，其方向不断改变且毫无规则。这种微粒在液体中不停的无规则运动，称为布朗运动，运动着的微粒叫布朗粒子。布朗运动开始被认为可能与生命物质有关，后来布朗对玻璃粉、金属粉等无生命的物质进行了观察，同样看到类似花粉的无规则运动现象，因而否定了这种运动与生命现象有关的解释。后来精确的实验也排除了外界干

图 2.3　布朗运动示意图
悬浮颗粒的运动沿着一条不规则路径，毫无规律。

扰的因素(如震动、液体本身的对流等)。

限于当时的物理发展水平和物理学家的认识能力,布朗的发现并没有引起人们足够的重视。科学家们对这一奇异的现象研究了50年,但都无法解释清楚。直到1877年,德耳索(Delsaulx)提出布朗运动是由悬浮微粒受周围液体分子碰撞的不平衡引起的。分子是运动的,由于分子之间频繁的碰撞,每个分子运动方向和速率都在不断地改变。任何时刻,液体或气体内部各分子的运动速率有大有小,运动方向也各不相同。布朗粒子比分子大得多,液体分子不断地从四面八方冲击悬浮颗粒。当颗粒足够小时,在任一瞬间,分子从各个方向对颗粒的冲击作用并不平衡,颗粒朝冲击作用较弱的那个方向移动。在下一瞬间,分子从各个方向对颗粒的冲击作用在另一个方向较弱,于是颗粒的运动方向发生改变。因此,在显微镜下看到的布朗运动并非是分子运动,而是液体分子运动的一种效应。

到了1905年,物理学家爱因斯坦(A. Einstein)运用统计理论的观点,对布朗粒子受到运动分子的随机碰撞进行了计算,建立起布朗运动理论,理论的预言能够通过实验来检验。后来开展的实验工作证实了爱因斯坦的计算结果,这使分子运动的观点被人们普遍接受。布朗运动这一具有经典意义的物理研究课题的最终解决,成为了在物理学中确立分子运动观点的重要依据。这一伟大发现却源于一个植物学家的一次偶然观察,可见观察对于形成物理研究课题的重要意义。

布朗运动的实质是无规则的随机涨落,这种现象不仅在自然界中大量存在,在工程技术中也很常见。自20世纪初开始的布朗运动理论,发展至今天,内容丰富、涉及众多领域,在物理、化学、电子工程、生物、社会科学都有广泛的应用。

实验指出,布朗运动的剧烈程度与温度高低有显著的关系。随着温度升高,悬浮颗粒的运动加剧。这实际上反映出分子无规则运动的剧烈程度与温度有关。温度越高,分子的无规则运动就越剧烈,这是分子无规则运动的一种规律。正是因为分子的无规则运动与物体的温度有关,所以通常把这种运动叫做分子的热运动。

3. 分子力观点

我们已经知道连续的固体、液体和气体是由大量运动着的分子组成的。一方面,固体和液体能保持一定的体积,说明相隔一定距离的固体和液体分子能聚集在一起、不分散;将切成两段的铅柱重新对接、挤压,两端加不大的压力就能将它们结合起来,这些都表明分子之间存在着吸引力。另一方面,处于热运动中的分子之间仍保持一定的距离,热运动要使分子尽量散开;固体和液体很难被压缩,又表明分子之间存在着相互排斥力。

大量事实告诉我们,分子间作用力与分子间距离有关。当分子接近至一定距离之后出现吸引力,距离减小吸引力增大。当它们之间距离太小时,就会出现斥力。分子间斥力发生作用的距离比引力发生作用的距离要小,并且分子间斥力随距离的减小而急剧增大,以致分子之间产生强烈的排斥,使分子很难进一步靠近。对分子间相互作用机制的了解,需要深入到其内部结构。

从以上看出,一切宏观物体都是由大量分子(或原子)组成的。决定物质热现象、热性质的根本原因是分子的热运动和分子力作用。所有的分子都处在不停的无规则热运动中;分子之间有相互作用力;分子作用力使分子聚集在一起,在空间形成某种规则的分布(通常叫做有序排列),而分子的无规则运动将破坏这种有序排列,使分子分散开来。

2.1.2 固体的微观特征

1. 固体分子的作用力与热运动特征

在固体中,微观粒子间的距离比较小,约在 10^{-10} m 数量级,粒子间有较强的相互作用。因此,固体中分子力占主导地位,分子在相互作用力的影响下被束缚在各自的平衡位置附近做微小的振动。

固体内大量分子的这种永不停息的振动,称为热振动。它是分子热运动的另外一种表现形式。固体的分子数密度极大(1 cm³ 约 10^{23} 个),这些粒子间有强烈的、复杂的相互作用,使得分子热振动的振幅、频率大小不一,振动方向各不相同,能量也有大有小,而且随时间发生变化,表现出热运动的混乱和无序。

2. 晶体的微观结构

在固体中,相对于热运动而言,分子力占主导地位。若暂不考虑分子运动,不难想象所有分子都会整齐地在空间排列起来,形成一个周期性的点阵。这种情况下分子聚集最稳定,因为一个分子受周围的其他分子的作用力自然就相互抵消了。完全有序的周期性排列是固体中分子聚集最稳定的状态,称为固体的晶体状态,简称晶态。

晶体是由原子规则排列形成的,这一思想早在 1860 年就被提出了。直到 1912 年德国物理学家劳厄(Max Van Laue)用 X 射线衍射现象证实了晶体内部粒子的有规则排列,这种想法才得以确认。至今,X 射线衍射仍然是物质晶体结构研究的重要手段。随着科学技术的发展,今天人们已经能用电子显微镜对晶体的微观结构进行直接观察。大量的实验事实都证明了晶体内部这种长程有序的周期性结构。大的单晶体中,规则排列可以在巨大数量的原子和分子中延伸,线度为 10^{-2} m 量级的晶体内,组成晶体的粒子将成亿次地、周期性地重复排列着。

晶体是由分子、原子、离子或原子(离子)团在三维空间作周期性重复排列组成的物体。这些结构的基元简单地统称为晶体的粒子。晶体粒子质心所在平衡位置的点称为结点。结点的总体称为空间点阵。空间点阵具有周期性,指的是晶体的平移对称性。从点阵中任何一个结点出发,向任何方向作射线,如经过一定的距离后遇到另一结点,再经过相同距离后必遇到第三个结点(图2.4)……这个距离称为平移周期,不同的方向有不同的平移周期。由于空间点阵的平移周期性,可取一个以结点为顶点、边长等于平移周期的平行六面体作为一个基本的几何单元,它的重复排列,可以形成整个点阵。这种几何单元称为原胞。正因为晶体内部对称的粒子排列,才导致了晶体令人惊讶的对称性外观。

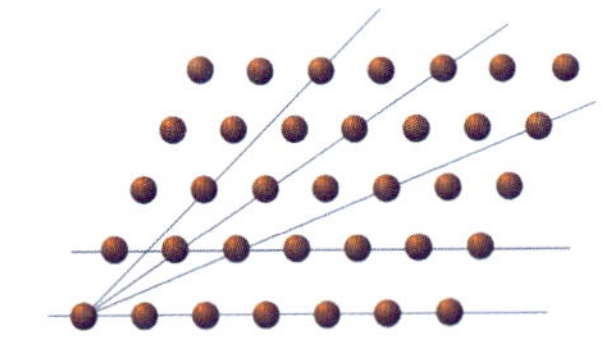

图 2.4　晶体的空间点阵

粒子在空间有规则地排列的同时,也以一定的振幅在平衡位置附近振动,形成了晶体基本的微观物理图像,成为解释其宏观性质和发生的微观过程的基础。

3. 晶体中粒子的结合力

晶体中粒子间存在着相互作用的结合力。结合力的特点是:当粒子间距较大时表现为吸引力,粒子间距过小时则呈现为排斥力。使原子与原子、或分子与分子等结合起来的作用力,称为化学键。典型的化学键有离子键、共价键、范德瓦耳斯键、金属键和氢键这五类。这些不同类型的化学键决定了物质粒子间结合的强弱,同时也决定了物质的基本物性,如密度、硬度、弹性,以及晶体的热、光、电磁性质。

根据量子理论和原子光谱实验事实可知,原子中的电子绕原子核的运动是分层的,称为电子壳层。如果一个原子最外部的电子壳层正好填满了电子,则这种原子化学性质特别稳定,例如氦、氖、氩等惰性气体的原子。如果一个原子最外部电子壳层中电子(价电子)少,如锂、钠等原子,则它们很容易失去最外部电子壳层中的电子而变成带正电的离子。这种倾向于失去价电子的元素,称为正电性元素。如果原子的价电子多,则原子有获得电子而使外层电子饱和的趋势。例如,氟、氯等原子从外部获得一个电子后壳层将被填满,成为带负电的离子。这种有获得电子而使最外部电子层趋于饱和的元素,称为负电性元素。

离子键　由正电性元素和负电性元素组成晶体,正电性元素失去电子而成为正离子,负电性元素获得电子成为负离子,正、负离子间的静电力称为离子键。由离子键的作用组成的晶体为离子晶体。离子晶体由正离子和负离子构成空间点阵。NaCl就是一种典型的离子晶体(图2.5)。它由 Na^+ 和 Cl^- 相间排列组成,每个 Na^+ 周围有 6 个 Cl^-,每个 Cl^- 周围有 6 个 Na^+。离子键的作用强,因此离子晶体具有熔点高、挥发性低和压缩模量大等特点。

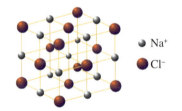

图 2.5　NaCl 晶体结构示意图

共价键　当两个氢原子组成氢分子时,两个电子同时围绕两个原子核运动,为两个原子所共有。这种因共有电子而产生的结合力叫共价键,其化合物叫共价化合物,如 CO_2,SO_2 等。

完全由负电性元素组成晶体时,粒子之间的结合力就是共价键。碳原子、硅原子、锗原子的最外部电子层有 4 个价电子,虽负电性不强,但可以共有的电子最多,因此最易通过共价键形成晶体。靠原子间共有电子产生结合力而形成空间点阵的晶体,如金刚石、碳化硅等,叫原子晶体。由于共价键的作用力很强,所以原子晶体具有硬度大、熔点高、导电性低等特点。图 2.6(a)所示的是金刚石晶体。金刚石晶体中,每个碳原子与邻近的 4 个碳原子以共价键相结合,形成四面体结构,它是自然界中最硬的物质。

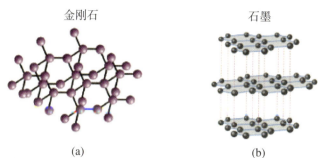

图 2.6 金刚石和石墨的结构示意图

范德瓦耳斯键 最外部电子层已饱和的原子(如 Ar,Ne 等惰性气体)或分子(如 HCl,CO,O_2 等)在低温下形成晶体时,中性粒子间的吸引力叫范德瓦耳斯键,由这种键作用所组成的晶体叫分子晶体。这个吸引力很微弱,与气体分子间的引力性质相同,主要是来自于原子间瞬时感应电偶极矩的相互作用,即由分子或原子内正、负电荷的微小分离而产生的偶极力,为静电力中未完全抵消的残余部分,因而它比离子间的静电力弱得多。因此,分子晶体的硬度小、熔点低。

金属键 构成金属的原子失去部分最外层电子而以正离子的形式排列在点阵的结点上,脱离的电子不再受原子束缚而成为自由电子,为整块金属的全部原子所共有。一块金属因存在自由电子而具有导电性。

自由电子提供了电荷密度均匀的负电荷背景,自由电子的总体称为电子气。带正电的金属离子相互排斥但受到邻近电子气的吸引。每个离子相对于其他离子有确定的位置。自由电子的整体和金属的正离子相互作用形成正离子的空间点阵。可以这样理解:正离子在某一结点的存在正是处于一种平衡,如果某个正离子有脱离点阵的趋势,自由电子的整体将施加作用力使它保持在原来的结点上。这样的结合力叫金属键,由金属键的作用把粒子结合起来的晶体叫金属晶体。与离子晶体和原子晶体不同,金属键无方向性,金属中各粒子较易变更它们的位置,因而金属的延展性较大。金属键的作用可以很强,如金属钨、铁等具有较高的熔点、较高的硬度和较低的挥发性。金属键的作用也可以很弱,因此有些金属具有较低的熔点和硬度,如钠、汞等。

氢键 我们再讨论一下氢键。氢键是由氢原子参与的一种特殊类型的化学键。氢原子的核外只有一个电子,该电子与负电性原子的外层电子形成共价键后,氢原子的原子核几乎暴露在外,还可以与其他负电性原子相互吸引。这种在共价键外氢原子所独有的与其他负电性原子的吸引力称为氢键。以氢键结合的晶体称为氢键晶体。图2.7所示的是冰的氢键结构,氢键本质上是范德瓦耳斯键,但有一定的饱和性和方向性。氢键的强度与范德瓦耳斯键同数量级。

需要指出的是,对于大多数晶体而言,结合力不是单纯的而是综合性的,即晶体的结合往往是几种键共同作用的结果。例如,石墨与金刚石同样是由碳原子组成的,但石墨中碳原子之间却存在3种键作用。图2.6(b)是石墨结构的示意图。它具有层状结构,石墨中的每一个碳原子有3个电子以共价键的形式与周围的3个碳原子相互作用;另一个电子为层中所有原子共有,以金属键的形式与层中所有碳原子相互作用;层与层之间则以范德瓦耳斯键相互作用。因此,共价键、金属键和分子键在石墨晶体中都起作用。由于层与层之间的作用力弱,故石墨很柔软,适宜用作轴承中的润滑剂;层与层之间的距离比较大,因此石墨的比重小于金刚石的比重;又由于每一层中有共有电子,所以它又具有良好的导电性。从这个例子可以看出,结合力是决定固体性质的重要因素。

4. 非晶体

通常的玻璃、沥青、橡胶、塑料等属于非晶态固体。非晶体只能在极小的范围内(例如几个原子的尺度内)显示出规则性排列,因而具有长程无序、短程有序的特点。非晶态固体的长程无序主要反映在其原子排列缺乏周期性,整体结构没有规律。但是在任一原子周围数个原子范围内,其近邻原子配位数、近邻原子的相对位置等都存在一定程度的规律,即在短程表现出一定的有序性。

2.1.3 液体的微观特征

理想晶体中分子力占主导地位,而在理想气体中分子热运动占绝对优势。这两个模型的理论都很成熟。液体的情况是介于两个极端之间,问题变得非常难处理,至今没有统一的理论模型。

1. 液体的短程有序结构

液体分子间的距离也很小,约比固体的平均距离大3%,因此液体也被看成是分子密集堆积的。液体分子间的作用力要比气体分子间的作用力强得多。

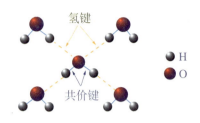

图2.7 冰的氢键结构

在冰中,H_2O分子通过氢键连接,每个氧原子周围有4个氢原子,其中2个氢原子通过共价键与它连接,另外2个氢原子通过氢键与它连接,故形成很空旷的空间结构。当冰融化后,其空旷结构瓦解,成为堆积密度较大的液态,故水的密度比冰的大。冰融化时只有一小部分氢键断裂,在20℃的水里氢键大约还保留一半,即使在沸点附近的水中仍有可观的数量。氢键决定了水的一系列独特的热学性质。例如水在0~4℃温区内热缩冷胀,4℃时密度最大。当温度从0℃逐渐升高,存在着氢键不断断裂和热膨胀两个相反的机制:一是部分氢键被破坏,空旷区域继续被水分子填入而使密度升高;另外一种是正常液体的热膨胀现象。在4℃以下,第一种因素占优势,故在0~4℃间,水反常膨胀,表现为热缩冷胀;在4℃以上,第二种因素占优势,为正常膨胀。还有水的比热和汽化热都很高,这也是由于水中仍保留相当数量的氢键的缘故。

在这较强的相互作用力作用下,液体分子不会像气体分子那样总是扩散到不论多大容器的整个空间,而是紧密地聚集在一定的空间,从而液体具有一定的体积。

液体分子间的相互作用力很大,因此液体分子的热运动与晶体相近,主要是在平衡位置附近作微小振动。液体分子只在微小区域内和一个短暂的时间中保持一定的规则性排列,表现出短程有序的特点(图 2.8)。随着时间变化,这些分子有规则排列的微小区域的大小和边界都是在不断地变化的;一些分子有规则排列的微小区域会完全瓦解,与此同时,另外一些新的有规则排列的微小区域又会形成。从宏观来看,各个微小区域间分子排列是无序混乱的。正是由于液体分子这种近程有序、远程无序的特点,使得液体在宏观上呈现出各向同性的性质。

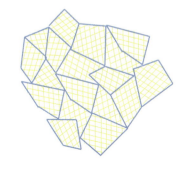

图 2.8 液体的微观结构示意图

2. 液体分子的热运动特征

液体分子间的距离接近固体分子间的距离,与晶体相比,通常情况下液体分子间空隙大一些。因此液体分子不会长时间在一个固定平衡位置上振动,仅仅在一个平衡位置保持一短暂的时间。在某一平衡位置上振动一段时间后,就会转移到另一平衡位置去振动;再经过一段时间后,又转移到第三个平衡位置去振动。从而液体分子可以在整个体积中移动。

液体分子在各个平衡位置振动的时间长短不一。但在一定的温度及压强下,各种液体分子在平衡位置振动的时间都有其一定的平均值,叫做定居时间 τ。对于液态金属,定居时间 τ 的数量级为 10^{-10} s,而水的定居时间 τ 的数量级为 10^{-11} s。分子在平衡位置附近振动的周期 τ_0 大约比 τ 小两个数量级,所以平均来讲,分子要经过上百次振动后才迁移一次。

液体分子热运动有点像牧民的游牧生活,较长时间的定居与短暂的搬迁总是不断地交替进行。既有平衡位置附近作振动的热运动方式,又包含有如气体分子在气体所占空间内到处迁移类似的热运动方式。液体分子的这种热运动形式,正是宏观上液体同时具有确定的体积和流动性的根源。如果液体"过冷了",以致于定居时间 $\tau \to \infty$,液体就成了非晶态固体;反之,如果液体"过热了",以致于 $\tau \to 0$,液体也就成了气体。定居时间 τ 的大小既体现了分子力的作用,又体现了无规则热运动的作用。

液体分子的定居时间 τ 宏观上是很小的。通常情况下,当有外力作用时,在外力作用的时间内液体分子已经发生了很大的移动。但如果液体上所受作用力的作用时间很短促,以致小于定居时间 τ,这时液体会呈现一系列固体所特有的力学现象,如发生弹性形变、脆性断裂等。在非常强的短暂冲击力作用下,液体也会像玻璃一样被击成碎块。

3. 液晶

液晶相材料的分子都是棒状分子或盘形、平板状分子,分子刚性大,不易变形。根据液晶分子的不同排列情况,液晶可分为三种类型(图2.9)。

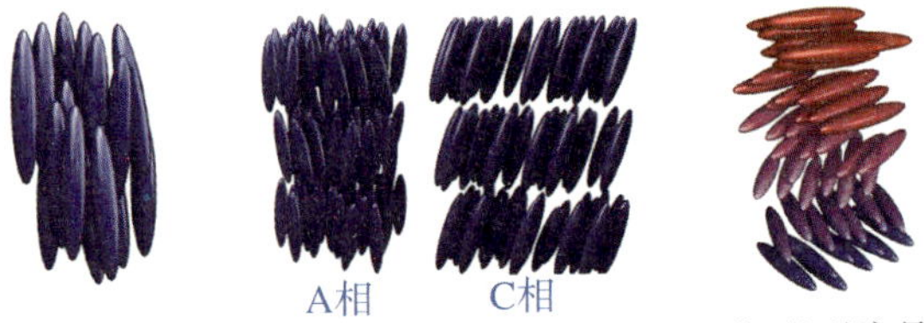

　　　　　　　　　　　　　　A相　　C相
(a) 向列型液晶　　(b) 近晶型液晶　　(c) 胆甾型液晶

图 2.9　液晶的三种类型

向列型液晶　向列型液晶的分子结构如图 2.9(a)所示。这类棒状分子的长轴大致平行排列,表现出取向的长程有序,但它们的质心位置并不长程有序,分子排列并不成层。向列相分子能上下、左右、前后运动,相对来说流动性较大。这种分子的排列和运动较自由,对外力敏感,目前是液晶显示器的主要材料。

近晶型液晶　图 2.9(b)给出两种类型近晶型液晶的分子结构示意图。分子呈棒状,排列成层,其方向可以垂直层面或与层面倾斜。分子能在本层平面内活动,但不会来往于各层之间。分子运动受到较大约束,因而流动性差,黏度大。因为分子排列较整齐,近似于晶体,故称近晶型液晶。

胆甾型液晶　这种液晶的分子分层排列,层内分子相互平行,但相邻两层分子排列方向稍有旋转,夹角约为 15′,如图 2.9(c)所示。这样层层地叠起来形成螺旋结构,当分子的排列旋转了 360°后又会回到原来的方向。分子排列完全相同的两层间的距离称为螺距。螺距与可见光波长同数量级。

　　处于液晶状态的物质具有特殊的微观结构,因而呈现出许多奇特的性质。当向列型液晶不受外电场作用时,其分子成平行排列,液晶是透明的。在一定的电场作用下,液晶中发生湍流,使液晶变成了不再透明的混沌状态。去掉电场,液晶又恢复透明状态。向列型液晶的这种性质称为动态散射效应。利用这种效应可以制作各种显示仪器,如数码文字和图像的显示等。在作数码显示时,可以将两个透明电极间的液晶涂成数码字,如果不加电压,液晶透明,光没有反射,看不见数码字;当加电压时,由于动态散射效应,液晶成为不透明的反射物,数码字就显示出来。

　　胆甾型液晶的螺距对温度非常敏感,温度升高时螺距减小。当螺距与光的波长一致时,就产生强烈的选择性反射,除此波长外的光被吸收,液面呈该波长的光色,这称为液晶的温度效应。温度变化时,光的颜色可以覆盖整个可见光波段。用胆甾型液晶制成的显示元件能够以光色来辨别温度的高低,可用于机器、电路、人体的灵敏的温度探测器。

　　液晶对外界的磁、声、应力、辐射等作用变化很敏感,外界对液晶的微小作用能量,就能使液晶的结构发生变化,从而产生诸多效应,这些效应有着极其广泛的应用。

2.1.4 气体的微观特征

1. 分子力特征

气体分子间的平均距离比固体、液体分子间的距离大得多,在通常情况下要大一个数量级,约为 10^{-9} m。因此,气体分子间作用力比固、液体分子间的要弱得多,分子间相互作用相对简单些。根据现代物理学的观点,分子是由原子组成的,原子是由带正电的原子核和带负电的电子组成的。带负电的电子绕核运动,形成电子云。气体分子之间的相互作用力按其发生的原因来说,可以分为由带电粒子之间的静电相互作用引起的作用力和微观粒子运动的量子效应引起的作用力。分子间引力来自电磁相互作用,例如有些分子正、负电荷中心不重合,存在固有的电偶极矩,这些偶极矩的相互作用形成引力作用;有些分子无固有的电偶极矩,也会因分子内部电子的运动及分子间的相互感应产生瞬时电偶极矩,导致静电相互作用等。而排斥力与量子相互作用有关,需要用量子力学才能解释清楚。

分子间相互作用的规律复杂,很难用一个简明的数学公式来表示。我们在处理分子间相互作用时,通常用一些简化的模型。一种常用的模型是假设分子间的相互作用力具有球对称性,并近似地用下列半经验公式来表示:

$$f = \frac{b}{r^s} - \frac{a}{r^t} \quad (s > t) \tag{2.1.1}$$

式中,r 为两个分子中心的间距,a,b,s,t 都是正数,需根据实验数据来确定。式(2.1.1)中第一项是正的,代表斥力;第二项是负的,代表引力。由于 s 和 t 都比较大,所以分子间作用力随分子间距 r 的增加而急剧地减小,如图 2.10(a)所示。这种力可以认为具有一定的有效作用距离,当超出有效作用距离时,作用力实际上可以完全忽略。由于 $s > t$,所以斥力的有效作用距离比引力的小。

更多情况下用分子间相互作用势能来表示分子间的相互作用。分子间引力和斥力都是有心力,因而为保守力。从力的表达式(2.1.1)可求出分子之间的势能 ε_p。分子势能的增量与分子间的距离改变 $\mathrm{d}r$ 的关系为 $\mathrm{d}\varepsilon_p = -f\mathrm{d}r$。当取两个分子相距极远($r = \infty$)时的势能为零,则距离为 r 时的势能为

$$\varepsilon_p = -\int_{\infty}^{r} f\mathrm{d}r = \frac{b'}{r^{s-1}} - \frac{a'}{r^{t-1}} \tag{2.1.2}$$

其中第一项为斥力势能,第二项为引力势能,常数 $b' = \dfrac{b}{s-1}$,$a' = \dfrac{a}{t-1}$。分子间相互作用势能 ε_p 与 r 之间的关系如图 2.10(b) 所示。

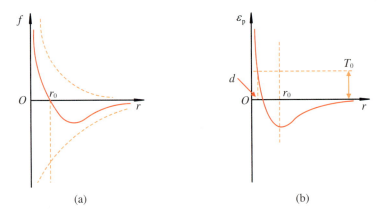

图 2.10　分子之间的相互作用力和势能曲线

下面我们根据势能曲线来说明两个气体分子间的相互作用。设一个分子静止,其中心固定在图 2.10(b) 中的坐标原点处。从无穷远处来了一个动能为 T_0 的分子(势能为零),由于 r 较大,分子力表现为引力。随着 r 逐渐减小,分子动能 T 逐渐增加,势能逐渐减小。当分子间的距离减小到 r_0 时,引力与斥力正好相等而抵消,使得分子间作用力为零,这时势能最小。距离 $r = r_0$ 称为平衡位置。

当 $r < r_0$ 时,分子力表现为斥力。斥力随距离的减小迅速增加。相应地,势能也急剧增大而动能减少。当 $r = d$ 时,势能 $\varepsilon_p = T_0$,动能全部转化为势能。在强大的斥力作用下分子几乎不能进一步靠近而被排斥开来。这便是通常所说的分子间"弹性碰撞"过程的形象描述。

d 实质上是指分子碰撞的有效直径,即两分子相互对心碰撞时,两分子质心间的最短距离。若把分子看成弹性球,则球直径为 d。d 显然与 T_0 有关,但由于势能曲线的"斥力段"非常陡,不同的 T_0 对应的 d 相差很小,通常取 d 的平均值为分子的有效直径。显然分子力不属于万有引力,二者相差甚远。例如,两个相距 4×10^{-10} m 的氦原子,万有引力仅为分子力的 10^{-29} 倍,分子力的本质是电磁力。

在分子运动论中,除了上述模型外,还常用到一些更加简化的模型。

体积趋于零的刚球模型　对于稀薄气体,分子本身的线度与分子间的平均距离相比可以忽略不计,除了在碰撞的一瞬间有相互作用外,不必考虑分子间的相互作用。这实际上是把分子当作"质点"来处理。势能与 r 的关系为:当 $r \to 0$ 时,$\varepsilon_p \to \infty$;当 $r > 0$ 时,$\varepsilon_p = 0$。

刚球模型　考虑到分子间具有斥力作用,分子占有一定体积,将分子看成直径为 d 的刚球。分子相互作用势能与 r 的关系曲线如图 2.11(a) 所示。势能与 r 的关系为:当 $r < d$ 时,$\varepsilon_p \to \infty$;当 $r > d$ 时,$\varepsilon_p = 0$。

苏则朗模型(Sutherland) 在刚球模型基础上进一步考虑分子引力。采用这种模型的分子相互作用势能与 r 的关系曲线如图 2.11 (b) 所示。势能与 r 的关系为:当 $r<d$ 时,$\varepsilon_p \rightarrow \infty$;当 $r>d$ 时,$\varepsilon_p = -\dfrac{a'}{r^{t-1}}$。

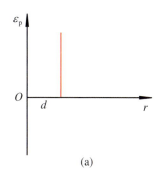
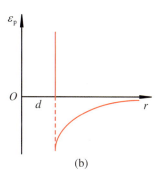

图 2.11 分子间相互作用势能与 r 的关系曲线

2. 热运动的特征

气体分子之间的平均距离大,所以粒子间相互作用弱,无规则运动趋势增强。不但分子的平衡位置没有了,而且分子之间也不再能维持一定的距离。分子相互分散远离,分子的运动近似为自由运动。在一定条件下,气体分布于可能到达的空间,没有确定的体积和形状。气体分子的热运动情况常用碰撞频率和平均自由程来定量描述。

当两个分子相互靠近,分子间力的作用使分子要改变原来速度的大小和方向,这种过程称为分子间的碰撞。因为分子间的作用力随它们之间距离的增大而迅速减小,故分子间碰撞的作用时间是短暂的。分子通过碰撞过程交换动量和能量。一般情况下,分子碰撞前后两分子的动能之和相等,称为弹性碰撞。另一类是非弹性碰撞,碰撞前后动能之和不相等,发生分子状态或结构的改变。研究气体由非平衡态趋近平衡态时,分子间的碰撞就成为最重要的因素。实际上,**如果没有分子间的频繁碰撞,也就没有各种统计分布律。**

碰撞频率 气体中分子间碰撞频繁程度的物理量,通常用平均碰撞频率 Z 来表示。Z 定义为单个分子在单位时间内与其他分子碰撞的平均次数,简称碰撞频率。

碰撞使得分子运动的轨迹曲折迂回,十分复杂。图 2.12 中示意了分子 A 的运动径迹,这里应用了图 2.11(a) 的刚球模型。为了计算分子的碰撞频率 Z,可以"跟踪"单个分子 A。由于碰撞次数仅决定于分子间的相对运动,所以可以假设其他分子静止不动。

在分子 A 的运动过程中,只有中心与 A 分子的中心间距小于或等于分子有效直径 d 的那些分子才可能与 A 相碰。因此,可以设想以 A 的中心的运动轨迹为轴线,以分子的有效直径为半径作一个曲折的圆柱体。这样,凡是中心在此圆柱体内的分子都会与 A 相碰。圆柱体的截面积 $\sigma = \pi d^2$,叫做分子的碰撞截面。

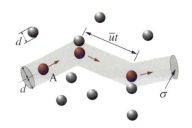

图 2.12 分子 A 的运动径迹示意图

设分子 A 以平均相对速率 $\bar{u}$ 运动。在 Δt 时间内，A 的碰撞截面 σ 扫过的空间，是以 σ 为底、以 $\bar{u}\Delta t$ 为高的圆柱体（图 2.12 中的曲折圆柱体）。所以，A 在 Δt 时间内将与球心在此圆柱体内的分子发生碰撞。如果以 n 表示气体分子的数密度，则在此圆柱体内的总分子数为 $n\sigma\bar{u}\Delta t$，即 A 与其他分子的碰撞次数为 $n\sigma\bar{u}\Delta t$。因此，碰撞频率为

$$Z = \frac{n\sigma\bar{u}\Delta t}{\Delta t} = n\bar{u}\sigma$$

上式是在假设其他分子不动的情况下得出的。实际上，所有分子都在作热运动。因此，用气体分子的平均速率 $\bar{v}$ 替换所研究的分子相对于其他运动分子的平均相对速率 $\bar{u}$。统计物理中能够证明 $\bar{u} = \sqrt{2}\,\bar{v}$，则

$$Z = \sqrt{2}\sigma\bar{v}n = \sqrt{2}\pi d^2 \bar{v} n \tag{2.1.3}$$

平均自由程 气体中单个分子连续两次碰撞之间平均通过的距离叫分子的平均自由程，用 λ 表示。显然有

$$\lambda = \frac{\bar{v}}{Z} \tag{2.1.4}$$

将式(2.1.3)代入式(2.1.4)，得

$$\lambda = \frac{1}{\sqrt{2}\sigma n} = \frac{1}{\sqrt{2}\pi d^2 n} \tag{2.1.5}$$

可见，一定温度下平均自由程与分子有效直径的平方及单位体积内的分子数成反比。在人群中步行时（图 2.13），你的"平均自由程"（不碰到其他人的情况下你能行走的平均距离）依赖于行人之间的间隔（行人的密集程度）和行人的大小。

图 2.13 人行道上的行人

例 2.1 估算标准状况下空气分子的运动情况。已知空气分子的有效直径 d 为 3.5×10^{-10} m，平均分子量为 29，标准状况下分子的数密度为 2.6×10^{19} cm^{-3}。

解 由式(2.1.5)得空气分子的平均自由程为

$$\lambda = \frac{1}{\sqrt{2}\pi d^2 n}$$

$$= \frac{1}{1.41 \times 3.14 \times (3.5 \times 10^{-10})^2 \times 2.6 \times 10^{19} \times 10^6}\ \text{m} = 6.9 \times 10^{-8}\ \text{m}$$

可见，在标准状况下，空气分子平均自由程 λ 约为其有效直径的 200 倍。

由本章后面的麦克斯韦分布律可给出分子的平均热运动速度 $\bar{v} = 448$ m·s^{-1},则碰撞频率为

$$Z = \frac{\bar{v}}{\lambda} = \frac{448}{6.9 \times 10^{-8}} \text{ s}^{-1} = 6.5 \times 10^9 \text{ s}^{-1}$$

与此相对应的连续两次碰撞的平均间隔时间约为 $\tau = \dfrac{1}{Z} = \dfrac{1}{6.5 \times 10^9 \text{ s}^{-1}} = 10^{-10}$ s。平均来说,单个分子每秒与其他分子碰撞 65 亿次,换句话说,每隔 10^{-10} s 就要同其他分子发生一次碰撞。这清楚地表明分子间的碰撞极其频繁,也意味着分子热运动是多么地无序与混乱。

例 2.2 分子在任意两次碰撞之间所通过的路程(自由程)与平均自由程相比有长有短。讨论在全部分子中,分子自由程介于任一给定长度区间 $x \to x + \mathrm{d}x$ 内的分子数有多少。

解 设在某一时刻考虑一组分子,共 N_0 个。它们在运动过程中与组外的其他分子相碰,每进行一次碰撞,这组分子就减少一个。设这组分子通过路程 x 时还剩下 N 个,而在下一段路程 $\mathrm{d}x$ 上,又减少了 $\mathrm{d}N$ 个。

分子的平均自由程为 λ,则在单位长度的路程上,每个分子平均碰撞次数为 $\dfrac{1}{\lambda}$,在长度为 $\mathrm{d}x$ 的路程上碰撞 $\dfrac{\mathrm{d}x}{\lambda}$ 次,而 N 个分子在 $\mathrm{d}x$ 长的路程上平均应碰撞 $\dfrac{N\mathrm{d}x}{\lambda}$ 次。因此,分子数的减少量 $-\mathrm{d}N$ 为

$$-\mathrm{d}N = \frac{1}{\lambda} N \mathrm{d}x \tag{2.1.6}$$

即

$$-\frac{\mathrm{d}N}{N} = \frac{\mathrm{d}x}{\lambda}$$

积分可得

$$\ln N = -\frac{x}{\lambda} + C$$

式中,C 为积分常数。当 $x = 0$ 时,$N = N_0$,代入上式,有

$$\ln N_0 = C$$

于是有

$$\ln \frac{N}{N_0} = -\frac{x}{\lambda}$$

即

$$N = N_0 e^{\frac{-x}{\lambda}} \tag{2.1.7}$$

式中,N 表示在 N_0 个分子中自由程大于 x 的分子数。将式(2.1.7)代入式(2.1.6),有

$$-dN = \frac{1}{\lambda} N_0 e^{\frac{-x}{\lambda}} dx$$

式中,dN 就是自由程介于长度区间 $x \to x + dx$ 内的分子数,上式亦为分子按自由程分布的规律。

2.2 描述大数粒子的统计方法

2.2.1 决定论与概率论

研究一群大数分子的热运动,应该采用什么样的方法? 大家可能首先想到的就是牛顿力学。我们对求解牛顿力学方程已经很拿手了。例如,在空间运动着的一质点,当质点所受的力、初始位置和速度已知时,就可以利用牛顿定律知道其在任一时刻的运动状态,包括位置和速度,而且答案是唯一的、确定的。这表明,在一定的条件下,某一时刻物体处于一确定的运动状态,这就是力学规律决定论。

但在自然界中,常常有这样一类现象,就是在一定条件下,某个事件发生的可能结果是不确定的,答案不是唯一的。换句话说,**我们根据所掌握的信息不足以完全确定出现的结果**,出现的结果是随机的。

我们来看伽耳顿板实验。如图 2.14,在一块竖直木板的上部错落而规则地钉上很多钉子,下部用竖直的隔板分成一系列等宽、深度一致的窄槽。从板顶漏斗形的入口可投入小球。板前覆盖玻璃,以使小球留在窄槽内。这种装置叫做伽耳顿板。你可以做这样的实验,从入口投入小球,则小球在下落过程中先后与许多钉子碰撞,最后落入某个窄槽中。重复几次,你会发现小球每次落入的窄槽是不完全相同的。这表明,一次实验中小球进入哪个窄槽是随机的、偶然的。这类现象在我们生活中是普遍的:掷骰子一次出现的点数;从合格元件和不合格元件混乱堆放的元件库中,随意取出的一个元件是合格的还是不合格,等等。

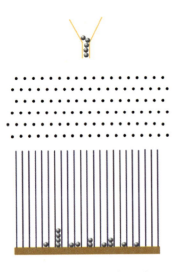

图 2.14 伽耳顿板实验

我们再来看一群大数分子,情况会怎么样,这是一个有趣的问题。例如,在标准状况下 1 cm³ 的空气中有 2.6×10^{19} 个分子。对于这样一群大数分子,你也许"初生牛犊不怕虎",信心百倍地用经典力学方法去研究。若要获得每一时刻这些粒子的运动状态,那你至少要有 2.6×10^{19} 个方程。把全部分子的坐标按一个分子一微秒的速度输入计算机,估计这需要的时间也要近百万年。除此以外,还要确定每个分子的初始时刻状态。即使到某一天,科技的发展使其在技术上可行,但还有一个事实不可忽略,那就是分子之间的频繁碰撞。标准状况下单个空气分子极频繁地和其他分子碰撞,每秒约为几十亿到近百亿次,则 1 cm³ 的空气分子在 1 s 内碰撞数高达 10^{29}。如果选 10^{-6} s 为观测时间,宏观上已经足够短了,但在 10^{-6} s 时间内 1 cm³ 的空气中分子之间仍会有大约 $10^{29}\times10^{-6}$ 即 10^{23} 次碰撞,而一次碰撞至少使两个粒子的运动状态发生变化。因此,气体分子会迅速地遗忘它们的过去,情况变得更为复杂。这些表明,我们根据所能掌握的信息,完全不足以确定某个粒子碰撞后的运动轨迹,粒子的运动完全是随机的。

事实上,求解所有粒子的运动方程既不可能又无必要,因为这些大数粒子的热运动导致的宏观性质并不遵从力学规律,而遵从统计规律。

统计规律广泛地存在于自然界和社会生活中。例如某人的寿命长短对某个地区或国家而言是随机的,但整个地区或国家的寿命统计分布,则能直接反映该地区或国家的健康水准。再如投币游戏,硬币随机地往上抛起、落下,要么 A 面朝上,要么 B 面朝上。当次数很多的时候,你会发现,A 面和 B 面朝上的次数均接近 50%。这些就是统计规律。

在物理学上,统计规律用统计物理学来描述,是从对物质微观结构和粒子间相互作用的认识出发,采用概率统计的方法来说明或预言由大数粒子组成的宏观物体的物理性质。统计物理的主要思想就是概率论与统计平均。在热学部分,我们只作基本思想和概念的描述,后续课程大家将详细地了解其方法与应用。我们暂且可以这样简单地理解:对一物体而言,宏观上看的是物体的热性质,微观上是组成物体的微观粒子的热运动。单个粒子的运动固然由力学规律制约,但当体系中包含极大数目的粒子时,就出现了全新的运动形式,即发生了质的变化。这种质变表现在一定的宏观条件下系统呈现出的稳定性,是由统计规律决定的,也就是说**宏观热性质与微观热运动之间的联系不再取决于决定论**。

当物体处于宏观的平衡态时,每个微观粒子都是以一定概率处在某种运动状态。物体的宏观状态是大数粒子热运动的平均结果。既然是平均,就必然有偏差。假设"我们能用力学规律求出在某一时刻所有大数粒子的微观运动状态",但该状态并非与宏观状态是一一对应的。因为我们测量的是宏观量,是一定时间、空间尺度的平均值。因此,宏观物体的性质和规律不可能纯粹以微观粒子的力学规律为基础来解释,而应该用统计平均的方法。即力学规律决定微观运动,而微观与宏观联系取决于统计规律。对大数粒子组成的系统,力学规律和统计规律都起作用,它们决定系统的不同方面。下面我们介绍统计规律中最基本的概念——概率。

2.2.2 概率与概率分布函数

1. 概率及其基本性质

在日常生活中,我们经常会用到概率。例如,我们常讲的"那不大可能"、"这很少见"等,其实就体现了概率的思想。

我们以掷骰子为例。每掷一次,总会有一个点数出现,但出现的是哪个点数,这是偶然的、不确定的。假设我们考察出现点数 1 的情况,在掷的 N 次中出现点数 1 的次数为 N_1。当掷的次数 N 越来越大时,你会发现 N_1/N 将趋于一个稳定的数值 1/6,这个数值称为掷得点数 1 的概率,记为 $P(1)$,当 $N \to \infty$ 时有

$$P(1) = \lim_{N \to \infty} \frac{N_1}{N} = \frac{1}{6}$$

对出现其他点数的事件进行类似分析。当 N 很大时,各个点数出现的次数与总次数之比接近 1/6。也就是说,掷了大量次数以后作统计,每一个点数出现的次数几乎是相等的。

在一定条件下,如果某一事件可能发生也可能不发生,则称这事件为随机事件或偶然事件。例如掷骰子时,一次实验中出现某个点数就是一个随机事件;在伽耳顿板实验中,小球一次下落进入哪个窄槽,也是一个随机事件。

概率 一定条件下,一系列可能发生的随机事件实验中,随机事件 x 发生的次数为 N_x,事件发生的总次数是 N。当 N 很大时,N_x/N 总是在一个定值 P_x 附近摆动,则称 P_x 为事件 x 发生的概率,有

$$P_x = \lim_{N \to \infty} \frac{N_x}{N} \tag{2.2.1}$$

在某次实验中,事件 x 发生与否是无法预测的。但进行多次实验后,P_x 会稳定在一定的百分数附近。概率是表征统计规律性的量,它只有在研究一定条件下可发生的大量随机事件时,才是有意义的。由概率的定义,可以知道概率的基本性质。

概率的加法 若 x_i 事件发生了,另一个事件 x_j 就不可能发生,这类事件称为互不相容的事件。互不相容事件的概率满足加法定理:两个互不相容的事

件 x_i 和 x_j，各自发生的概率分别为 $P(x_i)$ 和 $P(x_j)$，则发生 x_i,x_j 中任意一个事件的概率等于两者概率之和，即

$$P(x_i + x_j) = P(x_i) + P(x_j)$$

例如，投掷一个骰子，每个点数出现的概率为 1/6，则出现点数 2 或点数 5 的概率是 $\frac{1}{6} + \frac{1}{6} = \frac{1}{3}$。进一步的，多个互不相容的事件发生的总概率是每个事件发生概率之和。

概率的乘法 事件 x_i 和 y_j 为互相独立事件，它们各自的发生与对方无关；若它们各自发生的概率分别为 $P(x_i)$ 和 $P(y_j)$，则事件的概率满足乘法定理：两个独立事件同时发生的概率为各事件发生概率的乘积，即

$$P(x_i y_j) = P(x_i) \times P(y_j)$$

例如，投掷两个骰子 A 和 B，同时出现 A 的点数是 2、B 是点数是 5 的概率为 $\frac{1}{6} \times \frac{1}{6} = \frac{1}{36}$。

概率归一化 在一定的条件下，随机事件 x_i 发生的次数为 $N_i(x_i)$，由于

$$N_1(x_1) + N_2(x_2) + \cdots + N_i(x_i) + \cdots = \sum_i N_i(x_i) = N$$

所以有

$$\frac{N_1(x_1)}{N} + \frac{N_2(x_2)}{N} + \cdots + \frac{N_i(x_i)}{N} + \cdots = \sum_i \frac{N_i(x_i)}{N} = 1$$

式中，N 为事件发生的总次数。当 N 很大时，等式左边为各个事件的概率之和，即

$$P_1(x_1) + P_2(x_2) + \cdots + P_i(x_i) + \cdots = \sum_i P_i(x_i) = 1$$

所有同类事件出现的概率之和为 1，称之为概率的归一化。这表明在一定条件下事件终究是要发生的。

2. 概率分布函数

用以描述事件的变量叫随机变量。随机变量可以是离散的，如描述掷骰子出现某个点数的事件时，变量只能取一些分立的值，称为离散的或分立的随机变量。但随机变量也可以连续取值。例如，研究理想气体的分子速率大小时，大数分子无规则运动及它们之间频繁地相互碰撞中，分子之间不断地交换动量和能量，使每个分子的速度瞬息万变。这意味着在一大数分子中，各种速率都是可能存在的，即速率是连续取值的。

对连续随机变量情形,我们还是来看伽耳顿板实验。在图 2.15(a) 中,窄槽内积累小球的高度,可以代表窄槽内的小球数。将这些最高点连接起来,得到如图 2.15(b) 所示的折线。这一折线能表示小球数随窄槽位置不同的分布情况。

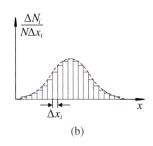

图 2.15 伽耳顿板实验结果

我们在坐标纸上取横坐标 x 表示窄槽的水平位置。将 x 轴以等间距 Δx 分区,Δx 为窄槽的宽度。如果投入的小球数一共是 N,数出 $x_i \to x_i + \Delta x$ 处窄槽内的小球数为 ΔN_i,则有

$$N = \sum_i \Delta N_i = \Delta N_1 + \Delta N_2 + \cdots + \Delta N_i + \cdots$$

以 $\dfrac{\Delta N_i}{N \Delta x_i}$ 为纵轴,与 x 构成一个坐标系,如图 2.15(b) 所示。那么以 Δx_i 为底、$\dfrac{\Delta N_i}{N \Delta x_i}$ 为高的矩形的面积为

$$\frac{\Delta N_i}{N \Delta x_i} \cdot \Delta x_i = \frac{\Delta N_i}{N} \tag{2.2.2}$$

该面积表示的是投入 N 个小球后,落入 $x_i \to x_i + \Delta x$ 处窄槽中的小球数占投入的小球总数的百分比。当 N 极大时,$\dfrac{\Delta N_i}{N}$ 会稳定在一定值 P_i 附近,则

$$P_i = \lim_{N \to \infty} \frac{\Delta N_i}{N} \tag{2.2.3}$$

即为小球落入 $x_i \to x_i + \Delta x$ 处窄槽中的概率。在伽耳顿板实验中,当投入少量小球时,小球在窄槽中的分布是随机的(图 2.14)。但当小球数 N 增大时,小球数逐渐趋于一个稳定的分布(图 2.15(a))。小球越多,规律越明显和稳定。或者说,当 N 极大时,将图 2.15(b) 中最高点连成一曲线,曲线形状趋于一定,呈现对称分布。

以上**这种大量的个别偶然事件的总体所遵循的规律就是统计规律**。个别偶然事件的出现虽然有各自的因果关系,但就大量偶然事件而言,个别事件的特征退居次要地位,而整体呈现出一定的规律。事件数量越多,规律越是明显和稳定。随着事件数量增加,事件的出现趋向于确定的概率;概率是统计规律

的主要特征。

在一组条件下,某次实验中,事件 A 的出现是偶然的,过多关注是无意义的。但出现的概率有多大是确定的。因此,抓住事件的概率就是抓住了偶然性的必然。在一定条件下,系统各种运动状态出现的概率有完全确定的分布规律,体现了一种因果关系——统计规律。力学规律和统计规律二者并不是简单的数量变化。

我们可进一步来考虑伽耳顿板实验。当窄槽宽度 Δx 和小球越来越小时,小矩形也就越来越窄。在极限情况 $\Delta x \to 0$ 时,所有小矩形顶部的轮廓亦变成连续的分布曲线,如图 2.15(b)中的虚线。将式(2.2.2)中的增量变成微分,则纵坐标变为 $\dfrac{\mathrm{d}N}{N\mathrm{d}x}$,令

$$f(x) = \frac{\mathrm{d}N}{N\mathrm{d}x} \tag{2.2.4}$$

$f(x)$ 称为小球在 x 方向分布的概率密度分布函数,表示小球在 x 方向的相对密集程度。则式(2.2.2)可写为

$$\frac{\mathrm{d}N}{N} = f(x)\mathrm{d}x \tag{2.2.5}$$

表示曲线微小线度下的面积,亦即小球落在 x 处附近的 $\mathrm{d}x$ 间隔内的概率。显然有

$$\int_{-\infty}^{\infty} f(x)\mathrm{d}x = \int_{-\infty}^{\infty} \frac{\mathrm{d}N}{N} = 1 \tag{2.2.6}$$

这是概率的归一化条件,总概率为 1,对应小球所有可能出现的分布。

2.2.3 统计平均值

在不少实际问题中需要知道随机现象所表现出来的各种平均结果,也就是计算随机变量的统计平均值,用它作为随机变量分布的一种较为粗糙却实用的特征。

对于离散的随机变量,若 N 次试验发现随机变量 x 取 x_i 值的次数为 N_i,则随机变量 x 的统计平均值为

$$\bar{x} = \frac{N_1 x_1 + N_2 x_2 + \cdots + N_i x_i + \cdots}{N_1 + N_2 + \cdots + N_i + \cdots} = \sum_i \frac{N_i}{N} x_i \tag{2.2.7}$$

N_i/N 是 x_i 出现的次数百分比,当 $N \to \infty$ 时,它就是 x_i 出现的概率 P_i,故有

$$\bar{x} = \sum_i P_i x_i \tag{2.2.8}$$

式中，P_i 为随机变量 $x = x_i$ 的概率。

上两式是从不同角度来说明平均值的概念。式(2.2.7)是先求出 N 个随机变量 x_i 之和，再除以 N，则得该随机变量在 N 次试验中的平均值。而式(2.2.8)是要知道随机变量 x_i 出现的概率 P_i，然后根据式(2.2.8)来求平均值。从式(2.2.7)到式(2.2.8)的演变过程中，显然应加上 $N \to \infty$ 这一条件，即式(2.2.8)适合 N 非常大的情形。

若随机变量 x 为连续变量，则

$$\bar{x} = \int_{N \to \infty} x \frac{\mathrm{d}N}{N} = \int_{N \to \infty} x f(x) \mathrm{d}x \tag{2.2.9}$$

从理论上讲，统计平均值不能通过有限次试验得到，但只要试验次数 N 足够大，获得的 $\bar{x}$ 则是统计平均值（当 $N \to \infty$ 时）在一定精度范围内的近似值。通常所说的宏观物理量，常指的是统计平均值或其近似值。

2.2.4 涨落现象

可测量物理量的某次测量结果与其相应的统计平均值有偏差，称为涨落。涨落现象极为普遍，是统计规律的一个基本特征。一般说来偏差有时大，有时小；有时为正，有时为负。统计规律与涨落现象是不可分割的，这正反映了必然性与偶然性之间的相互依存关系。

在上一节的布朗运动实验观察中，布朗粒子的线度只有 $10^{-6} \sim 10^{-7}$ m 量级，其表面积很小。因而同时与布朗粒子相碰撞的液体分子数就不是很大，从而造成不同方向同布朗粒子相碰撞的分子数出现明显的涨落，导致各个方向液体分子撞击布朗粒子的作用力不能相互抵消而出现一作用在布朗粒子上的随机作用力，正是这个随机的作用力使布朗粒子进行不停的无规则运动。

在晴朗的日子，湛蓝的天空在视觉上给我们带来愉悦的同时，亦使我们感到诧异：天空为什么是蓝色的(图 2.16)？实际上天空呈现蓝色是由大气分子数密度涨落引起的。物质系统处于热力学平衡态时，作为与分子运动有关的宏观物理量如能量、压强、分子数密度也是有涨落的。大气中分子的热运动使宏观小体积内的分子数时多时少，呈现密度起伏，称之为分子数密度的涨落。当光线通过大气时，在比波长小的尺度内，气体密度有明显的不均匀性。密度不均匀就会引起光的散射，使一部分光改变传播方向，向各个方向传播。这种散射是在比波长小的尺度内分子数密度涨落引起的，故称为分子散射，且遵循的是

图 2.16 天空为什么是蓝色的？

瑞利散射,即散射光的强度与光波波长的四次方成反比。在太阳发射的可见光中,红光的波长最长(0.7 μm),蓝紫光的波长最短(0.4 μm)。因此,在进入大气层后,散射光中蓝紫光最强。散射光从大气层中各个地方射来,人们看到的是蓝色的苍穹。而通过大气层直射的太阳光中,红光的散射损耗最少,使人感觉到太阳是红色的。另外,云层中由水汽凝结而成的小水滴直径大,不遵循瑞利散射,故云朵呈现白色。

在高精度测量中,涨落引起了人们高度的重视。例如在电子学实验中,导体材料被大量地应用于电阻、电感、电容等元件以及连接回路,导体中自由电子的数密度涨落必然会对回路产生影响。当两个区域的电子数密度不一样时,就会产生相应的电场,导致相应的电流。电子数密度的起伏是随机的,因而形成的电流或电压也是随机变化的。这种随机振动的电流或电压叫做电路中的噪声。噪声存在于所有电子器件和传输介质中,它与温度有关,不受频率变化的影响,故也称为热噪声。

热噪声是不能够彻底消除的,在电子线路设计时,需要对电路中的热噪声进行定量的估计。由于近代电子仪器已达到很高的精度,所以热噪声引起的电流涨落会严重地影响仪器的工作。例如,当高精度仪器测量微弱电流时,微弱的、方向与大小不断变化的涨落电流的存在,往往会导致测量无法进行。在晶体管、光电管中的电流涨落亦会严重地影响自动仪表的灵敏度。电学涨落已经成为一个专门的研究领域。

2.3 理想气体的压强和温度

从统计方法的角度研究大数粒子的热运动始于 19 世纪。人们建立起一套理论,称为分子动理论,从分子热运动角度研究气体的热学性质。分子动理论的主要特点是:它考虑到分子与分子间、分子与器壁间频繁的碰撞,考虑到分子间有相互作用力,从个别分子运动遵守力学运动规律出发,而对大数分子的集体行为应用统计平均的方法。依据大数微观粒子运动的统计平均结果去研究宏观物体的热性质,建立宏观量和微观量平均值的关系。

气体分子动理论可以说是统计物理的前身。现在的统计物理理论,从内容上看可分为三大部分:平衡态统计理论、非平衡态统计理论和涨落理论。一般来说,统计理论对分子结构及其相互作用并不需要做过多的简化,并且不去过细地分析分子间的力学运动过程,而是根据系统所受的外界条件直接从等概率假设出发,去寻找各微观态出现的概率分布。

虽然统计理论作为各种宏观系统的热现象理论,是普遍有效的,但在涉分子间相互作用过程的分析中,分子动理论更加直接,物理图像更简明。因此,下面从气体分子动理论来讨论理想气体的性质,为大家进一步学习统计物理知识打下基础。但需要指出的是,**热学的微观理论绝非只是针对理想气体**,而是适用于所有大数粒子的经典系统。我们取理想气体为对象,只是因为其体系最简单,初学者容易接受和理解。

2.3.1 理想气体的微观模型

第1章中,我们曾从宏观角度描述过理想气体,它是无限稀薄的气体。大家可能觉得这样的描述过于含糊,实际上这也正是热学的特点所在。从微观上看理想气体,需要对实际情况进行抽象、假设,也就是建立所谓的物理模型。理想气体的微观模型如下:

1. 不计分子本身的线度

实际气体并不是理想气体,实际气体分子总是占有一定体积的。在标准状况下,气体分子的线度约为 10^{-10} m,分子之间的平均距离等于分子线度的几十倍,相差一个数量级以上。一定量气体分子的体积总和远小于气体所占有的体积,分子本身的线度与分子之间的平均距离相比,可以忽略不计,因此质点的假设仍能很好地成立。

2. 除碰撞外,不计分子间相互作用

气体分子的微观特征告诉我们,两个分子在比较接近时才有相互作用。理想气体无限稀薄,理想气体分子在其运动过程中绝大部分时间内是不受其他分子作用的。所以,可认为除碰撞的一瞬间外,分子之间以及分子与容器器壁之间都无相互作用。

当气体被贮存在容器中时,其分子在运动过程中高度上的变化并不很大。在这种情况下,平均来讲,分子动能的改变比其重力势能的改变要大得多,所以分子所受的重力也可以忽略。

3. 碰撞是弹性的

分子间作用力是保守力,碰撞的持续时间极短,分子之间以及分子与容器器壁之间的碰撞是完全弹性的,即气体分子的动能不因碰撞而损失。

总之,理想气体是大量自由的、无规则地运动着的弹性质点球分子的集合,它是真实气体的理想模型。真实气体越稀薄,就越接近理想气体。

以上就是理想气体微观模型的基本假定。热学微观理论对理想气体性质

的所有讨论都建立在上述三个基本假设的基础上。尽管理想气体是个理想模型,但实验表明,常温下,压强在几个大气压以下的气体一般都能很好地满足理想气体模型,为其广泛应用创造了很好的条件。

2.3.2 理想气体压强公式

现在我们从理想气体模型出发,利用统计平均假设,推导平衡态下理想气体压强和分子运动的微观量间的关系。

设在任意形状的容器中有一定量的理想气体,体积为 V,总的分子数为 N,单个分子质量为 m,则分子数密度 $n = N/V$。这些分子在容器中做无规则热运动,不断地与器壁碰撞。每个与器壁相碰的分子在碰撞过程中都会给器壁一定的冲量。对单个分子来说,它对器壁的碰撞是断续的,而且它每次给器壁多大冲量、在什么地方碰撞都是偶然的。但是就大数分子整体而言,每时每刻都有很多分子与器壁相碰。在宏观上就表现出一个恒定的、持续的压力。这和雨点打在雨伞上的情形类似。一个个雨点打在雨伞上是断续的,但大量密集的雨点打在伞上就使我们感受到一个持续向下的压力。

在平衡态下,器壁上各处压强相等。如图 2.17 所示建立直角坐标系 xyz,在垂直于 x 轴的器壁上任意取一个面元 dA(宏观上足够小,微观上足够大),来计算它所受的压强。

首先考虑第 i 个分子,假设其速度为 $\vec{v}_i$,三个分量分别为 v_{ix}、v_{iy} 和 v_{iz}。分子 i 与 dA 发生碰撞。由于是完全弹性碰撞,碰撞前后分子在 y 和 z 两个方向上的速度分量不变,变的只是 x 方向的速度分量,其大小不变,方向相反。因此,分子 i 的动量改变是

$$-mv_{ix} - mv_{ix} = -2mv_{ix}$$

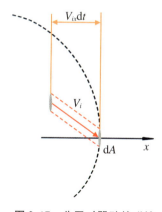

图 2.17 分子对器壁的碰撞

按冲量定理,这等于 dA 施于分子 i 的冲量。而根据牛顿第三定律,分子给器壁 dA 的冲量为 $2mv_{ix}$。

其次,再讨论一段时间 dt 内所有分子施于 dA 的总冲量。设在气体中,把分子分成若干组,每一组具有相同的速度,并假设每组的分子数密度分别为 $n_1, n_2, \cdots, n_i, \cdots$,则分子数密度 n 为

$$n = n_1(\vec{v}_1) + n_2(\vec{v}_2) + \cdots + n_i(\vec{v}_i) + \cdots = \sum n_i(\vec{v}_i)$$

对具有速度 $\vec{v}_i$ 的那组分子,在 dt 时间内能与 dA 碰撞的分子都在以 dA 面元为底、以 $v_{ix}dt$ 为高、以 $\vec{v}_i$ 为轴线的斜柱体内。它们在 dt 时间内与面元 dA 碰撞的分子数为 $n_i v_{ix} dt dA$。因此,速度为 $\vec{v}_i$ 的那组分子在 dt 时间作用于 dA 的总

冲量为

$$dI_i = n_i v_{ix} dt dA \cdot 2m v_{ix} = 2 n_i m v_{ix}^2 dt dA$$

将这个结果对所有分子求和,可以得到所有分子施于 dA 的总冲量 dI。求和时要求 $v_{ix} > 0$,因为 $v_{ix} < 0$ 的分子不会与面元 dA 相碰。则有

$$dI = \sum_{i(v_{ix}>0)} 2 n_i m v_{ix}^2 dt dA \tag{2.3.1}$$

容器中的分子整体无运动,所以平均来讲,$v_{ix} > 0$ 的分子与 $v_{ix} < 0$ 的分子各占总数的一半。在式(2.3.1)中若去掉 $v_{ix} > 0$ 的限制,则需要将其除以 2,得

$$dI = \sum_i n_i m v_{ix}^2 dt dA$$

这个冲量体现了气体分子作用于器壁上的宏观压力。因此,相应的压强为

$$p = \frac{dI}{dA dt} = \sum_i n_i m v_{ix}^2 = m \sum_i n_i v_{ix}^2 = mn \sum_i \frac{n_i v_{ix}^2}{n} \tag{2.3.2}$$

引入

$$\overline{v_x^2} = \frac{n_1 v_{1x}^2 + n_2 v_{2x}^2 + \cdots}{n} = \frac{\sum_i n_i v_{ix}^2}{n} \tag{2.3.3}$$

表示 v_x^2 对所有分子的平均值。则式(2.3.2)可写为

$$p = nm \overline{v_x^2} \tag{2.3.4}$$

在平衡态下,气体均匀地分布于容器,分子运动具有各向同性的宏观特征,即气体的性质与方向无关。分子没有运动速度的择优方向,那么分子速度在各个方向上的分量的平均值应相等,即

$$\overline{v_x^2} = \overline{v_y^2} = \overline{v_z^2} = \frac{1}{3}(\overline{v_x^2} + \overline{v_y^2} + \overline{v_z^2}) = \frac{1}{3}\overline{v^2} \tag{2.3.5}$$

只有这样,才能体现各方向运动的机会均等,这与气体整体上没有运动的事实相符合。将式(2.3.5)代入式(2.3.4),即得

$$p = \frac{1}{3} nm \overline{v^2} = \frac{2}{3} n \left(\frac{1}{2} m \overline{v^2}\right) \tag{2.3.6}$$

或

$$p = \frac{2}{3} n \overline{\varepsilon} \tag{2.3.7}$$

这里 $\bar{\varepsilon} = \frac{1}{2}m\overline{v^2}$ 表示的是气体分子平动能的平均值。分子还有其他形式的动能，如转动能和振动能。

n 和 $\bar{\varepsilon}$ 是统计平均值，式(2.3.7)将宏观量与微观量的平均值联系起来，揭示了压力这一宏观量的微观本质。在推导过程中，求平均之前完全是力学方法，说明个别分子运动属于机械运动。但对大数分子求和(平均值)就不是力学方法，而是热学方法。所得的结果描述的是由大数分子组成的宏观系统的运动，而不是机械运动。所以压强公式(2.3.7)是热学公式、统计规律，而不是一个力学规律，已经由量变到质变。

式(2.3.7)表示的压强是统计平均值。一般而言宏观量与统计平均值存在涨落现象。平均值的取法不同，例如取的时间长短或区域大小不同，会引起不同水平的涨落。实际上随着分子数的减少，分子在各个方向上运动的概率将不再相等。即宏观量 p 与统计平均值有明显的偏差。当分子数越小，分子施于器壁的总冲力变得越不确定，宏观量 p 就变得无意义了。因此，说单个分子的压强是没有意义的。

2.3.3 温度的统计意义

从压强公式可给出温度的微观解释。由理想气体方程 $pV = \frac{M}{\mu}RT$ 和式(2.3.7)可得

$$\bar{\varepsilon} = \frac{3}{2}\frac{1}{n}\frac{M}{\mu}\frac{RT}{V} \tag{2.3.8}$$

而 $n = \frac{N}{V}$，$N = \frac{M}{\mu}N_A$（N_A 为阿伏伽德罗常量），则有

$$\bar{\varepsilon} = \frac{3}{2}\frac{R}{N_A}T$$

式中，$R = 8.314\,472\ \mathrm{J \cdot mol^{-1} \cdot K^{-1}}$ 为气体常量，$\frac{R}{N_A}$ 用另外一个常数 k 来表示，称为玻耳兹曼(Boltzmann)常数，其值为

$$k = \frac{R}{N_A} = 1.380\,650 \times 10^{-23}\ \mathrm{J \cdot K^{-1}}$$

则式(2.3.8)可写为

$$\bar{\varepsilon} = \frac{3}{2}kT \tag{2.3.9}$$

式(2.3.7)可写为

$$p = nkT \tag{2.3.10}$$

可见,气体分子的平均平动能只与温度 T 有关,并与热力学温度成正比。这是气体分子动理论与理想气体状态方程相结合的结果,是理想气体特性的反映。式(2.3.9)也从微观角度说明了温度的统计意义。温度是标志物体内部分子无规则运动剧烈程度的一个物理量。温度越高,分子的平均平动能就越大,因此,分子的热运动就越剧烈。后面将看到,分子除做平动外,还有转动和振动。它们的能量平均值也与温度 T 成正比。所以在经典物理的范畴内,温度是分子无规则运动剧烈程度的量度。

温度表征的是大数分子热运动的平均平动能,但不包括系统的定向运动动能,是相对于质心而言的,与气体质心运动有关的动能则对气体温度无影响。因此,将装有气体的容器放在匀高速行驶的火车上,容器中气体温度不会升高。定向高速运动的粒子流只有经过碰撞后改变运动方向成为无规则热运动,将定向运动的动能转化为热运动动能后,所转化的能量才能计入热运动动能。

宏观上看,温度是物体的冷热程度,这只有表面的、现象上的意义。微观上温度是表征大数分子平动能平均值的量度,具有统计意义。离开大数分子,谈论温度将失去意义。因此,我们无法理解单个分子的温度表示什么。

k 是普适的物理常量。在物理学中,这些普适常量极其重要,决定着物质的结构层次。像我们学过的,G 为引力相互作用的特征常量,至于电荷电量 e,则标志着电磁的特征常量。虽然 k 是从气体普适常量 R 中引入的,但其重要性却远远超过了气体范畴,可用于一切与热运动相联系的物理系统。

从以上讨论可以看出,理想气体的压强和温度等宏观量,都是大数分子的微观量的统计平均结果。事实上,在平衡态下分子的任一微观量都是不可测量的。测量都是在一定时间和空间内完成的,直接测量的都是宏观量,所用仪器的宏观尺度再小,在该体积内仍存在着大量分子,所得结果必是大数分子的集体作用的结果。测量时间再短,但在这段时间内,分子已经对测量仪器碰撞了许多次。可见无论我们采用何种直接测量手段,所测的结果都是大数分子微观量在时间上和空间上的平均效果。

例 2.3 在近代物理中,常用"电子伏特"(eV)作为能量单位。当一个电子通过电位差为 1 V 的电场,电场力做功使电子获得的能量为 1 eV。请问在多高的温度下,气体分子的平均平动能等于 1 eV?

解 由电子伏特的定义可知

$$1\,\text{eV} = 1\,\text{V} \times 1.602\,189\,2 \times 10^{-19}\,\text{C} = 1.602\,189\,2 \times 10^{-19}\,\text{J}$$

分子的平动能的平均值等于 1 eV,即

$$\bar{\varepsilon} = \frac{3}{2}kT = 1\,\text{eV} = 1.602\,189\,2 \times 10^{-19}\,\text{J}$$

所以，1 eV 所对应的温度为

$$T = \frac{2}{3} \times \frac{1.602\,189\,2 \times 10^{-19}\,\text{J}}{1.380\,662 \times 10^{-23}\,\text{J} \times \text{K}^{-1}} = 7.736\,333 \times 10^3\,\text{K}$$

即 1 eV 相当于 7 700 K 时的分子平均平动能。但有时习惯把 1 eV 所对应的能量直接取为 kT，此时 1 eV 对应的温度是 11 600 K。

如果把 $\bar{\varepsilon}$ 写作 $\frac{1}{2}m\overline{v^2}$，由式(2.3.9)可得

$$\sqrt{\overline{v^2}} = \sqrt{\frac{3kT}{m}} = \sqrt{\frac{3RT}{\mu}} \tag{2.3.11}$$

$\sqrt{\overline{v^2}}$ 称为气体分子的方均根速率，表示大数分子的速率平方平均值的平方根。温度越高，$\sqrt{\overline{v^2}}$ 越大，分子热运动越快。

例题 2.4 试计算 0 ℃时空气分子的方均根速率。已知空气的平均摩尔质量 μ 为 $29 \times 10^{-3}\,\text{kg} \cdot \text{mol}^{-1}$。

解 已知 $T = 273\,\text{K}$，$\mu = 29 \times 10^{-3}\,\text{kg} \cdot \text{mol}^{-1}$，代入式(2.3.11)，得

$$\sqrt{\overline{v^2}} = \sqrt{\frac{3RT}{\mu}} = \sqrt{\frac{3 \times 8.31 \times 273}{29 \times 10^{-3}}} = 484\,\text{m} \cdot \text{s}^{-1}$$

可见气体分子的运动速度是很大的。

把一瓶花露水洒在讲台上，教室后排的同学能瞬间闻到香气吗？不能。是因为气体运动速率慢吗？也不是。室温下，气体分子的平均速率可达每秒数百米，而我们的教室才多大？香气之所以没有"瞬间"到达你的鼻子，是因为气体分子运动并不是走直线。由于分子的热运动，香物质分子被其他气体分子撞来撞去，走的是复杂的折线。

例 2.5 试从理想气体压强公式来验证道尔顿分压定律。

解 设有 i 种不同的理想气体，同贮存在一个容器内，处于平衡态。混合气体分子数密度 n 等于各种气体分子数密度之和，即

$$n = n_1 + n_2 + n_3 + \cdots$$

由于 $\bar{\varepsilon} = \frac{3}{2}kT$，仅与温度有关，与何种分子无关。在温度均匀时，混合气体中各成分的分子的 $\bar{\varepsilon}$ 均相同，即

$$\bar{\varepsilon}_1 = \bar{\varepsilon}_2 = \cdots = \bar{\varepsilon}$$

假如混合气体压强为 p，根据压强公式(2.3.7)，则有

$$p = \frac{2}{3} n \bar{\varepsilon}$$
$$= \frac{2}{3}(n_1 + n_2 + n_3 + \cdots)\bar{\varepsilon}$$
$$= \frac{2}{3} n_1 \bar{\varepsilon} + \frac{2}{3} n_2 \bar{\varepsilon} + \frac{2}{3} n_3 \bar{\varepsilon} + \cdots$$
$$= p_1 + p_2 + p_3 + \cdots$$

式中, $p_1, p_2, \cdots$ 分别表示各种气体的分压强, 即混合气体的压强等于各组分气体的分压强之和, 这就是道尔顿分压定律。理想气体的压强公式和能量公式是分子动理论的两个基本公式。它的推论和实验定律的一致性, 表明了分子动理论的正确性。

2.4 范德瓦耳斯方程的微观图像

理想气体是一个理想模型, 只有当实际气体压强不太高时, 才可近似应用理想气体方程。在推导气体的压强时, 用的是理想气体模型, 即忽略了分子之间的相互作用, 没有考虑分子之间的排斥力(分子本身占有一定体积)以及分子之间的吸引力。对实际气体, 分子之间存在相互作用, 需要对理想气体方程进行修正。下面以范德瓦耳斯气体方程为例来说明。

分子力效应表现在体积和压强两个方面。首先看对体积的影响。对 1 mol 理想气体, 有

$$pV = RT$$

其中, V 是 1 mol 理想气体的体积。在理想气体中, 将分子看成没有体积的质点, 所以 V 也就是每个分子可以自由活动的空间的体积。当考虑到分子间的斥力作用时, 若采用刚球模型, 则分子被看成一定体积的刚球, 刚球占有的空间是其他分子所不能进入的。因此, 每个分子能自由活动的空间应从 V 中减去一个反映分子体积的修正量 b。经此修正后 1 mol 理想气体的方程应为

$$p(V - b) = RT$$

上式称为克劳修斯(Clausius)方程。b 可以由实验方法测定, 从理论上讲, 其数值约为 1 mol 气体所有分子体积的四倍。这可以通过下面一个简单的模型来给出。

在气体内考虑某两个分子的碰撞过程, d 为分子的有效直径, 如图 2.18 所

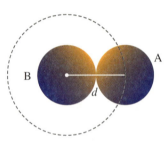

图 2.18 范德瓦耳斯方程对体积项的修正

示。若不考虑其他分子，假设它们都"冻结"在一定的位置上。这样，分子 A 与 B 在运动过程中相碰，它们中心间的距离就是 d。分子 A 的中心被排除于直径为 $2d$ 的球形区域外，该球形区域的体积为 $\frac{4}{3}\pi d^3$，这里尚未考虑分子间相对运动这一因素。实际上任何一个被视为刚球的分子 A 在向分子 B 运动时，无论它是从哪个方向接近，它最多只能是迎面与分子球 B 相碰，而不可能出现在分子 B 背面的球面上与之相碰。因此，确切地讲，真正有效的排斥体积应该为半个球的体积，即 $\frac{1}{2} \times \frac{4}{3}\pi d^3$，只有这球形区域面对着分子 A 的那一半。因此，可确定修正量 b 为

$$b = \frac{1}{2}(N_A - 1) \times \frac{4}{3}\pi d^3 \approx N_A \times \frac{16}{3}\pi \left(\frac{d}{2}\right)^3 = 4N_A \times \frac{4}{3}\pi \left(\frac{d}{2}\right)^3$$

可见，b 为 1 mol 分子总体积的 4 倍。令 $d = 10^{-10}$ m，则 $b = 10^{-5}$ m³，而在标准状况下 $V = 22.4$ L $= 22.4 \times 10^{-3}$ m³，b 远小于 V，可忽略；但在高压下，b 就不可忽略，必须加以修正。

再看分子引力对压强的修正。在 2.3 节中，我们讨论了气体压强，压强是大数分子无规则碰撞器壁的平均效果。对理想气体，分子间无相互作用。当考虑分子间有吸引力时，情况将变得更加复杂。如图 2.19 所示，当一个分子 i 处在气体中间位置时，凡是中心位于以分子 i 的中心为球心、以分子引力有效作用距离 s 为半径的球内的其他分子都对其有引力作用。但由于平衡态时这些分子分布均匀，相对于分子 i 作球对称分布，所以它们对分子 i 的吸引力是相互抵消的。而对于靠近器壁的界面气体层内的分子 j，情况就不同了。对分子 j 有引力作用的分子分布不对称，平均来说它受到指向内部的一个未被抵消的吸引力。因此，如果在靠近器壁处取一个距离壁表面为 s 的面 AB，则分子在未穿过 AB 面前的运动情况与没有引力作用一样。设想分子在 AB 处就与器壁相碰撞，则产生的压强是 $p = \frac{RT}{V-b}$（已考虑了分子体积）。但实际上分子必须要穿过 AB 才能与器壁相碰，分子在穿过 AB 后，在它的"视觉"（引力有效作用距离）内，会看到背后的分子多于它前面的分子。于是，它感觉到一个指向背后的净力 f，要把它拉回中心去，则撞向器壁的速度就减缓了。当分子与器壁碰撞时，力 f 的作用将减小分子传递给器壁的动量，因而减小它对器壁的冲力。所以，考虑到分子间的引力，气体施于器壁的实际压强应该比不考虑分子间的引力时要小一些，写为

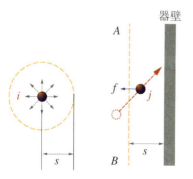

图 2.19 范德瓦耳斯方程对压强项的修正

$$p = \frac{RT}{V-b} - \Delta p \tag{2.4.1}$$

式中，Δp 称为气体的内压强。若用 Δk 表示因向内的拉力 f 作用使分子在垂直器壁方向上动量减少的数值，则

$$\Delta p = \text{单位时间内与单位面积器壁相碰的分子数} \times 2\Delta k$$

显然 Δk 与 f 成正比,而 f 与分子数密度 n 成正比。另一方面,单位时间内与单位面积器壁相碰的分子数也与 n 成正比。所以,Δp 与 n^2 成正比,有

$$\Delta p \propto n^2 \propto \frac{1}{V^2}$$

亦可写成等式

$$\Delta p = \frac{a}{V^2}$$

式中,比例系数 a 是反映气体引力的一个常数,由气体的性质决定。

将这个结果代入式(2.4.1),就得 1 mol 范德瓦耳斯气体的压强为

$$p = \frac{RT}{V-b} - \frac{a}{V^2}$$

或

$$\left(p + \frac{a}{V^2}\right)(V-b) = RT \tag{2.4.2}$$

式中,范德瓦耳斯常数 a 和 b 可由实验确定。范德瓦耳斯方程是最早、最简单和最有影响的实际气体物态方程。一般来说,对于压强不是很高、温度不是太低的实际气体,范德瓦耳斯方程是一个不错的近似,而且还能定性地解释物质液态性质和气液变化过程的部分性质。

上面的讨论中并未考虑气体与器壁间除碰撞外的其他相互作用。实际上,器壁的分子数密度更大,器壁分子与界面层内气体分子之间的相互吸引力本来就应考虑。但是,这种作用力并不影响压强。原因在于:一方面,器壁对界面层内气体分子的吸引力使气体分子动量增大,碰撞器壁时冲量增大;另一方面,界面层内气体分子射向和离开器壁的过程中对器壁也有吸引力,这使器壁受到一个反向的冲量。二者相互抵消,对压强不产生影响。

2.5 麦克斯韦分布律

气体分子做无规则热运动,速度有大有小,方向也是四面八方。分子热运动遵从统计规律,如我们已经导出的方均根速率。方均根速率能描述大数分子系统整体的运动情况,但这还很不够。例如,共有 N 位同学参加热学考试,试卷有 100 道题,每题 1 分,共 100 分。若 N 个学生每人都答对 50 题,各得 50 分;这个结果与 $N/2$ 位同学答对 100 题、另外 $N/2$ 位同学全交白卷的情况截然

不同,但是这两种情况有相同的平均成绩。因此,若要全面描述考试成绩,应该说明在 N 位同学中,分数在 60～70、70～80 以及 60 以下、90 以上的同学各有多少。这实际上就是采用 n/N 来描述,其中 n 是分数为 s 的学生人数。n/N 可以称为"分布函数",因为这比率是随变量 s 变化的。对气体分子热运动而言,类似的规律叫"气体分子按速度分布律",用速度分布函数 $f(\vec{v})$ 来描述。

2.5.1 速度空间与速度分布函数

在分子数为 N 的平衡态气体中,如何描述某个速度间隔内的分子数?我们可以通过一个想象的空间——速度空间来描述。以速度的三个分量 v_x, v_y, v_z 为坐标轴的直角坐标系所确定的空间叫做速度空间,如图 2.20 所示。在这个空间中,将所有分子速度矢量作出,且将起始点都移到坐标原点 O。这样,每个分子的速度都可用这空间中一个以坐标原点为起点的矢量来表示。这个速度矢量的端点就代表了以此速度运动的分子,故把速度空间中速度矢量的端点称为分子代表点。N 个不同速度的分子就对应于速度空间中 N 个代表点。该坐标是人们想象出来的,描述的不是分子的空间位置,而是速度的大小和方向。

这样一来,速度间隔 $\vec{v} \to \vec{v}+\mathrm{d}\vec{v}$ 就可以用速度分量区间来表示,即 $v_x \to v_x + \mathrm{d}v_x, v_y \to v_y + \mathrm{d}v_y, v_z \to v_z + \mathrm{d}v_z$。那么所谓有多少分子其速度在间隔 $\vec{v} \to \vec{v}+\mathrm{d}\vec{v}$ 内,其实就是有多少分子的速度矢量的端点落在速度空间 $\vec{v}$ 处的一个小体积元 $\mathrm{d}\omega = \mathrm{d}v_x \mathrm{d}v_y \mathrm{d}v_z$ 内,也就是说在该体积元内有多少个分子的代表点。于是,有限速度间隔内的分子数就可以用速度空间的体积元来表示了。速度间隔取得越大,小体元体积越大,体元内代表点就越多。

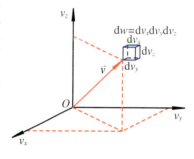

图 2.20 速度空间示意

设小体积元 $\mathrm{d}\omega = \mathrm{d}v_x \mathrm{d}v_y \mathrm{d}v_z$ 内的分子数为 $\mathrm{d}N(v_x, v_y, v_z)$,则在 $\vec{v} \to \vec{v}+\mathrm{d}\vec{v}$ 之间的分子数占总分子数 N 的比率与取的小体元体积成正比,即

$$\frac{\mathrm{d}N(v_x, v_y, v_z)}{N} = f(v_x, v_y, v_z)\mathrm{d}v_x \mathrm{d}v_y \mathrm{d}v_z \quad (2.5.1)$$

这也表示速度在 $\vec{v} \to \vec{v}+\mathrm{d}\vec{v}$ 之间的分子出现的概率。$f(v_x, v_y, v_z)$ 是关于速度 $\vec{v}$ 的一个函数,可写为

$$f(v_x, v_y, v_z) = \frac{\mathrm{d}N(v_x, v_y, v_z)}{N \mathrm{d}v_x \mathrm{d}v_y \mathrm{d}v_z}$$

其含义与我们在前面伽耳顿板实验中小球的概率密度类似,表示分子热运动速度分布概率密度,亦即在小体元 $\mathrm{d}\omega$ 中代表点的相对密集程度,称为速度分布函数。

考虑处于平衡态的气体，虽然每个分子在某一瞬间的速度随机地变化，但大数分子之间存在着一种统计相关性，这种统计相关性表现为：平均来说，气体分子出现在 $\vec{v}$ 和 $\vec{v}+\mathrm{d}\vec{v}$ 之间的概率是不会变化的，即速度分布律不变。

2.5.2 麦克斯韦速度分布律

1859年麦克斯韦（Maxwell）首先从理论上研究并导出了处于平衡态的理想气体的速度分布函数，指出平衡态理想气体的分子的速度分布函数只与气体的热力学温度 T 和分子质量 m 有关。

在平衡态下，速度分量 v_x 在区间 $v_x \to v_x + \mathrm{d}v_x$，$v_y$ 在区间 $v_y \to v_y + \mathrm{d}v_y$，$v_z$ 在区间 $v_z \to v_z + \mathrm{d}v_z$ 内的分子数 $\mathrm{d}N$ 占总的分子数 N 的比率为

$$\frac{\mathrm{d}N}{N} = \left(\frac{m}{2\pi kT}\right)^{\frac{3}{2}} \mathrm{e}^{\frac{-m(v_x^2+v_y^2+v_z^2)}{2kT}} \mathrm{d}v_x \mathrm{d}v_y \mathrm{d}v_z \tag{2.5.2}$$

令

$$f(v_x, v_y, v_z) = \left(\frac{m}{2\pi kT}\right)^{\frac{3}{2}} \mathrm{e}^{\frac{-m(v_x^2+v_y^2+v_z^2)}{2kT}} \tag{2.5.3}$$

称为麦克斯韦速度分布律，其中 $f(v_x, v_y, v_z)$ 为速度分布函数。由式(2.5.2)还可以导出速度的三个分量的分布函数。例如，取 $+\infty$ 和 $-\infty$ 为积分的上限和下限，将式(2.5.2)先后对 v_y 和 v_z 积分，即可求出速度分量在 $v_x \to v_x + \mathrm{d}v_x$ 内的分子数占总分子数的比率为

$$\frac{\mathrm{d}N_{v_x}}{N} = \left(\frac{m}{2\pi kT}\right)^{\frac{3}{2}} \mathrm{e}^{\frac{-mv_x^2}{2kT}} \mathrm{d}v_x \int_{-\infty}^{\infty} \mathrm{e}^{\frac{-mv_y^2}{2kT}} \mathrm{d}v_y \int_{-\infty}^{\infty} \mathrm{e}^{\frac{-mv_z^2}{2kT}} \mathrm{d}v_z \tag{2.5.4}$$

查附录的积分表，有

$$\int_{-\infty}^{\infty} \mathrm{e}^{\frac{-mv_y^2}{2kT}} \mathrm{d}v_y = \int_{-\infty}^{\infty} \mathrm{e}^{\frac{-mv_z^2}{2kT}} \mathrm{d}v_z = \left(\frac{2\pi kT}{m}\right)^{\frac{1}{2}}$$

代入式(2.5.4)，得

$$\frac{\mathrm{d}N_{v_x}}{N} = \left(\frac{m}{2\pi kT}\right)^{\frac{1}{2}} \mathrm{e}^{\frac{-mv_x^2}{2kT}} \mathrm{d}v_x$$

因此，速度分量 v_x 的分布函数为

$$f(v_x) = \frac{\mathrm{d}N_{v_x}}{N \mathrm{d}v_x} = \left(\frac{m}{2\pi kT}\right)^{\frac{1}{2}} \mathrm{e}^{\frac{-mv_x^2}{2kT}}$$

同理可求出速度分量 v_y 和 v_z 的分布函数,分别为

$$f(v_y) = \frac{dN_{v_y}}{Ndv_y} = \left(\frac{m}{2\pi kT}\right)^{\frac{1}{2}} e^{\frac{-mv_y^2}{2kT}}$$

$$f(v_z) = \frac{dN_{v_z}}{Ndv_z} = \left(\frac{m}{2\pi kT}\right)^{\frac{1}{2}} e^{\frac{-mv_z^2}{2kT}}$$

通过对式(2.5.2)所有分子速度从 $-\infty$ 到 ∞ 积分,结果显然为 1,即

$$\iiint_{-\infty}^{\infty} f(v_x, v_y, v_z) dv_x dv_y dv_z = 1$$

这个关系式是速度分布函数必须满足的条件,称为速度分布函数的归一化条件。

由于实验技术的限制,麦克斯韦分布函数的实验证明相当滞后,直到 20 世纪 20 年代后才成为可能。我们将在本节最后介绍麦克斯韦分布律的推导过程与实验验证。

2.5.3 麦克斯韦速率分布律

1. 麦克斯韦速率分布律

在速度空间中,我们将图 2.20 中的小体积元变为一薄球壳层,如图 2.21 所示。薄球壳层半径为 v,厚度为 dv。讨论速率分布时,不考虑方向,只需考虑大小。速度大小被限制在 $v \to v + dv$ 内的速度矢量,其端点都落在这个球壳层内,而速度方向则是任意的。这个球壳层的体积等于其内壁的面积 $4\pi v^2$ 乘以厚度 dv,即

$$dw = 4\pi v^2 dv$$

以 dw 代替式(2.5.2)中的 $dv_x dv_y dv_z$,考虑 $v^2 = v_x^2 + v_y^2 + v_z^2$,则由式(2.5.2)可给出速率分布律公式

$$\frac{dN}{N} = 4\pi \left(\frac{m}{2\pi kT}\right)^{\frac{3}{2}} e^{\frac{-mv^2}{2kT}} v^2 dv \tag{2.5.5}$$

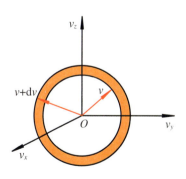

图 2.21 速度空间的 $v \to v + dv$ 薄壳层

称为麦克斯韦速率分布律,表示分子速率在 $v \to v + dv$ 间隔内的分子数占总分子数的比率,即概率。令

$$f(v) = 4\pi \left(\frac{m}{2\pi kT}\right)^{\frac{3}{2}} e^{\frac{-mv^2}{2kT}} v^2 \tag{2.5.6}$$

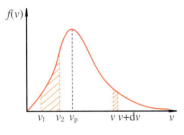

图 2.22 速率分布曲线

为麦克斯韦速率分布函数。$f(v)$ 表示在速率 v 附近单位速率间隔内的分子数占总分子数的比率。图 2.22 显示的是 $f(v)$ 与 v 之间的函数关系,为速率分布曲线。

图 2.22 中任一区间 $v \to v+\mathrm{d}v$ 内曲线下的窄条面积表示速率分布在该区间内的分子的比率 $\dfrac{\mathrm{d}N}{N} = f(v)\mathrm{d}v$。而任一有限的范围 $v_1 \sim v_2$ 内曲线下的面积则表示分布在该范围内的分子的比率 $\dfrac{\Delta N}{N} = \int_{v_1}^{v_2} f(v)\mathrm{d}v$。当气体分子速率取从 0 到 ∞ 的全部值时,$\dfrac{\Delta N}{N} = 1$,即

$$\int_0^\infty f(v)\mathrm{d}v = 1$$

在速率范围内的分子数与总分子数之比为 100%,为归一化条件。

麦克斯韦分布律本身是统计平均的结果,式(2.5.2)和(2.5.5)中的 $\mathrm{d}N$ 都是指分子数的统计平均值。统计规律永远伴有涨落现象,在任一瞬时实际分布在某一速率区间内的分子数,一般说来是与统计平均值有偏差的,偏差有时大,有时小;有时为正,有时为负。设按麦克斯韦速率分布律算得分布于某一速率区间的分子数的统计平均值为 ΔN,由概率论可证明,实际的分子数相对于这一平均值的偏差范围,即绝对涨落幅度基本上是 $\pm\sqrt{\Delta N}$,则相对涨落为

$$\frac{\sqrt{\Delta N}}{\Delta N} = \frac{1}{\sqrt{\Delta N}}$$

如果 $\Delta N = 10^6$,则涨落幅度为 $\sqrt{10^6} = 1\,000$。即在不同时刻测量到的实际分子数在 999 000 和 1 001 000 之间变动,其相对偏差只有千分之一。所以,粒子数为大数时,其相对均方根偏差是很小的。但在粒子数不多或精度要求很高的情况下,涨落是不可忽略的。因此,在式(2.5.2)和(2.5.5)中的 $\mathrm{d}v$ 不能被看作数学上的无限小,而是必须满足宏观小、微观大的条件,即是物理上的无限小。从宏观来看,$\mathrm{d}v$ 足够小,以致在该速率间隔中的分子可近似地看成具有相同的速率 v。但从微观上看,这个速率间隔包含的分子数依然很大,以致涨落现象引起的偏离仍可忽略。

其次,式(2.5.5)中的积分区间及以后求统计平均值时的积分区间大都是 0 $\sim \infty$。实际上对于能量一定的系统,其分子的最大速率绝不可能达到 ∞,积分中的上限应该是分子可能具有的最大速率。但是,由于 $f(v)$ 随着 v 的增加很快趋于零,把积分上限扩大到 ∞,对积分的影响可以忽略。这样做的结果,仅仅是积分比较容易罢了。

必须指出的是,麦克斯韦分布律只适用于处在平衡态的热力学系统。对于处在非平衡态的系统,麦克斯韦分布律并不适用。对于少量分子组成的系统,

也不存在麦克斯韦分布律这样的统计规律。

2. 三种速率

在大数分子中,分子处于不同速率的概率是不同的,速率太大或太小的概率实际上都比较小,而具有中等速率的分子数占总分子数的比率却很大。与 $f(v)$ 极大值对应的速率叫最概然速率,用 v_p 表示。令分子速率分布函数对速率的一级微商为零,即

$$\frac{d}{dv} f(v) = 0$$

将式(2.5.6)代入,可求出分子的最概然速率

$$v_p = \sqrt{\frac{2kT}{m}} = \sqrt{\frac{2RT}{\mu}} \tag{2.5.7}$$

v_p 的物理意义是:如果把整个速率区间分割成许多相等的小区间,则分布在 v_p 所在的区间内的分子比率最大。

平均速率是大数分子速率的算术平均值。设 dv 间隔内分子数为 dN,由于 dv 很小,可近似认为这 dN 个分子的速率相等,都等于 v。$dN = Nf(v)dv$,则 dN 个分子的速率总和为 $vNf(v)dv$。对所有分子求和,再除以总的分子数 N,即可得平均速率

$$\begin{aligned}
\bar{v} &= \frac{\int_0^\infty vNf(v)dv}{N} = \int_0^\infty vf(v)dv \\
&= \int_0^\infty 4\pi \cdot \left(\frac{m}{2\pi kT}\right)^{\frac{3}{2}} \cdot v^3 e^{\frac{-mv^2}{2kT}} dv \\
&= \sqrt{\frac{8kT}{\pi m}} = \sqrt{\frac{8RT}{\pi \mu}}
\end{aligned} \tag{2.5.8}$$

上面的计算中利用了附录2.1中的公式

$$\int_0^\infty x^3 \exp(-\lambda x^2) dx = \frac{1}{2\lambda^2}$$

用同样的方法可得到分子速率平方的平均值为

$$\begin{aligned}
\overline{v^2} &= \frac{\int_0^\infty v^2 Nf(v)dv}{N} = \int_0^\infty v^2 f(v)dv \\
&= \int_0^\infty 4\pi \cdot \left(\frac{m}{2\pi kT}\right)^{\frac{3}{2}} v^4 e^{\frac{-mv^2}{2kT}} dv \\
&= \frac{3kT}{m}
\end{aligned}$$

在上面的计算中利用附录 2.1 中的公式

$$\int_0^\infty x^4 \exp(-\lambda x^2)\mathrm{d}x = \frac{3}{8}\sqrt{\frac{\pi}{\lambda^5}}$$

则方均根速率为

$$\sqrt{\overline{v^2}} = \sqrt{\frac{3kT}{m}} = \sqrt{\frac{3RT}{\mu}} \tag{2.5.9}$$

与 2.3 节中导出的结果一致。

由此可见,气体分子的三种速率都与 $\sqrt{T}$ 成正比,与 $\sqrt{m}$ 成反比。由式(2.5.7)可知,分布曲线的形状与温度有关。对分子质量一定的气体,当温度升高时,气体中速率较小的分子数目减少而速率较大的分子数目增加,所以最概然速率也增加,分布曲线的峰向右移动。由于 $f(v)$ 是归一化的,即分布曲线下总面积应保持不变,当 T 增加时,分布曲线的峰右移而且曲线趋于低平,如图 2.23 所示。

三种分子速率的大小关系为 $\sqrt{\overline{v^2}} > \bar{v} > v_\mathrm{p}$。在室温下,它们的数量级一般为几百米每秒。它们三者之间相差不超过 23%,而以方均根速率为最大。这三种速率在不同的问题中各有应用。在讨论速率分布、比较不同温度或不同分子质量的气体的分布曲线时常用到最概然速率;在计算分子平均自由程、气体分子碰壁数及气体分子之间碰撞频率时则用到平均速率;在计算分子平均动能时用到方均根速率。三种分子速率都随气体性质和温度而变化,但它们的比值与气体性质无关。定性地说,分布曲线对 $v = v_\mathrm{p}$ 是不对称的。因为 $v > v_\mathrm{p}$ 的分子数多,所以平均速率 $\bar{v}$ 比 v_p 大;又由于数目较大的快速分子速率平方后变得更大,所以速率平方后的方均根值 $\sqrt{\overline{v^2}}$ 比 v_p 就更大。

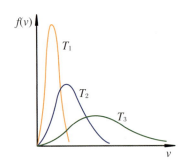

图 2.23 麦克斯韦速率在三个不同温度下的分布 ($T_1 < T_2 < T_3$)

例 2.6 计算地球表面处氢气和氮气的方均根速率,并讨论气体方均根速率和地球表面处物体的逃逸速度对地球大气的影响,设地球表面温度为 290 K。

解 根据式(2.5.9),氢气和氮气的方均根速率分别为

$$\sqrt{\overline{v_{\mathrm{H}_2}^2}} = \sqrt{\frac{3RT}{\mu}} = \sqrt{\frac{3\times 8.31 \times 290}{2\times 10^{-3}}}\ \mathrm{m\cdot s^{-1}} = 1.9\times 10^3\ \mathrm{m\cdot s^{-1}}$$

$$\sqrt{\overline{v_{\mathrm{N}_2}^2}} = \sqrt{\frac{3RT}{\mu}} = \sqrt{\frac{3\times 8.31 \times 290}{28\times 10^{-3}}}\ \mathrm{m\cdot s^{-1}} = 5.08\times 10^2\ \mathrm{m\cdot s^{-1}}$$

在地球大气层中,大气分子由于热运动而克服地球引力、逸出到太空,这就是地球大气逃逸。在地球表面,气体分子的逃逸必须满足动能与重力势能和等于零,即

$$\frac{1}{2}mv_\mathrm{R}^2 + \left(-\frac{GM_\mathrm{E}m}{R_\mathrm{E}}\right) = 0$$

式中，v_R是地球的大气逃逸速度，M_E和R_E分别为地球的质量和半径，G为万有引力常量。从上式解得

$$v_R = \sqrt{\frac{2GM_E}{R_E}} = \sqrt{2R_E g}$$

式中，g为重力加速度。将数值代入上式可得

$$v_R = \sqrt{2 \times 9.8 \times 6.378 \times 10^6}\ \text{m}\cdot\text{s}^{-1} = 11.2 \times 10^3\ \text{m}\cdot\text{s}^{-1}$$

可见，在地球表面，地球大气逃逸速度大于氢气分子和氦气分子的方均根速率。

一个物体能脱离地球的必要条件是其速度大于或等于逃逸速度。对于气体，分子的热运动使气体有脱离地球的倾向，而重力场的作用则阻碍气体逃逸。这两种因素相互作用决定了气体能否保留在地球表面。例 2.6 中算出的氢气分子的方均根速率约为逃逸速率的 1/6，似乎氢气分子难以逃脱地球的引力而散开。但是由于速率分布的原因，还有相当多的氢气分子的速率大于逃逸速率而能够逸出到太空。现在已经知道宇宙中原始的化学成分大部分都是氢和氦。地球形成之初，大气中应该有大量的氢和氦。正因为相当数量的氢分子和氦原子的速率超过逃逸速率，它们才不断地逃逸。几十亿年过去了，如今地球大气中就没有氢气和氦气了。与此不同的是，氮气和氧气分子的方均根速率只有逃逸速率的 1/25，这些气体分子逃逸的可能性很小。于是今天的地球大气就保留了大量的氮气和氧气。

月球以及一些比较小的行星上都没有大气，这主要是因为万有引力不足以"拉住"热运动的气体分子，原始大气分子都逐渐地逃逸掉。可见，大气分子逃逸对行星大气存在和大气成分产生十分重要的影响。氧气、合适的温度和水是生命存在的必要条件，只有在存在大气层的星球上才有可能存在生命。

2.5.4 麦克斯韦速率分布律的应用

1. 分子碰壁数

考虑分子对容器壁的碰撞。所谓碰壁数，是指在平衡态下理想气体单位时间内碰到单位面积器壁上的分子数。下面计算温度为 T 的平衡态气体的碰壁数 $\varGamma$。建立 xyz 直角坐标系，在垂直于 x 轴的器壁上取一面元 $\mathrm{d}A$。

设单位体积的分子数为 n，则单位体积内速度分量 v_x 在 $v_x \to v_x + \mathrm{d}v_x$ 之间的分子数为 $nf(v_x)\mathrm{d}v_x$。在所有 v_x 介于 $v_x \to v_x + \mathrm{d}v_x$ 之间的分子中，在 $\mathrm{d}t$ 时间内与 $\mathrm{d}A$ 能相碰的分子只是位于以 $\mathrm{d}A$ 为底、以 $v_x \mathrm{d}t$ 为高的柱体内的那

部分,其数目为

$$nf(v_x)\mathrm{d}v_x \cdot v_x \mathrm{d}t \cdot \mathrm{d}A \quad (v_x > 0)$$

因此,每秒碰到单位面积器壁上、速度分量在 $v_x \to v_x + \mathrm{d}v_x$ 之间的分子数为

$$nv_x f(v_x)\mathrm{d}v_x = nv_x \left(\frac{m}{2\pi kT}\right)^{\frac{1}{2}} \mathrm{e}^{\frac{-mv_x^2}{2kT}} \mathrm{d}v_x$$

由于 $v_x<0$ 的分子不会与 $\mathrm{d}A$ 相碰,可将上式从 0 到 ∞ 积分,即求得每秒碰到单位面积上的分子数 Γ 为

$$\Gamma = \int_0^\infty nv_x f(v_x)\mathrm{d}v_x = n\left(\frac{m}{2\pi kT}\right)^{\frac{1}{2}} \int_0^\infty \mathrm{e}^{\frac{-mv_x^2}{2kT}} v_x \mathrm{d}v_x \quad (2.5.10)$$

查附录 2.1 中的积分表可得

$$\int_0^\infty \mathrm{e}^{\frac{-mv_x^2}{2kT}} v_x \mathrm{d}v_x = \frac{kT}{m}$$

代入式(2.5.10),有

$$\Gamma = \int_0^\infty nv_x f(v_x)\mathrm{d}v_x = n\left(\frac{kT}{2\pi m}\right)^{\frac{1}{2}}$$

而

$$\bar{v} = \sqrt{\frac{8kT}{\pi m}}$$

所以

$$\Gamma = \frac{1}{4}n\bar{v} \quad (2.5.11)$$

2. 泻流与分子束

在器壁上开一个小孔 $\mathrm{d}A$,容器中的气体就会通过小孔逃逸出来。单位时间内通过小孔出来的分子数为

$$\mathrm{d}\Gamma = \frac{1}{4}n\bar{v}\mathrm{d}A = \frac{1}{4}n\sqrt{\frac{8kT}{\pi m}}\mathrm{d}A \quad (2.5.12)$$

如果小孔面积 $\mathrm{d}A$ 很小,从小孔逃逸的气体分子数同容器中的气体分子数相比非常小,以致分子逃逸对容器内分子的平衡状态的影响可以忽略,则从小孔逃逸出的气体分子称为泻流。如果孔口面积大,气体分子逃逸在孔口内外形成宏观压力,在压力作用下就会形成气体向孔外流动的宏观流,这就不是泻流,

而是一般的流体流动的动力学问题了。

泻流在实验和工程技术中有很多的应用,如同位素分离、分子束技术等。

同位素分离 从式(2.5.12)可以看出,分子质量越小,泻流中跑出的气体分子越多。如果气体是混合气体,则质量小的气体要比质量大的气体逸出得多。根据泻流的这种特性,可以利用泻流进行同位素分离,浓缩铀就是利用此技术。天然铀中有 ^{235}U(富度为 0.7%)和 ^{238}U(富度为 99.3%)两种同位素。核工业中为了把天然铀中可裂变的 ^{235}U 分离出来,先把固态的铀转换成气态化合物 UF_6。将气体通过一个多孔隔膜向另一容器泄漏,再通过一个多孔隔膜向第三级容器泄漏,如此下去,泻流中 $^{235}UF_6$ 的含量逐渐增加。经过两千多级的泄漏可得较纯的 $^{235}UF_6$,再将 $^{235}UF_6$ 分解得到浓缩铀 ^{235}U。除了泻流法分离同位素以外,后来在核工业中又发展了一种离心技术来分离同位素。

分子束技术 人们利用泻流特性,发展了分子(原子)束技术。图 2.24 是产生分子射线的实验装置示意图。容器 O 中贮有处于平衡态的气体。在器壁上开一狭缝(或小孔),使气体分子从容器中逸出,形成泻流。因为缝开得足够窄,所以少量分子的逸出将不会破坏容器中气体的平衡态,且逸出的气体分子带有容器中气体分子运动情况的信息。整个实验在被抽成高真空的容器内进行,逸出的分子不致因受到其他残余气体分子的碰撞而偏离直线运动。如果在小孔的前面放置一些小孔或狭缝,则可获得一窄束分子射线。

分子束实验技术与高真空技术、自动控制技术及精密测量技术有密切关系。它对促进近代物理及其他自然科学的发展具有重要的意义。例如,这样获得的分子射线,是蒸气源中平衡态下气体分子的取样。因而测定射线中分子的速率分布就可以验证麦克斯韦分布律。另外,它为研究分子、原子及原子核的一些基本性质,了解组成物质的分子、原子间的相互作用,提供了有力的工具,被广泛应用于物理、化学、生物等科学领域。

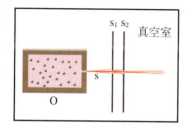

图 2.24 分子束的形成

*3. 误差函数

在实际问题的计算中常常会碰到一类叫误差函数的积分,这里我们以求分子速度的 x 方向的分量在 0 和 v_x 之间的分子数为例做简单介绍。

根据麦克斯韦速度分布律,分子速度的 x 方向的分量在 $v_x \to v_x + dv_x$ 之间的分子数为

$$dN_{v_x} = Nf(v_x)dv_x = N\left(\frac{m}{2\pi kT}\right)^{\frac{1}{2}} e^{-\frac{mv_x^2}{2kT}} dv_x$$

因此,速度的 x 方向分量在 $0 \to v_x$ 的分子数为

$$\Delta N_{0 \to v_x} = \int_0^{v_x} dN_{v_x} = N\left(\frac{m}{2\pi kT}\right)^{\frac{1}{2}} \int_0^{v_x} e^{-\frac{mv_x^2}{2kT}} dv_x \quad (2.5.13)$$

上式的积分,若积分上限为 ∞,可以用附录 2.1 中的积分表所列的简单形式;但

若 v_x 为一有限值,则难以计算。做适当的代换,令

$$x = \frac{v_x}{v_p}$$

则

$$dx = \frac{1}{v_p}dv_x$$

式中,$v_p = \sqrt{\dfrac{2kT}{m}}$,为分子的最概然速率。将 x 代入式(2.5.13),有

$$\Delta N_{0 \to v_x} = \int_0^{v_x} dN_{v_x} = \frac{N}{\sqrt{\pi}}\int_0^x e^{-x^2} dx \tag{2.5.14}$$

数学上将 $\dfrac{2}{\sqrt{\pi}}\int_0^x e^{-x^2} dx$ 称为误差函数,记为

$$\mathrm{erf}(x) = \frac{2}{\sqrt{\pi}}\int_0^x e^{-x^2} dx$$

可将这个积分的被积函数在积分区间上展开成幂级数,再逐项积分,便可求得定积分的近似值。从一般积分表所附的误差函数表中,可直接查出与不同 x 值对应的 $\mathrm{erf}(x)$ 的近似值。

用误差函数表示式(2.5.14),可得

$$\Delta N_{0 \to v_x} = \frac{N}{\sqrt{\pi}}\int_0^x e^{-x^2} dx = \frac{N}{2}\mathrm{erf}(x)$$

例如,若要计算速度的 x 方向分量在 $0 \to v_p$ 之间的分子数,则令

$$x = \beta v_x = \frac{v_x}{v_p} = 1$$

即

$$\Delta N_{0 \to v_p} = \frac{N}{2}\mathrm{erf}(1)$$

由附录 2.2 可查得 $\mathrm{erf}(1) = 0.842\,7$,代入上式可得

$$\Delta N_{0 \to v_p} = \frac{N}{2} \times 0.843 = 0.422N$$

这表示 v_x 在 $0 \to v_p$ 的分子数占总分子数的比率为 42%。

*2.5.5 麦克斯韦分布律的验证与推导

1. 实验验证

由于技术(如真空技术、测量技术等)条件的限制,麦克斯韦导出速度分布律后很长一段时间内还不能用实验验证。直到 20 世纪 20 年代后,实验技术的发展,特别是分子射线实验技术的发展,麦克斯韦分布律的实验验证才有了可能。包括我国物理学家葛政权在内的多位科学家进行了这方面的研究工作,使麦克斯韦分布律得到许多直接的实验证明。下面介绍 1956 年米勒(Miller)和库什(Kusch)的实验工作。

他们采用如图 2.25 所示的装置。整个实验在被抽成高真空的容器内进行(1.33×10^{-5} Pa)。左边的 O 为蒸气源。米勒和库什将铊放在蒸气源中加热,实验时的温度为 870 K,其蒸气压为 0.425 6 Pa。原子由蒸气源开口泻出,形成原子束,射向前面的探测器。

R 是带有一斜槽的圆柱体,其上均匀地刻制着一些螺旋形细槽,图中只画出其中一条。设圆柱 R 上的细槽入口缝与细槽出口缝间的夹角为 φ,圆柱长为 l。原子束流中的铊原子经过转动圆柱的细槽入口,再从细槽出口射入探测器。探测器 D 被用来测定通过细槽的原子射线的强度。在一定的角速度情况下,只容许某一狭窄速率间隔内的分子通过圆柱体面上刻的细槽,被探测器接收,而绝大多数原子将被旋转的圆柱体阻挡。

转动的圆柱 R 实际上是一个原子滤速器。圆柱转动角速度为 ω,显然,原子射线束中只有速率满足关系

$$\frac{l}{v} = \frac{\varphi}{\omega}$$

的原子才能通过。改变圆柱体的角速度 ω,就可以让不同的速率的原子通过。细槽有一定的宽度,相当于 φ 有一定的变化范围。相应地,对于一定的 ω,通过细槽的原子速率并不严格相等,而是在一定速率范围 $v \rightarrow v + \Delta v$ 内变化。

实验时,使圆柱体 R 先后以不同的角速度旋转,用探测器 D 检测射线强度,就可以得到分子按速率分布的情况。在图 2.26 中,三角形点为米勒-库什的实验结果,作为比较,实线是根据麦克斯韦分布律推出的射线的速率分布曲线。两者相当精确地吻合,说明蒸气源内的原子速率分布是遵从麦克斯韦分布律的。

需要指出的是,射线中分子速率分布情况与蒸气源中分子速率分布情况并不完全相同。这是因为不同速率的分子从狭缝 S 逸出的机会并不相等,分子的

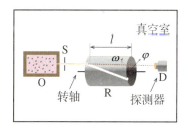

图 2.25 米勒-库什测量分子速率分布的实验装置示意图

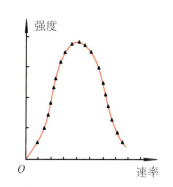

图 2.26 米勒-库什测定的蒸气源发射出来的铊原子速率分布的实验结果

速率越大，从狭缝逸出的机会越多。下面我们来证明：在单位时间内通过单位面积狭缝逸出的、速率在任一区间 $v \to v+\mathrm{d}v$ 内的分子数与 $vf(v)\mathrm{d}v$ 成正比（图2.26中的理论曲线实际上是根据这一比例关系做出的）。

式(2.5.11)给出单位时间内与单位器壁面积碰撞的分子数，则在时间 $\mathrm{d}t$ 内从 $\mathrm{d}A$ 逸出的分子数为

$$N' = \frac{1}{4} n \bar{v} \mathrm{d}t \mathrm{d}A = \frac{n}{4} \int_0^\infty vf(v)\mathrm{d}v\mathrm{d}t\mathrm{d}A = \int_0^\infty \frac{n}{4} vf(v)\mathrm{d}v\mathrm{d}t\mathrm{d}A \quad (2.5.15)$$

其中速率在 $v \to v+\mathrm{d}v$ 的分子数为

$$\mathrm{d}N' = \frac{n}{4} vf(v)\mathrm{d}v\mathrm{d}t\mathrm{d}A$$

将麦克斯韦速率分布律代入上式，有

$$\mathrm{d}N' = \frac{n}{4} \cdot 4\pi \left(\frac{m}{2\pi kT}\right)^{\frac{3}{2}} e^{\frac{-mv^2}{2kT}} v^3 \mathrm{d}v\mathrm{d}t\mathrm{d}A \quad (2.5.16)$$

因为气体分子是辐射状地从小孔射出的，从各个方向射出的分子的速率分布都相同，所以从小孔射出的分子的速率分布就等于分子束中的速率分布 $F(v)\mathrm{d}v$，即

$$\mathrm{d}N' = N' \cdot F(v)\mathrm{d}v$$

由式(2.5.15)和(2.5.16)可得

$$F(v)\mathrm{d}v = \frac{\mathrm{d}N'}{N'} = \frac{\mathrm{d}N'}{\frac{1}{4} n \bar{v} \mathrm{d}t \mathrm{d}A} = 4\pi \left(\frac{m}{2\pi kT}\right)^{\frac{3}{2}} \cdot \sqrt{\frac{\pi m}{8kT}} e^{\frac{-mv^2}{2kT}} v^3 \mathrm{d}v$$

$$= \frac{m^2}{2(kT)^2} e^{\frac{-mv^2}{2kT}} v^3 \mathrm{d}v$$

$F(v)$ 为逸出小孔后分子的速率分布函数，即分子束速率分布函数。

2. 理论推导

1859年，英国杰出的物理学家麦克斯韦根据平衡态理想气体的热运动特征，首先从理论上给出了平衡态条件下的分子速度分布律。作为一个理论例子，我们在此介绍麦克斯韦在《气体动力理论的说明》一文中给出的气体分子速度分布律的推导过程。

麦克斯韦认为，在平衡态下，容器内各处粒子数密度相同，粒子朝任何方向运动的概率都相等，即粒子速度的任一分量与其他分量无关，三个分量是彼此独立的，同时三个分量的分布律应该相同。

设 $\mathrm{d}N_{v_x}$ 表示速度分量在 $v_x \to v_x + \mathrm{d}v_x$ 的粒子数，则速度出现在 $v_x \to v_x +$

$\mathrm{d}v_x$ 的粒子的概率为

$$\frac{\mathrm{d}N_{v_x}}{N} = f(v_x)\mathrm{d}v_x$$

式中，$f(v_x)$ 为分布函数。同理，在 y 和 z 方向上有

$$\frac{\mathrm{d}N_{v_y}}{N} = f(v_y)\mathrm{d}v_y$$

$$\frac{\mathrm{d}N_{v_z}}{N} = f(v_z)\mathrm{d}v_z$$

三个方向的概率是彼此独立的，则根据概率乘法法则，得到粒子出现在 $v_x \to v_x + \mathrm{d}v_x, v_y \to v_y + \mathrm{d}v_y, v_z \to v_z + \mathrm{d}v_z$ 内的概率为

$$\frac{\mathrm{d}N_v}{N} = f(v_x)f(v_y)f(v_z)\mathrm{d}v_x\mathrm{d}v_y\mathrm{d}v_z = f(v_x,v_y,v_z)\mathrm{d}v_x\mathrm{d}v_y\mathrm{d}v_z$$

式中，$f(v_x,v_y,v_z)$ 为速度分布函数，有

$$f(v_x,v_y,v_z) = f(v_x)f(v_y)f(v_z) \tag{2.5.17}$$

由于粒子运动在方向上是各向同性的，其分布与粒子的速度方向无关，速度分布函数 $f(v_x,v_y,v_z)$ 只是速度大小的函数，则有

$$v^2 = v_x^2 + v_y^2 + v_z^2$$
$$f(v_x,v_y,v_z) = f(v^2) = f(v_x^2 + v_y^2 + v_z^2) \tag{2.5.18}$$

由式(2.5.17)和式(2.5.18)得

$$f(v_x,v_y,v_z) = f(v_x)f(v_y)f(v_z) = f(v_x^2 + v_y^2 + v_z^2)$$

要满足这一关系，函数 $f(v_x)$ 应具有 $C_1\mathrm{e}^{Av_x^2}$ 的形式，$f(v_x)$ 与 $f(v_y)$ 和 $f(v_z)$ 函数形式相同。因此有

$$f(v_x,v_y,v_z) = C_1\mathrm{e}^{Av_x^2} \cdot C_2\mathrm{e}^{Av_y^2} \cdot C_3\mathrm{e}^{Av_z^2} = C\mathrm{e}^{A(v_x^2+v_y^2+v_z^2)}$$

式中，A, C 均为常数。考虑到具有无限大速率的粒子出现的概率为极小，故 A 应为负数。令 $A = -\beta$，则

$$f(v_x,v_y,v_z) = C\mathrm{e}^{-\beta(v_x^2+v_y^2+v_z^2)} \tag{2.5.19}$$

下面来确定常数 β 和 C。由概率密度的归一化条件 $\iiint_{-\infty}^{\infty} f(v_x,v_y,v_z)\mathrm{d}v_x\mathrm{d}v_y\mathrm{d}v_z = 1$，得

$$C \cdot \iiint_{-\infty}^{\infty} \mathrm{e}^{-\beta(v_x^2+v_y^2+v_z^2)}\mathrm{d}v_x\mathrm{d}v_y\mathrm{d}v_z = 1$$

即

$$C \cdot \int_{-\infty}^{\infty} e^{-\beta v_x^2} dv_x \int_{-\infty}^{\infty} e^{-\beta v_y^2} dv_y \int_{-\infty}^{\infty} e^{-\beta v_z^2} dv_z = 1 \qquad (2.5.20)$$

由附录 2.1 中的积分公式可知

$$\int_{-\infty}^{\infty} e^{-\beta v_x^2} dv_x = 2\int_{0}^{\infty} e^{-\beta v_x^2} dv_x = \sqrt{\frac{\pi}{\beta}}$$

对式(2.5.20)积分,得

$$C\left(\frac{\pi}{\beta}\right)^{\frac{3}{2}} = 1$$

或

$$C = \left(\frac{\beta}{\pi}\right)^{\frac{3}{2}}$$

则式(2.5.19)可写为

$$f(v_x, v_y, v_z) = \left(\frac{\beta}{\pi}\right)^{\frac{3}{2}} e^{-\beta(v_x^2+v_y^2+v_z^2)} = \left(\frac{\beta}{\pi}\right)^{\frac{3}{2}} e^{-\beta v^2} \qquad (2.5.21)$$

常数 β 由理想气体分子的平均平动能 $\frac{1}{2}m\overline{v^2} = \frac{3}{2}kT$ 来确定,有

$$\frac{1}{2}m \cdot \iiint_{-\infty}^{\infty} (v_x^2 + v_y^2 + v_z^2) f(v_x, v_y, v_z) dv_x dv_y dv_z = \frac{3}{2}kT$$

即

$$\frac{1}{2}m\left(\frac{\beta}{\pi}\right)^{\frac{3}{2}} \iiint_{-\infty}^{\infty} (v_x^2 + v_y^2 + v_z^2) e^{-\beta(v_x^2+v_y^2+v_z^2)} dv_x dv_y dv_z = \frac{3}{2}kT$$

或

$$\left(\frac{\beta}{\pi}\right)^{\frac{3}{2}} \iiint_{-\infty}^{\infty} (v_x^2 + v_y^2 + v_z^2) e^{-\beta(v_x^2+v_y^2+v_z^2)} dv_x dv_y dv_z = \frac{3kT}{m} \qquad (2.5.22)$$

将式(2.5.22)左边展开,并利用附录 2.1 中的积分公式

$$\int_{-\infty}^{\infty} e^{-\lambda x^2} dx = \sqrt{\frac{\pi}{\lambda}}$$

和

$$\int_{-\infty}^{\infty} x^2 e^{-\lambda x^2} dx = \frac{1}{2}\sqrt{\frac{\pi}{\lambda^3}}$$

则有

$$\frac{3}{2\beta} = \frac{3kT}{m}$$

即

$$\beta = \frac{m}{2kT}$$

将 $\beta = \frac{m}{2kT}$ 代入式(2.5.21),得

$$f(v_x, v_y, v_z) = \left(\frac{m}{2\pi kT}\right)^{\frac{3}{2}} e^{-\frac{m(v_x^2+v_y^2+v_z^2)}{2kT}} = \left(\frac{m}{2\pi kT}\right)^{\frac{3}{2}} e^{\frac{-mv^2}{2kT}}$$

这就是麦克斯韦速度分布函数,由速度分布函数也就很容易导出麦克斯韦速率分布律。

2.6 玻耳兹曼分布律

2.6.1 玻耳兹曼分布律

在麦克斯韦分布律中,考虑的是分子不受外界影响的情形。通俗点说,就是空间各点性质是均匀的。这样,无需考虑分子位置,分子分布符合麦克斯韦速度分布律。速度分布函数 $f(v_x, v_y, v_z) = \left(\frac{m}{2\pi kT}\right)^{\frac{3}{2}} e^{\frac{-mv^2}{2kT}}$ 中,指数因子为 $e^{\frac{-mv^2}{2kT}}$,而 $\frac{mv^2}{2}$ 是分子的平动能 ε_k,分子的速度分布与它们的平动能有关。

在一般情况下,若系统处于任意保守力场中,粒子的空间位置有三个自由度,粒子除了平动能外还有势能。这时,粒子运动状态需要三维位置坐标和三维速度坐标来描述。把速度空间和位置空间结合起来,称为相空间。一个粒子可以用相空间中的一个"点"来表示,称为粒子力学运动状态的代表点,其"运动状态"需要在相空间中加以描述。粒子位于相空间中某点,其能量 ε 为

$$\varepsilon = \varepsilon_p + \varepsilon_k$$

式中,ε_p 是由粒子位置决定的势能,ε_k 是由粒子速度决定的动能。这样一来,

我们要从微观上说明粒子的运动状态时,不仅要指出粒子被限定的速度空间 $\mathrm{d}v_x\mathrm{d}v_y\mathrm{d}v_z$,还需要指明粒子被限定的位置空间 $\mathrm{d}x\mathrm{d}y\mathrm{d}z$,综合起来为相空间的体元 $\mathrm{d}v_x\mathrm{d}v_y\mathrm{d}v_z\mathrm{d}x\mathrm{d}y\mathrm{d}z$。

玻耳兹曼把麦克斯韦分布律推广到分子处于保守力场中的平衡态情形。麦克斯韦分布律中的动能 $\varepsilon = \frac{1}{2}mv^2$ 用粒子能量 $\varepsilon = \varepsilon_\mathrm{p} + \varepsilon_\mathrm{k}$ 来代替,速度空间体元要用坐标和速度结合空间——相空间的体元来代替,即分子处在坐标空间体元 $\mathrm{d}x\mathrm{d}y\mathrm{d}z$,同时处在速度空间体元 $\mathrm{d}v_x\mathrm{d}v_y\mathrm{d}v_z$ 内的分子数为

$$\mathrm{d}N = n_0 \left(\frac{m}{2\pi kT}\right)^{\frac{3}{2}} \mathrm{e}^{\frac{-(\varepsilon_\mathrm{k}+\varepsilon_\mathrm{p})}{kT}} \mathrm{d}x\mathrm{d}y\mathrm{d}z\mathrm{d}v_x\mathrm{d}v_y\mathrm{d}v_z \tag{2.6.1}$$

这是玻耳兹曼分子按能量分布定律,简称玻耳兹曼分布律,n_0 表示 $\varepsilon_\mathrm{p}=0$ 处单位体积内的具有各种速度的分子数。

将式(2.6.1)对所有速度进行积分,考虑到麦克斯韦速度分布的归一化条件

$$\iiint_{-\infty}^{\infty} \left(\frac{m}{2\pi kT}\right)^{\frac{3}{2}} \mathrm{e}^{\frac{-\varepsilon_\mathrm{k}}{kT}} \mathrm{d}v_x\mathrm{d}v_y\mathrm{d}v_z = 1$$

则式(2.6.1)可写为

$$\Delta N = n_0 \mathrm{e}^{\frac{-\varepsilon_\mathrm{p}}{kT}} \mathrm{d}x\mathrm{d}y\mathrm{d}z \tag{2.6.2}$$

式中,ΔN 表示分布在坐标区间 $x \to x + \mathrm{d}x, y \to y + \mathrm{d}y, z \to z + \mathrm{d}z$ 中具有各种速度的分子总数。再用 $\mathrm{d}x\mathrm{d}y\mathrm{d}z$ 除式(2.6.2),则得分布在坐标区间 $x \to x + \mathrm{d}x, y \to y + \mathrm{d}y, z \to z + \mathrm{d}z$ 内单位体积内的分子数

$$n = n_0 \mathrm{e}^{\frac{-\varepsilon_\mathrm{p}}{kT}} \tag{2.6.3}$$

这是玻耳兹曼分布律的一种普遍的形式,它是分子按位能的分布律。

玻耳兹曼分布律是一个普遍规律,它对在保守场中的、由任何物质微粒组成的系统都成立。

2.6.2 气体分子在重力场中按高度的分布

在重力场中,气体分子受到两种相互对立的作用:重力作用和热运动。重力使气体分子聚集在地面上,而热运动则使气体分子均匀分布于它们所能到达的空间。这两种相互作用的对立统一,导致气体分子随高度按一定规律分布。

取坐标轴 z 铅直向上,设 $z = 0$ 处单位体积内分子数为 n_0。将 $\varepsilon_p = mgz$ 代入式(2.6.2),可得分布在高度 z 处的体积元 $\mathrm{d}x\mathrm{d}y\mathrm{d}z$ 内的分子数为

$$\mathrm{d}N = n_0 \mathrm{e}^{-\frac{mgz}{kT}} \mathrm{d}x\mathrm{d}y\mathrm{d}z$$

分布在高度 z 处单位体积内的分子数为

$$n = n_0 \mathrm{e}^{-\frac{mgz}{kT}} \qquad (2.6.4)$$

可见,单位体积内的分子数密度随高度的增加呈指数减小(假定温度不变);分子的质量越大,n 就减小得越迅速;气体温度越高,n 就减小得越缓慢。图 2.27 是根据式(2.6.4)画出的分布曲线。

还可以根据式(2.6.4)求出大气压强随高度的变化关系。将 $p = nkT$ 代入,可得出等温气压

$$p = p_0 \mathrm{e}^{-\frac{mgz}{kT}} \qquad (2.6.5)$$

式中,$p_0 = n_0 kT$ 为 $z = 0$ 处的压强。

由式(2.6.5)可以得出高度 z 和压强 $p(z)$ 的关系为

$$z = \frac{kT}{mg} \ln \frac{p_0}{p} \qquad (2.6.6)$$

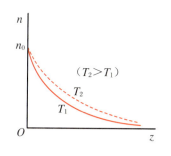

图 2.27 分子数密度随高度的变化

在登山运动和航空驾驶中常用式(2.6.6)来判定上升的高度,通过测压强 p 来估算高度 z。应该指出式(2.6.5)和(2.6.6)所得的结果是近似的,因为大气温度上下不均匀,没有达到平衡。

*2.6.3 悬浮粒子按高度的分布

1908 年,法国科学家佩兰(M. J. Perrin)在显微镜下对液体中的悬浮微粒进行了实验研究。他数出悬浮液中不同高度处微粒的数目,发现也存在与大气分子类似的粒子数密度按高度分布的规律,直接证实了玻耳兹曼分布律。并求出了阿伏伽德罗常数 N_A。

在一竖直的容器中,有密度为 ρ_0 的溶液,其中悬浮有少量的微粒(布朗粒子)。每个微粒的质量均为 m,体积为 V。微粒受到重力和浮力的作用。若微粒的密度为 ρ,则每个微粒受到的向下的作用力可表示为 $F = mg - \rho_0 V g = m^* g$,其中 $m^* = m\left(1 - \frac{\rho_0}{\rho}\right)$ 为考虑到浮力后的微粒的等效质量。将这些微粒看成类似于真空背景下、有效质量为 m^* 的"理想气体分子",设温度处处均匀,则

$$n(z) = n(0) \cdot e^{\frac{-m^*gz}{kT}}$$

若在不同高度 z_1 和 z_2 测得微粒的数密度比为 $\dfrac{n(z_1)}{n(z_2)}$,则

$$\frac{n(z_1)}{n(z_2)} = e^{\frac{-m^*g(z_1-z_2)}{kT}}$$

将 $k = \dfrac{R}{N_A}$ 代入,有 $N_A = \dfrac{RT\ln\dfrac{n(z_1)}{n(z_2)}}{m^*g(z_2-z_1)}$。佩兰由该式得到 N_A 的值,这个实验结果在物理学史上最后确定了分子是客观实在的。佩兰因此获得了 1926 年的诺贝尔物理学奖。

2.7　能量均分定理及应用

2.7.1　自由度

在前面的讨论中,我们只关心分子的平动,把气体分子视为经典力学中的质点,没有考虑分子内部情况。实际上气体分子不仅有大小,还有结构。因此,研究分子运动的能量时,不仅要考虑分子的平动,还要考虑分子的转动和分子内原子的振动。为此,我们先来看描述分子运动的自由度概念。

所谓物体的自由度是指确定物体在空间的位置所需要的独立坐标数。通过力学学习,我们知道,如果一个质点在空间自由运动,则它的位置需要 3 个独立坐标(x,y,z)来确定,即有 3 个平动自由度;若质点被限制在平面内运动,则它的位置只需要 2 个独立坐标来确定,即有 2 个自由度;进一步的,若质点做直线运动,就只有 1 个自由度了。刚体运动一般分解为质心的平动和绕质心的转动两个独立的运动(图 2.28)。对于刚体的平动,一般需要用 3 个独立坐标来描述,像描述质点的运动一样,这需要 3 个自由度。对于刚体绕其质心的转动来说,也需要 3 个独立坐标才能完整地描述。其中 2 个独立变量确定通过质心的转轴的方位(由 3 个方位角 α,β,γ 决定转轴的方位,但只有 2 个是独立的,因为满足 $\cos^2\alpha + \cos^2\beta + \cos^2\gamma = 1$);用另外一个独立变量来确定刚体绕轴转动的角度 θ。因此,确定一个刚体的位置共需要 6 个独立变量来描述,即刚体有 6 个自

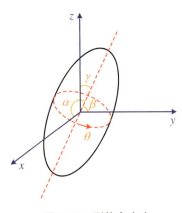

图 2.28　刚体自由度

由度。当然,若刚体的运动受到限制时,其自由度也就相应地减少。

根据上述概念来讨论分子的自由度数。对单原子分子而言,被视为自由运动的质点,有 3 个自由度。双原子分子,如氢气、氧气、氮气等,是两个原子由一个化学键连接起来,如图 2.29 所示。原子被看作为质点,则可认为双原子分子为线状分子。这样我们需要 3 个独立坐标决定其质心位置,2 个独立坐标决定其连线的方位,见图 2.29(a)。由于原子被视为质点,绕连线为轴的转动是不存在的。但分子中两个原子沿连线做振动,如图 2.29(b)所示,需要 1 个独立坐标来决定两个质点的相对位置。这就是说,双原子分子共有 6 个自由度。

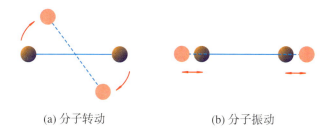

(a) 分子转动　　　　(b) 分子振动

图 2.29　双原子分子的转动与振动

一般来说,n 个原子组成的分子,在空间最多有 $3n$ 个自由度,其中 3 个是平动自由度,3 个是转动自由度,$3n-6$ 个是振动自由度。当然,当分子的运动受到某种限制时,其自由度会相应地减少。

2.7.2　能量均分定理

由 2.3 节可知,理想气体处于平衡态时分子平均平动能为

$$\bar{\varepsilon} = \frac{1}{2} m \overline{v^2} = \frac{3}{2} kT$$

而每一个分子有 3 个平动自由度,分子的平动能可进一步表示为

$$\bar{\varepsilon} = \frac{1}{2} m \overline{v^2} = \frac{1}{2} m \overline{v_x^2} + \frac{1}{2} m \overline{v_y^2} + \frac{1}{2} m \overline{v_z^2}$$

由于平衡态下大数分子沿各个方向运动的机会均等,则有

$$\overline{v_x^2} = \overline{v_y^2} = \overline{v_z^2} = \frac{1}{3} \overline{v^2}$$

因此,平均平动能在 3 个平动自由度之间是均匀分配的,每一个自由度具有相同的能量,即

$$\frac{1}{2} m \overline{v_x^2} = \frac{1}{2} m \overline{v_y^2} = \frac{1}{2} m \overline{v_z^2} = \frac{1}{2} kT$$

这个结论对 3 个平动自由度适用，我们也可以合理地推论其对分子的转动自由度和振动自由度也适用。因为在平衡态条件下，任何一种运动或能量都不比另一种运动或能量更占优势，在各个自由度上运动的机会均等且能量均分。于是我们得到一个普遍的定理——能量按自由度均分定理（简称能量均分定理）：**在温度为 T 的平衡态，物质分子的每个自由度都具有相同的平均动能，其大小都等于 $\frac{1}{2}kT$**。因此，对于某种气体，若分子有 t 个平动自由度，r 个转动自由度，s 个振动自由度，则分子的平均平动能、平均转动能和平均振动能分别为 $\frac{t}{2}kT$，$\frac{r}{2}kT$ 和 $\frac{s}{2}kT$，分子的平均总动能为

$$\varepsilon = \frac{1}{2}(t + r + s)kT$$

能量均分定理能从经典统计物理中得到严格的证明，是关于分子热运动动能的统计规律。对个别分子来说，在任一时刻它的各自由度的动能与按能量均分定理所确定的平均值可以有很大的差别，而且每一种形式动能也不见得按自由度均分。但大数分子在平衡态时动能按自由度均分，是统计平均结果。

对于振动能量，除了动能外，还有原子间相对位置变化所产生的振动势能。分子中的原子振动是振幅很小的微振动，可近似看成为简谐振动。在一个周期内，简谐振动的平均动能和平均势能相等。对于分子的每一振动自由度，其平均势能与平均动能相等，均为 $\frac{1}{2}kT$。因此，如果分子的振动自由度为 s，则分子的平均振动动能和平均振动势能均为 $\frac{s}{2}kT$。这样，分子的平均总能量为

$$\varepsilon = \frac{1}{2}(t + r + 2s)kT \tag{2.7.1}$$

对于单原子分子，$t=3$，$r=s=0$，有

$$\varepsilon = \frac{3}{2}kT$$

对于双原子分子，$t=3$，$r=2$，$s=1$，有

$$\varepsilon = \frac{7}{2}kT$$

最后，还必须强调碰撞，碰撞是大数粒子热运动中一个重要的物理过程。在气体中，分子通过频繁的碰撞来建立平衡和维持平衡。通过碰撞，可以将一个分子的能量传递给另外一个分子；同时，一种形式的能量也可以转化为另外一种形式的能量，即能量通过碰撞在不同自由度间相互转化，使不均衡的能量分配趋于均衡。我们可以简单地想象，在两个分子的非对心碰撞中，

采用分子刚球模型,碰撞前后要满足角动量守恒,分子不仅会发生质心平动的变化,还会引起转动,以这样的方式来实现平动能和转动能之间的转换。同样地,碰撞也发生在气体分子和器壁分子之间。外界供给气体的能量正是先通过器壁分子和气体分子间的碰撞、再通过气体分子间的相互碰撞分配到各个自由度上去。

2.7.3 理想气体的内能和热容

1. 理想气体的内能

物体的内能是指组成物体的一切粒子的动能和相互作用势能的总和。具体来说除包括上述分子及原子的热运动动能和分子内部原子间的振动势能外,还有分子间相互作用势能。

对于理想气体来说,不必考虑分子间相互作用,因而理想气体的内能就是各个分子能量之和。每个分子的平均能量由式(2.7.1)给出,则 1 mol 理想气体的内能为

$$u = \frac{1}{2}(r + t + 2s)RT$$

可见,理想气体的内能只与温度有关,与体积、压强无关,这正是理想气体模型中忽略气体分子间相互作用的必然结果。

对单原子气体分子,1 mol 气体的内能为

$$u = \frac{3}{2}RT$$

对双原子气体分子,1 mol 气体的内能为

$$u = \frac{7}{2}RT$$

2. 理想气体的热容

定义物体的热容为温度升高(或降低)单位温度所吸收(或放出)的热量。若物体吸收热量 đQ,温度升高 dT,用 C 表示物体的热容,则有

$$C = \frac{\text{đ}Q}{\text{d}T}$$

对气体来说,随着状态变化过程的不同,升高一定温度所需的热量也不同。

所以同一种气体在不同的过程中有不同的热容。在等体过程中,气体吸热全部用来增加内能;在等压过程中,只有一部分用来增加内能,另一部分转化为气体膨胀时对外所做的功。因此,气体温度升高一定值,在等压过程中要比在等体过程中吸收更多的热量。这就是说,定压热容要比定容热容大。下面来研究理想气体的定容摩尔热容。

1 mol 物质温度升高(或降低)单位温度时所吸收(或放出)的热量叫做物质的摩尔热容量,用 C_m 表示。定容摩尔热容为

$$C_{V,m} = \frac{\mathrm{d}Q}{\mathrm{d}T}$$

式中,đQ 为 1 mol 理想气体在体积不变的条件下温度升高 dT 所吸收的热量。在等体过程中气体体积不变,不对外做功,气体吸热全部用来增加内能(详见第 4 章),即 đQ = du。因此有

$$C_{V,m} = \frac{\mathrm{d}Q}{\mathrm{d}T} = \frac{\mathrm{d}u}{\mathrm{d}T} \tag{2.7.2}$$

而根据能量均分定理,1 mol 理想气体的内能为

$$u = \frac{1}{2}(t + r + 2s)RT$$

当温度升高 dT 时,内能的增量为

$$\mathrm{d}u = \frac{1}{2}(t + r + 2s)R\mathrm{d}T$$

代入式(2.7.2),有

$$C_{V,m} = \frac{1}{2}(t + r + 2s)R$$

这表明理想气体的定容摩尔热容仅仅取决于分子的自由度,而与温度无关。因此,对单原子分子,有

$$C_{V,m} = \frac{3}{2}R \approx 3 \text{ cal} \cdot \text{mol}^{-1} \cdot \text{K}^{-1}$$

对双原子分子,有

$$C_{V,m} = \frac{7}{2}R \approx 7 \text{ cal} \cdot \text{mol}^{-1} \cdot \text{K}^{-1}$$

这是根据能量均分定理得到的结论。

表 2.2 给出了几种气体在 0 ℃ 时 $C_{V,m}$ 的实验值,表 2.3 给出了氢气的 $C_{V,m}$ 实验值随温度变化的情况。

表 2.2 在 0 ℃时几种气体的 $C_{V,m}$ 实验值   单位：cal·mol^{-1}·K^{-1}

原子数	单原子		双原子				三原子	
气体	He	N	H_2	O_2	N_2	NO	CO_2	H_2O
$C_{V,m}$	2.98	2.979	4.849	5.096	4.968	5.174	6.579	6.015

表 2.3 在不同温度时氢气的 $C_{V,m}$ 实验值   单位：cal·mol^{-1}·K^{-1}

温度(℃)	−233	−183	−76	0	500	1 000	1 500	2 000	2 500
$C_{V,m}$	2.98	3.25	4.38	4.849	5.074	5.486	5.990	6.387	6.688

对于单原子气体分子，理论值与实验值很接近，而对于双原子分子和多原子分子，理论值和实验值相差很大，远远超出了实验误差范围。此外，表 2.3 显示氢气的摩尔热容量因温度高低而不同，这又与能量均分定理相违背。这些都表明经典理论虽然基本上反映了事物的客观规律，但也表现出明显的缺陷。

2.7.4 经典极限

不同温度、不同气体的定容摩尔热容的实验值与理论值产生了尖锐的矛盾，这迫使人们去寻找理论的缺陷所在。分子运动论在解释气体热容上的失败，是引发二十世纪物理学变革的几个主要问题之一。

上述的气体热容理论是建立在能量均分定理的基础上的，而能量均分定理是经典统计理论的结果。经典统计理论在处理气体热容时暴露出不可克服的困难，其根本原因在于经典统计物理学是以经典力学为基础的。1900 年普朗克提出量子论，以量子力学为基础的量子统计物理学完成了对经典统计物理学的改造，新的热容理论诞生了。

对统计物理而言，量子性质重要的一点是，能量的取值是不连续的，或者说是量子化的。

假设考虑到粒子的量子特性，典型的能级间隔为 $\Delta\varepsilon_n$，以此来表征能量的不连续性；系统的温度是 T，则 kT 是热运动的特征能量尺度，当

$$\frac{\Delta\varepsilon_n}{kT} \ll 1 \quad (\text{对一切 } n) \tag{2.7.3}$$

即与 kT 相比，能量量子化的效应可以忽略时，量子统计的结果还原为经典统计，这称为经典极限条件。式(2.7.3)涉及的是两个能量的尺度之比，而不是单一地由一个能量来决定。对于一定的粒子系统，其能级间隔是确定的。若温度足够高，式(2.7.3)就满足；反之，若温度足够低，能量量子化效应就强烈地表现出来，这就是人们常常把高温称为经典极限的原因。后面我们将看到，式

(2.7.3)是对定域系统而言的经典极限条件。

在表 2.2 和 2.3 中,单原子分子的 $C_{V,m}$ 理论值与实验值很接近。而对于双原子分子和多原子分子,理论值和实验值相差很大,且 $C_{V,m}$ 与温度密切相关,这是因为一些实验条件已经不满足经典极限,需要用量子统计来说明。讨论这个问题已远远超过普通物理学的范畴。我们在 2.8 节中,将定性地讨论一下经典统计、半经典统计和量子统计,不追求理论上的完整,仅从物理图像上做粗线条的讨论。

*2.8 经典统计对量子统计

2.8.1 宏观状态与微观状态

由第 1 章可知,系统的宏观性质用宏观量来描述,如压强、温度和体积等,原则上它们是可以测量的。我们用少数几个宏观量就可以描述和确定系统的平衡态。当一组宏观量确定后,系统的宏观状态也就确定了。

系统的微观状态是从微观角度对系统的描述。如果把组成系统的分子看成经典力学中的粒子,则该系统的微观状态就是这些大数粒子的力学运动状态。表示大数粒子的力学运动情况的各种量,如系统内分子的热运动速度、位置坐标、热运动能量、分子间相互作用势等,称为系统的微观状态量(微观量)。考虑到系统是由大数粒子组成的,那么描述系统的微观状态的微观量的数目是巨大的。N 个分子组成的系统,即使只考虑分子的位置和速度分量,至少也有 $6N$ 个微观量(每个分子有 3 个速度分量和 3 个位置坐标)。与一组微观量所对应的就是系统的一个微观状态。

描述系统的宏观状态和微观状态是有区别的。为了简单起见,我们以理想气体系统为例来说明。在前面讨论理想气体压强 p 这一宏观性质时,只需考虑在 dt 时间内有多少个分子与器壁面元 dA 相碰,并不需要知道在某个时刻是哪些分子与器壁相碰;同样,在讨论分子数密度 n 的宏观性质时,只需考虑在某一空间体积元中有多少个分子,无需知道究竟是哪个分子在这体积元内。显然,这两种情况中,与器壁发生碰撞的分子或所考虑的某个体积元内的分子,任一时刻只要有一个分子变化,系统所对应的微观状态就改变了,但在平衡态下表示系统宏观性质的 p 和 n 还是一样的。因此,我们不可能通过少数几个的宏观量如 p,n 等来唯一地确定这些大数粒子的微观状态参量。

我们对系统宏观性质的研究、对宏观量进行实验观察都是在一定时间和空间内完成的。从宏观上看,测量时间无论是如何短暂,但相对于系统的微观量变化的时间尺度都大得无法比拟。同样,宏观尺度无论多小,微观上也是大数粒子的集体行为。实验测量的宏观量应该说是测量时间内各种可能出现的微观量的统计平均结果,或简单地说宏观量是微观量的统计平均值。因此,对一个确定的系统的宏观状态,从微观角度来看,由于系统内分子间的相互作用和分子不停的热运动,系统可实现的微观状态是变化的,系统不停地从一个可实现的微观状态变化到另一个可实现的微观状态。一个确定的系统的宏观状态必定与许多不同的微观状态相对应。

当系统处于一定的约束条件下,约束条件无论对宏观量还是微观量都是具有约束力的。但满足一定的约束条件,微观上系统却可以有很多微观状态出现。这些可实现的微观状态何时出现、哪个出现是完全随机的,是系统宏观条件无法进行控制的。因此,如果知道系统宏观状态对应的可实现的微观状态如何出现,我们当然就可以对相应的微观量求统计平均,得出描述系统宏观状态的宏观量。但问题是如何确定微观状态?

这是统计物理学的基本问题。而这个基本问题的解决,就是靠一条基本假设——**"等概率假设"**。对于孤立系统而言,系统每个可实现的微观状态的出现都有相同的概率,称为等概率原理或等概率假设。等概率原理的正确性是由它的种种推论都与客观实际相符而得到肯定的。需要说明的一点是:在等概率假设中,所说的概率是从微观角度来看的,是对每个可能出现的微观状态而言的。我们在麦克斯韦分布中提到的概率,确切地说是热力学概率。

在经典力学基础上建立的统计物理学称为经典统计物理学,在量子力学基础上建立的统计物理学称为量子统计物理学。以上的**统计思想和方法无论是对经典统计还是量子统计,都是一致的**,两者的区别在于对微观状态的描述上。微观状态描述的方法不同,必然导致宏观平均结果的差异。下面我们来讨论量子统计和经典统计对微观状态描述的差异,以及它们之间的过渡与联系。因为这部分内容牵涉到后续的统计物理课程,有些我们直接给出结果,具体的来源就不一一介绍了。

2.8.2 经典统计与量子统计对粒子微观状态的描述

1. 经典描述

首先来看如何描述粒子的运动状态。这里所说的粒子广义地指组成宏观物质系统的基本单位,一般称为子系。例如气体的分子、金属的离子或自由电子、辐射场的光子等。

设粒子有 r 个自由度。经典力学告诉我们,粒子在任一时刻的力学运动状态由粒子的 r 个广义坐标 $q_1, q_2, \cdots, q_r$ 和相应的 r 个广义动量 $p_1, p_2, \cdots, p_r$ 来确定。这里要说明的是,粒子具有确定的坐标和动量,并不是说实际上我们可以任意地、精确地做到这一点,而是说在经典力学的理论中,原则上不允许对这精确度有任何限制。

为了形象地描述粒子的力学运动状态,我们采用 $q_1, q_2, \cdots, q_r, p_1, p_2, \cdots, p_r$ 共 $2r$ 个变量为直角坐标。这些变量构成一个 $2r$ 维空间,名为子相空间(或 μ 空间)。这里的"相"是指运动状态。粒子在某一时刻的力学运动状态可以用相空间中的一点表示,称为粒子力学运动状态的代表点。当粒子的运动状态改变时,代表点相应地在空间中移动,描画出一条轨道。它们的运动状态是连续变化的。子系运动状态的微小范围用 $\mathrm{d}\omega$ 表示,称为相空间体元。则

$$\mathrm{d}\omega = \mathrm{d}q_1 \cdots \mathrm{d}q_r \mathrm{d}p_1 \cdots \mathrm{d}p_r$$

粒子的能量表达式一般为坐标和动量的函数,可表示为

$$\varepsilon = \varepsilon(q_1, q_2, \cdots, q_r; p_1, p_2, \cdots, p_r)$$

粒子的能量是连续变化的,它们的运动状态也是连续变化的。

例 2.7 三维空间中的质点经典描述。三维空间中的质点,其自由度是 3,用坐标 x, y, z 及动量 p_x, p_y, p_z 共 6 个变量来描写其力学运动状态,运动状态及一切力学量(能量和动量等)均连续变化。相应的动量表达式为

$$p_x = m\dot{x}, \quad p_y = m\dot{y}, \quad p_z = m\dot{z}$$

相应的能量表达式为

$$\varepsilon = \frac{1}{2m}(p_x^2 + p_y^2 + p_z^2)$$

2. 量子描述

在量子统计中,波粒二象性是微观粒子的基本图像。一方面,微观粒子是客观存在的单个实体;另一方面,在适当条件下又可以观察到微观粒子具有干涉、衍射等波动现象。

波粒二象性的一个重要结果是微观粒子不可能同时具有确定的动量和坐标。如果以 Δq 表示粒子坐标的不确定值,Δp 表示粒子动量的不确定值,则量子力学所允许的最精确的描述中,Δq 和 Δp 的乘积满足

$$\Delta q \Delta p \approx h \tag{2.8.1}$$

称为不确定关系,其中 $h = 6.626 \times 10^{-34}$ J·s,为普朗克常数。不确定关系告诉

我们,微观粒子的运动不是轨道运动。由于普朗克常数 h 的数值很小,不确定关系在任何意义上都不会跟宏观物理学的经验知识发生矛盾。这个事实提供了一个粗略的判据来判定经典力学的适用范围。当一个物质系统的任何具有作用量纲的物理量取与普朗克常数 h 相比拟的数值时,这个物质系统是一个量子系统。反之,当物质系统的每个具有作用量纲的物理量用 h 来量度都非常大时,这个系统就可以用经典力学来研究。

正因为微观粒子的波粒二象性,粒子的量子描述与经典理论的完全不同。在**量子统计**中,微观粒子的运动状态称为**量子态**,而量子态由一组量子数表征。一般情况下这组量子数的数目等于粒子的自由度数。相应的微观量(如能量、动量等)的取值都是不连续的。下面用一个例子来说明。

例 2.8 边长为 L 的正方形容器中自由粒子的微观状态的量子描述。

解 粒子是一个三维的自由粒子,若选用周期性边界条件,则其量子态由一组量子数 (n_1, n_2, n_3) 来表征。粒子动量 p 是量子化的,为

$$p_1 = \frac{2\pi\hbar}{L}n_1 \quad n_1 = \pm 1, \pm 2, \cdots$$

$$p_2 = \frac{2\pi\hbar}{L}n_2 \quad n_2 = \pm 1, \pm 2, \cdots$$

$$p_3 = \frac{2\pi\hbar}{L}n_3 \quad n_3 = \pm 1, \pm 2, \cdots$$

其中 $\hbar = \dfrac{h}{2\pi}$,自由粒子的能量 ε 是量子化的,即

$$\varepsilon = \frac{1}{2m}(p_1^2 + p_2^2 + p_3^2) = \frac{2\pi^2\hbar^2}{mL^2}(n_1^2 + n_2^2 + n_3^2)$$

量子化的能量称为能级,能级大小只取决于 $n_1^2 + n_2^2 + n_3^2$ 的数值。因此,处于同一能级上的量子态可以不止一个。例如,处于能级 $\varepsilon_0 = \dfrac{2\pi^2\hbar^2}{mL^2} \times 3$ 上的量子态 (n_1, n_2, n_3) 有 8 个。这 8 个量子态分别为 $(1,1,1), (-1,1,1), (1,-1,1), (1,1,-1), (-1,-1,1), (1,-1,-1), (-1,1,-1), (-1,-1,-1)$。这种情形,我们称能级是简并的。一般来说,属于同一能级的不同量子态的个数称为该能级的简并度,用 g 表示。因此,能级 $\varepsilon_0 = \dfrac{2\pi^2\hbar^2}{mL^2} \times 3$ 的简并度 $g = 8$。

2.8.3 经典统计与量子统计对系统微观状态的描述

这里为简单起见,我们讨论由全同和近独立的粒子组成的系统。由全同粒

子组成的系统就是由完全相同属性（质量、电荷、自旋等）的同类粒子所组成的系统。若组成系统的粒子之间的相互作用很弱，相互作用的平均能量远小于单个粒子的平均能量，就可以忽略粒子间的相互作用，这样的系统称为近独立粒子系统。近独立粒子系统整个系统的能量等于单个粒子的能量之和，即

$$\varepsilon = \varepsilon_1 + \cdots + \varepsilon_i + \cdots + \varepsilon_N = \sum_{i=1}^{N} \varepsilon_i$$

式中，ε_i 是第 i 个粒子的能量，N 是系统的粒子总数。ε_i 只是第 i 个粒子的坐标和动量以及外场参量的函数，与其他粒子的坐标和动量无关。这里用近独立粒子系统是想强调，假如粒子之间完全没有相互作用，粒子之间就不可能交换能量，系统就不可能达到并保持平衡。理想气体是由近独立的粒子组成的系统，理想气体的分子，除了在相互碰撞的瞬间外，认为没有相互作用。以下我们主要讨论近独立粒子系统。

1. 经典描述

设系统的粒子数为 N，粒子有 r 个自由度。在任一时刻，第 i 个粒子的广义坐标为 $q_1, q_2, \cdots, q_r$，相应的广义动量为 $p_1, p_2, \cdots, p_r$。这 $2r$ 个变量确定了第 i 个粒子在某一时刻的力学运动状态。当组成系统的 N 个粒子在某一时刻的力学运动状态都确定时，也就确定了整个系统在该时刻的微观运动状态。由于一个粒子需用 $2r$ 个变量来描述，确定系统的微观状态就需要 $2Nr$ 个变量。

应该强调，经典描述中全同粒子是可以分辨的。这是因为经典粒子的运动是轨道运动，原则上是可以被跟踪的。只要知道每个粒子在初始时刻的位置，原则上就可以确定每个粒子在其后任一时刻的位置。尽管**全同粒子的属性完全相同，但原则上仍可以分辨**。如果在含有多个全同粒子的系统中，将两个粒子的运动状态加以交换，例如第 i 个和第 j 个粒子，如图 2.30 所示，交换前后系统的力学运动状态是不同的。

一个粒子在某一时刻的力学运动状态可用相空间中一个点来表示。由 N 个全同粒子组成的系统在某一时刻的微观运动状态可以用在相空间中的 N 个点表示，根据前面的讨论，如果交换两个代表点在空间的位置，相应的系统的微观状态是不同的。

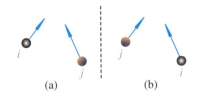

图 2.30 经典力学情形

将第 i 个和第 j 个粒子的运动状态交换，交换前后系统的力学运动状态是不同的。

2. 量子描述

在量子力学中有一条基本原理，名为微观粒子的全同性原理：在量子物理中，全同粒子是不可分辨的。在含有多个全同粒子的系统中，将**任何一对全同粒子的运动状态加以交换不引起系统新的量子态**，即不改变系统的微观状态。这个原理与经典物理关于全同粒子的论断截然不同。导致这两个完全不同的论断的根本原因在于，经典粒子的运动是轨道运动，尽管粒子全同，但原则上可以跟踪经典粒子的运动而加以辨认。而量子粒子具有波粒二象性，它的运动不

是轨道运动,原则上是不可能跟踪的。如图 2.31(a)所示,假设在 $t=0$ 时确定两个粒子的位置,由于与这两个粒子相联系的波动迅速散开而相互重叠,在 $t>0$ 时的某一时刻发现粒子时,已经不能辨认到底是第一个粒子还是第二个粒子了。作为比较,在图 2.31(b)中,给出经典情形。由于粒子是轨道运动,在 $t>0$ 时的某一时刻,粒子还是可以辨认的。

如何来描述一个多粒子系统的微观状态?请看下面的三种情形:

定域系统　在某些特殊情况下,全同原理不起作用。当量子粒子被定域于一个小区域内,或粒子在横向被限制于一个小的尺度内,可形象地看作粒子被限制在"轨道"上。如果两个全同粒子的局域区域(或视为轨道)不重叠,那么它们虽然全同,却可分辨。这种由定域粒子组成的系统称为定域系统。

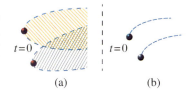

图 2.31　量子力学情形与经典情形的比较

对于定域系统,确定系统的微观状态就要求确定每一个粒子的个体量子态。例如,假设晶体中原子的振动是独立的,则确定晶体的振动状态要求确定每一个原子的振动量子数。粒子可分辨,每个子系量子态上能够容纳的粒子数不受限制。

非定域系统　对于非定域系统,必须考虑微观粒子的全同性原理给量子态的描述带来的限制。对于非定域系统,确定系统的微观状态不可能要求确定每一个粒子所处的个体量子数,只能确定在每个个体量子态上各有多少个粒子。在讨论量子粒子怎样占据各个个体量子态时,还必须考虑微观粒子的不同。微观粒子可分为两类——玻色子(boson)和费米子(fermion)。这里不对这些粒子展开讨论,简单地说:玻色子,粒子不可分辨,每个个体量子态所能容纳的粒子数不受限制;费米子,粒子不可分辨,每个个体量子态上最多能容纳一个粒子。

微观状态的量子描述,否定了粒子的轨道运动。认为微观粒子的运动状态是一些量子态;量子态由一组量子数来表征,相应的微观量(如能量、动量等)的取值是不连续的,或者说是量子化的。我们以一个简单的例子来说明子系的量子态和系统的量子态的关系。设系统由两个粒子 A 和 B 组成,每一个粒子的个体量子态有 3 个。系统具有可能的微观状态分为 3 种情形,如表 2.4 所示。

表 2.4　两个粒子占据 3 个量子态

系统	量子态1	量子态2	量子态3
定域系统	Ⓐ Ⓑ		
		Ⓐ Ⓑ	
			Ⓐ Ⓑ
	Ⓐ	Ⓑ	
	Ⓑ	Ⓐ	
		Ⓐ	Ⓑ
		Ⓑ	Ⓐ
	Ⓐ		Ⓑ
	Ⓑ		Ⓐ

续表

| 系统 | 量子态1 | 量子态2 | 量子态3 |

(玻色系统 / 费米系统 图示)

若是定域系统,粒子可分辨,每一个个体量子态能够容纳的粒子数不受限制。以 A 和 B 表示可分辨的两个粒子,两个粒子占据 3 个个体量子态的方式有 9 个。系统有 9 个不同的微观状态。

若是玻色系统,粒子不可分辨,每一个个体量子态能够容纳的粒子数不受限制。令 A = B,两个粒子占据 3 个个体量子态的方式有 6 个。系统可以有 6 个不同的微观状态。

若是费米系统,粒子不可分辨,每一个个体量子态最多能容纳一个粒子。令 A = B,两个粒子占据 3 个个体量子态的方式有 3 个,系统有 3 个不同的微观状态。

这些区别影响了它们的统计分布。在统计规律中分别用三种不同的分布与之对应:麦克斯韦-玻耳兹曼分布、玻色-爱因斯坦(Bose-Einstein)分布(玻色分布)和费米-狄拉克(Fermi-Dirac)分布(费米分布)。

3. 三个统计分布

利用等概率原理,统计物理可以推导出定域系统全同粒子在平衡态时的麦克斯韦-玻耳兹曼分布律。用 $\varepsilon_i (i = 1, 2, \cdots)$ 表示粒子的能级,g_i 为 ε_i 的简并度,则在 ε_i 上的粒子数为

$$N_i = g_i e^{-\alpha} e^{\frac{-\varepsilon_i}{kT}} \tag{2.8.2}$$

上式称为麦克斯韦-玻耳兹曼分布。因为将式(2.8.2)除以总的粒子数就得到相应的能级上出现粒子的概率,所以,麦克斯韦-玻耳兹曼分布给出了系统处于平衡态时同一时刻系统内粒子取某个能量值的概率。式(2.8.2)中 $e^{-\varepsilon_i/(kT)}$ 称为玻耳兹曼因子,它清楚地反映了占据的概率与能级和温度的依赖关系。$e^{-\alpha}$ 项可以利用总粒子数 N 定出,因为对于具有确定的总粒子数 N 和总能量 E 的系统要满足条件

$$\sum_i N_i = N, \quad \sum_i \varepsilon_i N_i = E \tag{2.8.3}$$

同样，可给出非定域系统在平衡态下全同粒子的分布。与玻色子对应的玻色-爱因斯坦分布，也称玻色分布，为

$$N_i^{\text{BE}} = \frac{g_i}{e^{\alpha + \frac{\varepsilon_i}{kT}} - 1} \tag{2.8.4}$$

与费米子对应的费米-狄拉克分布，也称费米分布，即

$$N_i^{\text{FD}} = \frac{g_i}{e^{\alpha + \frac{\varepsilon_i}{kT}} + 1} \tag{2.8.5}$$

2.8.1 量子统计向经典统计的过渡

1. 经典统计与量子统计

在讨论玻色分布和费米分布时，充分考虑了量子力学所揭示的微观粒子特性，故它们都称为量子统计。而麦克斯韦-玻耳兹曼分布，虽摒弃了能量连续分布的经典力学观点，但仍把微观粒子当成是可分辨的。因此，这种统计在考虑粒子的量子性质方面是不彻底的，它介于经典统计和量子统计之间。

原则上微观粒子遵循量子力学的运动规律。那么经典统计是否还有存在的价值？若有，在什么情况下，量子统计可以采取经典统计近似呢？

首先看玻色分布和费米分布在什么条件下过渡到麦克斯韦-玻耳兹曼分布。在式(2.8.4)和(2.8.5)中易看出，当

$$e^{\alpha} \gg 1 \tag{2.8.6}$$

费米分布和玻色分布的差别消失，还原到麦克斯韦-玻耳兹曼分布。这时，粒子全同性原理不起作用了。进一步地，若满足式(2.7.3)，即 $\frac{\Delta \varepsilon_n}{kT} \ll 1$，则能量量子化不起作用，能量是连续的，量子统计就过渡到经典统计。式(2.8.2)中的能级换为相对应的经典能量表达式。

下面我们以最简单的粒子的平动自由度为例来理解经典统计、半经典统计与量子统计的区别。

定性地看，对于平动的描述，在高温、低密度情形下可以用经典统计来代替量子统计。由于波粒二象性，微观粒子波动一面的属性表现为物质波（德布罗

意(de Broglie)波),物质波的波长(德布罗意波长)为 $\lambda = \dfrac{h}{p} = \dfrac{h}{\sqrt{2m\varepsilon}}$。式中,$h$ 为普朗克常数,m 为粒子质量,p 为粒子动量,ε 为粒子能量。系统的热运动平动能 $\varepsilon = \dfrac{3}{2}kT$,则与粒子相联系的物质波的波长可写为

$$\lambda = \frac{h}{\sqrt{2m\varepsilon}} = \left(\frac{h^2}{3mkT}\right)^{\frac{1}{2}}$$

从上式可以看出,系统的温度高,λ 就小;而系统密度低,相应的粒子间的平均距离就大。因此,高温、低密度情形意味着 λ 远远小于粒子间平均距离。这时,粒子的波动性被忽略,把粒子当成经典粒子。当然我们亦可认为是粒子的"轨道"不重叠,粒子可分辨。这样,平动情形就可以采用式(2.8.2)的麦克斯韦-玻耳兹曼统计分布。

进一步的,麦克斯韦-玻耳兹曼分布是以全同粒子可以分辨为基础导出的。粒子可认为是沿着确定的轨道运动的,不过可能实现的并不是经典力学中所允许的一切轨道,而只是其中满足量子化条件的那些轨道。由于平动能级又非常密集,一般情况下都满足平动能级 $\varepsilon \ll kT$,即满足式(2.7.3)的经典极限。因此平动能可看成是连续的,可以将式(2.8.2)的麦克斯韦-玻耳兹曼分布中的能级换成相对应的经典能量表达式。这样,量子统计和经典统计的实质差别消失,量子统计过渡到经典统计,就可用我们已熟悉的麦克斯韦分布律了:

$$dN = N\left(\frac{m}{2\pi kT}\right)^{3/2} e^{\frac{-m(v_x^2 + v_y^2 + v_z^2)}{2kT}} dv_x dv_y dv_z$$

2. 氢气分子热容的量子解释

量子统计与经典统计的区别最引人注意的例子就是氢分子的热容。根据表 2.3,做出氢气的摩尔热容量随温度的变化,如图 2.32 所示。氢气的 $C_{V,m}$ 在低温时约为 $\dfrac{3}{2}R$,在常温时约为 $\dfrac{5}{2}R$,只有在高温时才接近 $\dfrac{7}{2}R$。其他双原子气体的 $C_{V,m}$ 随温度变化的情形也与氢气的相类似。根据经典理论,氢气的摩尔热容应该为 $\dfrac{7}{2}R$,与温度无关。理论值与实验值不符,看起来好像可以这样解释:双原子分子在低温时有平动,在常温时开始有转动,到高温时才有振动。这在经典理论中是不可理解的。实际上,理论值和实验值不符的根本原因在于上述的热容理论是建立在经典统计理论的基础上的。下面我们用量子理论来分析这种情况。

将双原子分子的内能写成平动能 ε^{T}、振动能 ε^{V} 和转动能 ε^{R} 之和,即 $\varepsilon = \varepsilon^{\mathrm{T}} + \varepsilon^{\mathrm{V}} + \varepsilon^{\mathrm{R}}$,相应的热容量为 $C_V = C_V^{\mathrm{T}} + C_V^{\mathrm{V}} + C_V^{\mathrm{R}}$,即热容量可以表示为平动、振动和转动热容量之和。由此可见,热容的大小与物体增加的内能在不同

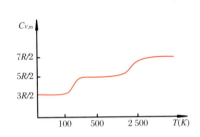

图 2.32 氢气的摩尔热容量随温度的变化

自由度上的分配有关。所以,热容的数值定量地量度着传给物体的能量进入其内部自由度的能力,从热容的大小及其变化情况可获得物质内部结构的有用信息。

首先看平动自由度。由于平动能级很密集,在实际问题所涉及的温度范围内都满足 $\Delta\varepsilon \ll kT$,所以经典近似的能量均分定理对于平动是适应的,即 $C_V = \frac{3}{2}R$,这与图 2.28 中低温情形相对应,只有平动能对热容有贡献。

其次看转动自由度。根据量子理论,分子的转动能表示为

$$\varepsilon^R = \frac{h^2}{8\pi^2 I} l(l+1) \quad (l = 0,1,2,\cdots)$$

式中,l 是转动量子数,I 是两原子绕质心的转动惯量。引入特征温度 T_R,有 $kT_R = \frac{h^2}{8\pi^2 I}$,对一般的双原子分子,$\frac{h^2}{8\pi^2 I}$ 的值约为玻耳兹曼常数 k 的几倍到几十倍。因此 T_R 约为几 K 到几十 K。在几十 K 时,量子理论就过渡到经典理论。例如氧气的 T_R 为 2.07 K,氮气的 T_R 为 2.86 K。因此,在常温范围内,kT 远大于转动能级间隔,能量可以看成准连续的变量,经典近似自然适用。但对于氢气,原子质量小,转动惯量比其他气体的小几十倍,特征温度 T_R 约为 85.4 K。因此,在温度为几十 K 的情形下,氢分子的转动能对热容影响还很小,到 197 K 时 $C_{V,m}$ 还小于 $\frac{5}{2}R$。只有到常温时转动能对热容的贡献才显现,此时,$C_{V,m} = \frac{5}{2}R$。

再看振动自由度。双原子分子中的两个原子的相对振动可看成线性谐振子。根据量子理论,分子的振动能是量子化的。在温度为 T 时,振动能表示为

$$\varepsilon^V = \left(n + \frac{1}{2}\right)h\nu \quad (n = 0,1,2,\cdots)$$

引入振动的特征温度 T_V,有 $kT_V = h\nu$,T_V 的数量级取决于分子的振动频率。不同气体振动频率数值不一样,一般而言,$h\nu$ 约为玻耳兹曼常数 k 的几千倍。所以,分子的振动温度 T_V 的数量级应是 $10^3 \sim 10^4$ K。由于能级是量子化的,如果要使分子的振动状态发生变化(例如从 $n = 1$ 的状态到 $n = 2$ 的状态),必须一下子提供与 kT_V 相当的能量,否则就不会变化。只有在高温时,$T \approx T_V$,振动能的影响才变得显著;在 $T \gg T_V$ 时,量子理论过渡到经典理论。这时,就可以计入振动能对热容的贡献了。因此,在图 2.32 中,高温情况下氢气的摩尔热容 $C_{V,m} = \frac{7}{2}R$,这与经典的能量均分定理给出的结果一致。

热容的量子理论正确地反映了微观运动的客观规律,经典的能量均分定理只是一种近似的描述。

附录 2.1　积分表

$$f(n) = \int_0^\infty x^n e^{-\lambda x^2} dx$$

n	$f(n)$	n	$f(n)$
0	$\frac{1}{2}\sqrt{\frac{\pi}{\lambda}}$	1	$\frac{1}{2\lambda}$
2	$\frac{1}{4}\sqrt{\frac{\pi}{\lambda^3}}$	3	$\frac{1}{2\lambda^2}$
4	$\frac{3}{8}\sqrt{\frac{\pi}{\lambda^5}}$	5	$\frac{1}{\lambda^3}$
6	$\frac{15}{16}\sqrt{\frac{\pi}{\lambda^7}}$	7	$\frac{3}{\lambda^4}$

若 n 为偶数，$\int_{-\infty}^{\infty} x^n e^{-\lambda x^2} dx = 2f(n)$；若 n 为奇数，$\int_{-\infty}^{\infty} x^n e^{-\lambda x^2} dx = 0$。

附录 2.2　误差函数简表

$$\mathrm{erf}(x) = \frac{2}{\sqrt{\pi}} \int_0^x e^{-x^2} dx$$

x	$\mathrm{erf}(x)$	x	$\mathrm{erf}(x)$
0	0	1.6	0.976 3
0.2	0.222 7	1.8	0.989 1
0.4	0.428 4	2.0	0.995 3
0.6	0.603 9	2.2	0.998 1
0.8	0.742 1	2.4	0.999 3
1.0	0.842 7	2.6	0.999 8
1.2	0.910 3	2.8	0.999 9
1.4	0.952 3		

第 3 章　热与热传递

"五月山雨热,三峰火云蒸,侧闻樵人言,深谷犹积冰",说的是在山谷中,传热被限制,峰顶"火云蒸",谷底却"犹积冰"。热及传热现象是如此之普遍,从我们日常生活中的穿衣、戴帽,到"山雨欲来风满楼",等等,无不与热传递有关。热传递对自然界、人类活动产生的影响是巨大的。本章我们首先从宏观和微观两个方面讨论到底什么是热,以及物质的一些热性质,再来看与我们如影随形的热传递现象。

3.1 热

3.1.1 热相互作用

冷热是人们对自然界的一种最基本感觉。我们已有的经验是做功可使物体发热。在图 3.1(a) 中，向下推动活塞，系统（气缸内气体）会变热。尽管在力学理论中没有提及冷和热，但我们对功是清楚的，那就是在这个过程中活塞压缩气体做了功。

我们也可以通过图 3.1(b) 所示的方法，将气缸靠近燃烧的火焰，气缸内气体也会变热。在这种情况下，尽管没有可观察到的位移，不清楚其间发生了什么，但是一个事实就是系统的温度升高了。这种情况下，我们确认系统和外界间发生了"某种相互作用"，**这种相互作用是不需要证明的**，是我们进一步科学研究的基础。人们将这种相互作用称为热相互作用，即系统与外界之间发生了热传递。

热相互作用在我们日常生活中太普遍了，但什么是热，热的本质是什么，对这个问题的认识却经历了漫长的过程。即使到了 18 世纪中叶，热动力在实践中大量地取代了人力，但热是什么，仍是个悬而未决的问题。

图 3.1 系统与外界间的功和热相互作用

(a)　　　(b)

3.1.2 热的本质

对热的认识,有必要对热学的发展做一些回顾,从人们认识自然界的曲折道路上留下的足迹中寻找答案,这样可加深我们对热的本质的理解。

对热的认识,可以追溯到古代。在我国商周时期产生的"五行"学说,火就是其中五种基本元素之一。同样的,古希腊的哲学家赫拉克利特(Heraclitus)认为,火是一切自然事物的始源,主张火与万物可以相互转化,等等。古代对热的理解是直观的、朴素的,当然也带有浓郁的哲学色彩。

对热现象进行科学研究,只有三百多年的历史。在早期,人们把温度和热的概念混淆在一起。大约在 1757 年前后,热学研究的伟大先驱——英国物理学家布莱克(Black),主张将这两个概念分开,分别叫"热的量"(现在称为热量)和"热的强度"(温度),引入了热容量及比热的概念,认为不同物质对热具有不同的"亲和性",即比热不同,再确定了一个标准作为热相互作用的参考量。选择水为参考物质,定义卡(cal)为热量单位,1 g 水在 1 个大气压下从 14.5 ℃ 升高到 15.5 ℃ 所需的热量为 1 cal。后来在国际单位中,热量单位采用焦耳(J)。这样一来,人们就可以进行几个物体热混合的计算了。但科学家们绝非只满足这些计算,在产生热相互作用时,到底发生了什么? 这是个令人感兴趣的问题。

在解释高温物体与低温物体间热相互作用时,人们已有的经验无疑具有启示作用。当流体从压强大的容器流到低压容器时,高压的容器压强变小,低压的容器压强变大,一直会流到压强相等为止。已有的经验是如此清晰、令人信服,使人们相信在热相互作用过程中,一定有个真实存在的东西,跨越了经历热相互作用的边界。这就是所谓的"热质说",又叫做"热素说"。布莱克是"热质说"的积极倡导者,他认为热是一种看不见、没有重量的流质,叫做热质。热质可以渗透在一切物体之中,物体的冷热取决于它所含热质的多少。热质可以从比较热的物体流到比较冷的物体,就像水从高处流向低处一样。在一个孤立系统中,热质的总和保持不变。

对热现象进行定量研究,"热质说"似乎更方便、自然些。"热质说"模型能够很好地解释许多人所共知的热现象:物体受热膨胀是热质流入物体的结果;热传导是热质的流动;对流是载有热质的物质的流动;太阳光经过凸透镜聚焦生热是热质集中的结果,等等。另外还有一个事实就是,"热质说"的出现还与当时的历史背景有关。当时的科学家们倾向对于每一种现象都想象一种相应的物质。例如,18 世纪出现的与电磁现象有关的"以太"假设。

"热质说"获得了广泛的承认,流传甚广。尽管如此,不少科学家包括笛卡儿(R. Descartes)、牛顿、胡克等人都相信和支持"热是运动"的观点。但是由于没有充分可靠的实验依据,这种正确的观点没有形成系统的理论,更没有赢得学术界的普遍承认。从18世纪到19世纪40年代以前这段时间,"热质说"占有主导地位。

"热质说"对与否,最终还是要实验来判断。"热质说"在解释摩擦生热时遇到困难,在18世纪末关于摩擦生热的两个著名实验向"热质说"提出了挑战。1798年,从美国移居欧洲的科学家伦福德(Rumford)伯爵,对科学技术的实际应用有着浓厚的兴趣。他在用钻头加工炮筒时发现摩擦生热现象。钻头、炮筒和铁屑的温度都升高了,但并没有热质流入。按照"热质说",当金属被钻头切削成碎片时放出了一部分热质,因而有热量产生。这样看来,切削的屑片越多,就应产生越多的热量。但是,用钝钻头加工炮筒比用锐利的钻头能产生更多的热量,而同时被切削的屑片反而变少,这显然与"热质说"矛盾。另外,不断摩擦产生的热量看来是取之不尽的,从一个物质取出无穷无尽的热质也是不可思议的。因此热的产生必定与钻头的运动有关。实验观察使伦福德坚信"热是由运动产生的,它绝不是一种物质"。

另外一个实验是1799年戴维(H. Davy)做的冰摩擦实验。他在真空中将两块冰相互摩擦,整个实验的温度正好是冰点。按"热质说",摩擦生热是由于摩擦导致物体比热下降而引起温度升高,但实验结果是两块冰在摩擦的地方不断熔解成水。问题的关键是摩擦生成的水的热容量比冰的还要大,而实验本身又不存在热容上升的理由。这个实验证明了所谓热质不生不灭的守恒定律在这里不成立。根据确凿的实验事实,戴维大胆断言"热质是不存在的",认为热现象的直接原因是运动。

这些研究为后来的热学发展开辟了道路,但并没有彻底颠覆"热质说","热质说"理论反而发展到顶峰。傅里叶(Fourier)热传导理论(1822年)和后面要讨论的卡诺(Carnot)定理(1824年),这两项重要的热学成就,都是在伦福德和戴维的实验之后出现的,都是建立在"热质说"基础上的。彻底否定了"热质说"的决定性实验是焦耳的热功当量实验,这将在第4章中介绍。

直到19世纪40年代,英国物理学家焦耳(Joule),进行了大量独创性实验,精确地测定了功与热相互转化的数值关系,表明传热和做功一样,是物体间能量传输的一种方式。至此,"热质说"被彻底否定。

3.1.3 热量

"热"一词,在日常生活中经常使用,但一些说法从物理学上来看是含糊的,比如说"今天太热"等。有很多物理概念由"热"与其他词组合而成,如热量、热传递、热容、热能等,下面我们来看看这些概念。

热的运动说指出:热是构成物质的大数微观粒子无规则运动的一种宏观表现。通过第 2 章温度的统计解释我们已经知道,分子热运动越剧烈,则系统的温度也越高。温度是物体大数粒子的热运动平均动能的量度,表示热运动的强度。

两个物体温度不同,就意味着分子热运动的平均动能不同。高温物体分子的平均动能较大,低温物体分子的平均动能较小。当温度不同的两个物体热接触时,通过分子间的不断碰撞,分子平均动能大的物体会把一部分热运动动能传给分子平均动能小的物体。这样,分子无规则运动能量从高温物体传到低温物体。因此,传热的本质就是高温物体传递给低温物体的热运动能量。

一般而言,热传递是指以非机械(或电)的形式传递能量的一种方式,传递的能量是与以分子热运动形式储存在物体中的那部分能量相对应的,亦即所谓的热能。当然,热能只是物体内能的一部分。热传递过程传递的能量大小即为热量。这个词仅在涉及能量的流动或转移时才有确切的科学含义。在转移完成后,或在系统状态变化前或变化后,说系统有多少热量是没有意义的。通常热传递是因为温度差异引起的,但传递的热量不仅与温度差有关,还与另外一个与"热"有关的物理量——热容量有关。在第 2 章中,我们已经给出了物体的热容量。在某一热力学过程中,物体的热容量为温度升高(或降低)单位温度时所吸收(或放出)的热量,表示为

$$C = \frac{\mathrm{d}Q}{\mathrm{d}T} \tag{3.1.1}$$

式中,$\mathrm{d}Q$ 是物体温度升高 $\mathrm{d}T$ 所需的热量,热容量单位是 $\mathrm{J \cdot K^{-1}}$。系统的热容量是广延量,与物质质量成正比。

我们把单位质量某种物质升高(或降低)单位温度时所吸收(或放出)的热量称为该物质的比热容,简称比热 c;而 1 mol 物质温度升高(或降低)单位温度时所吸收(或放出)的热量叫做物质的摩尔热容量,用 C_m 表示,则有

$$C = Mc, \quad C_\mathrm{m} = \mu c$$

式中,M,μ 分别是物体的质量和摩尔质量。物质的热容是物质重要的热性质之一,热容在不同的过程中具有不同的数值。因此,一种物质可以有不同的热容数值。在热学中,最常用的是定压热容和定容热容。

利用热容量数据可以计算在一个热力学过程中物体所吸收的热量。系统在某一过程中,当温度从 T_0 升高到 T 时,吸收的热量为

$$Q = \int_{T_0}^{T} C\,dT \tag{3.1.2}$$

当然,热传递也可以发生在温度不变的情况,例如相变(熔解、汽化等)过程中所吸收(或放出)的热量,这被称为潜热,将在第 6 章中介绍。

如前指出的,我们只能说在某个过程中传递了多少热量,而不能说一个物体具有多少热量。热量与发生的具体热力学过程有关,故必须针对具体过程来计算。一个热力学过程即使初态、末态相同,如果过程不同,一般来说吸收或放出的热量也不同。热量不是状态函数,而是过程量。所以 đQ 不是态函数的微元,它只表示在无限小过程中的无限小量,我们在"d"字上画一横,写成"đ"以示区别。

常用的测定热量的方法就是在绝热的容器中使传热的物质接触,一些物体放出热量的总和必定等于其余物体吸收热量的总和。

例 3.1 铜质容器内筒及搅杆的质量为 0.2 kg,盛有 0.4 kg 水,初温 t_1 = 5.0 ℃,将用沸水隔离加热到 t_2 = 100 ℃ 的铅粒 0.5 kg 迅速倒入内筒并盖好,轻轻搅拌后,终温为 t_3 = 8.3 ℃,求铅的比热容。

解 根据热平衡,内筒和水吸收的热量应等于铅粒放出的热量,即

$$(m_1 c_1 + m_2 c_2)(t_3 - t_1) = m_3 c_3 (t_2 - t_3)$$

式中,m_1, m_2, m_3 分别表示水、内筒和搅杆、铅粒的质量,c_1, c_2, c_3 分别表示水、铜、铅的比热容。已知 c_1 = 4 186 J·kg^{-1}·K^{-1},c_2 = 390 J·kg^{-1}·K^{-1},将数值代入,则

$$c_3 = \frac{(m_1 c_1 + m_2 c_2)(t_3 - t_1)}{m_3 (t_2 - t_3)} = 126 \text{ J·kg}^{-1}\text{·K}^{-1}$$

测铅的比热容要用到水的比热容和铜的比热容,水的比热容在焦耳热功当量测定中已经确定。铜的比热容可以在上例中将铅粒换成铜粒即可求得。用其他液体代替水,类似的实验可测定液体的比热容。

3.2 物质的热性质与分子热运动

3.2.1 物质热容量

物质的热容性质与物质结构有关,不同聚集状态的物质呈现出不同的热运

动特征,导致物体的热容量有巨大的差别。

1. 固体中的热容量

固体的热容量是由粒子热振动特征决定的。晶体中粒子之间的相互作用很强,比其热运动趋势强得多,所以固体中粒子在其平衡位置附近做微小的热振动。

粒子间的作用十分复杂,粒子振动的情况也很复杂。在晶体中,平衡态下做热振动的粒子可看成在 3 个相互垂直方向上的振动,即具有 3 个自由度,如图 3.2 所示。在平衡态时,物体的温度为 T,根据能量均分定理可知,每个振动自由度的平均动能和平均势能都为 $\frac{1}{2}kT$,则每个振动自由度的平均能量为 kT。因此,1 mol 摩尔晶体的振动能量为

$$u = N_A \cdot 3kT = 3RT$$

式中,R 是普适气体常量。

固体的体膨胀系数很小,所以无需去区分定容和定压热容,而统称热容。温度变化时,其摩尔热容量为

$$C_m = \frac{du}{dT} = 3R = 25 \text{ J} \cdot \text{mol}^{-1} \cdot \text{K}^{-1}$$

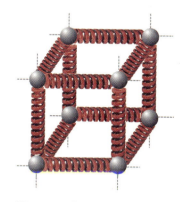

图 3.2 固体的弹簧振子示意图

即各种晶态固体的摩尔热容量都相等,且等于 25 J·mol^{-1}·K^{-1}。这称为杜隆(Dulong)-珀替(Petit)定律,这是经典理论的结果。实验表明,在温度相当高的情况下,大多数晶体的摩尔热容量为一常数,其值为 $3R$。某一温度是否可以被认为充分高,须对晶体做具体分析后才能确定。对大多数晶体,例如,Al,Cu,Cd,Au 等金属,室温可以认为已充分高了。室温下,某些固体的摩尔热容量如表 3.1 所示,从中可以看出杜隆-珀替定律的准确程度。在低温下热容量随温度的下降而减小,这时经典的杜隆-珀替定律就不适用了,要用量子力学的观点来解释。

表 3.1 一些固态金属的摩尔热容量　　单位:J·mol^{-1}·K^{-1}

物质	铁(Fe)	金(Au)	铝(Al)	铜(Cu)	银(Ag)
C_m	26.6	26.6	25.7	24.7	25.7

在金属中除晶格振动对热容起作用外,电子对热容也有贡献,但只在温度很低的情况下才是重要的。因为温度很低时,金属离子对热容的贡献已很小,自由电子对热容的贡献就不能忽略了。

2. 液体的热容

物质处于液态时与处于固态时的热容差别不大。表 3.2 给出了一些物质在熔解前后的定压摩尔热容量。从中可以看出，熔解前后固体与液体热容量相差甚小，这个特性正是物质微结构的反映。与固体相似，液体分子热运动的主要形式也是热振动，因而同种物质处于固态和液态时分子的热运动及相互作用情况比较相似，宏观上表现为固体与液体热容量差别不大。

表 3.2 固体在熔解前后的定压摩尔热容量　　单位：$J \cdot mol^{-1} \cdot K^{-1}$

物质	钠(Na)	汞(Hg)	铅(Pb)	锌(Zn)	铝(Al)	氯化氢(HCl)	甲烷(CH_4)
$C_{p,m}$(固态)	31.82	28.05	30.14	30.14	25.71	51.37	41.87
$C_{p,m}$(液态)	33.50	28.05	32.24	33.08	26.17	61.81	56.52

固体的定压与定容热容差不多，但液体热膨胀系数要比固体的大得多（约 2~3 个数量级），所以液体的定压摩尔热容量明显大于其定容摩尔热容量。

液体的微观结构与气体不同，所以它们的热容量相差很大。对液体而言，分子间有较强的相互作用，系统的内能为分子动能与分子间相互作用的势能之和。但对于气体，由于分子间的相互作用较弱，分子间的势能影响不大，在理想气体模型中，分子内能就是分子的热运动能量。实验表明，同种物质处于液态和气态时的热容量有较大不同，如气态汞的热容量约为 $20.9\ J \cdot mol^{-1} \cdot K^{-1}$，而液态汞的热容量则为 $25.1\ J \cdot mol^{-1} \cdot K^{-1}$。

液体的热容量与温度有关，但对不同液体表现出不同的温度依赖关系。大多数液体的热容量随温度升高而增加；但也有些液体如水银等，它们的热容量随温度升高而减少；还有些液体的热容量随温度的变化关系比较复杂，不是单调变化，水就是这种液体。表 3.3 给出了水在 0 ℃，20 ℃ 和 100 ℃ 时的定压摩尔热容量。

表 3.3 水的定压摩尔热容量随温度的变化　　单位：$J \cdot mol^{-1} \cdot K^{-1}$

温度(℃)	0	20	100
$C_{p,m}$	75.817	75.165	75.541

液态水具有很高的摩尔热容量，高达 $75\ J \cdot mol^{-1} \cdot K^{-1}$，而冰和水蒸气的摩尔热容量不超过 $4.18\ J \cdot mol^{-1} \cdot K^{-1}$。由于高热容量，水对于温度的变化有显著影响，其作用是无法忽视的。例如用热水进行取暖，用水冷却汽车发动机、

电厂的发电机组等。还有海洋的调温作用,滨海地区的气温变化不像内陆变化得那么显著。夏天强烈的阳光照在浩瀚的海面上,海水比热容大,把大量的热量吸收了,所以在海滨的人不会觉得特别热。而在冬天,水温降低时,要放出大量的热量,在海滨又不会觉得特别冷。正是海水的这种调节作用,使滨海的气候温暖宜人。

对于气体热容,我们在第 2 章已经详细地讨论,这里就不再介绍了。

3.2.2 黏滞现象

黏滞现象是一种输运现象。输运现象是指在非平衡系统中,各处宏观性质不均匀导致的物质、能量(热量)、动量或电荷的宏观流动。

1. 黏滞现象的宏观规律

流体内各部分流速不同时,会产生内摩擦现象。为了讨论简单起见,设流体平行于 xOy 平面沿 y 轴正向流动,如图 3.3 所示。流速 v 随 z 逐渐加大。在 $z = z_0$ 处取一垂直于 z 轴的截面将流体分为 Ⅰ 和 Ⅱ 两部分,则 Ⅰ 部将施于 Ⅱ 部一个平行于轴 y 方向的作用力,而 Ⅱ 部将施于 Ⅰ 部一个大小相等、方向相反的力。实验表明,这两部分间相互作用的黏滞力大小为

$$f = \eta \frac{dv}{dz} dA \tag{3.2.1}$$

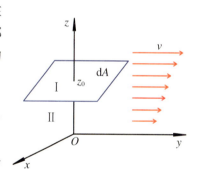

图 3.3 黏滞现象

上式称为牛顿黏滞定律,其中 $\frac{dv}{dz}$ 为 $z = z_0$ 截面处的速度梯度,dA 是所取的截面积大小,比例系数 η 为黏滞系数,它的单位是 $N \cdot s \cdot m^{-2}$,总取正值。

黏滞力作用使 Ⅱ 部流体的动量增加,使 Ⅰ 部流体的动量减少。若用 dK 表示一段时间 dt 内通过截面 dA 沿 z 轴正方向输运的动量,即由 Ⅱ 部传递给 Ⅰ 部的动量,则根据动量定理,有

$$dK = -\eta \frac{dv}{dz} dA dt \tag{3.2.2}$$

因为动量是沿着流速减小的方向输运的,若 $\frac{dv}{dz} > 0$,则 $dK < 0$,而 η 为黏滞系数总取正值,所以应该加一负号。黏滞系数 η 除了因材料而异外,还对温度敏感。尽管都是流体,但液体与气体的黏性的微观机制及黏性系数随温度变化的关系都不同。

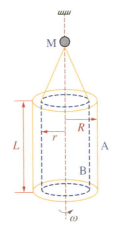

图 3.4 旋转式黏度计示意图

一种测量黏滞系数的简单方法如图 3.4 所示。这是一种旋转式黏度计,由两个共轴圆筒组成,外筒 A 可以绕轴旋转,内筒用弹性丝悬挂起来,弹性丝上有一个小镜子 M 用来测量内筒的旋转角度,内、外筒半径分别为 r 和 R,且 $\delta = R - r \ll R$,外筒长为 L。

当外筒以角速度 ω 绕轴旋转时,外筒 A 和内筒 B 间的流体在外筒的带动下分层以不同线速度转动,导致内筒也在黏滞力矩作用下跟着一起旋转;但另一方面,悬丝上的扭转力矩也同时出现了。当作用在内筒上的黏滞力矩与悬丝作用于内筒上的扭转力矩 G 大小相等时,内筒 B 达到平衡而静止,内筒外表面流体的速度 $v_r = 0$。这时,外筒内表面的流体层旋转速度 $v_R = \omega R$,两筒间流体的速度梯度为

$$\frac{dv}{dz} = \frac{v_R - v_r}{R - r} = \frac{\omega R}{\delta}$$

根据式(3.2.1)求得黏滞力矩,与 G 相等,且 $r = R - \delta \approx R$,则有

$$G \approx \eta \frac{\omega R}{\delta} \cdot 2\pi R L \cdot R = 2\pi \eta \omega L \frac{R^3}{\delta}$$

扭转力矩 G 可由实验测得,因而可以求出黏滞系数 η。表 3.4 给出了一些气体和液体在某些温度下的黏滞系数实验值。不难发现气体和液体的黏滞系数表现出不同的随温度变化的规律。

表 3.4 黏滞系数

气体	$t(℃)$	$\eta(10^{-5}\text{Pa}\cdot\text{s})$	液体	$t(℃)$	$\eta(10^{-3}\text{Pa}\cdot\text{s})$
空气	20	1.82	水	0	1.79
	671	4		20	1.01
水蒸气	0	0.9		50	0.55
	100	1.27		100	0.28
二氧化碳	20	1.47	水银	0	1.69
	302	2.7		20	1.55
氢	20	0.89	酒精	0	1.84
	251	1.3		20	1.20
氦	20	1.96	轻机油	15	11.3
甲烷	20	1.10	重机油	15	66

2. 气体黏性的微观解释

在气体中,分子做无规则热运动,即使当气体有定向运动时也是如此。在

气体中任取一截面 dA, 由于热运动, dA 两侧会发生分子交换。如果在垂直 dA 方向有某种物理量不均匀,即两侧分子的某种性质不同,则 dA 面两侧交换分子的结果使此物理量沿 dA 垂直方向传输。

在图 3.3 所示的黏滞现象中,气体分子的运动除热运动外,还附加一个定向运动。Ⅱ 部气体分子的定向速度比 Ⅰ 部气体分子的要小。由于无规则的热运动,Ⅱ 部气体分子会带着自己较小的定向动量越过 dA 跑到上面,而 Ⅰ 部的气体分子会带着自己较大的定向动量越过 dA 跑到下面。这样,dA 面两侧交换分子的结果使分子定向运动的净动量由上方传输到下方。Ⅰ 部气层的定向运动动量减小,Ⅱ 部气层的定向运动动量增加。由动量定理可知,Ⅰ 部气层一定受到一个与定向运动动量方向相反的作用力。反之,Ⅱ 部气层受到一个与定向运动动量方向相同的作用力,即两部分气体互施了黏性力。这就是气体中的黏滞现象,是气体内定向动量输运的结果。

下面用分子运动论的观点来推导气体的黏滞系数 η。

在宏观流速比分子热运动平均速度小得多的情况下,把气体分子视为平衡态处理。根据分子热运动的各向同性,分子沿各个方向热运动的情况相同,可粗略估算,对上、下、左、右、前、后 6 个方向来说,单位体积内平均有 $\frac{1}{6}n$ 个分子沿 z 向上运动。若分子运动平均速率为 $\bar{v}$,则单位时间内平均有 $\frac{1}{6}n\bar{v}dA$ 从下向上垂直穿越 dA 面。显然,各个分子通过 dA 面之前最后一次受碰的位置是不同的。但是平均来讲,可以认为它们经历最后一次碰撞时离 dA 的距离都等于平均自由程 λ。这样,越过 dA 的分子可以认为就带有此处的定向动量 $mv_{z_0-\lambda}$。这里依靠了一个基本的简化假设:分子受一次碰撞就被完全"同化"。这就是说,当任一分子在运动过程中与某处分子发生碰撞时,它就舍弃掉原来的定向动量,而获得受碰撞处的定向动量。

因此,在 dt 时间内由于分子的热运动从下向上通过 dA 面输运的定向动量为

$$dK_{z_0-\lambda} = \frac{1}{6}n\bar{v}dAdtmv_{z_0-\lambda}$$

同理,在同一时间内从上向下通过 dA 输运的动量为

$$dK_{z_0+\lambda} = \frac{1}{6}n\bar{v}dAdtmv_{z_0+\lambda}$$

两式相减,可得通过 dA 面沿 z 轴正向输运的动量为

$$\begin{aligned}dK &= dK_{z_0-\lambda} - dK_{z_0+\lambda} = \frac{1}{6}n\bar{v}dAdtmv_{z_0-\lambda} - \frac{1}{6}n\bar{v}dAdtmv_{z_0+\lambda} \\ &= \frac{1}{6}n\bar{v}dAdtm(v_{z_0-\lambda} - v_{z_0+\lambda})\end{aligned} \quad (3.2.3)$$

由于 $v_{z_0-\lambda} - v_{z_0+\lambda} = -\left(\dfrac{\mathrm{d}v}{\mathrm{d}z}\right)_{z_0} \cdot 2\lambda$，则式(3.2.3)可写成

$$\mathrm{d}K = -\dfrac{1}{3}nm\,\bar{v}\,\mathrm{d}A\,\mathrm{d}t\,\left(\dfrac{\mathrm{d}v}{\mathrm{d}z}\right)_{z_0}\cdot\lambda$$

与宏观规律式(3.2.2)比较，可得黏滞系数为

$$\eta = \dfrac{1}{3}nm\,\bar{v}\lambda = \dfrac{1}{3}\rho\,\bar{v}\lambda \tag{3.2.4}$$

式中，$\rho = mn$ 为气体密度。可见气体的黏滞系数与 $\rho,\bar{v},\lambda$ 有关，决定于气体的性质和状态。将 $\bar{v} = \sqrt{\dfrac{8kT}{\pi m}}$，$\lambda = \dfrac{1}{\sqrt{2}\sigma n}$ 代入式(3.2.4)，可得

$$\eta = \dfrac{1}{3}\sqrt{\dfrac{4km}{\pi}}\dfrac{\sqrt{T}}{\sigma} \tag{3.2.5}$$

表明气体的黏滞系数 η 随温度 T 的升高而加大，与 $\sqrt{T}$ 成正比。但实验测定当温度 T 升高时，η 的增大并非与 $\sqrt{T}$ 成正比，而是比理论预期更加显著。这是因为在理论中，我们把分子看作刚球，这与实际不尽相符。温度升高，分子热运动动能加大，因而分子有效平均直径 d 及 σ 略有减小。

另外，从式(3.2.5)可以看出，在一定温度下黏滞系数 η 与 p 或 n 无关。这乍看起来难以理解。当 p 降低时，n 减小，$\mathrm{d}A$ 面两侧交换的分子数减小，η 似乎应减小。实际上，黏滞系数 η 与 p 或 n 无关可以这样理解：当 p 降低时，$\mathrm{d}A$ 面两侧交换的分子数确实减小，但同时分子的平均自由程加大，两侧分子能从更远的气层无碰撞地通过 $\mathrm{d}A$。这两种作用相反，结果使 η 与 p 无关。在一定温度下黏滞系数 η 与 p 或 n 无关的推论已被实验所证实。

3. 液体黏性的微观解释

液体的黏滞系数较气体大得多，且随温度的升高而降低，表现出与气体完全相反的规律。从表 3.4 可以看出水的黏滞系数与温度的关系，随温度降低，系数 η 近似地按指数规律增大。

从微观上看，液体黏性源于分子间的相互作用。液体中分子热运动主要表现为在平衡位置做微小振动。平均说来，每隔一段时间(定居时间)，就变换平衡位置。定居时间与分子间相互作用的强弱有关，分子间相互作用越强，定居时间越长，液体的流动性就越差。可以预期定居时间越长，液体的黏度越大。因而，液体中黏滞系数是和定居时间成正比的。而定居时间为 $\tau = \tau_0 \mathrm{e}^{\frac{\Delta w}{kT}}$，故

$$\eta = A\mathrm{e}^{\frac{B}{kT}}$$

式中，A,B 为常量，k 为玻耳兹曼常量。黏滞系数 η 与温度的关系是指数

关系。

气体的黏滞性来源于定向速度不同的相邻层气体的动量交换。而在液体中，分子间的相互作用比气体间的作用强得多。当液体中不同流速层间有相对运动时，相邻层间存在因分子引力而产生的直接作用，这是液体黏滞性的根源。随着液体温度升高，液体膨胀，分子间距增加，分子间的吸引力将减弱，黏滞系数也随之减小。

3.2.3 扩散现象

1. 菲克(Fick)定律

扩散现象从广义上讲是指两邻近的气体、液体和固体的粒子自发的相互渗透及混合。当物质中粒子密度不均匀时，粒子将从数密度高的地方迁移到数密度低的地方，称为扩散。扩散在实验上满足菲克定律：

设沿 x 轴方向粒子密度呈不均匀分布，在 $x = x_0$ 处取一与 x 轴垂直的截面 dA，则在 x 轴正方向单位时间内穿过 dA 的粒子数 dN 为

$$dN = - D \left(\frac{dn}{dx}\right)_{x_0} dA \tag{3.2.6}$$

式中，$\left(\frac{dn}{dx}\right)_{x_0}$ 为 $x = x_0$ 处的粒子数密度梯度，比例系数 D 称为扩散系数，单位为 $m^2 \cdot s^{-1}$，负号表示粒子向粒子数密度减小的方向扩散。式(3.2.6)也可以用下面的形式给出，即

$$dM = - D \left(\frac{d\rho}{dx}\right)_{x_0} dA \tag{3.2.7}$$

式中，dM 是单位时间内通过垂直于物质输运方向(x)上的截面积 dA 的质量，ρ 是物质密度，$\left(\frac{d\rho}{dx}\right)_{x_0}$ 为 $x = x_0$ 处的密度梯度。

固体、液体、气体内都有扩散现象，它们所遵循的宏观规律都是菲克定律，但由于热运动形式不同，扩散对不同聚集态呈现出不同的特点。

2. 固体中的热扩散

固体中扩散根据扩散粒子与点阵中的粒子是否相同可分为自扩散和异扩散。例如铜原子在铜晶体中的扩散是自扩散，而碳原子在铁中的扩散是异扩散。

固体中的热扩散现象是由固体中粒子的热运动引起的。对晶体而言，在一

定温度下，粒子的热运动能量和气体一样，也是有一定的统计分布。总存在一些粒子具有足够高的能量，以致它们能脱离平衡位置形成缺陷。缺陷分为填隙原子和空位两种。填隙原子形成的机制如图 3.5 所示。粒子离开其平衡位置，跳到结点间隙中，从一处移到另外一处，形成填隙原子。通常当粒子半径比较小时，粒子以填隙的方式移动。

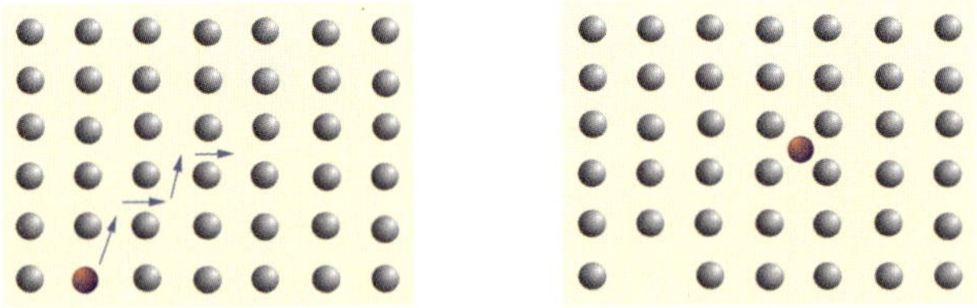

图 3.5　填隙原子的移动示意

另外一种情形为空位移动，如图 3.6 所示。某处因为粒子移动留下一个空位，其周围粒子就可以跑到空位上去，形成一个新的空位，这样空位就移动了一步。依据这种方式，空位从一个地方移到另外一个地方。这称为空位缺陷，主要针对的是半径比较大的粒子。

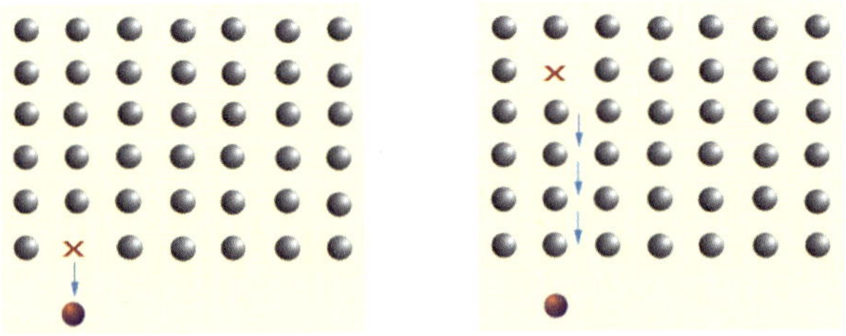

图 3.6　空位移动示意

填隙原子和空位缺陷的形成都和热运动有关，统称为热缺陷。晶体中的空位移动（实际上是结点上的粒子跳入空位）和填隙原子运动，是晶体粒子在晶体中从一个地方移动到另外一个地方的两种基本运动，这是固体中扩散的基本微观图像。

热缺陷是与晶体中粒子热运动的能量涨落密切相关的。若晶体的温度为 T，组成晶体的粒子数为 N，则根据统计理论可以得出，平衡态下晶体的空位数或填隙粒子数为

$$n = Ne^{-\frac{u}{kT}} \tag{3.2.8}$$

式中，u 是形成一个空位或填隙粒子所需的能量。当一个粒子由于热振动能量的涨落，能量达到一定值时，就可能从它所处的位置跳到邻近的另一个间隙位置；同样，一个粒子当其能量足够大时，可能从它所在的结点处跳到空位上，使它的结点成为新的空位，这样，空位就移动了一步。需要指出的是，热缺陷比正常位置的粒子数目少得多。

无论是自扩散还是异扩散,扩散的宏观规律在形式上是相似的,均满足菲克定律(3.2.6)。

在通常室温条件下,固体的扩散进行得非常缓慢,其扩散系数较小。随着温度升高,扩散系数增大。实验表明,扩散系数和温度的关系为

$$D = D_0 e^{-\frac{Q}{RT}} \quad (3.2.9)$$

式中,Q 为扩散的激活能,Q 和 D_0 对一定扩散粒子和被扩散晶体是常数,R 为普适气体常量。

从微观角度看扩散粒子在晶体中移动,不论是空位还是间隙原子扩散机制,扩散粒子在晶体中的运动都是从一个结点(或间隙)一次跳到邻近结点(或间隙)。如图 3.7 所示,在被扩散晶体中设有两个垂直于 x 轴的相邻粒子平面——平面Ⅰ和平面Ⅱ,其间距(即两相邻结点距离)为 δ,N_1,N_2 分别为晶体粒子平面Ⅰ、平面Ⅱ上单位面积的扩散粒子数。

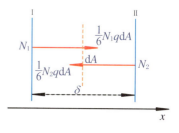

图 3.7 晶体中粒子扩散

假设一个扩散粒子单位时间内从它所在结点跳到周围相邻结点的概率为 q,它可能向 6 个方向跳动迁移,故沿 x 轴方向单位时间跳动迁移的概率是 $\frac{1}{6}q$。显然单位时间内通过垂直于 x 轴横截面 dA 从平面Ⅰ跳动迁移到平面Ⅱ上的扩散粒子数为 $\frac{1}{6}qN_1 dA$;反方向扩散,从平面Ⅱ跳动迁移到平面Ⅰ上的扩散粒子数为 $\frac{1}{6}qN_2 dA$,则单位时间内通过 dA 横截面从平面Ⅰ跳动迁移到平面Ⅱ上的扩散净粒子数为

$$dN = \frac{1}{6}q(N_1 - N_2)dA \quad (3.2.10)$$

而 $n_1 = \frac{N_1}{\delta}$,$n_2 = \frac{N_2}{\delta}$,可分别理解为平面Ⅰ、平面Ⅱ处扩散粒子浓度(单位体积内的扩散粒子数)。所以式(3.2.10)可写为

$$dN = \frac{1}{6}q\delta(n_1 - n_2)dA = -\frac{1}{6}q\delta^2\left(\frac{dn}{dx}\right)dA \quad (3.2.11)$$

这里利用了关系式 $n_1 - n_2 = -\left(\frac{dn}{dx}\right)\delta$。将式(3.2.11)与菲克定律相比较,得扩散系数为

$$D = \frac{1}{6}q\delta^2 \quad (3.2.12)$$

根据式(3.2.12),我们还可以进一步从微观理论出发给出扩散系数与温度

的关系,也与实验结果式(3.2.9)相一致。

固体中的扩散现象通常不大显著。存放煤的墙角和地面,要经过足够长时间后,才有相当厚的一层会变成黑色,这就是煤分子扩散的结果。再如,把表面非常光滑洁净的铅板紧紧地压在金板上面,几个月以后可以发现,铅分子跑到了金板里,金分子也跑到了铅板里,有些地方深入约 1 mm。如果放 5 年,金和铅就会连在一起,它们的分子互相进入大约 1 cm。

固体中的扩散现象在高温下才有明显效果。温度越高,分子热运动越剧烈,因此扩散粒子越易挤入被扩散粒子之间。固体扩散的现象在工业中有广泛的应用。例如渗碳是增加钢件表面碳成分、提高表面硬度的一种热处理方法。通常将低碳钢制件放在含有碳的环境中加热到高温,使碳原子扩散到钢件的表面,并进一步向里扩散,然后通过淬火及较低温度的回火使钢件表面得到极高的硬度和强度,而内部却仍然保持低碳钢的较好的韧性。又如在半导体器件生产中,使特定的杂质在高温下向半导体晶片内扩散、掺杂,从而改变晶片内杂质浓度分布和导电类型等。

3. 液体中的热扩散

液体中分子热运动的情况与固体中的相似,主要是分子的热振动。但液体中分子热振动的平衡位置不时在迁移,因而液体的扩散系数比固体的稍大。

类似固体扩散的分析,可以得到液体的自扩散系数为

$$D = \frac{1}{6} q \delta^2 \tag{3.2.13}$$

式中,q 为液体分子在单位时间内平衡位置迁移到邻近的新平衡位置的概率,δ 为两相邻平衡位置间的平均距离。如果扩散分子的定居时间为 τ,那么在单位时间内分子振动平衡位置发生迁移的概率 $q = \frac{1}{\tau}$,则式(3.2.13)可写为

$$D = \frac{1}{6} \frac{\delta^2}{\tau} \tag{3.2.14}$$

室温下水的自扩散系数 D 约为 1.5×10^{-9} m² · s⁻¹。一般来说,液体中物质的扩散系数是很小的,10 ℃时食盐在水中的扩散系数 D 为 9.3×10^{-10} m² · s⁻¹,18 ℃时糖在水中的 D 为 3.7×10^{-10} m² · s⁻¹。扩散系数小,扩散过程缓慢,在没有搅拌或对流时,液体不容易趋于均匀。当对流不存在、仅靠扩散时,气体浓度趋于均匀的过程可以在几秒或几分钟内完成,而液体的均匀过程则需要几天或几个月时间。气体中物质的扩散系数比固体和液体中物质的扩散系数要高约 5 个数量级。

液体的扩散系数与温度有密切关联。随温度升高,扩散系数将迅速增大。扩散系数与温度的关系为

$$D = D_0 e^{-\frac{\Delta\omega}{kT}} \tag{3.2.15}$$

式中,D_0是与温度关系不大的系数,$\Delta\omega$为分子从一个平衡位置迁移到另一个平衡位置时所需的激活能。

4. 气体中热扩散

气体中分子热运动占主导地位,气体分子可以在所封闭的容器中自由运动。如果气体中任一截面两侧分子数密度存在差异,在同样时间内由高密度侧运动到低密度侧的分子数多,即气体分子从密度高处迁移到密度低处,这就是气体中的扩散现象。扩散过程是分子输运的过程,也就是质量输运的过程。该过程同样满足宏观规律——菲克定律。

由气体动理论,类似3.2.2小节中气体黏滞系数的推导,可得单纯扩散情况下气体的扩散系数与分子运动的微观量的统计平均值间的关系为

$$D = \frac{1}{3}\bar{v}\lambda \tag{3.2.16}$$

上式及其参量的讨论也与气体黏滞系数的相同,这里就不再详细介绍了。

图3.8所示为人体中 O_2 和 CO_2 通过扩散作用在肺泡与血液间的互相交换。扩散对于生命尤其重要,人通过不断与环境交换 O_2 和 CO_2 而生存。人体具有复杂的呼吸系统和循环系统,这使 O_2 与 CO_2 可以在很长的距离上进行扩散。新鲜空气通过呼吸进入肺泡,身体组织中新陈代谢产生的 CO_2 也通过红细胞输运到肺部。O_2 从肺泡扩散入血液,CO_2 从血液扩散入肺泡,即肺换气过程。这样,通过扩散,人体源源不断地从体外获得 O_2,同时将 CO_2 排出体外。

植物需要 CO_2 进行光合作用,大气中的 CO_2 通过树叶的气孔扩散进来发生光合作用,随着光合作用的持续发生,大气中的 CO_2 源源不断地扩散进来,而植物产生的 H_2O 和 O_2 也被扩散到大气中。

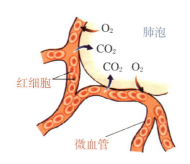

图 3.8 O_2 和 CO_2 通过扩散作用在肺泡与血液间互相交换

3.3 表面现象与分子力

3.3.1 界面与表面

人们认识物体总是从直接观察其表面开始的,首先看它是什么颜色、表面光滑或粗糙等。在生活中,大家看到的不同物体间都是以表面或界面区分开的。当然这些只是视觉上的,实际上表面或界面具有独特的物理性质。例如,缓慢地向杯子中注入水,水面可以高出杯口而不溢出,就是水的表面起了作用。

在稳定状态下,自然界的物质通常以气、液、固三态存在。这三者之中,任何两种物态共存时,会形成约几个分子或原子厚度的过渡层,称为界面,而我们习惯把固体或液体与气体的过渡层称为表面。在图 3.9 中,两种液体混合在一起静置一段时间后,大家可以清楚地看到两层液体的界面。

图 3.9 两种液体混合静置后的界面

界面上的分子和体内的分子所处的环境不一样,性质也不一样,从而使界面层具有某些特殊的性质。例如,在固体表面的薄层中,原子既受到内部的束缚,又受到环境的影响,因此表面薄层的结构和性质与固体内部不同。在晶体表面,晶体的三维周期性被破坏,表层中的原子排列和相互作用发生了突变,形成与晶体内部不同的结构。

材料尺度变小时,表面积将增大。例如,将边长为 1 cm 的立方体分割成边长为 1 μm 的小立方体颗粒,颗粒的总面积将达到 6 m²,比原来的大立方体的表面积增加了 10 000 倍。这时,表面特性扮演着极其重要的作用,会产生许多新奇的物理效应。随着科学研究的不断深入,对于材料结构和特性的研究在理论和实验上已深入到表面、界面和原子层次。表面或界面是目前科学研究的重要领域,一方面是因为电子器件小型化到纳米尺度,器件性能越来越依赖于表面和界面特性;另一方面,那些在单相材料中难以存在的新的物理现象和效应,在人工界面体系中得以出现。

表面和界面的研究,涉及物理、化学、生物和材料等诸多学科。在本节中,**我们只是针对与分子(原子)的热运动或作用力有关的表面或界面物理现象做些讨论**。相对于材料界面异常复杂的特征,较为简单的是液体的表面现象。下面我们主要讨论液体的表面性质,而对固体表面的分子吸附做一些简单的介绍。

3.3.2 液体的表面张力

1. 表面张力

很多现象表明,液体的表面有如张紧的弹性薄膜,有收缩的趋势。例如,小钢针放在水面上不会下沉,仅仅将液面下压,略见弯形;荷叶上的小水珠和熔化的小滴焊锡呈球形。这些液体表面有收缩的趋势,在表面内存在一种使表面收缩的力,称为表面张力。表面张力的大小用表面张力系数来描述。在表面上设想一长为 l 的线段(图 3.10),则表面张力表现为在线段两侧的液膜以一定的拉力 f 相互作用,其方向与所画的线段垂直,大小与线段 l 成正比,即

$$f = \alpha l \tag{3.3.1}$$

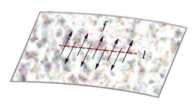

图 3.10 表面张力示意

式中,α 为表面张力系数,在国际单位制中,单位为 $N \cdot m^{-1}$。α 表示液面上单位长度线段两边液膜间的表面张力,其值与液体性质和温度有关。表 3.5 给出了几种液体的表面张力系数。

表 3.5 几种液体的表面张力系数

物质(液态)	温度(℃)	$\alpha(10^{-3} \, N \cdot m^{-1})$
水	20	72.6
肥皂水	20	40
酒精	20	22
乙醚	20	16.5
苯	18	29
汞	18	490
铅	335	473
铂	2 000	1 819
铁	1 537	963
空气	-190	12
氢	-253	2.1
氦	-269	0.12

下面从功的角度来认识表面张力。液体表面张力使液面收缩,若使液体表面积增大,就需要克服表面张力做功。如图 3.11 所示,以金属框架上粘有的液膜为例,其中 AB 边可以滑动。由于有表面张力作用在 AB 边上,要使 AB 边保

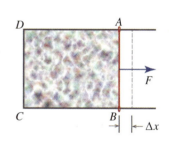

图 3.11 液体表面膜做功

持不动，必须在 AB 上加一个外力 F，其方向与液膜给 AB 的力相反，大小相等。考虑到液膜有上下两个表面，则有

$$F = 2\alpha L$$

设 AB 边移动一小的距离 Δx，则此过程中，外力 F 做功为

$$\Delta W = F \cdot \Delta x = 2\alpha L \cdot \Delta x = \alpha \Delta A$$

式中，$\Delta A = 2L\Delta x$，是 AB 边移动过程中液膜所增加的表面积。由此可见，表面张力系数为

$$\alpha = \frac{\Delta W}{\Delta A}$$

这表明，表面张力系数 α 等于增加单位表面积时外力所需做的功。

增大液体表面积需要克服表面张力做功，所做的功其实并未耗散掉，而是转化为液体表面的一种能量储存在表面内。这部分由液体表面所储存的能量称为表面自由能，简称表面能。液体表面能具有与弹性势能或重力势能一样的性质。在液面表面积增加的过程中，表面能的增加量就等于外力所做的功，即

$$\Delta E = \Delta W = \alpha \Delta A \tag{3.3.2}$$

所以有

$$\alpha = \frac{\Delta E}{\Delta A}$$

可见，表面张力系数 α 在数值上等于增加单位表面积时液面所增加的表面能。严格地说，表面能是在等温条件下能转化为机械能的表面内能部分。

不受任何外力作用的液体，即液体所受的重力和其他外力的合力为零时，在表面张力作用下应使表面自由能为极小。而表面自由能与表面积成正比，故液体应取表面积为最小的球体形状。这一结论可以用实验来验证。将橄榄油（密度介于水和酒精之间）滴入水和酒精混合物中，若水和酒精混合物的密度等于橄榄油的密度，混合物中的橄榄油就因重力和浮力抵消而受的合外力为零，这时橄榄油在水和酒精的混合物中呈球形(图 3.12)。

2. 表面张力的微观机制

表面张力类似于固体内部的拉伸应力，只不过这种应力存在于极薄的表面层内，不是由弹性形变所引起的，而是表面层内分子力作用的结果。

液体内部的分子和气体一样，分子力作用是球对称的。如图 3.13 所示，液体内部 B 处的一个分子受到其他分子的作用力的合力为零。液体表面层的厚度大约为分子引力的有效作用距离 s。对表面层内 A 处一分子，以它为球心作

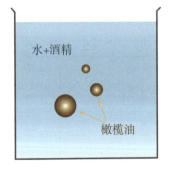

图 3.12 橄榄油球形液滴

半径为 s 的球。则球内所有分子对其都有吸引力。球是非完整的,球冠部分没有液体分子。因此,A 点分子所受的引力的合力 F 不为零,合力垂直液面、指向液体内部。越接近液体极表面,所受合力也就越大。这个合力叫内聚力,其作用是使表面层中的分子有向液体内部运动的趋势。斥力力程短,对 A 点处分子有排斥力的分子在 A 周围近似呈球对称分布,可以不必考虑斥力情形。

液体内部分子要进入表面层就必须克服力 F 做功,并将自己的部分动能转化为势能。越接近极表面,这种分子势能越大。按照玻耳兹曼分布律,表面层分子数密度要减小,且越接近极表面分子数密度越小。这类似于重力场中的气体分子,分子受到一指向地面的力,越向上势能越大,气体分子数密度越小。所以平均来讲,表面层内分子间的距离要比液体内部的大。在分子间距较大的情况下,引力起主导作用。因此,表面层内 A 处分子受到其一侧的分子的净作用力是引力。这样,表面层中任一线段两侧的液体分别施予对方一个吸引力,这就是表面张力。

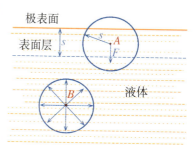

图 3.13 液体表面分子力

在温度不变的情况下扩大表面,外界做功与表面积的增量成正比,表面层中分子数密度及分子间距不会变化,因此,单位长度上的表面张力也不会改变,即液体表面张力系数 α 与表面积大小无关。这点与橡皮膜情形不同,尽管都是张力。对橡皮膜,表面积越大,即绷得越紧,单位长度上的张力越大。

表面张力与温度有关。对于大多数液体,表面张力系数与温度 t 近似呈线性关系,即

$$\alpha = A - Bt$$

式中,t 是摄氏温度,A,B 是常数,对不同液体其数值差别很大。温度升高,表面张力系数减小。当温度增加时,液体分子的动能增加,将有更多的分子进入表面层,表面层中分子数密度增加,分子间距减小,分子间引力作用减弱,单位长度的表面张力减小,所以表面张力系数减小。还有,杂质也会影响表面张力系数,有的杂质会使表面张力系数减小,例如,在温度为 20 ℃ 时,水的表面张力系数约为 7.3×10^{-2} N·m^{-1},而肥皂水的表面张力系数减小到约 4×10^{-2} N·m^{-1};有的杂质会使表面张力系数增大。能使表面张力系数减小的杂质称为表面活性物质。

3. 弯曲液面的附加压强

图 3.14 对应于三种不同的液体表面:平面、凸液面和凹液面。在图 3.14(a)中,表面张力 f 与液面平行,不影响竖直方向的压强。但在(b)和(c)中,由于表面张力存在,会使液面内外两侧压强产生一个突变,即

$$p_B = p_A + \Delta p \tag{3.3.3}$$

式中,p_B 和 p_A 分别为液体内、外两侧无限靠近的两点压强,Δp 为附加压强。凸液面的附加压强是正的,即液面内部的压强大于液面外部的压强(如大气压

强);凹液面的附加压强是负的,即液面内部的压强小于液面外部的压强。

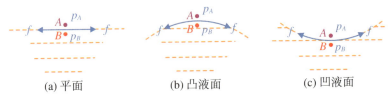

(a) 平面　　　　　(b) 凸液面　　　　　(c) 凹液面

图 3.14　液面附近内外压强差

我们来研究半径为 R 的球形液面下的附加压强。在液面处隔离出一个球帽状的小液块,如图 3.15 所示。

首先看通过小液块的边线作用在液块上的表面张力。通过边线上每一微段 dl 作用在液块上的表面张力 $df = \alpha dl$,可以分成垂直于底面的分力 df_1 和平行于底面的分力 df_2,显然有

$$df_1 = df\sin\varphi = \alpha dl\sin\varphi, \quad df_2 = df\cos\varphi = \alpha dl\cos\varphi$$

通过整个边线各个微段作用在液块上的表面张力,其平行于底面方向的各个分力 df_2,因方向都垂直于轴线 OC 并具有轴对称性,合力为零;垂直于底面方向的各个分力 df_1,因方向都相同,相互叠加,合力为

$$f_1 = \int df_1 = \int \alpha dl\sin\varphi = \alpha\sin\varphi\int dl = \alpha\sin\varphi \cdot 2\pi r$$

而 $\sin\varphi = \dfrac{r}{R}$,则

$$f_1 = \frac{2\pi r^2 \alpha}{R}$$

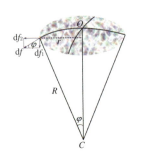

图 3.15　附加压强的计算

由式(3.3.3)可知,内、外压强不一样,在竖直方向上引起的压力大小为 $\Delta p\pi r^2$。这个压力是大气压力和液体通过底面作用在液块上的压力之差。此外,液块还受到重力作用,但液块很小,液块所受的重力比起前两者,小得很多,可以忽略不计。根据力的平衡条件,f_1 应等于 $\Delta p\pi r^2$,即

$$f_1 = \Delta p\pi r^2$$

所以

$$\Delta p = \frac{2\alpha}{R} \tag{3.3.4}$$

若液面为凹液面,则液体内部压强小于外部压强,附加压强是负的,即

$$\Delta p = -\frac{2\alpha}{R} \tag{3.3.5}$$

对于一个球形液膜(如肥皂泡)来说,液膜具有内、外两个表面,因液膜很薄,内外表面的半径可看作相等,如图 3.16 所示。

肥皂泡液面外表面是凸面，则

$$p_B - p_C = \frac{2\alpha}{R}$$

液面内表面是凹面，则

$$p_B - p_A = -\frac{2\alpha}{R}$$

所以

$$p_A - p_C = \frac{4\alpha}{R}$$

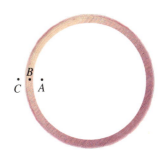

图 3.16 肥皂泡内、外压强差

上式为球形液膜内、外压强差的公式。

任意曲面下的附加压强和球面的情况讨论相似，附加压强可表示为

$$\Delta p = \alpha\left(\frac{1}{R_1} + \frac{1}{R_2}\right) \tag{3.3.6}$$

这就是任意液面内、外压强差公式，称为拉普拉斯（Laplace）公式。式中，R_1 和 R_2 分别为过曲面上某点两个正交曲线弧线元的曲率半径。对球形液面，$R_1 = R_2$，则

$$\Delta p = \frac{2\alpha}{R}$$

例 3.2 如图 3.17 所示，已知滴管中滴下 50 滴液体，其总重量为 1.65 g，滴管内径为 1.35 mm，试求液体的表面张力系数。

解 滴管中所盛的液体用开关调节，使液体缓慢滴出。在滴管口液体最初呈现小袋状，然后渐渐增大，下部突出。在液滴脱落之前，它的上部形成一个狭窄的颈部 AB，颈部越变越细，直到液滴离开管口为止。

设颈部直径等于滴管内径 d 时，作用在液滴上的力有两个，一个是沿颈部 AB 周长向上的表面张力 $F = \pi d \cdot \alpha$，另一个是液滴重力 mg，这两个力平衡，有

$$F = mg \quad 或 \quad \pi d \cdot \alpha = mg$$

则

$$\alpha = \frac{mg}{\pi d}$$

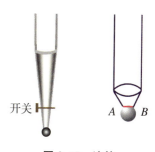

图 3.17 滴管

这样，知道液滴的总重量后，就可以算出每个液滴的平均重量 mg，由此可求出液体的表面张力系数约为 7.63×10^{-2} N·m^{-1}。

3.3.3 润湿与毛细现象

1. 润湿现象与不润湿现象

将一块板插入液体,再将板抽出,如果板上粘有液体,称板被液体润湿(或称浸润);反之,如果板上没有粘有液体,则称板没有被液体润湿。例如,水能润湿清洁的玻璃但不能润湿涂有油脂的玻璃。水不能润湿荷叶,小水滴在荷叶上形成晶莹的球形水珠(图 3.18)。在玻璃上的小水银滴也呈球形,说明水银不能润湿玻璃。自然界中存在很多类似的液体润湿或不润湿与它接触的固体表面的现象。

图 3.18 雨后的荷叶上晶莹剔透的水珠

同一种固体与不同的液体接触,润湿程度各不相同;同样,同一种液体对不同的固体,润湿程度也不一样。为了定量地描述润湿与不润湿的程度,引入接触角 θ 这一物理量。它是这样定义的:在固、液、气三者共同相互接触点处分别做液体表面的切线和固体表面的切线(其切线指向固-液接触面这一侧),这两切线通过液体内部所成的角度 θ 就是接触角,如图 3.19 所示。显然,$0 \leqslant \theta < 90°$ 为润湿的情形,$90° < \theta \leqslant 180°$ 为不润湿的情形。习惯上把 $\theta = 0°$ 时的液面称为完全润湿,$\theta = 180°$ 的液面称为完全不润湿。

(a)   (b)

图 3.19 接触角示意图

2. 润湿与不润湿的微观解释

在液体与固体接触处有一层液体,称为附着层。和液体表面层一样,附着层中的分子也处于特殊状态。将固体-液体分子间引力的有效作用距离和液体分子间引力的有效作用距离进行比较,取两者中较大的值为附着层厚度。现考虑附着层中某一分子 A,它的分子力作用球如图 3.20 所示。

由于 A 分子的分子力作用球的一部分在液体中,另一部分在固体中,作用球内的液体分子的空间分布不是球对称的,球内液体分子对 A 分子吸引力的合力为内聚力。把固体分子对 A 分子的吸引力的合力称为附着力,则附着力的方向是垂直于接触表面指向固体。对于附着层内的分子来说,总存在一个平均附着力 $f_{附}$ 和平均内聚力 $f_{内}$。

若 $f_{内} > f_{附}$,附着层内分子受到的合力 f 垂直附着层指向液体,如图 3.20(a)所示。这时,要将一个分子从液体内部移到附着层,必须反抗这个合力做功,结果使附着层中势能增大。因为势能总是有减小的倾向,所以附着层就有缩小的趋势,从而使液体不能润湿固体。

相反,若 $f_{附} > f_{内}$,附着层内分子所受到的合力 f 垂直附着层指向固体。说明附着层内分子的引力势能比液体内部分子的引力势能要小,液体分子要尽量挤入附着层,结果使附着层扩展,从而使液体润湿固体,如图 3.20(b)所示。

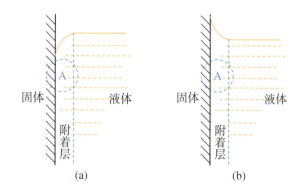

图 3.20 固-液界面

3. 毛细现象

将很细的玻璃管插入水中时,可以看到,管子里的水面会升高,而且管的内径越小,水面升得越高。将玻璃管插入水银中,情形正好相反,管子里的水银面会降低;管的内径越小,水银面降得越低。这种润湿管壁的液体在细管里升高,而不润湿管壁的液体在细管里降低的现象,称为毛细现象。能够发生毛细现象的管子叫做毛细管。

我们先来研究液体润湿管壁的情形,所得的结果对不润湿的情形也适用。如图 3.21 所示,设平衡时,毛细管内液面比管外液面高 h,毛细管内凹液面为球面,半径为 R,毛细管内径为 r,接触角为 θ,液面上大气压为 p_0。

由式(3.3.5)可知 A 点的压强为

$$p_A = p_0 - \frac{2\alpha}{R}$$

式中,α 是液体的表面张力系数。因为 B 点与 A 点的高度差为 h,所以

$$p_B = p_A + \rho g h = p_0 - \frac{2\alpha}{R} + \rho g h$$

由流体力学原理,管内 B 和管外液面 C 在同一水平面上,则

$$p_B = p_C = p_0$$

因而

$$-\frac{2\alpha}{R} + \rho g h = 0$$

解得 $h = \dfrac{2\alpha}{\rho g R}$。由图 3.21 可知,$r = R\cos\theta$,则

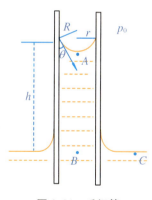

图 3.21 毛细管

$$h = \frac{2\alpha\cos\theta}{\rho g r} \tag{3.3.7}$$

说明毛细管中液面上升高度与表面张力系数成正比,与管子的内径成反比,与接触角的余弦成正比。对于毛细管不被润湿的情形,式(3.3.7)仍然成立,只是接触角是钝角,所以 h 为负值,表示管中液面下降。

自然界中有很多现象与毛细现象相联系。保持土壤中的水分对植物生长极为重要。土壤下层的水分就是通过土壤颗粒间的通道,由毛细作用到达植物根部(图3.22(a))。毛细现象也是将植物根须吸收的水及无机质向上输送到茎、叶的机制之一。地层的多孔矿岩中,也有很多相互联通的极细小的孔道——毛细管(图3.22(b))。地下水、石油和天然气就贮存于这些孔道中。石油与水和天然气的接触处形成弯曲液面。石油弯曲液面所产生的附加压强阻碍石油在地层中的流动,会降低石油流动速度,使产量降低,严重情况可使油井报废。在采油工业中,控制和克服毛细管压力是个重要问题,其办法之一是将加入表面活性物质的热水或热泥浆打入岩层,以降低石油的表面张力系数,从而减小弯曲液面产生的附加压强,使石油易于流动。

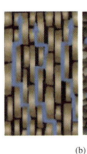

(a)　　　　　　　　(b)

图 3.22　毛细现象示意图

*3.3.4　固体表面的吸附现象

当气体分子与固体表面碰撞时,一部分分子暂时会停留在表面,称为吸附现象。这些吸附分子也可以重新回到气相中,这就是所谓的"脱吸附"。吸附现象的本质是固体表面对气体分子存在力的作用。吸附分为物理吸附和化学吸附两类。图3.23是发生吸附时分子相互作用的位能曲线,分为两个区域,分别对应物理吸附和化学吸附两种情形。

1. 物理吸附

在物理吸附区域,位能线是一条向下凹的曲线。当气体分子接近固体表

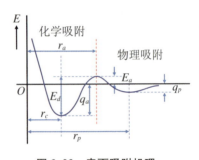

图 3.23　表面吸附机理

面,会落入第一个较浅的势阱 q_p。在 r_p 位置,分子位能小,因而稳定。若气相分子在 r_p 处的动能小于位能绝对值,气相分子就会在固体表面做微小振动,即被吸附在固体表面,这就是物理吸附。

物理吸附是气体分子和固体表面以范德瓦耳斯键结合,结合强度比较小。另一种物理吸附机制是来自于静电相互作用。当固体为离子晶体时,即使气相粒子是非极性的,这些粒子也会与晶体离子的电场作用感应出偶极距,产生吸附作用。

物理吸附的特点是:吸附较弱,物理吸附一层后还可以通过范德瓦耳斯力继续吸附,物理吸附是多层的;物理吸附没有选择性,对元素种类无限制。

2. 化学吸附

当气体分子能量较大,或在发生物理吸附后,分子本身还具有一定能量,分子就有可能在表面进行迁移,与基片发生作用形成化学吸附,位能曲线进入化学吸附区。

当 $r>r_a$ 时,曲线对应的是物理吸附。在 $r_c \sim r_a$ 范围内,分子势能再度减小,分子间表现为引力。在 $r=r_c$ 处势能最小。$r<r_c$ 时,势能又增加,分子间表现为斥力。显然两分子间距为 r_c 时最稳定,即处于更稳定的化学吸附状态。两分子(原子)间距从 r_a 减小到 r_c 时,势能共减少了 E_d,它由 E_a 和 q_a 二者组成。从图 3.23 中可见,化学吸附的势阱比物理吸附的要深,这就是化学吸附比物理吸附稳定的机理。化学吸附必须在物理吸附形成的基础上,气相分子越过势垒 E_a 这个"峰"才能实现,即气相分子必须具有 E_a 的位能加以激活才能实现化学吸附,故称 E_a 为化学吸附激活能。

化学吸附中气体分子和固体表面之间发生了化学结合,二者之间的力由化学键的性质决定。我们知道,化学键包括离子键、共价键和金属键等。价键力的作用是使原子、原子团、离子或分子在空间做周期性排列。由于固体表面的分子(原子)与内部的分子(原子)处于不同状态,故有剩余的空悬键即剩余键存在。剩余键力的作用距离比分子力更近,且具有方向性和饱和性,只有在气相分子进入剩余键力作用距离以内且剩余键力尚未饱和的情况下,才会被附着在固体表面上,形成化学吸附。

化学吸附一层分子后不能继续形成化学键,化学吸附一般是单层的,化学吸附有势垒,需要热激活,吸附速度慢,而且吸附在一定元素间进行,具有选择性。形成化学吸附,除对分子(原子)的初始动能有要求外,还取决于气、固相表面元素间化学活性以及化学吸附是否饱和等条件。

3.4 热传递

热量传递即热传递是一种非常普遍的自然现象。热传递有三种明显不同的基本形式:热传导、热对流和热辐射。在实际过程中往往包含了两种或全部三种基本传热方式。下面我们对这三种传热方式分别作介绍。

3.4.1 热传导

当物体内存在温度差或不同温度的物体相互接触时,在各部分之间没有发生相对宏观位移的情况下,仅由温度不同引起的能量传输称为热传导。热传导是固体内唯一的传热方式,但也存在于液体和气体中。

1. 傅里叶定律

设温度沿 x 轴方向不同。在 $x = x_0$ 处垂直于 x 轴取一截面 dA。实验表明,单位时间内通过 dA 沿 x 轴正方向传递的热量 đQ 为

$$đQ = -\kappa \cdot \frac{dT}{dx} \cdot dA \tag{3.4.1}$$

式中,负号表示热量传递的方向与温度梯度的方向相反,即热量总是由温度高处向低处传递;κ 为比例系数,由物质性质决定,称为热导率或导热系数,在国际单位制中热导率的单位为 $W \cdot m^{-1} \cdot K^{-1}$。这个实验规律称为傅里叶定律,是热传导的基本定律。

单位时间内流过单位面积的热量为热流密度,用 J 表示,则有

$$J = -\kappa \cdot \frac{dT}{dx}$$

热导率大小表示材料传热能力的大小。它是一个物性参数,不同材料的热导率不同,且与温度有关,同一种材料在不同温度下具有不同的热导率。表 3.6 是室温条件下几种材料的热导率。一般情况下固体热导率大于液体的热导率,而液体的热导率大于气体。干热空气是热导率较小的气体,所以静止的干空气是非常好的隔热材料。

表 3.6　一些物质在常温(约 295 K)的热导率 κ　　单位:$W \cdot m^{-1} \cdot K^{-1}$

	材料	热导率	材料	热导率
	银	427	金	315
	纯铜	398	铝	204
	纯铁	81.1	铅	35.3
固体	钨	179	锡	67
	红砖	0.6	混凝土板	0.8
	木头	≈0.1	软木	0.04
	玻璃	0.8	冰	2.2
液体	水	0.59	水银	8.3
气体	空气	0.024	氩气	0.016
	氢气	0.14	氧气	0.023

自然界中热导率最大的材料是金刚石,其热导率最大可达 2 000 $W \cdot m^{-1} \cdot K^{-1}$。在常温下,它的热导率比金属中导热性能最好的银还高四倍以上,金刚石是极好的热沉材料。天然金刚石在地球上含量十分稀少,为稀世珍宝。目前有两种人工合成金刚石的方法:高温高压法生长金刚石和低气压等离子体化学气相沉积金刚石。

例 3.3　如图 3.24 所示,两块相互接触的厚板,其厚度分别为 L_1 和 L_2,热导率分别为 κ_1 和 κ_2,外表面的温度分别为 T_1 和 T_2。在稳态条件下,计算界面处的温度 T_s 以及通过这一复合板的热流大小。假设 $T_1 > T_2$。

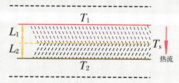

图 3.24　热导率不同的两物体间的热传导

解　设 A 为界面面积,则两板单位时间内的热流量分别为

$$\Phi_{s1} = \frac{\kappa_1(T_1 - T_s)A}{L_1}, \quad \Phi_{s2} = \frac{\kappa_2(T_s - T_2)A}{L_2}$$

在稳态时,有 $\Phi_{s1} = \Phi_{s2} = \Phi_s$,则

$$T_s = \frac{\kappa_1 T_1 L_2 + \kappa_2 T_2 L_1}{\kappa_1 L_2 + \kappa_2 L_1}$$

将 T_s 代入 Φ_s,得

$$\Phi_s = \frac{A(T_1 - T_2)}{\frac{L_1}{\kappa_1} + \frac{L_2}{\kappa_2}}$$

2. 导热机制

当存在温差时,虽无物体的宏观运动,但在传热的物体中可由原子或分子的碰撞来传递能量。物体中高温处的原子或分子的无规则热运动能量大,通过碰撞把能量传递给低温处的原子或分子。但在固体、液体和气体中,热运动形式不同,导热机制也不同。

如果固体的两端温度不一样,温度高的一端热振动能量大,由于存在强相互作用,能量就会传给热振动能量较小的粒子,依此逐步传递,使热量从高温端传向低温端。非金属材料中的导热主要是依据以上的传热机制,即晶格传热。在金属中,除了晶格传热外,还有自由电子传热,它们在晶格之间像气体分子那样运动,相邻区域间还可以交换自由电子。自由电子传热在金属的热量传输过程中起主导作用,金属的热导率较大。

液体中的情形类似于固体。液体分子在平衡位置附近振动,液体中高温部分的分子热振动能量大。这些分子与邻近振动能量小的分子相互作用,将热运动能量逐步传递。除了熔融的金属液体由于有自由电子导热,热导率较大外,一般液体的热导率都较小。

与固体形成对比的是,气体中分子热运动占主导地位,在气体中是靠相邻区域间交换分子来进行热量传递的,气体的热导率都很小。从分子动理论观点来看,气体中高温区域的分子的平均热运动能量大,低温区域的分子的平均热运动能量小。由于热运动,相邻的高、低温部不断地进行分子交换,结果使一部分热运动能量从高温部输运到低温部,这在宏观上就形成了热量的传递。类似于 3.2.2 小节中黏滞系数的推导,可得气体热导率与分子运动的微观量的统计平均值间的关系为

$$\kappa = \frac{1}{3} nm \bar{v} \lambda c_V \tag{3.4.2}$$

式中,m 是分子质量,n 是分子数密度,$\bar{v}$ 是分子的平均速度,c_V 是定容比热,λ 是分子平均自由程。这里需要指出的是:热传导与后面讨论的对流不同,单纯的热传导过程中没有净的宏观的物质流。传热是与物质相联系的,随着一些新材料的发现(如纳米材料),人们发现在一些情况下傅里叶传热定律已不再适用,出现了新的传热机制,相关的理论正在发展中。图 3.25 是在南极冰面下活动的海豹。

图 3.25 在南极冰面下活动的海豹

因为水是热的不良导体,所以散热是比较慢的。表面水的温度要早于下面水降至 0 ℃,并早些开始结冰。冰的密度比水的小而浮在水面。冰下面的水自上到下逐渐结冰。但通过热传导向上散热比较慢,并且有地热自底向上传导,因此冻结的速度是缓慢的。如果湖泊水深,湖水是不会被冻透的,湖泊中的动植物就可以在冰底下的水中安然度过寒冷的冬季。假如水不是具有许多独特的性质,如反常膨胀、热的不良导体等,那么湖泊中的水全部冻结,就会毁掉一切经不起冻结的生命,这是无法想象的。

3.4.2 对流传热

对流是指由于流体的宏观运动,使温度不同的各部分之间相互混合所导致的

热量传递的现象。对流仅发生在液体和气体中,对流的同时必伴随热传导现象。

根据引起流动的原因不同,对流分为两种形式:自然对流和强迫对流。自然对流是流体冷热各部分的密度不同而形成流体的宏观对流。如房间中的暖气应置于下方,这样热空气向上,冷空气向下形成对流而加热房间。强迫对流是施加一个外力迫使流体运动来进行热传递,如用风扇、水泵等外力或其他压差作用(如烟囱)造成流体的流动。

与对流有关的一类重要的实际应用就是固体表面与周边的流体之间的传热。这是个既有对流又有热传导的综合过程,称为"对流换热"。例如,用水来冷却热的器壁,使水与器壁间发生热交换;电脑芯片和电源用风扇散热。影响热交换的因素很多,包括流体的物理性质、流体的流动状态、固体的表面等。

当固体和流体温度不同时,它们之间有一层流体称为热边界层,在这薄层内有温度梯度,其外的流体是温度均匀的流体主体。对流换热可近似地用下面的公式来计算,沿固体表面法线方向单位时间内传递的热量为

$$Q = hA\Delta T \tag{3.4.3}$$

式中,ΔT 是固体表面和流体主体间的温差,A 是固体壁表面面积,h 称为对流系数,单位为 $W \cdot m^{-2} \cdot K^{-1}$。这称为牛顿冷却定律,它适用于温差不太大的情形。

对流换热是非常复杂的过程。因为有温差就有热传导,所以对流换热不是单一的对流效应,不能用一个简单的方程来描述对流换热。精确、完整地计算对流换热是极其困难的,牛顿冷却定律并没有彻底解决对流换热问题,因为它远没有揭示出对流换热的机制。事实上,对流换热方式还有很多。按流体有无相变可分为单相对流换热和相变对流换热;按流体的流态可分为层流、紊流和过渡流;按换热表面的几何形状,还可分为多种对流形式,如管内强迫对流、平板强迫对流,等等。与热传导的热导率不同,表面传热系数不是物性参数,它受很多因素影响,是热传导和对流的综合结果。图 3.26 所示为多孔或纤维材料中的空气隙。

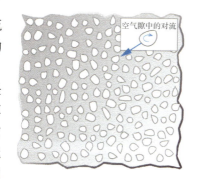

图 3.26 多孔或纤维材料中的空气隙

保温材料又称隔热材料、绝热材料,一般采用多层真空结构或蜂窝状多孔结构。多层真空结构将夹层中的空气抽掉,从根本上避免了导热和对流的发生。多孔或纤维材料中有很多小空气隙,将空气限制在狭小空隙内,使其自然对流受到限制。由于空气的热导率很小,这样极大地提高了材料的保温性能。例如,玻璃的导热系数为 $0.8\ W \cdot m^{-1} \cdot K^{-1}$,做成玻璃纤维后导热系数变为 $0.04\ W \cdot m^{-1} \cdot K^{-1}$,就是空气隙起了作用。当然空气隙不能太大,空气隙太大会使自然对流易于进行,反而不利于保温。

3.4.3 辐射传热

1. 热辐射

热辐射是指物体因为具有温度而辐射能量的现象。一切宏观物体都在以电磁波的形式向外辐射能量。对给定的物体,在单位时间内辐射的能量取决于物体的温度,故这种辐射称为热辐射。对于固体和液体,这种辐射来自物体表

面大约厚度为 1×10^{-6} m 的薄层,基本上是表面现象。

热辐射可以通过真空或物质传播,如太阳通过辐射传热把大量的热量传给地球。物体的温度越高,原子和分子的热运动越剧烈,辐射能量也越高。热辐射的理论波长可以覆盖整个波谱,但在工程上有实际意义的主要位于 $0.38\sim 100\ \mu m$,而一般温度不太高的物体热辐射以红外波段($0.76\sim100\ \mu m$)为主。

自然界中任何物体都在不停地向空间辐射能量,同时又不断地吸收其他物体发出的热辐射。所以,一个物体既是发射体又是吸收体。辐射换热是一个动态过程,即不仅高温物体向低温物体辐射能量,低温物体也在向高温物体辐射热量,辐射与吸收的综合过程造成了物体间以辐射方式进行热量传递。

2. 固体的辐射特性

当总能量为 Q 的热辐射投射到物体表面时,一般而言,一部分热量 Q_a 被物体吸收,一部分 Q_r 反射,还有一部分 Q_t 透过物体,即

$$Q_a + Q_r + Q_t = Q, \quad \frac{Q_a}{Q} + \frac{Q_r}{Q} + \frac{Q_t}{Q} = 1$$

令

$$a = \frac{Q_a}{Q}, \quad r = \frac{Q_r}{Q}, \quad t = \frac{Q_t}{Q}$$

则称 a 为吸收率,r 为反射率,t 为透射率。根据能量守恒原理,有

$$a + r + t = 1$$

对大多数固体而言,$t=0$,即对热辐射是不透明的。下面仅讨论这种情况。

吸收率与表面性质及温度有关。吸收率 $a=1$ 的物体称为绝对黑体,即黑体能吸收所有入射的能量。黑体和质点、理想气体一样是理想模型。自然界中并不存在真正的黑体。实验室中常用不透明材料制成具有粗糙内表面、开有小孔的空腔作为人造黑体,用作标准参照物,如图 3.27 所示。通过小孔射入空腔里的辐射,经过多次反射后才能由小孔射出来。在每次反射时,腔壁都吸收一部分能量。这样,经过多次反射后从小孔反射出的能量已经极微弱了。所以实际上可以认为凡是经由小孔射入空腔的辐射能,全部被空腔吸收,因而可以把开有很小的孔的容器看作人工制造的黑体。

图 3.27 人工黑体示意图

黑体既是理想的吸收体,也是理想的辐射体。黑体的辐射能力最强。单位时间、单位面积、温度为 T 的黑体向外辐射的总辐射能量 E 用斯特藩(Stefan)-玻耳兹曼(Boltzmann)定律来表示,即

$$E = \sigma T^4 \tag{3.4.4}$$

式中,σ 是斯特藩-玻耳兹曼常数,$\sigma = 5.67\times10^{-8}$ W·m^{-2}·K^{-4},T 为热力学温度。

对于实际物体而言,物体的辐射能力比同温度的黑体低。实际物体在单位时间、单位面积向外辐射能量可表示为

$$E = \varepsilon\sigma T^4 \quad (3.4.5)$$

式中,ε 称发射率或辐射率,又称黑度。理想黑体的 ε = 1,一般物体的 ε 在 0~1 范围,表示实际物体的辐射能力和黑体的接近程度。表 3.7 中给出了几种材料的法向发射率。

表 3.7 几种常见材料的法向发射率

材料	温度(℃)	发射率
抛光的铝	50~500	0.04~0.06
抛光的铜	20	0.03
抛光的铁	400~1 000	0.14~0.38
氧化的铝	50~500	0.2~0.3
氧化的铜	50	0.6~0.7
氧化的铁	125~525	0.78~0.82
玻璃	38~85	0.94
雪	0	0.8
水(厚度>0.1 mm)	0~100	0.96

根据基尔霍夫(G. Kirchhoff)定律,在热平衡的条件下,任何物体的吸收率等于其发射率,即 $a = \varepsilon$。这可以从能量守恒定律得出,物体的能量收支应该平衡。对于实际物体,$a = \varepsilon$ 要在特定的条件下才能成立。因为实际情况复杂得多,如吸收率一般来说还与入射的辐射有关,与物体表面的发射特性与发射方向有关等,这里不做深入讨论。定性地说,一个好的热辐射吸收表面,也是好的热辐射发射表面。黑体既是理想的吸收体,也是理想的辐射体。图 3.28 为一只鸟的红外照片。

现在家家户户使用的热水瓶,是英国科学家杜瓦(Duvel)发明的,也叫杜瓦瓶。热水瓶的壁是由双层玻璃组成,隔层中的空气被抽掉,同时切断热传导和对流传热。在真空的隔层里又涂了一层银,把热辐射反射回去。再用一个塞子把瓶口堵住。这样热传递的三个方式都被切断了,瓶内胆能较长时间处于保温状态。

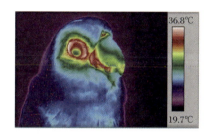

图 3.28 鸟的红外照片

温度 500 ℃ 以下的物体以发射红外辐射为主,人的眼睛看不到这种光。在夜间,鸟发出红外辐射,不同部位的辐射强度是不同的,其中最强的辐射(红色)来自温度最高的眼睛。

例 3.4 一边长为 10 cm 的薄钢片在锻铁炉被加热到 800 ℃。若发射系数是 0.6,薄钢片的辐射功率是多少?

解 薄钢片的总面积为

$$A = 2 \times 0.1 \times 0.1 \text{ m}^2 = 0.020 \text{ m}^2$$

由式(3.4.5)得,辐射功率为

$$E = \varepsilon A \sigma T^4 = 0.60 \times 0.020 \times 5.67 \times 10^{-8} \times 1\,073^4 \text{ W}$$
$$= 902 \text{ W}$$

例 3.5 若人体皮肤表面温度为 30 ℃,其辐射的总功率是多少?设人体表面积约为 1.2 m²,发射率接近于 1。若环境温度为 20 ℃,人体的散热功率是多少?

解 由式(3.4.5)得,人体辐射功率为

$$E = \varepsilon A \sigma T^4 = 1 \times 1.20 \times 5.67 \times 10^{-8} \times 303^4 \text{ W}$$
$$= 574 \text{ W}$$

人体在对外辐射的同时,也吸收环境的辐射热。当环境温度为 $T_s = 20$ ℃时,人体的散热功率为

$$E' = \varepsilon A \sigma (T^4 - T_s^4) = 1 \times 1.20 \times 5.67 \times 10^{-8} \times (303^4 - 293^4) \text{ W}$$
$$= 72 \text{ W}$$

散热功率 $E' > 0$,表示人体散热到周围的冷环境。

*3.5 传热与环境和生命现象

3.5.1 太阳对地球的辐射能流

离地球 1.496×10^{11} m 的太阳,是一个炽热的球体,中心温度高达 1.5×10^7 K。太阳通过表面每时每刻向外辐射巨大的能量,该能量来源于氢核的聚变反应(第 7 章有介绍)。太阳辐射能通过宇宙太空传到遥远的地球,如图 3.29 所示。如果没有太阳,我们的地球将会很快冷下来,以至于不能维持生命运动。

下面我们来讨论太阳和地球间的辐射能流。

太阳表面的温度约 6 000 K，峰值波长约为 0.51 μm。由于温度高，太阳辐射的范围宽，紫外波段、可见波段、红外波段都有辐射，94% 的能量落在 0.2～2 μm 的波长范围，向太空传递着能量。

将太阳的辐射看成 $T_S = 6\,000$ K 的黑体辐射，根据式(3.4.4)得太阳总的辐射功率为

$$E_S = A_S \sigma T_S^4 = 4\pi R_S^2 \cdot \sigma T_S^4$$

式中，$\sigma = 5.67 \times 10^{-8}$ W·m^{-2}·K^{-4}，为斯特藩-玻耳兹曼常数，R_S 为太阳半径。

在地球轨道处的太阳辐射能流密度（单位面积上的太阳辐射功率）为

$$\Theta_L = \frac{E_S}{4\pi L^2} = \left(\frac{R_S}{L}\right)^2 \sigma T_S^4$$

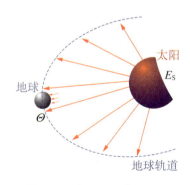

图 3.29　太阳对地球的热辐射

式中，L 为日地间的距离。将 $L = 1.496 \times 10^{11}$ m，$R_S = 7 \times 10^8$ m 代入上式，得

$$\Theta_L = \left(\frac{7 \times 10^8}{1.49 \times 10^{11}}\right)^2 \times 5.67 \times 10^{-8} \times 6\,000^4 \text{ W·m}^{-2}$$
$$= 1.4 \times 10^3 \text{ W·m}^{-2}$$

这也是太阳辐照地球表面的能流密度。若把地球看成是半径为 R_E 的球体，则太阳辐照地球的总辐射功率为

$$E_L = \pi R_E^2 \Theta_L$$

式中，R_E 是地球半径，πR_E^2 亦即地球接受太阳辐射的有效截面。显然太阳发射的辐射能 E_L 只有一部分落到地球表面，太阳辐射到达地球表面的主要阻碍是大气层。云层中的小水滴能散射入射波，使部分太阳辐射返回外层空间，因此云层能反射部分太阳辐射能。此外，地球表面也能反射太阳辐射。据估计，约有 66% 的太阳辐射能量能达到地球。地球获得的实际的太阳辐射能量为 $0.66 E_L$。

另一方面，地球本身也产生热辐射。我们假定向太空热辐射的地球是等效温度为 T_E 的黑体，则根据式(3.4.4)，可得其辐射功率为

$$E_E = 4\pi R_E^2 \cdot \sigma T_E^4$$

根据能量的收支平衡，则有

$$E_E \approx 0.66 E_L$$

则

$$4\pi R_E^2 \cdot \sigma T_E^4 = 0.66 \cdot \pi R_E^2 \cdot \left(\frac{R_S}{L}\right)^2 \sigma T_S^4$$

有

$$T_E = \left[0.66 \times \left(\frac{R_S}{2L}\right)^2\right]^{\frac{1}{4}} T_S = 253 \text{ K} = -20 \text{ °C}$$

这个估算值与地球上层大气的平均温度的实际值 -18 ℃ 差不多。

我们知道,地球表面的实际平均温度约为 15 ℃,比上面计算的地球上层大气的平均温度的实际值要高,这主要归功于大气层的保护,是大气的"温室效应"所致。

地球受太阳的辐照变得温暖,而地球变暖后又要向外辐射能量。由于地球比太阳冷得多,平均温度为 15 ℃,热辐射峰值波长在 10 μm,大约有 82% 的辐射在 3~25 μm 的波长范围。大气中主要成分是氮气和氧气,在常温下双原子气体等对辐射的吸收很小,或者说这些气体对热辐射是几乎透明的。真正阻碍地球对外热辐射进入太空的却是些痕量气体,主要是二氧化碳、水蒸气、甲烷和一氧化碳等。由于其分子结构特点,它们能强烈吸收红外辐射。在这红外波段的辐射,恰好被二氧化碳、水蒸气等吸收,同时又重新向四面八方辐射,其中有一半回到地表。因此,对地球接受太阳能量而言,是流进多、流出少。从太阳流入地球的辐射和从地球流出的辐射有着明显的差别,使流入地球的辐射被很好地保护起来,即被大气"包裹"住,难以逃逸出去。这与玻璃棚温室相似,故称这种作用为"温室效应"。正因为温室效应,地表维持在 15 ℃ 的平均温度上,为人类和整个生物圈提供了一个温暖的环境。

但问题是,"温室效应"近年来明显增强,导致了全球性的气候和环境变化,这将在第 5 章详细介绍。

3.5.2 大气环境中的热传递

地球上大多数地方的平均气温在一年中会经历变化,这原因是多方面的。地球是一个球体,地球的自转轴的方向与它的轨道平面也不是垂直的,太阳辐射在地球的大部分地方不是正入射;地球轨道是椭球形的,地球和太阳之间的距离在一次完整的旋转中会有变化;此外,在地球上,有高山、平原,也有海洋,这些地形、地貌和海陆差异也影响了对太阳辐射的接受能力。

温度梯度驱动着全球范围的大尺度大气对流,称为大气环流。大气环流是大气中热量、动量、水汽输送和交换的重要方式。环流能把大量的热量、水汽从地球的一端传往另一端,是形成各种天气和气候的主要因素。规模最大、也是最重要的大气环流是地球两极与赤道之间形成的环流,即赤道海面上受热空气上升到对流层顶,然后水平运动到两极,被冷却后再垂直下降,在较低高度从两极向赤道运动,形成环流。

还有海陆间的季节温度差形成季风。由于海陆分布、大气环流、地形等因素的影响,造成在大陆和海洋之间大范围的、风向随季节有规律改变的风,称为季风。冬季陆地比海洋冷,大陆上为冷高压,近地面空气自陆地吹向海洋;夏季则相反。我国的气候主要受季风影响。在夏季主要由源于西北太平洋的东南季风控制,以南风或东南风的形式影响我国东部沿海。表现为夏季炎热湿闷、多雨,尤其多暴雨,例如我国的华南前汛期、江淮的梅雨及华北、东北的雨季,都属于夏季风降雨。冬季盛行西北季风,这种季风起源于西伯利亚高寒地区,那儿温度低,气体密度大,压强高,产生冷高压。

此外,地表附近大气局部升温引起的小尺度的对流,形成空气漩涡(图 3.30),这种空气漩涡的移动会导致风暴。

图 3.30　空气温度变化引起空气对流,形成空气漩涡

3.5.3　传热与生命现象

太阳传输能量给地球,使地球变得温暖,有活力。而温暖是和生命息息相关的,生命和环境之间无时无刻不在进行着热量的传输。

人们常将动物描述为温血动物和冷血动物,取决于它们身体内产生热量的能力大小。温血动物指的是那些能够调节自身体温的动物,它们能够产生和维持较高的体温,例如鸟类和哺乳动物。

冷血动物,比如大多数鱼类、爬行类,通常不能控制自己的体温,它们的体温随环境不同而变化。冷血动物不能在持续寒冷的气候下生存。它们在寒冷的日子里通过晒太阳来温暖自己的身体,使体温升高,进行各种活动。

生命体获取热量当然是建立在物理规律——能量守恒定律的基础上的。动物通过"燃烧"食物的方式获取能量,当然燃烧过程需要氧气来参与。能量使生命体维持着一定的温度,保证身体内各种组织的运行,驱动体内的生命过程。但是,由于热传递效应,单靠"燃烧"食物获取能量来维持一定的体温还不够。动物在自身进化过程中很好地运用了热力学原理,形成了特有的组织如羽毛(鸟类)、毛发(哺乳类动物)以及厚脂肪层(海洋动物)保温、抵御寒冷,而羽毛、毛发和脂肪等都是良好的热绝缘体。

我们人类是高度复杂的温血动物,在长期适应环境的过程中,已具有本能地对外界冷热自发调节的机能。为了维持内部各种器官正常的新陈代谢,人体必须保持适宜的体温(37 ℃左右)。一个成年男子,每天需从食物摄取大约 2.2×10^6 cal 的热量来满足人体新陈代谢的需要。若人体的比热取 $c = 0.84$ cal·g^{-1},体重取 60 kg,则由公式 $Q = cm\Delta t$ 可得 $\Delta t = 43$ ℃。人体的正常体温约为 37 ℃,假如人体没有其他途径消耗热量,这些食物在氧化时所产生的热量将使人体温上升到 80 ℃。但是,人体有许多机制可以进行自身调节,与环境交换热量，使人体与变化的外界环境之间达到生理热平衡。

当环境温度为 22 ℃时，人体皮肤的温度约为 32 ℃，人体存在着辐射、蒸发、对流散热机制。环境温度约在 20~30 ℃范围内，体温主要由一小部分在皮下做表面循环的血液来控制，表面循环随周围环境温度的升高而加剧，从而使皮肤温度升高，增加皮肤与周围环境之间温差，温差越大，上述各种热损失也越大。这种循环的调整机能大约在 30 ℃以下起着极为良好的作用。超过这一温度，人体必须加速排汗以增加蒸发损失，每蒸发 1 g 汗水会带走超过 2 000 J 的热量。温度再增高，这一机制便会失效。因为排出的水分若比周围空气所能蒸发的水分更多，汗水排出得再多也没有用了。这时人们只能求助于喘气来增加肺部的蒸发作用。

在冬天，人们要保持热量须靠表面血管收缩，迫使循环在人体深部进行，从而降低皮肤的温度，使其与环境的温差减小，减小热损失。如果这一机制还不能使热量损失率小于体内热量产生率的话，人们只能求助于"打寒战"，即通过肌肉的运动将化学能转化为热能，这是人体所能采取的最后手段了。

人体的冷热生理调节范围很窄，人类只有在相当狭窄的温度范围内才能健康地生活。当外界气温的变化超出生理调节范围，人为的调节手段如穿衣戴帽、风扇和空调等就成为必需的了，否则人们将经受不住持续的寒冷或炎热。这些人为的调节手段和调节过程正是热力学研究的基本内容之一。

第 4 章　热力学第一定律

"无边落木萧萧下,不尽长江滚滚来",描写了川流不息的长江水蕴藏着巨大的能量。一提到能量,大家似乎都很熟悉,会想到被高高举起的重物、太阳发光和发热,甚至可以货币化能量,如电费、燃气费等,能量如此深刻地融入我们的生活。但是,能量又是一个极其抽象的概念,与喝水用的杯子这样具体的实物很不相同,要把能量说清楚并不容易。□

科学概念的力量在于它们能够解释和统一种种自然现象。在这方面,能量概念的作用是独特的。与许多科学原理不同,能量守恒定律似乎在一切情况下都是正确的。能量守恒定律在涉及热现象过程的表述称为热力学第一定律。本章就以热力学第一定律为中心,从能量的角度讨论热力学过程中系统与外界的相互作用,以及源于这种相互作用的热机——一种如此深刻地影响我们生活的热动力。

4.1 热力学过程

4.1.1 一般的热力学过程

图 4.1 炒菜是一个热力学过程

图 4.2 火箭升空是一个热力学过程

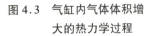

图 4.3 气缸内气体体积增大的热力学过程

前面我们主要讨论了热力学系统在平衡态时的性质。实际中孤立系统是不存在的,外界和系统之间必然有相互作用,从而使系统状态发生变化。我们把所关注的热力学系统的状态相继发生变化的过程称为热力学过程。图 4.1 中,炒菜是一个热力学过程,在这个过程中,通过加热铁锅,将菜炒熟。图 4.2 中,火箭升空是一个热力学过程,通过化学燃料的燃烧来做功,推动火箭在空中飞行。

实际的热力学过程进行的每一瞬间系统都处于非平衡态,没有统一的状态参量,称为非静态过程,因为平衡态是不会随时间变化的。图 4.3(a)中,活塞快速提升的过程就是非静态过程。提升过程中,气缸内各处的参量如压强 p、温度 T、粒子密度 n 是不一致的,例如靠近活塞处粒子稀疏些,远离活塞处粒子稠密些。那如何去研究热力学过程?还是让我们来看看物理学常用的处理问题的方法——模型的应用。

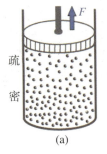

4.1.2 准静态过程

若系统从一个平衡态经历一个热力学过程到达另一个平衡态所需的时间为 τ,我们称 τ 为弛豫时间,即系统趋于与外界条件对应的平衡态的特征时间。

τ 不是一个精确的值,只能估计到数量级。不同系统的弛豫时间不同,这与趋向平衡时系统内发生的物理过程有关,与系统的大小也有关。在一定条件下,系统通过什么机制趋于平衡? τ 有多长? 这些问题热力学本身不能回答,这是非平衡态统计物理中的问题。

严格来说,一切实际过程都是由非平衡态构成的。但是,如果过程进行得很缓慢,以致状态参量在系统各部分都有统一确定的值,我们就认为热力学过程是由一系列的平衡态构成的,这样的过程称为准静态过程。准静态过程进行的每一步,系统都处于平衡态。

无疑,准静态过程是一个理想过程。当实际的热力学过程进行得**足够缓慢**,以致实验观察过程中经历的每一个过程所需要的时间都远大于弛豫时间时,就可视热力学过程接近准静态过程。需要提出的是,"足够缓慢"是相对的,是指外界条件变化的速度比起系统内部建立平衡的速度"缓慢"得多,以至于系统通过内部分子之间的相互作用"来得及"调整到与外界变化相对应的平衡态。因此,若外界条件变化的特征时间为 Δt,则准静态过程相当于 $\frac{\tau}{\Delta t} \to 0$ 的极限情形。

图 4.3(b) 所示的也是活塞上升、系统体积增大的热力学过程。但与图 4.3(a) 快速变化不同的是,它的变化极其缓慢。气缸活塞上堆的是极细的沙子。沙子有重量,可以平衡气体对活塞的压力。沙子被一粒一粒地取走,由于沙粒极细,每次外部压强就减小一个很小的量,气体体积变化亦很小。如此重复进行,气体体积就逐渐膨胀;若停止取走沙粒,膨胀就停止了。可以想象,当沙子足够细小时,就可以认为过程变化得足够缓慢、时间足够长,进行中的每一步,气体都可视为处于平衡态,因而是准静态过程。

再看实际情况,我们以气缸中气体的压缩过程为例来讨论。先是接近活塞处的气体被压缩,然后把密部向其他各处传播。设气缸的长度为 L(10^{-1} m 数量级),气体分子运动的平均速率 $\bar{v}$ 为 $10^2 \sim 10^3$ m·s^{-1} 数量级,则弛豫时间与 $L/\bar{v}$ 同数量级,为 $10^{-4} \sim 10^{-3}$ s。一般活塞发动机每秒往复运动十几次,往复运动时间为 $10^{-2} \sim 10^{-1}$ s,远大于 $10^{-4} \sim 10^{-3}$ s 的弛豫时间。尽管气缸内气体的状态变化虽不算慢,但与气体的热运动速度相比仍然很慢,所以气缸中气体的状态变化仍可看成准静态过程。准静态过程是一种理想过程,利用它可大大简化问题,便于研究问题的主要内容。

准静态过程不但实际中可行,在理论上也特别重要。这是因为在准静态过程中,系统时刻处于平衡态,全过程可以用状态参量来描述。在准静态过程中,气体就可以用状态参量 p, V, T 来描述,其中只有两个是独立的。如果以 p 为纵坐标,V 为横坐标,作 p-V 图,则 p-V 图上任意一点都对应于一个平衡态,图中任意一条曲线则可以表示系统经历的一个过程,如图 4.4 所示。显然,只有准静态过程才能用 p-V 图上的一条曲线来表示。非静态过程因为无统一确定

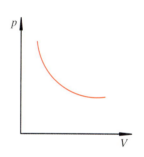

图 4.4 p-V 图

的参量,所以不能在 p-V 图中表示。准静态过程是理论上的概念,实际中并不存在。它的重要性在于可以用它研究系统平衡态的性质。

4.2 功 与 热

4.2.1 功相互作用

在热力学中,常把功与系统、外界和过程联系起来。系统与外界间的相互作用,除了我们在第 3 章已经介绍的"热相互作用"外,还有"功相互作用"。与热相互作用类似,功相互作用亦是指系统与外界间相互作用而引起的穿越边界的能量转移。但与热传递不同的是,功相互作用不是以"热量"的形式来转移能量。下面来谈谈功。

通过力学学习,我们知道外界对物体做功的结果,会使物体的状态发生改变。在图 4.3(a)中,推动活塞对系统(气体)做了功,这大家容易理解,因为这种功的作用与在力学中遇到的对物体做功类似。力学中所研究的功是物体间特殊的相互作用,然而功的概念却广泛得多,除了机械功以外,还有电场功等其他类型。

在图 4.5(a)中,电池与一个加热器串联,对水加热。假设我们关注的系统是电池,将水与加热器当外界,可观察到的最后结果是水变热了。那么系统(电池)和外界间的相互作用是功还是热?

在这种情况下,加热器给水加热,但这热量是发生在水与加热器之间。在系统(电池)与外界之间的边界不存在热量的穿越,只有电能通过边界传输给加热器。这是电功的作用。我们可以把装置改一下,如图 4.5(b)所示,将外界改成由电动机、滑轮与重物组成。假设各种摩擦损耗降到足够低,还有电线是超导电线,电线也不会发热。我们唯一看到的就是重物被吊起了。于是,按照我们在力学中对功的定义,这个相互作用就是功,即电池对外界做了功。

从上可以看出,如果系统与外界间是功相互作用,它产生的唯一效果可以归结、等效为系统或外界通过某种机械装置做了机械功,如举起重物。如果重物在外界被举起,称系统对外界做功;反之,重物在系统中被举起,则该系统对外做了负功,或者说,外界对系统做正功。

当然,边界的划分不同,相互作用是不同的。如果在图 4.5(a)中,我们把边界划在加热器与水之间,把水当系统,加热器是外界,那么二者之间的相互作用就真的是热相互作用了。

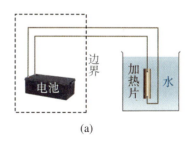
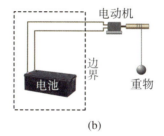

(a)　　　　　　　　　(b)

图 4.5　电力做功

4.2.2　准静态过程的功

由于准静态过程具有重要意义,下面我们来讨论几种常见的准静态过程的功的表述。考虑由一气缸和活塞封闭的流体(气体或液体),如图 4.6 所示。气缸内流体分子通过碰撞活塞壁而与外界交换能量。

设活塞截面积为 A,流体的压强为 p。若系统经历一微小的准静态压缩,外力 F 作用于活塞上推动活塞向左移动了 dx,则减小的体积为

$$dV = -Adx$$

外力做功为

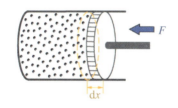

图 4.6　气缸内流体体积
变化过程示意图

$$đW = Fdx = p_e Adx$$

式中,p_e 是活塞作用于流体的压强。该过程为准静态过程,过程进行得极其缓慢且无摩擦,在任何时刻都处于平衡态,从而有均匀的压强 p。在过程进行的任一时刻活塞施予流体的压强都必须等于流体内部的压强,即 $p_e = p$。则有

$$đW = p_e Adx = pAdx \tag{4.2.1}$$

将 $dV = -Adx$ 代入,得

$$đW = -pdV \tag{4.2.2}$$

式中,p,V 是描述系统的状态参量。式(4.2.2)把准静态过程外界对系统所做的功定量地表示出来。这样就实现了**用系统的状态参量来描述准静态过程的功**。当气体被压缩,外界对系统做正功,即 $đW>0$;当气体膨胀时,表示外界对系统做负功,即 $đW<0$。

在体积由 V_1 变为 V_2 的有限的准静态过程中,外界对系统所做的功是对式(4.2.2)进行积分,即

$$W = -\int_{V_1}^{V_2} pdV \tag{4.2.3}$$

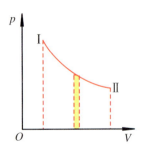

图 4.7 从态 I 到态 II 的一个准静态过程

可以证明,在任意形状容器中的流体,若体积发生变化时,上面计算准静态过程的功的表达式(4.2.2)和(4.2.3)仍然有效。另外,它们对简单固体的 p-V 系统也同样适用。

要计算式(4.2.3)的积分,我们必须知道 p 和 V 的关系。p-V 关系在 p-V 图上用一条曲线表示。图 4.7 是系统从态 I 到态 II 的一个准静态过程,曲线上一点代表系统经历的一个平衡态。曲线下小矩形的面积则为 $p\mathrm{d}V = -\mathrm{d}W$,表示的是系统对外界所做的功。曲线下的总面积等于 $-W$,即等于在这个过程中外界对系统所做功的负值,或者说等于系统在这过程中对外界所做的功。

显然,连接初态和终态的不同曲线下的面积一般也不等,说明功与过程有关。功不是系统状态的特征,而是过程的特征。正因为功是与过程有关的量,元功特意用 đ 表示,以区别全微分符号 d。初态 (p_1, V_1) 和终态 (p_2, V_2) 给定后,连接初态和终态的曲线有无穷多条,对应于不同的过程。如图 4.8(a)所示,由初态 1 可以有三个路径到达终态 2:从初态 1 出发,先等压变化到状态 3,再等体变化到终态 2(曲线 1→3→2);从初态 1 出发,先等体变化到状态 4,再等压变化到终态 2(曲线 1→4→2);从初态 1 出发,经过一个任意过程变化到终态 2(曲线 1→2)。在这些过程中,外界对系统做的功是不同的,图 4.8(b),(c),(d)中的阴影面积分别对应于这些过程所做的功的负值 $-W$。曲线不同,曲线下阴影部分的面积也不相等。这表明,从状态 $1(p_1, V_1)$ 经过不同过程到状态 $2(p_2, V_2)$,外界对系统做的功是不同的,功的大小与过程的性质有关。因此,不能说"系统的功是多少",与热量一样,功也是过程量。

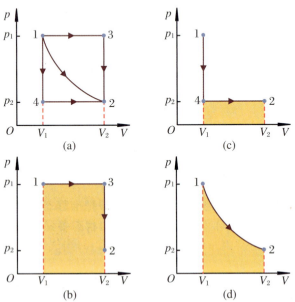

图 4.8 不同热力学过程的功

有了准静态过程的概念,我们就可给出热力学中其他形式功的表达式。

细弹性丝长度变化过程 设 F 表示作用在弹性丝上的外力,l 为丝的长

度。在外力作用下，当丝长增加 dl 时，外界对系统所做的功为

$$\text{đ}W = F\text{d}l \tag{4.2.4}$$

液体表面膜表面积增加过程 在第 3 章中，我们已经介绍过表面张力做的功。设 A 是液体表面膜的表面积，α 为表面张力系数。在准静态过程中，在外力作用下使表面积增加 dA，则外界对系统所做的功为

$$\text{đ}W = \alpha \text{d}A \tag{4.2.5}$$

可逆电池电荷移动过程 对于一个可逆电池，当外界对它充电，即在电池内部电流由正极流向负极时，电池能够发生反向的化学反应，将电能转换为化学能贮存起来。使用时再经正向反应将化学能转化为电能释放。理想的蓄电池是个可逆电池，充电和放电两个过程正好相反，可相互消去影响。

如图 4.9 所示，将一电动势为 ε 的可逆电池与一分压器相连接，当分压器在电路中产生的电压与可逆电池电动势相等时，电流计的读数为零。适当地调节分压器，使其电压比可逆电池的电动势 ε 小一无穷小量。这时，可逆电池正极上的正电量将改变一无穷小量 dq，dq 通过外电路从可逆电源的正极流动到负极。于是，外界对可逆电池所做的元功为

$$\text{đ}W = \varepsilon \cdot \text{d}q \tag{4.2.6}$$

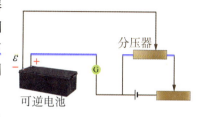

图 4.9 可逆电池

注意：dq<0，表示可逆电池通过外电路在放电；当可逆电池被充电时，dq>0，đW>0，表示外界对电池做正功。

一般情况下，一个系统中可能有多种做功过程，准静态过程的元功可表示为

$$\text{đ}W = Y_1 \cdot \text{d}y_1 + Y_2 \cdot \text{d}y_2 + \cdots + Y_n \cdot \text{d}y_n \tag{4.2.7}$$

通常把 $y_1, y_2, \cdots, y_n$ 称为广义坐标，dy_1, dy_2, $\cdots$, dy_n 称为广义位移，$Y_1, Y_2, \cdots, Y_n$ 称为广义力，是引起广义位移的驱动力。热力学中做功是系统同外界相互作用的一种方式，做功过程中系统同外界交换能量。

例 4.1 在 $T = 273.15$ K 的恒温下，对质量为 1.00 g 的铜加压，压强从 1.00 atm 增加到 1 000 atm，设过程视为准静态过程，求外界对铜所做的功。

解 按照式(4.2.3)，压强从 p_0 等温加压到 p，外界对铜做的功为

$$W = -\int_{p_0}^{p} p \text{d}V$$

由第 1 章中的式(1.5.5)，等温压缩系数为

$$\beta \equiv -\frac{1}{V}\left(\frac{\partial V}{\partial p}\right)_T$$

表示等温条件下，体积随压强的相对变化率。在等温过程中，$dT = 0$，有

$$dV = \left(\frac{\partial V}{\partial p}\right)_T dp = -\beta V dp$$

而 $V = \frac{m}{\rho}$，所以有

$$W = \int_{p_0}^{p} \frac{\beta m}{\rho} p dp = \frac{\beta m}{2\rho}(p^2 - p_0^2)$$

对于铜，在 $T = 273.15$ K 时，实验测得密度 $\rho = 8.93 \times 10^3$ kg·m^{-3}，$\beta = 7.63 \times 10^{-12}$ m^2·N^{-1}，并与大气压值一并代入，即得

$$W = \frac{1}{2} \times \frac{1.00 \times 10^{-3}}{8.93 \times 10^3} \times 7.63 \times 10^{-12} \times [(1.013 \times 10^8)^2 - (1.013 \times 10^5)^2] \text{ J}$$
$$= 0.004\ 36 \text{ J}$$

4.2.3 热功相当

外界与系统之间的相互作用有两种方式：做功和传热。这两种方式都会使系统的状态发生改变，那么它们之间有什么关系？

在伦福德著名的"炮筒钻孔实验"20 年后，焦耳开始探索功与热量相互转化的数值关系，即所谓的热功当量。从 22 岁开始，焦耳花了近 40 年时间，一共做了 400 多次实验，历尽艰难，最终精确地测定了能量转换过程中功与热量的关系。

图 4.10 是焦耳实验的示意图。实验中，下落的砝码带动叶片旋转来搅拌水，使绝热容器中水的温度升高，用温度计测量这种因搅拌而导致的温度变化，计算实验过程中机械功与热量的关系。焦耳还尝试了用其他方式使水升温，包括采用电功加热水，测定使水升高同样温度所需的功，并与机械功的大小进行比较，等等。所有实验都在误差范围内得到一致的结果，表明一定热量的产生（或消失）总是伴随着等量的其他某种形式能量的消失（或产生），无可置疑地否定了"热质说"。

1878 年，年已花甲的焦耳对热功当量做了最后一次测定，得到的结果是 423.9 kg·m·kcal^{-1}，即 1 kcal 的热量与 423.9 kg·m 的功相当。这个数值只比现在的公认值，相差不到 1%。测量技术和经验经过一个多世纪的发展，也不过比焦耳的实验结果精确了 1/100，可见在当时的条件下，焦耳实验的精确度是惊人的。

现在国际单位制中规定热量、功统一用焦耳作为单位，热功当量已失去意

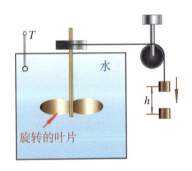

图 4.10 焦耳的热功当量实验

义。但由于习惯,人们还常用"卡"作为热量单位,不过已不是原来的意义了。目前国际上有三种规定:热化学卡($1\text{ cal}_{th} = 4.184\text{ J}$)、15 ℃卡($1\text{ cal}_{15} = 4.185\ 5\text{ J}$)和国际蒸气表卡($1\text{ cal}_{IT} = 4.186\ 8\text{ J}$)。

焦耳的热功当量实验的影响是深远的,它在热学发展史乃至物理学史上都占有重要地位。

其一,1 cal 与 4.18 J 相当,热量和功之间在量上有一特定的恒定比值,这样就把定性变成了定量。对于不同系统和各种形式的功,这个比值完全相同,是普遍和绝对的事实。

其次,焦耳实验似乎只是搅拌液体,测量温度,本质上是平淡地重复炮筒钻孔实验。但令人感动的是,焦耳在工作中如此谨慎,实验精确度是如此之高,所以焦耳实验本身也就如此有说服力。

1 cal = 4.18 J,表面上看不过是单位换算,然而就其历史背景而言,却与 19 世纪物理学的一项伟大发现相关联,那就是能量守恒定律。热和功的等效性为能量守恒定律的建立奠定了基础,提供了毋庸置疑的证据。若热量和功之间不是由一个换算因子定量地联系起来,那么建立适用范围更广泛的能量守恒定律就缺乏基础。从这个意义讲,我们怎么强调其重要性都不为过。

4.3 热力学第一定律

4.3.1 能量守恒定律

能量是物理学中最重要的概念之一,也是分析热现象的基础。

在力学方面,"能量"思想的萌芽可追溯到伽利略时代。意大利科学家伽利略通过研究斜面问题和摆的运动,已经意识到物体下落能再回到原来的高度,但不会更高。但伽利略当时没有对这现象提出一种明确的说法。

在研究碰撞的过程中,荷兰物理学家惠更斯(Huygens)认识到碰撞前后质量和速度平方的乘积不变,这就是完全弹性碰撞中机械能守恒定律的具体表现。后来,德国哲学家莱布尼兹(Leibniz)于 1686 年提出用"活力"来度量运动。"活力"为物体的质量与速度平方之积,即 $E = mv^2$,相当于现在动能的两倍。1807 年,英国物理学家托马斯·杨(Thomas Young)首次引入了"能量"这个概念,其大小为物体的质量与速度平方之积的一半,相当于"活力"的一半,称为"运动物体的能量",即现在的动能。

到了 18 世纪,人们在力学中实际上已经得到并开始运用机械能守恒定律。

在化学方面，人们发现化学能通过物质燃烧转变为热能。在热学方面，蒸汽机的进一步发展，迫切需要研究热和功的关系，所以热与机械功的相互转化得到了广泛的研究。最终"热动说"取代了"热质说"。在电和磁学方面，19世纪二、三十年代电磁学的基本规律陆续被发现，人们自然对电与磁、电与热、电与化学等关系密切关注，发现化学能可以形成电流；导线在通电时可发热；在电磁感应过程中机械能变为电能，等等。

在能量守恒思想建立的过程中，还有一个重要的事实，就是永动机不可能实现。永动机不可实现的历史教训，从反面提供了能量守恒的例证，成为建立能量守恒定律的重要线索。在17~18世纪有很多人搞永动机，结果都以失败而告终。许多优秀工程师在永动机上白白地浪费了他们的年华。形形色色的失败，无一不告诉人们物质运动不能无中生有，它只能从一种形式转变为另外一种形式。但当时人们并没有从不可能造成永动机的结论中直接得出能量守恒定律。

可以说，19世纪40年代以前，自然科学的发展为能量守恒定律从力学、化学、热学和电磁学等几个方面做了准备。至此，能量守恒定律的建立也就水到渠成了。能量守恒定律的最终确立，对其做出明确阐述的，要提到三位科学家，他们是德国的迈耶(Mayer)、赫姆霍兹(Helmholtz)和英国的焦耳。

迈耶是德国的医生。1840年，他曾作为随船医生到过爪哇，发现病人的静脉血比他预计的要红得多。他想到食物中含有化学能，它像机械能一样可以转化为热。在热带高温情况下，机体中食物的"燃烧"过程减弱，维持体温消耗的氧少，静脉血中留下较多的氧而变得鲜红。为此，迈耶写了《论无机界的力》一文以及后来的几篇文章，以比较抽象的推理方法提出了能量守恒与转化思想，并根据气体的定容热容和定压热容推算出热功当量，为 365 kg·m·kcal^{-1}。尽管此数值比现在测定的热功当量值小17%，但这算是世界上首次给出热功当量的值。

英国物理学家焦耳关于热功当量的测定是确立能量守恒定律的实验基础。一项重大突破就是发现热实际上是能量的一种形式，或者说，与其他形式的能量一样，热可以用来做功，做功也能生热。这为更普遍意义上能量原理的建立扫除了一个最大障碍。

德国生理学家、物理学家赫姆霍兹，是从生理学问题开始对能量守恒定律进行研究的。他于1847年在《论力的守恒》一文中系统而严密地论述了能量守恒定律。首先，他用数学化形式表述了孤立系统中的机械能守恒，接着他把能量守恒定律应用于热学、电磁学、化学领域，提出各种运动中能量守恒的思想。

能量守恒定律指出：自然界一切物体都具有能量，能量有各种不同的形式，它能从一种形式转化为另一种形式，从一个物体传递给另一个物体，转化和传递中能量的数量不变。

能量守恒定律表明了自然科学各个分支之间惊人的普遍联系，揭示了自然科学的内在统一性。这是科学史上第二次伟大的综合。我们也看出,能量守恒定律的建立过程,本身就是科学史上一个伟大的奇迹。它的建立,不是简单的实验归纳,而是以长期的社会实践为基础,通过大胆的猜想和理论分析,上升到思想的高度,建立了自然界中这一基本原理。在此过程中,不同国家、一代又一代不同领域的科学家从不同侧面、在不同程度上做出了自己的贡献。

系统的总能量由内能、宏观动能和宏观位能组成。从微观上看,物体的内能是指组成物体的一切粒子的动能和相互作用势能的总和。具体来说包括分子及原子的热运动动能,原子的振动势能,分子间相互作用势能,分子、原子内的能量,如原子核内部的能量等。与原子结构的变化有关的内能称为"化学"内能。所有的燃烧过程以及蓄电池的放电反应都是由于化学反应而引起内能变化的例子。此外,当有电磁场与系统相互作用时还包括相应的电磁形式的能量。当然,在一般的热力学过程中,物体的化学能、核能都不会变化,因而不会表现出来。

4.3.2 内能

在前面,我们多次从微观上提及系统的内能,内能是构成系统的所有粒子的动能和势能之和。显然,在实际中我们根据这种定义来计算内能是不可能的,不具有可操作性。下面我们从宏观角度来看内能及其变化。

让我们回到经典力学。图 4.11 是一个力学系统,小球自某一高度落下,与一平面发生碰撞。

小球的机械能为

$$E_{机械能} = mgh + \frac{1}{2}mv^2 \tag{4.3.1}$$

若这是一个理想的力学系统,忽略任何的摩擦损耗,在这种情况下 $\Delta E_{机械能} = 0$,球将永远地弹跳,其间动能和势能相互转化。

但在现实世界里,摩擦损耗总是存在的,小球终究会因为摩擦停下来。与此相对应,伴随着小球的停止,其温度总会上升。那么式 (4.3.1) 表示的能量去哪了?

根据焦耳的实验我们知道,功变热导致系统的温度增加。因为摩擦,系统和外界发生了功和热的交换,使小球的运动不再只是动能和势能间的相互转化。为此,我们引入"内能"这一概念来说明。小球在上下运动的过程中克服摩擦做功,使小球温度升高,表现为内能 U 增加。这样,能量 E 表达式需将式 (4.3.1) 改写为

$$E = E_{机械能} + U \tag{4.3.2}$$

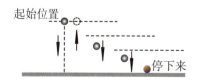

图 4.11 小球下落过程示意图

这样，我们将能量的概念扩展到包括热效应；把力学中关于机械能守恒的表述，延展到包含功热转化的系统。这是非常重要但很艰难的一步，这一步在历史上曾经困扰人类很长一段时间。以后我们将会看到，这是因为热能和其他形式的能量有根本的不同。利用式(4.3.2)可以很好地描述小球下落现象。由于小球与空气或地面摩擦，使机械能逐渐地转化为内能，最终小球会停下来，但能量是守恒的。现实世界中的系统趋向于失去机械能，而与之相伴随的，一定是内能的增加。

在一个孤立系统中，系统的总能量由动能、势能和内能三部分组成。在这系统中，满足能量守恒定律，减小的任何动能及势能，都可在增加的内能上找到；反之亦然。即有

$$\Delta E = \Delta(E_{\text{机械能}} + U) = 0 \qquad (4.3.3)$$

进一步地，在热学中，我们一般不关心热力学系统整体的宏观运动。这样，对系统的质心系而言，式(4.3.3)变为

$$\Delta E = \Delta U \qquad (4.3.4)$$

系统能量的变化就是内能的变化。

微观上，我们将热力学系统中的分子看成为"质点"，由于分子间的作用力是保守力，因此这种热力学系统就是保守系统。式(4.3.4)中的内能是系统所有分子的无规则运动动能和分子间势能的总和。它是由系统的状态决定的，因而是一个状态量。外界对系统做功或传热是改变热力学系统状态的两种方式，如我们在3.1.3小节中介绍的，通过传热，分子无规则运动能量从高温物体传递到低温物体。而做功总是与宏观位移相联系的，宏观位移过程是大数分子都做同样位移的运动过程，这样具有相同位移的运动叫分子的有规则运动。外界通过做功的方式向系统转移能量，实质上是分子有规则运动的能量向分子无规则运动能量的转化。所以做功和传热是两种本质不同的能量转移方式。当我们学习热力学第二定律时，将深刻地体会到这个差异。

例 4.2 仿照焦耳实验，某人在澡盆中拼命地划水，试图把水变热。如果盆中有 100 kg 的水，他的手划动的总距离是 140 m，所施的力平均是 30 N，这盆水的温度升高多少度？

解 已知水的质量 $m = 100$ kg，划水的力 $F = 30$ N，总距离 $d = 140$ m，则人做的总功为

$$W = F \cdot d = 140 \times 30 \text{ J} = 4\,200 \text{ J}$$

若功全转化为热量来加热水，用 cal 作为单位，热量 Q 为

$$Q = \frac{4\,200}{4.18} \text{ cal} \approx 10^3 \text{ cal}$$

根据 $Q = cm\Delta t$，c 为水的比热，可求得水升高的温度为

$$\Delta t = 0.01\ ℃$$

从这个例子看出,这个人做了如此多的功,但水温的升高是微不足道的,而且还有一部分热量要散失到空气中,实际的温度升高更小。在很多力学系统中,当物体运动停止后,产生的温升是非常小的。因此,在力学计算中,我们常常忽略这部分能量损失,不考虑物体"热起来"。从这个例子也可以看出,在焦耳以前的科学家们没能看出功热等效这个如此重要的规律是可以理解的,也从另外一个方面看出焦耳对科学的执着与严谨。

4.3.3　热力学第一定律的数学表述

我们利用能量守恒定律来分析热力学过程,看热力学系统与外界的能量关系。这里我们不用考虑系统的动能和势能,只需考虑系统的内能。

做功和传热是改变系统状态的两种方式。当热量 Q 流入系统时,无功相互作用,那么系统的内能 U 增加,增加的数量应该等于流入的热量,即

$$\Delta U = Q$$

当外界对系统做功 W,无热量交换,系统内能也增加,即

$$\Delta U = W$$

当二者同时进行时,如图 4.12 所示,总的内能变化为

$$\Delta U = Q + W \tag{4.3.5}$$

上式称为热力学第一定律。由于热能在认识能量的普遍规律的过程中起着重要作用,人们常把研究热能的学科叫做热力学。热力学第一定律是广义上的能量守恒定律的核心,是能量守恒定律在涉及热传递的宏观过程中的具体表述。

设经过某一过程系统从平衡态 1 变到平衡态 2,用 U_1 表示系统在平衡态 1 的内能,U_2 表示系统在平衡态 2 的内能,由式(4.3.5)可知

$$U_2 - U_1 = Q + W \tag{4.3.6}$$

式中 W 为在这过程中外界对系统做的功,Q 为系统从外界吸收的热量。我们已经在 4.2 节中对功做了规定,现用同样的方法来规定热量 Q。系统从外界吸热时为正,即 $Q>0$;系统向外界放热时为负,即 $Q<0$。当系统从一个状态变化到另一个状态,内能差不变,与路径无关。由于功和热量不是态函数,它们是在系统发生变化的过程中发生的,是可以测量的。因此,通过功和热量的测量

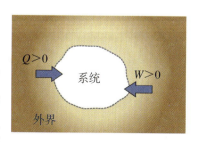

图 4.12　系统与外界之间功和热相互作用示意图

可以确定系统内能的变化。

式(4.3.6)给出的是系统在两态的内能差,它不能确定任一态的内能。我们可以选择一个参考点,作为一个参考态的内能,其值可以任意选择。这和力学中重力势能值的参考点的选择情况一样。我们所关心和实际中用到的也只是两态的内能差,而不是所在状态的内能的绝对值。

在热力学第一定律中,内能是核心概念。一个系统的内能是态函数,它只与系统所处的状态有关,而与系统发生变化的过程无关,状态参量确定,则内能就确定。内能是广延量,如果热力学系统被分割成几个部分,则系统的内能就等于各部分的内能之和。这个结论也可以推广到非平衡热力学系统。对于非平衡热力学系统,若系统可分为若干部分,各部分之间并未达到平衡但相互作用很小,且各部分分别保持在平衡态,具有态函数内能 U', U'', $\cdots$,则系统的内能 U 等于各部分内能之和,即

$$U = U' + U'' + \cdots$$

下面我们用热力学第一定律来讨论几个特殊的热力学过程。

1. 无限小的元过程

对于微小的元过程,热力学第一定律可写成

$$dU = đQ + đW \tag{4.3.7}$$

2. 循环过程

对于任一循环过程,有

$$\oint dU = \oint đQ + \oint đW$$

要想制造一种机器循环往复地对外做功,则要求

$$\oint dU = 0, \quad Q = -\oint đW = -W$$

若系统对外界做功,就必须从外界吸热($Q>0$)。历史上不断有人想制造第一类永动机(不需要任何燃料和动力,但能不断地对外做功的机器),都以失败而告终。大自然告诉我们:没有免费的午餐。能量是守恒的,永动机是不可能造出来的。因此,热力学第一定律亦可表述为:第一类永动机是不可能造成的。

3. 孤立系统

对于孤立系统,系统与外界既无热量交换,又没有功的相互作用,$Q = W = 0$,则

$$U_1 - U_2 = \Delta U = 0$$

也就是说,孤立系统内发生的任一热力学过程,内能都是不变的。

4.4 热力学第一定律对 p-V 系统的应用

4.4.1 定容热容和内能

在第 1 章,我们已经介绍了 p-V 系统。对于 p-V 系统,在无限小的准静态过程中,外界对系统做功 $đW = -pdV$,则由热力学第一定律可得系统吸收的热量 $đQ$ 为

$$đQ = dU + pdV \qquad (4.4.1)$$

在等体过程中,$dV = 0$,所以

$$đQ = dU$$

表示系统在等体过程中吸收的热量等于系统内能的增量。因为 $C = \dfrac{đQ}{dT}$,而 Q 与过程有关,所以每一个过程都具有自己的热容 C。定容热容量为

$$C_V = \left(\dfrac{đQ}{dT}\right)_V = \left(\dfrac{\partial U}{\partial T}\right)_V \qquad (4.4.2)$$

其中内能 U 是 T, V 两个变量的函数,$\left(\dfrac{\partial U}{\partial T}\right)_V$ 表示把体积 V 看作常量时求 U 对 T 的微商,这叫偏微分,一般而言,C_V 仍是 T, V 的函数。

4.4.2 定压热容和焓

对于等压过程,压强 p 保持不变,即 $dp = 0$,所以式(4.4.1)可化为

$$đQ = d(U + pV) \qquad (4.4.3)$$

由于 U 和 pV 都是由系统状态所决定的量,所以它们的和也是态函数。我们定义一个新的态函数,称为焓,记作 H,有

$$H = U + pV \tag{4.4.4}$$

则式(4.4.3)可写为

$$đQ = dH$$

系统在等压过程中吸收的热量等于系统焓的增量,则定压热容量可表示为

$$C_p = \left(\frac{đQ}{dT}\right)_p = \left(\frac{\partial H}{\partial T}\right)_p \tag{4.4.5}$$

上式把等压热容量与态函数焓联系起来。但应该注意,一般来讲 H 和 C_p 都是 T 和 p 的函数。

4.4.3 化学反应热

焓在热化学和热学工程中很有实用价值。当系统发生化学反应后,使生成物的温度回到反应前反应物的温度,系统放出或吸收的热量,称为该反应的反应热。与热学中的规定一样,在热化学中系统吸热为正,放热为负。通常所说的反应热大多是在等压下的热效应,即反应是在等压条件下进行的。由热力学第一定律可知,等压条件下化学反应所释放或吸收的热量等于反应前后系统焓的变化,即

$$Q_p = \Delta H = H_2 - H_1 \tag{4.4.6}$$

式中,H_2 为生成物的焓之和,H_1 为反应物的焓之和。在等压条件下的反应热有时也叫做反应焓。

表示化学反应与热效应关系的方程式称为热化学方程式。由于 U 和 H 的大小与系统的状态有关,所以在方程式中应明确标明物态、温度、压强、组分等。若不注明压强,就默认为 1 atm。

例如,当 1 mol 氢气在氧气中燃烧,生成 1 mol 25 ℃的水,放热 285.84×10^3 J,可用化学方程式表示为

$$H_2(g) + \frac{1}{2}O_2(g) = H_2O(l) \quad \Delta H_{25℃} = -285.84 \times 10^3 \text{ J}$$

式中,括号内字母 g 和 l 分别代表气相和液相。

在等压或等体条件下,一个化学反应从初态到终态不论是一步完成还是分几步完成,其反应总的热效应相同。也就是说,在等压或等体条件下,一个化学反应的热效应仅与反应物和生成物及其状态有关,而与反应途径或中间步骤无关,这就是赫斯(Hess)定律。显然,赫斯定律是热力学第一定律的必然推论。

因为 H, U 都是态函数,只要化学反应的起始状态和最终状态给定了,ΔU 和 ΔH 便是定值,与通过什么具体途径来完成这一反应完全无关。

例如,C 和 O_2 化合生成 CO 的反应热不能直接由实验测定,因为燃烧无法控制。但可设想下面两个反应：

$$C(s) + O_2(g) = CO_2(g) \quad \Delta H_1 \quad (4.4.7)$$

$$CO(g) + \frac{1}{2}O_2(g) = CO_2(g) \quad \Delta H_2 \quad (4.4.8)$$

将两式相减,可得

$$C(s) + \frac{1}{2}O_2(g) = CO(g) \quad \Delta H = \Delta H_1 - \Delta H_2$$

因而可间接得到 C 和 O_2 化合生成 CO 的反应热。

实际的热力学过程大多发生在恒定大气压下,所以焓在实验和工程技术中有重要的应用价值。对于一些在实际问题中很重要的物质,在不同温度和压强下的焓值数据已被绘制成图表供查阅。当然所给出的焓值是指与参考状态的焓值的差,例如在编制水蒸气焓值图表时常取 0 ℃时饱和水的焓值为零。对于等压过程,可以通过查焓值表求出所吸收的热量。

例 4.3 在 1 atm,100 ℃时,水与饱和水蒸气的单位质量的焓值分别为 $4.190\,6\times10^5$ J·kg^{-1}, $2.676\,3\times10^6$ J·kg^{-1},试求在这条件下水的汽化热。

解 等压过程中系统所吸收的热量等于态函数焓的增加。所以在 100 ℃,1 atm 下,水在汽化为水蒸气的过程中所吸收的热量为

$$\begin{aligned} Q_p &= 水蒸气的焓 - 水的焓 \\ &= 2.676\,3\times10^6 \text{ J·kg}^{-1} - 4.190\,6\times10^5 \text{ J·kg}^{-1} \\ &= 2.257\,2\times10^6 \text{ J·kg}^{-1} \end{aligned}$$

4.5　理想气体的热力学过程

4.5.1　焦耳实验

焦耳在 1845 年曾通过实验来研究气体内能的性质。图 4.13 是焦耳实验

装置的示意图。将容器放在水中,其中 A 部装有压缩气体,B 部被抽成真空,A,B 连接处用一阀门 C 隔开。将阀门 C 打开后,气体将充满整个容器。由于气体从 A 部向真空膨胀时不会受到阻碍,故称这种过程为自由膨胀过程。

实验发现,在膨胀前后,水和气体平衡时水的温度 T 未变,即

$$dT = 0$$

这说明水与气体没有发生热量交换,即气体进行的是绝热自由膨胀,因此 $Q = 0$。

气体在连通容器内绝热自由膨胀过程中不受外界阻力,所以外界不对气体做功,$W = 0$。在膨胀过程中,先进入容器 B 的气体将对后进入 B 中的气体做功,但这功是系统(气体)内部各部分之间功的作用,而不是外界与系统之间功的作用。

根据热力学第一定律,可得

$$dU = 0$$

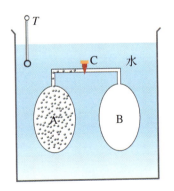

图 4.13　焦耳实验装置示意图

设气体内能 U 是 T 和 V 的函数,则

$$dU = \left(\frac{\partial U}{\partial T}\right)_V dT + \left(\frac{\partial U}{\partial V}\right)_T dV$$

将 $dU = 0$,$dT = 0$ 代入,考虑到 $dV \neq 0$,则有

$$\left(\frac{\partial U}{\partial V}\right)_T = 0$$

即内能 U 与 V 无关。因此,气体的内能 U 只是温度 T 的函数,即

$$U = U(T)$$

上式也叫焦耳定律。

需要指出的是,这个实验的精度不高。水的热容量大约是气体的 1 000 倍,所以在上述实验中,即使气体温度有变化也不易测出来。这个实验后来被进一步改进,发展为更精确的焦耳-汤姆孙实验。然而,焦耳实验的结论对理想气体却是正确的。理想气体是无限稀薄的气体,分子间的相互作用势能可以忽略。理想气体的内能仅由分子热运动能量决定,而与分子间距离无关,即理想气体的内能仅是温度的函数。

4.5.2　理想气体的内能和焓

对 ν mol 理想气体,$U = U(T)$,$pV = \nu RT$,由式(4.4.4)得理想气体的焓为

$$H = U + pV = U(T) + \nu RT = H(T)$$

理想气体的焓和内能都只是温度的函数。对理想气体,式(4.4.2)可化为

$$C_V = \frac{dU}{dT} \tag{4.5.1}$$

因此有

$$dU = C_V dT$$

积分可得

$$U = \int_{T_0}^{T} C_V dT + U_0 \tag{4.5.2}$$

式中,U_0 是 $T = T_0$ 时的内能。若实验测出热容量,则由式(4.5.2)可以定出理想气体的内能。一般来说,C_V 是温度的函数,如果实际问题所涉及的温度范围不大,则可以近似地把 C_V 作为常量处理。若以 $C_{V,m}$ 表示定容摩尔热容量,则 $C_V = \nu C_{V,m}$,式(4.5.2)可写为

$$U = \nu \int_{T_0}^{T} C_{V,m} dT + U_0 \tag{4.5.3}$$

理想气体的焓也仅是温度 T 的函数,与压强无关。式(4.4.5)可化为

$$C_p = \frac{dH}{dT} \tag{4.5.4}$$

因此,理想气体的焓可表示为

$$H = \int_{T_0}^{T} C_p dT + H_0 \tag{4.5.5}$$

或

$$H = \nu \int_{T_0}^{T} C_{p,m} dT + H_0 \tag{4.5.6}$$

式中,$C_p = \nu C_{p,m}$,$C_{p,m}$ 表示定压摩尔热容量;H_0 是 $T = T_0$ 时的焓。一般来说,C_p 是温度的函数。

根据焓的定义式 $H = U + pV$ 和理想气体状态方程 $pV = \nu RT$,有

$$H = U + \nu RT$$

两边对温度求微商,可得

$$\frac{dH}{dT} = \frac{d}{dT}(U + \nu RT) = \frac{dU}{dT} + \nu R$$

利用式(4.5.1)和(4.5.4)，可得

$$C_p = C_V + \nu R \tag{4.5.7}$$

对于 1 mol 的理想气体，有

$$C_{p,m} - C_{V,m} = R \tag{4.5.8}$$

上式表明理想气体定压摩尔热容量等于定容摩尔热容量与普适气体常量 R 之和。

4.5.3 理想气体的准静态过程

下面我们来讨论理想气体在一些简单过程中的能量转化情况。假设气体从初态 1 变化到终态 2，对应的状态参量分别为 (p_1, V_1, T_1) 和 (p_2, V_2, T_2)。

1. 等体过程

等体过程中体积保持不变，即 $\mathrm{d}V = 0$，则外界对系统所做的功为

$$W = -\int_{V_1}^{V_2} p \mathrm{d}V = 0$$

根据热力学第一定律，有

$$Q = \Delta U$$

设定容摩尔热容量 $C_{V,m}$ 为常量，则由式(4.5.3)或定容热容的定义，有

$$Q = \Delta U = \nu C_{V,m}(T_2 - T_1) \tag{4.5.9}$$

2. 等压过程

等压过程中，系统的压强保持不变，即 $\mathrm{d}p = 0$，则

$$W = -\int_{V_1}^{V_2} p \mathrm{d}V = -p(V_2 - V_1)$$

设定压摩尔热容量 $C_{p,m}$ 为常数，则理想气体在等压过程中从外界吸热为

$$Q = \nu C_{p,m}(T_2 - T_1)$$

根据热力学第一定律，系统内能变化为

$$\Delta U = Q + W = \nu C_{p,m}(T_2 - T_1) - p(V_2 - V_1)$$

$$= \nu C_{V,m}(T_2 - T_1) \tag{4.5.10}$$

3. 等温过程

等温过程中,系统的温度 T 保持不变,即 $T_1 = T_2 = T$,$dT = 0$,p 和 V 满足关系

$$pV = 常量$$

等温过程对应于 p-V 图中的一条双曲线,称为等温线,如图 4.14 所示。

理想气体的内能只与温度有关,它在等温过程中保持不变,即

$$\Delta U = 0$$

根据热力学第一定律,有

$$Q = -W$$

在等温过程中,外界对理想气体做的功全部转化为气体对外放出的热量;或当理想气体膨胀时,它由外界吸收来的热量全部转化为对外做的功。

在等温过程中,外界对气体所做的功为

$$W = -\int_{V_1}^{V_2} p\, dV = -\nu RT \int_{V_1}^{V_2} \frac{dV}{V}$$
$$= -\nu RT \ln \frac{V_2}{V_1} \tag{4.5.11}$$

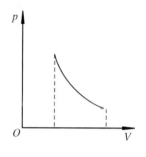

图 4.14 等温过程

当 $V_2 > V_1$(等温膨胀)时,$W < 0$,外界对气体做负功;反之,当 $W > 0$,外界对气体做正功。功的大小为 p-V 图中曲线下的面积。

4. 绝热过程

如果系统在热力学过程中不与外界交换热量,则这种过程称为绝热过程。严格地说,绝热过程在自然界不存在,但很多过程例如声波传播时引起空气的爆炸、弹药在炮膛中爆炸等,由于过程进行得很快,系统与外界来不及交换热量,可近似地视为绝热过程。

绝热过程中,$Q = 0$,则根据热力学第一定律,有

$$U_2 - U_1 = W \tag{4.5.12}$$

系统内能的改变完全是因为外界对系统做了功。又因为理想气体的内能仅是温度的函数,则有

$$U_2 - U_1 = \nu C_{V,m}(T_2 - T_1)$$

所以有

$$W = U_2 - U_1 = \nu C_{V,m}(T_2 - T_1) \qquad (4.5.13)$$

对于准静态绝热过程中任一微小过程，有 $dU = đW$，即

$$\nu C_{V,m} dT + p dV = 0 \qquad (4.5.14)$$

而理想气体物态方程的微分形式为

$$p dV + V dp = \nu R dT \qquad (4.5.15)$$

由式(4.5.14)和(4.5.15)可得

$$\frac{(C_{V,m} + R)}{C_{V,m}} \frac{dV}{V} + \frac{dp}{p} = 0$$

令 γ 为定压热容与定容热容之比，即定压摩尔热容与定容摩尔热容之比，有

$$\gamma = \frac{C_p}{C_V} = \frac{C_{p,m}}{C_{V,m}}$$

又因 $C_{V,m} + R = C_{p,m}$，则有

$$\frac{dp}{p} + \gamma \frac{dV}{V} = 0 \qquad (4.5.16)$$

如把 γ 看成常数，则对上式积分可得

$$pV^\gamma = 常量 \qquad (4.5.17)$$

这就是理想气体在准静态绝热过程中压强和体积变化的关系式，称为泊松方程。利用理想气体物态方程和式(4.5.17)可得

$$TV^{\gamma-1} = 常量 \qquad (4.5.18)$$

以及

$$\frac{p^{\gamma-1}}{T^\gamma} = 常量 \qquad (4.5.19)$$

式(4.5.17)～(4.5.19)这三式称为绝热过程方程，在运用中可视问题需要，方便地选用。

有了绝热过程方程，我们可以用准静态过程的功的计算公式直接求出绝热过程中外界对系统所做的功。由式(4.5.17)有

$$pV^\gamma = p_1 V_1^\gamma = 常量$$

绝热过程中所做的功可表示为

$$W = -\int_{V_1}^{V_2} p\,dV = -\int_{V_1}^{V_2} p_1 V_1^\gamma \cdot \frac{1}{V^\gamma}\,dV$$

$$= -p_1 V_1^\gamma \left(\frac{V_2^{1-\gamma}}{1-\gamma} - \frac{V_1^{1-\gamma}}{1-\gamma} \right)$$

$$= \frac{p_1 V_1}{\gamma - 1}\left[\left(\frac{V_1}{V_2} \right)^{\gamma - 1} - 1 \right] \tag{4.5.20}$$

利用绝热过程方程,可进一步将此式写为

$$W = \frac{1}{\gamma - 1}(p_2 V_2 - p_1 V_1) \tag{4.5.21}$$

在 p-V 图上画出理想气体绝热过程所对应的曲线,称为绝热线,如图 4.15 所示。将绝热线与等温线进行比较,它们的曲线斜率分别为

$$\left(\frac{dp}{dV} \right)_Q = -\gamma \frac{p}{V}, \quad \left(\frac{dp}{dV} \right)_T = -\frac{p}{V}$$

由于 $\gamma > 1$,所以在 p-V 图上,绝热线比等温线更陡。

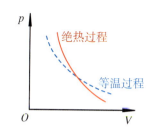

图 4.15 绝热线与等温线比较

例 4.4 1927 年,洛夏德(Ruchhardt)利用力学简谐振动的原理设计了一种测量 γ 的方法。如图 4.16 所示,气体置于体积为 V 的瓶中,将一个截面积为 A 的均匀玻璃管插入瓶塞中。有一质量为 m 的小金属球紧贴着塞入管中作为活塞,球与管内壁的摩擦可忽略不计。原先小球处于静止状态,现将球稍偏离平衡位置后松手,小球将振动起来。试求小球的振动周期与 γ 的关系。

解 小球在平衡位置,小球受到瓶内气体的压力 pA 应等于外面大气对小球的压力 $p_0 A$ 和小球的重力 mg 之和,即

$$pA = p_0 A + mg$$

或

$$p = p_0 + \frac{mg}{A}$$

式中,g 为重力加速度。设小球向上偏离平衡位置的一小位移为 y,瓶内气体体积将产生一很小的变化量 $dV = yA$,因而瓶内气体压强改变 dp。这时小球将受到一个非零的、向下的合力 f,显然有

$$f = A\,dp \tag{4.5.22}$$

如果小球发生位移 y 的过程很快,以致瓶内气体来不及与外界交换热量,则可将此过程视为绝热过程。由泊松方程 $pV^\gamma =$ 常量,可得

$$\frac{dp}{p} + \gamma \frac{dV}{V} = 0$$

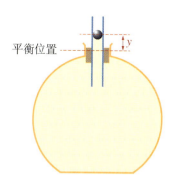

图 4.16 γ 测定实验示意

或
$$dp = -\gamma p \frac{dV}{V}$$

将此式代入式(4.5.22),且有 $dV = Ay$,可得

$$f = -\gamma p A \frac{dV}{V} = -\gamma A^2 \frac{p}{V} y$$

小球受到的力是与位移 y 成正比、方向与位移方向相反的准弹性力。在这准弹性力作用下,小球将在其平衡位置上、下做简谐振动,则简谐振动的周期为

$$T = 2\pi \sqrt{\frac{mV}{\gamma p A^2}}$$

因此有

$$\gamma = \frac{4\pi^2 mV}{A^2 p T^2}$$

小球的质量 m,小球处于平衡位置时瓶内气体体积 V 和压强 p,以及管的横截面积 A 都是可以知道的,只要测出小球振动的周期 T,即可求出 γ 值。

5. 多方过程

实际上,在气体中进行的过程,常常既不是等温的又不是绝热的。假设 1 mol 理想气体进行了任一微小过程,C_m 为该过程的摩尔热容,则有

$$dU = C_{V,m}dT, \quad đQ = C_m dT, \quad đW = -pdV, \quad đQ = dU + pdV$$

另外,1 mol 理想气体状态方程的微分形式为

$$pdV + Vdp = RdT$$

由这些方程不难得到

$$\left(\frac{C_m - C_{V,m}}{R}\right)(pdV + Vdp) = pdV$$

即

$$(C_m - C_{p,m})\frac{dV}{V} + (C_m - C_{V,m})\frac{dp}{p} = 0$$

令 $n = \frac{C_m - C_{p,m}}{C_m - C_{V,m}}$,则有

$$pV^n = 常量 \tag{4.5.23}$$

式中，n 为一常数。凡是满足式(4.5.23)的过程称为多方过程，其中 n 为多方指数。显然，$n=1$ 为等温过程，$n=0$ 为等压过程，$n=\gamma$ 为绝热过程，$n=\infty$ 为等体过程。我们用 p-V 图来表示多方过程，如图 4.17 所示，不同曲线对应于不同的 n 值。

我们也可以由多方指数 n 给出 C_m：

$$C_m = C_{V,m} \cdot \frac{\gamma - n}{1 - n} \tag{4.5.24}$$

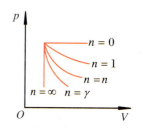

图 4.17　p-V 图上的多方过程

从式(4.5.24)可看出，多方过程的摩尔热容量可正、可负，取决于 n 值。当 $n > \gamma$ 时，$C_m > 0$，这时若 $\Delta T > 0$，则 $\Delta Q > 0$，过程吸热；若 $\gamma > n > 1$，则 $C_m < 0$，这时如果 $\Delta T > 0$，有 $\Delta Q < 0$，说明温度升高反而要放热，这是多方过程的负热容特征。例如，气体在气缸中被压缩的时候，若外界对气体做功的一部分用来使系统温度升高，另一部分用于系统对外放热，这时 $C_m < 0$。还有，多方负热容特征在恒星演化过程中是一个十分重要的普遍现象。万有引力使恒星收缩，因而引力势能降低，所降低的引力势能的一部分以热辐射形式向外界放热，另一部分使自身温度升高。

例 4.5　将压强 $p_0 = 1.0$ atm 的空气等温地压缩进肥皂泡内，最后吹成半径为 $r = 2.5$ cm 的肥皂泡。设肥皂泡的胀大过程是等温的，求吹成这肥皂泡所需做的总功。设肥皂水的表面张力系数 $\alpha = 4.5 \times 10^{-2}$ N·m^{-1}。

解　设 p 表示泡内空气的压强，p_0 表示泡外的大气压强，则

$$p = p_0 + \frac{4\alpha}{r}$$

用于增大肥皂泡内外表面所需做的功为

$$W_1 = \alpha \cdot 8\pi r^2$$

肥皂泡的胀大是等温进行的，把压强为 p_0 的空气等温压缩到肥皂泡内，设压强变为 p 时外力需做的功为 W_2，则有

$$dW_2 = -p dV = V dp$$
$$W_2 = \int V dp = \int pV \frac{dp}{p} = pV \ln \frac{p}{p_0}$$
$$= p_0 \left(1 + \frac{4\alpha}{rp_0}\right) \cdot \frac{4}{3}\pi r^3 \cdot \ln\left(1 + \frac{4\alpha}{rp_0}\right)$$

由于 $\frac{4\alpha}{rp_0} \ll 1$，所以有 $\ln\left(1 + \frac{4\alpha}{rp_0}\right) \approx \frac{4\alpha}{rp_0}$，易得

$$W_2 = \frac{2}{3} \cdot 8\pi r^2 \alpha$$

则总功为

$$W = W_1 + W_2 = \left(1 + \frac{2}{3}\right) \cdot 8\pi r^2 \alpha = 1.2 \times 10^{-3} \text{ J}$$

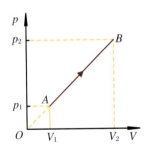

图 4.18　p-V 图的一个热力学过程

例 4.6　已知 1 mol 氧气经历如图 4.18 所示的从 A 变为 B（AB 的延长线经过原点 O）的过程，A，B 两点的温度分别是 T_1，T_2，求在该过程中所吸收的热量。

解　设 A，B 两点的压强和体积分别为 p_1，V_1 和 p_2，V_2。从 A 到 B 的过程中，外界对系统做功等于梯形 ABV_2V_1 面积的负值，即

$$-W = \frac{1}{2}(p_1 + p_2)(V_2 - V_1)$$

内能变化量为

$$\Delta U = C_{V,m}(T_2 - T_1)$$

根据热力学第一定律 $\Delta U = Q + W$，该过程吸收的热量为

$$Q = \Delta U - W = C_{V,m}(T_2 - T_1) + \frac{1}{2}(p_1 + p_2)(V_2 - V_1)$$
$$= C_{V,m}(T_2 - T_1) + \frac{1}{2}(p_2 V_2 - p_1 V_1 + p_1 V_2 - p_2 V_1) \quad (4.5.25)$$

由图中可以看出

$$\frac{p_1}{p_2} = \frac{V_1}{V_2} \quad \text{即} \quad p_1 V_2 - p_2 V_1 = 0 \quad (4.5.26)$$

而根据理想气体状态方程有

$$p_1 V_1 = RT_1, \quad p_2 V_2 = RT_2 \quad (4.5.27)$$

将式(4.5.26)和(4.5.27)代入式(4.5.25)，并考虑到氧气的 $C_{V,m} = \frac{5}{2}R$，得

$$Q = \left(C_{V,m} + \frac{R}{2}\right)(T_2 - T_1) = 3(T_2 - T_1)R$$

4.6 焦耳-汤姆孙效应

4.6.1 焦耳-汤姆孙实验

在焦耳的自由膨胀实验中,水的热容量比气体的热容量大得多,所以即使有相当大的气体温度变化,水的温度变化也不明显,很难进行测量。焦耳清楚地认识到这个实验的瑕疵,于 1852 年和汤姆孙(Thomson,后称开尔文(Kelvin))合作,一起设计了一个新的实验——多孔塞实验,比焦耳的自由膨胀实验更为灵敏地研究气体内能的变化。

图 4.19(a) 是实验装置示意图。在一个绝热良好的管子中,有一多孔物质做成的多孔塞。多孔塞对气流有较大阻滞作用,使气体不易很快通过,从而能够在两边维持一定的压强差。实验中,气体持续地从多孔塞一边流到另外一边,达到稳定流动状态。所谓稳定流动是指气体在流动的空间中任何地方的情况都不随时间变化。具体来说,稳定流动条件下,多孔塞左边维持压强在较高的值 p_1,气体经多孔塞以后压强降为右边的 p_2。左右两边的温度分别为 T_1 和 T_2。这种在绝热条件下高压气体经过多孔塞流到低压一侧的过程叫绝热节流过程。

我们应用热力学第一定律来分析此过程。如图 4.19(b)所示,设在一定时间内,有一定量的高压气体通过多孔塞,在通过多孔塞前其压强、体积、温度和内能分别为 p_1, V_1, T_1 和 U_1,通过多孔塞后这些量分别变为 p_2, V_2, T_2 和 U_2。在通过多孔塞的过程中,其左边气体(外界)推动它所做的功为

$$W_1 = p_1 V_1$$

而当这部分气体通过多孔塞后,它要推动其右边的气体(也是外界)做功,外界所做的功为

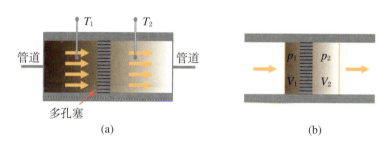

图 4.19 多孔塞实验示意图

$$W_2 = -p_2 V_2$$

这样，外界对它做的净功为

$$W = p_1 V_1 - p_2 V_2 \tag{4.6.1}$$

这一定量的气体在节流前后整体动能和势能变化不大，可以忽略。考虑到绝热过程 $Q=0$，由热力学第一定律可得

$$\Delta U = W$$

或

$$U_2 - U_1 = p_1 V_1 - p_2 V_2 \quad 即 \quad U_1 + p_1 V_1 = U_2 + p_2 V_2$$

则有

$$H_1 = H_2 \tag{4.6.2}$$

这说明，气体经绝热节流后焓不变。

实验发现，节流膨胀后气体的温度会发生变化，通常引入焦耳-汤姆孙系数

$$\xi = \left(\frac{\partial T}{\partial p}\right)_H$$

它表示焓不变的情况下温度随压强的变化率。一般气体如氮气、氧气、空气等，在常温下节流后温度要降低，故 $\xi>0$，称为致冷效应，或正的焦耳-汤姆孙效应；但对于氢气、氦气，在常温下节流后温度反而升高，故 $\xi<0$，称为负的焦耳-汤姆孙效应。

对同一气体系统做一系列节流实验，维持初态 (p_1, T_1) 不变，改变节流后的压强，并测得相应的温度，终态分别为 (p_2, T_2)，(p_3, T_3)，…，(p_n, T_n)。这些态有相同的焓。可在 T-p 图上得到一些焓值相同的点，这些点连接起来得到一条等焓线。再改变初态进行同样的工作，这样就可以得到一组等焓线。图4.20是氮气的等焓线。应该指出，等焓线不是节流的过程曲线，因为节流不是准静态过程，节流过程只有初、终态是平衡态，中间态不是平衡态。等焓线只是焓相等的平衡态代表点的轨迹。等焓线的任一点的斜率为偏微商 $\left(\frac{\partial T}{\partial P}\right)_H$，即为焦耳-汤姆孙系数。等焓线上的最高点，$\xi=0$，称为转换点。连接各个转换点的连线称为转换曲线，即转换曲线上每一点所对应的状态在微小节流后，温度将不变。图4.20中也画出了氮气的转换曲线。可以看出，转换曲线的内侧区域，产生正的焦耳-汤姆孙效应，$\xi>0$，节流致冷，称为致冷区。转换曲线的外侧区域，产生负的焦耳-汤姆孙效应，$\xi<0$，节流升温，为致热区。转换曲线与温度轴的上交点，为最大转换温度 $T_{\max}$。当节流前气体温度大于 $T_{\max}$ 时，无论压强等于多少，ξ 总是小于零，不会发生正效应。因此要用节流膨胀降温，节流前气体的温度必须低于其最大转换温度。氮气的最高转换温度为621 K，高于室温；氢气和氦气的最高转换温度分别约为200 K和43 K，低于室温。对于氮气、氧气和

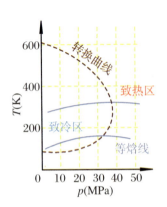

图 4.20　氮气的等焓线

空气,在常温下节流膨胀温度都下降。但对氢气、氦气等气体,在常温下节流膨胀,温度不降反而升高。所以若要通过节流膨胀使氢气液化,必须把氢气预冷到最大转换温度以下。

4.6.2　焦耳-汤姆孙效应的初步解释

我们从分子运动论的观点来分析焦耳-汤姆孙效应。设 1 mol 气体从多孔塞左边 (p_1, V_1, T_1) 到右边 (p_2, V_2, T_2),外界做功为 W,由式(4.6.1)有

$$W = p_1 V_1 - p_2 V_2$$

在一般情况,内能 U 为温度 T 和体积 V 的函数,则可将内能写为两项,即

$$U = E_k(T) + E_p(V) \tag{4.6.3}$$

式中,第一项为分子热运动动能 $E_k(T)$,只与温度有关;第二项为分子间相互作用势能 $E_p(V)$,与分子间距离有关。所以有

$$\Delta U = C_{V,m}(T_2 - T_1) + [E_p(V_2) - E_p(V_1)] \tag{4.6.4}$$

根据 $\Delta U = W + Q$,$Q = 0$,有

$$\Delta U = W \tag{4.6.5}$$

若是理想气体,则

$$W = p_1 V_1 - p_2 V_2 = RT_1 - RT_2 = R(T_1 - T_2)$$

理想气体内能只与温度有关,有

$$\Delta U = C_{V,m}(T_2 - T_1)$$

由式(4.6.5)可得

$$(C_{V,m} + R)(T_2 - T_1) = 0$$

于是得到 $T_2 = T_1$。这表明,如果气体是理想气体,就不会有焦耳-汤姆孙效应发生。

对实际气体,若考虑到分子间存在斥力,相当于分子具有体积,但忽略分子间引力。在这种情况下,利用范德瓦耳斯方程

$$p(V - b) = RT$$

即

$$pV = RT + pb$$

所以
$$W = p_1V_1 - p_2V_2 = R(T_1 - T_2) + b(p_1 - p_2) \quad (4.6.6)$$

由式(4.6.4)、(4.6.5)和(4.6.6),得

$$(C_{V,m} + R)(T_2 - T_1) = b(p_1 - p_2) + [E_p(V_1) - E_p(V_2)]$$

因为 $p_1 > p_2$, $b > 0$,所以 $b(p_1 - p_2) > 0$。又节流后 $V_2 > V_1$,分子间距变大,因而斥力势能减小,即

$$E_p(V_1) - E_p(V_2) > 0$$

所以 $b(p_1 - p_2) + [E_p(V_1) - E_p(V_2)] > 0$,而 $(C_{V,m} + R)$ 为正值,则有

$$T_2 > T_1$$

即实际气体通过节流膨胀后表现为负的焦耳-汤姆孙效应。

用同样的方法可以分析,当范德瓦耳斯方程中主要考虑引力效应时,节流膨胀呈现出正的焦耳-汤姆孙效应,即节流后温度降低,$T_2 < T_1$。

实验结果表明,实际气体的内能不仅与温度有关,还与体积有关。这实际上正是反映了分子间存在着相互作用,分子间相互作用的势能与分子间的距离有关。当实际气体体积变化时,分子间距离也变化了,从而平均来说内能中反映分子间的势能贡献的部分也变化了,这就是实际气体内能随体积变化的原因。讨论焦耳-汤姆孙效应的更重要原因,是其在实际中的应用价值。通过节流膨胀、使气体降温是一种获得低温的基本方法,已被广泛地使用在工业领域。

4.7 循环过程与热机

4.7.1 循环过程

我们每天都在使用能量。人类在适应自然的努力中,利用能量来省力一直是优先考虑的。古代航行中利用风来推动商船、战舰,农业中利用太阳能来进行生产,等等。在今天的日常生活和工业生产中,我们使用的能量大都来自化石燃料(煤、石油和天然气)。当然,这些燃料可以直接用来燃烧,加热食品、取暖,但更多情况下是需要转化为机械能来对外做功。因此,我们需要知道怎样将热取出,并尽可能地转化为功。有趣的是,热转化为功的过程在生物系统中

却是自然发生的。

我们把将热能部分地转化为机械能的机器称为热机。在 18 世纪,尽管对热的本质存在争议,但利用热变功的实际应用却实实在在地进行着。基于试验、总结、再试验、再总结,蒸汽机被发明和不断地改进。在这个进程中,人们渐渐地加深对热的本质、热机牵涉的物理过程的理解。对热机的物理过程的认识之一,就是**热机的实质热力学过程必须是循环过程。**

下面我们以蒸汽机为例来说明。图 4.21 所示的是蒸汽机的工作原理。水泵将一定量的水从水池抽入锅炉,水在锅炉中吸收热量,变成高温高压气体,这是吸热过程。水蒸气经过管道被送入气缸,在气缸内膨胀推动活塞,带动连杆运动,对外做功 W。做功后水蒸气的温度和压强大大降低,被排入冷凝器放热变为水,最后由泵对冷却水做功,将其抽回水池。工作物质又回到原来的状态,从而完成循环。通过这种方式,系统经历一次次循环,从锅炉中吸收热量,并源源不断地通过膨胀对外做功。从能量转化角度来看,在一个工作循环中,工作物质(水蒸气)在高温热源(锅炉)处吸热后增加内能,然后在气缸内推动活塞时将它获得的内能一部分转化为机械能对外做功。另一部分则在低温热源(冷却器)处通过放热传递给外界。其他热机的具体工作过程虽各不相同,但能量转化的情况都与上述类似,即热机对外做功所需的能量来源于其从高温热源处所吸收热量的一部分。

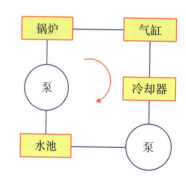

图 4.21 蒸汽机循环过程示意图

为了从能量转化的角度研究热机的性能,我们引入循环过程及其效率的概念。普遍地讲,如果一系统由某一状态出发,经过任意的一系列过程,最后又回到原来的状态,这样的过程称为循环过程,如图 4.22 中的闭合实线 $A\text{I}B\text{II}A$。

在图 4.21 中,气体膨胀对外做功,但体积膨胀最大不能超过气缸的体积。这就限制了气体的持续做功能力,仅通过一个热力学过程是不可能连续不断地把吸入的热量转变为功的。要想连续输出功,就必须让工作物质回到原来的状态。但是,顺原路返回是不可取的,因为来回路径的功正负抵消,净功为零。只能沿另外一个路径返回,这样就构成了一个循环。

如果循环过程是沿顺时针方向(如图 4.22 中的循环),称为正循环;反之则称为逆循环。对于正循环,由图 4.22 可见,在过程 $A\text{I}B$ 中,系统对外界做正功,其数值等于 $A\text{I}BDCA$ 所包围的面积;在过程 $B\text{II}A$ 中,外界对系统做功,即系统对外做负功,其数值等于 $A\text{II}BDCA$ 所包围的面积。这一结论适用于所有的物质,无论是气体、液体、还是固体,也不论其状态如何。当然,在固体和液体的情况下,因压力而产生的体积变化非常小,由曲线所包围的面积也非常小,这样的系统不会做多少功。

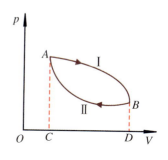

图 4.22 循环过程

因此,经历一正循环,系统最后回到原来的状态,内能不变。由热力学第一定律可知

$$W = Q_1 - Q_2$$

式中,Q_1 为系统经过一循环从外界吸收的热量的总和,Q_2 是向外界放出的热量的总和,对外输出的净功 $W > 0$。由此可见,系统经历这一正循环后从高温热源处吸收的热量,部分用来对外做功,部分在低温热源处放出,而系统回到原来的状态。

热机效能的重要指标之一就是它的效率,即吸收来的热量有多少转化为有用的功,更确切地说,效率是指通过吸热的方式增加的内能有多少通过做功的方式转化为机械能。以后凡是谈到"热变功"或"功变热"等说法,都应做类似的理解。效率定义为

$$\eta = \frac{W}{Q_1} = \frac{Q_1 - Q_2}{Q_1} = 1 - \frac{Q_2}{Q_1} \tag{4.7.1}$$

式中,Q_1 和 Q_2 分别为系统在一个循环中吸收和放出的热量大小,即取正值。

4.7.2 卡诺循环

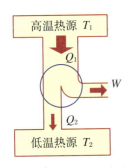

图 4.23 卡诺循环的能量转换关系

在 18 世纪末和 19 世纪初时,蒸汽机的效率是很低的,只有 3%～5%。95% 以上的热量都没有得到利用。这一方面是由于散热、漏气、摩擦等因素损耗能量,另一方面是因为一部分热量在低温热源处放出。

为从理论上研究热机的效率,杰出的法国青年工程师卡诺(Carnot)在 1824 年提出了一种理想热机循环过程,其中以气体为工作物质。这种简约的构思避开了实际热机循环中的物态变化(如水—水蒸气)所带来的过程复杂性,对循环过程即热动力本质的认识起了重要作用。

假如工作物质只与两个恒温热源交换热量,即没有散热、漏气等因素存在,这样的热机称为卡诺热机,其循环过程是卡诺循环。卡诺热机在一循环过程中能量的转化情况可用图 4.23 表示。工作物质从高温热源 T_1 吸收热量 Q_1,部分对外做功 W,部分热量 Q_2 在低温热源 T_2 处放出。

下面我们来计算理想气体准静态过程的卡诺循环的效率。由于是准静态过程,工作物质在与高温热源接触的过程中,基本上没有温度差,也就是两者无限接近于温度平衡。这样,工作物质与高温热源接触的吸热过程可看成温度为 T_1 的等温过程。同理,和低温热源接触的放热过程也可以看成温度为 T_2 的等温过程。因为只与两个热源交换热量,所以当工作物质与热源分开时的过程必然是绝热过程。这样,准静态过程的卡诺循环就是由四个准静态过程组成:两个等温过程和两个绝热过程(图 4.24)。

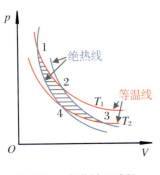

图 4.24 卡诺循环过程

各过程中能量转化的情况如下:

① 由状态 1 到状态 2 是等温膨胀,工作物质从高温热源吸收的热量为

$$Q_1 = \int_{V_1}^{V_2} p\,dV$$
$$= \nu R T_1 \int_{V_1}^{V_2} \frac{dV}{V} = \nu R T_1 \ln \frac{V_2}{V_1}$$

式中，ν 为气体的摩尔数，V_1 和 V_2 分别表示气体在状态 1 和状态 2 的体积。在此过程中气体对外做功。

② 由状态 2 到状态 3，工作物质和高温热源分开，经绝热过程对外做功，温度降至 T_2。在此过程，工作物质没有与外界交换热量，但对外做功。

③ 由状态 3 到状态 4，气体与低温热源接触并经过一等温压缩过程。在此过程中，外界对气体做功，气体向低温热源 T_2 放热，大小为

$$Q_2 = \nu R T_2 \int_{V_4}^{V_3} \frac{dV}{V} = \nu R T_2 \ln \frac{V_3}{V_4}$$

④ 由状态 4 到状态 1，气体与低温热源分开，经过一绝热压缩过程回到原来的状态，完成 循环过程。在此绝热压缩过程中，气体没有与外界交换热量，但外界对气体做功。

由以上的分析可知，在整个循环过程中，气体总的吸热为 Q_1，放热为 Q_2，内能不变。根据热力学第一定律，气体对外所做的总功为

$$W = Q_1 - Q_2$$

因此，其效率为

$$\eta = \frac{W}{Q_1} = 1 - \frac{Q_2}{Q_1} = 1 - \frac{T_2 \ln \dfrac{V_3}{V_4}}{T_1 \ln \dfrac{V_2}{V_1}} \qquad (4.7.2)$$

状态 1 和状态 4、状态 2 和状态 3 分别在两条绝热线上，而状态 1 和状态 2、状态 3 和状态 4 又分别在两条等温线上，有

$$T_1 V_2^{\gamma-1} = T_2 V_3^{\gamma-1}, \quad T_1 V_1^{\gamma-1} = T_2 V_4^{\gamma-1}$$

两式相比可得

$$\frac{V_3}{V_4} = \frac{V_2}{V_1}$$

代入(4.7.2)，得

$$\eta = \frac{W}{Q_1} = 1 - \frac{Q_2}{Q_1} = 1 - \frac{T_2}{T_1} \qquad (4.7.3)$$

由此可以看出，卡诺循环的效率只由高温热源和低温热源的温度决定。今

后将证明一切热机的效率不可能大于由上式表示的理想卡诺热机的效率。这样,式(4.7.3)为提高热机的效率指出了方向,给出了其极限值。不同热机的循环过程不同,因而其效率不同。

为了减小损耗,要尽力提高高温热源的温度和降低低温热源的温度,并使过程尽可能接近准静态过程。人们在实践中发现,降低低温热源的温度比提高高温热源的温度困难得多,因此往往通过提高高温热源的温度来提高热机效率。如蒸汽机的锅炉温度一般是 200～300 ℃,燃料在内燃机气缸中燃烧时的温度高达 1 000～2 000 ℃,而低温热源都是周围环境的大气。因此,一般而言,内燃机的效率比蒸汽机的要高,前者是 30%～40%,后者只有 12%～15%。

卡诺循环的逆过程反映了制冷机(热泵)的工作过程。让热机做逆向循环,使工作物质从低温热源吸热,而在高温热源放热,如图 4.25 所示。这样,在一个循环中,外界对系统做功 W,其大小为

$$W = Q_1 - Q_2$$

要使工作物质经过制冷循环从低温热源吸热传递给高温热源,就必须消耗功。

我们用制冷系数来表征制冷机的技术指标,定义制冷系数为

$$\varepsilon = \frac{Q_2}{W}$$

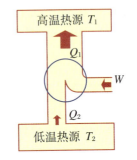

图 4.25 卡诺制冷(热泵)的能量转换示意

利用前面的计算结果,可以得到理想气体卡诺制冷机的制冷系数

$$\varepsilon = \frac{Q_2}{Q_1 - Q_2} = \frac{T_2}{T_1 - T_2} \tag{4.7.4}$$

可见,理想气体的卡诺制冷机的制冷系数也只与两个温度有关。在一般制冷机中,高温热源的温度 T_1 通常就是大气温度,所以制冷机的制冷系数取决于所希望达到的制冷温度。由式(4.7.4)可知,温度 T_2 越低,制冷系数越小。

卡诺循环及卡诺热机对第 5 章将要介绍的热力学第二定律的建立有着重要的意义。卡诺善于采用科学抽象的方法,在错综复杂的客观事物中建立模型,撇开那些对主要过程无关紧要的情况,设计出一部理想热机。严格地说,这种热机就如几何学上的线和面一样绝不可能被制造出来,但能最真实、最普遍地反映客观事物的基本特征。

*4.7.3 热机

1. 热动力

毫无疑问,"功"和"热"的转换贯穿于整个热力学的演绎过程。我们的祖先

清楚地知道"钻木取火",即功变热。但对另一方面,让一个物体变冷可以做功,即热变功的认识却经历了漫长的等待。有趣的是,在这个漫长的等待过程中人们却无时不在使用热动力。当一叶扁舟顺江而下,这是利用重力导致的从高处流向大海的水流;但高处的水流又来自高山上积雪、雨水,这些雨雪其实就是太阳提供的热流所蒸发的海水再凝结成的。大家都熟知风车可以做功,但风也是来自太阳对大气的热作用(空气流动)。当然,这些是天然的热动力,并非我们能控制的。

随心所欲地利用热动力,最早应该追溯到我国的四大发明之一——火药。利用火药的燃烧发射箭矢——火箭就是"热变功"的实例。但真正利用热动力做功来替代人力,还要推迟至 18 世纪。在 1705 年,英国人纽科门(Newcomen)发明了第一台实用的蒸汽机,后来瓦特(Watt)对其进行了根本性的改造,研制了分离的冷凝器,使水蒸气动力开始进入生产实践。这是人类在利用热动力方面划时代的突破,使热机成为 18～19 世纪工业革命的基础。

自从 18 世纪末发明蒸汽机以来,人们研制出多种形式的热机。在现代社会,热机随处可见。当喷气式飞机以近音速在空中翱翔,当赛车在跑道上疾驰,我们感受着热机的巨大力量和速度带来的震撼。热机的应用牵涉到的原理并不复杂,仅仅利用气体膨胀可以对外做功的特性,但其基本过程深深地扎根于热力学。在研究热机过程中,也引起人们对功和热关系的思考与研究,获得了许多热力学思想。在可预见的将来,热机仍然是我们的主要动力。下面来介绍一些典型的热机。

2. 蒸汽机

以水蒸气为工作物质的热机为蒸汽机,它是目前电厂及大型船舶的主要动力装置。早期的蒸汽机是一种活塞式蒸汽机,如图 4.26 所示。蒸汽机中的活塞能够很好地与圆柱形气缸的内壁接触。来自锅炉的水蒸气进入气缸,膨胀推动活塞向前运动。活塞的运动带动连杆传动机构,再转化为飞轮的旋转,对外做功。

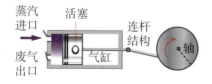

图 4.26 活塞式蒸汽机示意图

水蒸气可以产生巨大的压力。在正常气压下水蒸气的体积是相同质量液态水体积的 1 500 倍。水蒸气做功后会冷却,需要不断地补充消耗的能量。因此,锅炉必须始终处于加热状态,不断地供给燃料。

随着科技的进步,活塞式蒸汽机被蒸汽涡轮机取代,如图 4.27 所示。涡轮类似于螺旋桨推动器,在一根轴上有许多叶片,并且随轴转动。当水蒸气输入后,高压气体作用于涡轮叶片,推动涡轮轴转动。这样,蒸汽涡轮机就不需要像

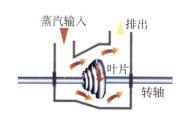

图 4.27 蒸汽涡轮机示意图

活塞式蒸汽机一样通过活塞往复运动来带动飞轮或轴的旋转了。这种动力早在 20 世纪初就已经为船舶提供动力。至今,它仍然在船舶和发电厂中广泛使用。

3. 内燃机

内燃机使用汽油、柴油等石油燃料,使之在气缸内燃烧,将化学能转化为燃气的内能。具有高温和高压特征的燃气在气缸内膨胀,推动活塞运动对外做功。活塞带动连杆机构将直线运动转换为旋转运动,从而推动轮子转动,产生输出功率。

内燃机结构简单、工作稳定可靠、体积小,是目前工程上使用最广泛的热机之一,是大多数车辆机械的动力装置。不同内燃机的热力学过程不同。下面我们介绍内燃机的两种典型的循环过程:奥托循环和狄塞尔循环。

奥托(Otto)循环 图 4.28 是汽车上使用的汽油机示意图。飞轮惯性活塞从最高位置向下移动时,气缸体积为 V,排气阀关闭,进气阀打开,汽油蒸气和空气的混合物被吸入气缸,压强略低于外部大气压。这一过程称为进气。

活塞运动到最低点,体积增大到 rV,r 称为绝热体积压缩比。这时进气阀关闭,活塞向上运动,工作物质被压缩,温度和压强升高,可近似认为这是个绝热过程。

活塞上升接近最高位置时,气缸体积为 V,火花塞点火,高温的汽油蒸气和空气混合物迅速燃烧,压强和温度急速升高。这时活塞的瞬时速度很小,工作物质的体积几乎不变,可近似地认为这是等体过程。

高温高压的燃烧生成物推动活塞向下运动,可近似视为绝热膨胀到体积 rV,这是汽油机一次循环中唯一一个对外做功的过程。

最后排气阀打开,燃烧产物被排出,活塞为下一个吸气过程做准备。

图 4.29 表示的是一个理想的奥托循环。在 1 处,汽油和空气混合物进入气缸,混合物被绝热压缩到 2 后被点燃。2→3 是等体过程,系统吸收燃烧汽油的热量 Q_1。然后,高温气体自 3 绝热膨胀到 4,对外做功。最后,4→1 是等体过程,气体冷却,放出热量 Q_2。尽管燃烧产物被当成废气排出,不再进入气缸,但是等量的汽油和空气再进入,我们可以视这个过程为循环过程。

若我们把混合气体当作理想气体,把这些过程视为准静态过程,忽略摩擦、热损失和其他引起效率降低的因素,我们就可以计算这理想过程的热机的效率。吸热 Q_1 和放热 Q_2 分别为

$$Q_1 = \nu C_{V,m}(T_3 - T_2), \quad Q_2 = \nu C_{V,m}(T_4 - T_1)$$

则由效率定义,得

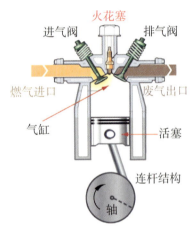

图 4.28 汽油机示意图

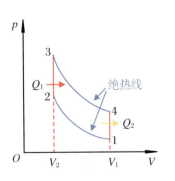

图 4.29 奥托循环 p-V 图

$$\eta = \frac{W}{Q} = 1 - \frac{Q_2}{Q_1} = 1 - \frac{T_4 - T_1}{T_3 - T_2} = 1 - \frac{T_1}{T_2} \cdot \frac{\frac{T_4}{T_1} - 1}{\frac{T_3}{T_2} - 1} \quad (4.7.5)$$

状态 3 和状态 4、状态 2 和状态 1 分别在两条绝热线上,所以有

$$T_1 V_1^{\gamma-1} = T_2 V_2^{\gamma-1}, \quad T_3 V_3^{\gamma-1} = T_4 V_4^{\gamma-1} \quad (4.7.6)$$

考虑到 $V_1 = V_4$,$V_2 = V_3$,则由式(4.7.6)可得

$$\frac{T_3}{T_2} = \frac{T_4}{T_1} \quad (4.7.7)$$

令 $r = \frac{V_1}{V_2}$,为绝热体积压缩比。所以有

$$\frac{T_1}{T_2} = \left(\frac{V_2}{V_1}\right)^{\gamma-1} = \frac{1}{r^{\gamma-1}} \quad (4.7.8)$$

将式(4.7.7)和(4.7.8)代入式(4.7.5),得

$$\eta = 1 - \frac{T_1}{T_2} = 1 - \frac{1}{r^{\gamma-1}} \quad (4.7.9)$$

可见,奥托热机的效率随压缩比 r 增加。若压缩比 r 可以做到无限大的极限,则热机效率可以达到 100%。可如果这样,气缸和连杆就不知要如何之长,且 V_2 也不知要如何之小,相应的气缸内压力又不知要如何之大了。

以上的奥托循环效率的计算采用了很多假定,是个理想模型。工作物质看成理想气体,忽略了摩擦、热量损失及其他耗散因素。实际中,r 值一般为 4～10,奥托汽油机的实际效率为 35% 左右。

奥托循环效率的计算公式与卡诺循环的形式完全一样,但两者是有差别的。卡诺循环有等温和绝热两个压缩过程。卡诺循环中的绝热体积压缩比不是整个循环中最大比体积与最小比体积之比;所有的吸热都发生在高温热源,所有的放热都发生在低温热源。而在奥托循环中,吸热在点火燃烧的瞬间,温度从 T_2 到 T_3,T_2 不是循环过程中的最高温度;放热在排气的同时,温度从 T_4 到 T_1。实际上,放热的温度比较高,因为气缸内气体处于 T_4,未被冷却就全从排气阀排出,而处于 T_4 的热气体压强仍比较大,是可以进一步做功的。在最高温度与最低温度相同,或最大比体积与最小比体积之比相同的条件下,奥托循环的效率要低于卡诺循环的效率。

为了提高热机效率,人们总是下工夫提升压缩比。但对于汽油和空气混合物,在压缩过程中温度增加会引起自燃,在压缩行程还未到达设计的点火位置时燃气混合物就自行点火燃烧,此时燃烧所产生的巨大冲击力与活塞运动的方向相反,会引起发动机震动,这种现象称为"爆震"。当爆震发生时,代表奥托循

环的压缩比达到了实际上限。为了避免爆震,人们想到一种方法就是在汽油中加抗爆震剂,是一种含铅的化合物,可以在某种程度上解决问题,但铅污染的危害在今天已经被认知,这一方法也就变得无法忍受了。

狄塞尔(Diesel)循环 狄塞尔循环是柴油机的循环,其工作原理类似于汽油机,最大的不同点在于如何点火。理想的狄塞尔过程如图 4.30 所示。在 1→2 的过程中,柴油机在进气时吸入的空气被绝热压缩到相当高的温度。然后燃油被喷入气缸,面对高温气体,雾状柴油立即自燃,一边喷入雾状柴油一边燃烧,燃烧进行得缓慢,不会积有未燃的油气混合物造成的爆燃。柴油的喷入、混合和燃烧需要相对长的时间,同时活塞向下运动,气体膨胀,因而吸热过程可看成等压膨胀过程,对应于图中 2→3 的过程。接着,高温气体绝热膨胀到 4,对外做功,再通过 4→1 的等体过程气体冷却,放出热量 Q_2。

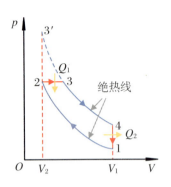

图 4.30 狄塞尔循环 p-V 图

计算理想情况下的狄塞尔循环的效率,可以用类似奥托循环效率的计算方法。

以同等的压缩比(1→2 过程),如果是采用奥托循环的燃烧和加热方式,就会变成一条 2→3′的等体虚线,接着是绝热膨胀到 4。从图 4.30 中可以看出一个奥托循环可以做更多的功。因此,若以相同的压缩比来比较一个循环的效率,采用奥托循环的热机要比采用狄塞尔循环的热机有更高的效率。但实际上,如果奥托循环的热机采用如此大的压缩比,在压缩阶段的早期,混合燃油便已点燃了。结果导致严重的爆震,效率也会降低,甚至可能导致这种热机根本无法运行。而狄塞尔循环压缩的是空气,在压缩阶段的末期才引入燃气,这样就没有先燃的可能性了。因此,狄塞尔循环的热机可以达到更高的实用运行效率,约 40%。另外,狄塞尔循环可以使用低成本的燃油,但其要忍受高压缩比所必需的工作压力。因此,柴油机更大更重,反应缓慢。狄塞尔循环热机可以有较大功率,常用于大型卡车、船舶的动力装置。由于狄塞尔循环无爆燃问题,所以柴油机的 r 值可以提高,典型 r 值约 15~20,狄塞尔循环的理论效率可达 65%~70%。

除了以上活塞式内燃机外,还有使用在飞机引擎中的燃气轮机。作为单位体积或单位重量下输出功率最大的热机,燃气轮机在航空领域得到最广泛的应用,如作为飞机的喷气发动机中的核心构成部分。

它的工作原理当然基于热力学定律。燃气轮机是一种内燃热动力,它通过燃烧燃料(航空燃油),利用热膨胀气体使涡轮旋转。这个过程与蒸汽涡轮机类似,如图 4.31 所示。

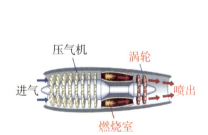

图 4.31 燃气涡轮机示意图

现代涡轮喷气发动机主要有三个部件:压缩机、燃烧室和涡轮。空气进入气道后流过压缩机来增加压力,可使更多的空气进入燃烧室。利用压缩机将空气压缩送进燃烧室,这与活塞式热机提高压缩比类似。在燃烧室中,燃料燃烧产生炽热的高压燃气,流过同压缩机装在同一条轴上的涡轮。燃气做功推动涡轮旋转做功,同时也带动压缩机旋转工作。

高压气体不仅转动涡轮,而且也能提供推力。燃气在涡轮中膨胀结束后进入尾喷管进行膨胀,把剩余的热能转换为燃气的宏观动能向后喷出。燃气从引擎后部高速喷出,使飞机获得反方向的动量,为飞机提供推力。

热机的发展从 18 世纪至今,已经走过了几个世纪的历程。从缓慢而笨拙的蒸汽机开始,到今天高速、高效的动力,将飞机和汽车推进到惊人的速度,而且还在发展中。但是,无论什么形式的热机,也不管采用的是什么燃料,其效率都还远远未达到卡诺理想热机的水平。**热机必须服从热力学定律,受热力学定律的限制,这点是无可置疑的。**

4. 制冷机和热泵

生活中最常用的制冷机为冰箱,其工作过程如图 4.32 所示。

电机压缩式电冰箱主要有三个构成部分:箱体、制冷系统与控制系统,其中最关键的是制冷系统。制冷系统由四大部件组成,即压缩机、冷凝器、毛细管(节流阀)和蒸发器。冰箱的制冷循环属于蒸气压缩式制冷循环。由不同直径的管道组成一个闭合回路系统,制冷剂在其中流动,并发生液态—气态—液态重复的物态变化,利用制冷剂汽化时吸热、冷凝时放热达到制冷的目的。具体过程是:通电后压缩机工作,将蒸发器内已吸热的低压、低温气态制冷剂吸入,经压缩后,形成温度较高、压强较高的蒸气。蒸气进入冷凝器向高温热源(大气)放出热量并液化。然后,流体经一个毛细管,节流后液体温度下降,流经蒸发器时被部分汽化。汽化时从低温热源(冷却物)吸收热量,再次变成低压、低温的蒸气,被压缩机吸入。如此不断循环,将冰箱内部热量不断地转移到冰箱外。正因为如此,夏天用冰箱来冷却房间,不但是不可能的,反而会使房间内温度升高。

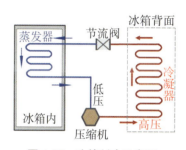

图 4.32 冰箱制冷示意图

空调运行的工作原理与压缩式制冷机是一致的。空调工作时,以房间为低温热源,类似于冰箱的冷冻和冷藏室,蒸发器放在房间中;而将冷凝器放在室外,室外环境为高温热源。通过这种方式,空调工作时可以使房间降温变凉。

一般的空调也可以当热泵来使用,即在冬天给房间加热。由于是将低温热源的热量"泵"入温度较高的室内,故称为"热泵"。它与夏天当空调使用的是同一套设备,只是通过换向阀来控制。在当热泵使用时,蒸发器放在室外,而将冷凝器放在室内。设热泵从室外空气吸热 Q_2,而 $\varepsilon = Q_2/W$,则供给房间的热量为

$$Q_1 = Q_2 + W = (\varepsilon + 1)W$$

若 $\varepsilon = 5$,则每提供 1 J 的功,可输入房间 6 J 的热量。这显然比用电炉取暖效率高得多,经济上也合算得多。

第 5 章　热力学第二定律

"逝者如斯夫！不舍昼夜"、"黄河之水天上来，奔流到海不复回"、"破镜难圆"、"木已成舟"……说的是自然现象、历史人文的方向性和不可逆性。在讨论热现象时，我们感受到太多的这种方向性和不可逆性：热量不能自发地从低温物体传给高温物体；弥散在房间中的香水不可能再自发地回到香水瓶中；从高处落下一个小球，不可能将耗散掉的热自发地聚集起来，再将小球托起……这些现象如果在实际中能发生，它们与热力学第一定律并不矛盾。因此，在自然界中一定还存在另一个物理学定律来判别过程进行的方向，那就是热力学第二定律。奇妙的是，**热力学第二定律的提出是源于提高热机效率**，然而其发展意义却如此深远。它甚至与宇宙中最基本的概念之一——时间相关联。

5.1 热力学第二定律的经典表述

5.1.1 热力学过程的方向性

你端起一杯热茶感觉到温暖(图 5.1),是因为你的手与杯子之间有温度差,发生了热传导;一个在空气中摆动的小球会慢慢地停下来(图 5.2),是因为小球在摆动过程中摩擦力做功产生了热量,耗散在空气中,即所谓的功变热;将墨汁滴入一杯清澈的水中,墨汁会很快地与水混合直至均匀(图 5.3),这是因为密度不均匀,产生了扩散。

图 5.1 茶杯的温暖

当你端起一杯热茶感觉到温暖时,热量正通过热传导方式从温度较高的杯子传给你。

(a)

(b)

(c)

图 5.3 墨汁的扩散

墨汁滴入清澈的水中,墨汁会和水混合直至均匀,如图所示自左向右进行。你看到过自右向左的自发过程吗?

在日常生活中,我们对这些过程都习以为常,也从未看到、从未设想相反的过程能够自发地产生。这些表明,自然界中热力学过程都是有方向性的,是不可逆的。**造成这种不可逆性的主要因素是非平衡特征和耗散效应**。前者如系统与外界之间有温度差,没有达到热平衡;系统和外界之间存在着压强差,没有达到力学平衡;还有化学上的不平衡、密度的不均匀等,它们导致了非静态过程。后者如摩擦力或黏滞力做功以及电阻发热等产生的耗散效应。

在考虑方向性和不可逆性时有两个字需要特别强调,那就是"**自发**"。你在生活中也常会看到与人们经验相反的一些过程,但其发生需要满足一定的条件,不是自发进行的。例如,冰箱可以把热量从低温物体传给高温物体,但是冰箱要用电才能制冷。你也可以把自由膨胀的气体给压缩回去,但需要对膨胀气体做功才行。我们对自然过程的方向性和不可逆性的理解是:不加外部条件就

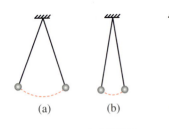

图 5.2 小球的摆动

小球在空气中摆动会慢慢停下来(自左向右进行),因为摆动过程中摩擦力做功产生热量,耗散在空气中。你看到过静止的小球会自发地摆动起来吗(自右向左进行)?

不可能反向进行;外界条件改变了,反向过程能够进行,但外界付出了代价,其状态发生了变化,不能再自发地复原。因此,冰箱制冷并不是否定热传导过程的方向性。

尽管实际的热力学过程有方向性,其反向进行需要付出代价,但我们可以设想一种理想的、可逆的热力学过程。当热力学系统演变时,系统本身以及系统与外界间经历的是平衡过程,且无耗散因素。这样,热力学过程就可以通过控制条件正向或反向进行;并且系统进行正向过程后,必存在反向过程,可以通过反向过程依次进行使外界和系统同时恢复到初始状态而不留下任何变化,反之亦然。这样的过程称为可逆过程。

在第 4 章中,我们已经对热力学过程进行过讨论,给出了准静态过程的模型。准静态过程是经历一系列平衡态的热力学过程,就是说热力学系统在演变中,力学、热和化学的平衡条件都得到满足。在准静态过程的基础上,当不伴随耗散效应(诸如无摩擦)时,热力学系统的演变是可逆的,其过程可视为可逆过程。理想气体的卡诺循环就是可逆过程,可以进行正循环,也可以进行逆循环;而且正循环产生的影响,都可以通过逆循环使外界和系统完全复原。

把一个物体从 10 ℃ 加热到 100 ℃ 所发生的实际热传导过程无疑是一个不可逆过程。但我们可以设想一种理想情形,一个可逆的热传导过程。设有一系列彼此温度相差无穷小 dT 的恒温热源,它们的温度值分别为 $10, 10 + dT, 10 + 2dT, \cdots, 100 - dT, 100$。使 10 ℃ 的物体依次与这些热源接触,每次放出无穷小的热量,再把物体移到下一个热源,依此类推,直到物体温度升高到 100 ℃ 为止,如图 5.4 所示。这个过程如果逆向进行,即将物体从 100 ℃ 开始依次与温度为 $100 - dT, \cdots, 10 + 2dT, 10 + dT, 10$ 的热源接触,每次放出一无穷小的热量。这样,反向进行完全是正向进行的重演,只不过正向进行时从 100 ℃ 的热源吸收了无穷小的热量,反向进行时向 10 ℃ 的热源放出了无穷小的热量,中间过程的其他状态完全恢复。在忽略无穷小的情况下,该无穷小温差下的热传导过程是可逆过程,显然这个过程亦是准静态的。

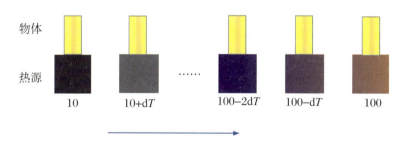

图 5.4　可逆的热传导过程

再看一个无摩擦、充分缓慢进行的膨胀过程。在第 4 章的图 4.3(b)中,气缸内气体极其缓慢地膨胀。若将沙粒一粒一粒地按相反次序放回活塞上,气体将慢慢地被压缩回初始位置,气体与外界中每一步都是正向(膨胀)过程每一步状态的重演。恢复原状后,在系统与外界中都没有留下变化的印记。这个无摩擦、充分缓慢进行的过程可视为可逆过程。在这里,无摩擦假设是重要的。倘若没有这个假设,即使过程进行得足够缓慢,可视为准静态过程,但仍不是可逆过程。因为,无论是膨胀过程还是压缩过程,都需要克服摩擦阻力做功,这个功最终以"热"的形式耗散到环境中,是收不回来的;当系统回到初态,但外界却恢复不了原状。**有摩擦的实际热力学过程都是不可逆的。**

显然,可逆过程是一个理想的过程。实际的热力学过程,无论用什么办法都不可能使系统从一状态回到前一种状态而不引起其他变化。严格的可逆过程是不存在的,它只是一种理想的抽象,如同力学中的质点模型一样。尽管如此,可逆过程在热学中仍占有重要地位。首先可逆过程可以作为某些实际过程的近似。例如,当过程进行得足够慢时,能够满足准静态过程近似;同时摩擦很小(或更一般地说,耗散效应足够小)以致可以忽略不计时,就可以近似地将过程看成可逆的。采用可逆过程近似,我们可以排除很多其他影响因素,首先找到一种针对该问题在理想状况下的分析方法,再考虑各种不可逆因素的影响,从而找到实际问题的最终答案和改进方向。其次,在理论上可逆过程是研究平衡态性质的手段,它是完全严格的,没有任何近似的意义。因此,可逆过程在理论与工程实践上均具有十分重要的意义。

5.1.2 热力学第二定律的经典表述

1. 克劳修斯(Clausius)表述

热力学第二定律有多种表述方式,我们先来看一个大家所熟悉的对热传导现象观察的结果。热传导的事实就是热量从高温物体传到低温物体。这种热量传递是自发的流动,反过来则不能,虽然两者都满足热力学第一定律。

热传导的方向性具有深远的意义,它就是热力学第二定律的一种表述:"不可能把热量从低温物体传到高温物体而不引起其他变化"。

这是1850年克劳修斯在大量实践经验的基础上,提出的有别于热力学第一定律的另外一条定律,以此来概括热传导的方向性这一规律,肯定热传导过程的不可逆性。

当然,克劳修斯表述并不是意味着热量不可以从低温物体传到高温物体。热量可以从低温物体传到高温物体,但这样的结果必将伴随着其他过程的发生,使系统或外界发生了其他变化。如我们夏天使用的空调,从较冷的房间将热量转移到外面热的环境中,但这个过程消耗了电能。

2. 开尔文表述

在克劳修斯提出热力学第二定律的第二年,开尔文提出了另一种表述:"不可能从单一热源吸取热量,使之完全变为有用的功而不产生其他影响"。

开尔文表述是对热机实践的经验总结。在 19 世纪的技术革命中热机被广泛使用,提高热机效率成为当时生产中的重要课题。热机在一次循环中,从高温热源吸热 Q_1,其中一部分转化为对外做功 W,另一部分 Q_2 在低温热源处放出。根据热力学第一定律,热机效率为

$$\eta = \frac{W}{Q_1} = \frac{Q_1 - Q_2}{Q_1} = 1 - \frac{Q_2}{Q_1} \tag{5.1.1}$$

从式(5.1.1)可以看出,热机在一个循环中,向低温热源放的热量越少,则热机效率越高。若放出的热量 $Q_2 = 0$,则效率 $\eta = 100\%$。

这样高效的热机是不违反热力学第一定律的。但大量的事实表明,任何情况下热机都不可能只有一个热源,热机要把吸收的热量变为有用的功,就不可避免地将一部分热量传给低温热源,这是自然界中的一个基本事实,也就是热力学第二定律的另外一种表述。实际上,开尔文表述指出了功变热过程的不可逆性:功可以完全转变成热,但在不产生其他影响的情况下,热不能完全转变为功。

在开尔文表述中,"其他影响"是指除了从单一热源吸热、把所吸收的热量用来对外做功以外的其他任何变化。若有其他变化,从单一热源吸收来的热量全部对外做功是可能的。例如理想气体的等温膨胀,内能不变,即 $\Delta U = 0$,根据热力学第一定律有

$$Q = -W$$

这样,吸收的热量 Q 全部用来对外做功 W,但此时产生了其他影响,即理想气体的体积变大了。

如果我们制造一部机器,它能够从单一热源吸收热量全部用来对外做功而不产生其他影响,那么我们就可以利用空气或海洋作为单一热源,从它们那里源源不断地吸取热量来对外做功。这样,获得的能量将是取之不尽、用之不竭的。但实践告诉我们,这种热机是不可能成功地造出的,它实际上就是从单一热源吸热做功的永动机,被称为第二类永动机。第二类永动机并不违背热力学第一定律,是将热量转变为等量的机械功。这样的机器与第一类永动机有着本质的区别。以别于违反热力学第一定律的第一类永动机,热力学第二定律的开尔文表述也可以表达为:第二类永动机是不可能造成的。

3. 热现象过程的不可逆性

热力学第二定律的两种经典表述使我们感到迷惑,因为一个有普遍意义的

物理学定律,却分别以某个具体的过程为例来加以阐述。**这在物理学基本规律的表述上是独一无二的**,是热力学第二定律的特色之一。我们必须首先确定开尔文表述和克劳修斯表述是完全等效的,然后说明这样做的依据是什么。

对于热力学第二定律这两种经典表述,我们用反证法来证明它们的等效性。

假设克劳修斯表述不对,如图 5.5 所示,热量 Q 可以通过某种方式由低温热源 T_2 处传递到高温热源 T_1 处而不产生其他影响。那么,我们就可以在这高温热源 T_1 和低温热源 T_2 之间设计一部卡诺热机,令它在一循环中从高温热源吸取 Q_1,部分用来对外做功 W;另一部分 $Q_2 = Q$ 在低温热源处放出,这个热机是完全可以实现的。这样一来,总的结果就是低温热源没有发生任何变化,而只是从单一高温热源处吸热 $Q_1 - Q$ 全部用来对外做功 A。这就违反了热力学第二定律的开尔文表述。因此,如果克劳修斯的表述不对,则开尔文表述也不正确。

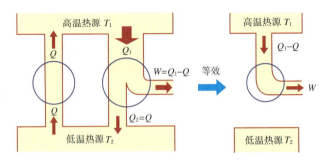

图 5.5 违反克劳修斯表述的热机的能流示意

其次假设开尔文表述不对,一个违反开尔文表述的机器从高温热源 T_1 吸热 Q,全部变为有用的功 $W = Q$,而未产生其他影响,如图 5.6 所示。这样我们就可以利用这部机器输出的功去供给在高温热源 T_1 和低温热源 T_2 之间工作的一部制冷机。这部制冷机在一循环中获得功 W,从低温热源 T_2 处吸热 Q_2,最后向高温热源 T_1 处放热 $Q_1 = Q_2 + W$。这个制冷机的设计是合理的,热机和制冷机联合的总效果是:高温热源净吸收热量 Q_2,而低温热源恰好放出热量 Q_2,此外没有任何其他变化。这就违反了热力学第二定律的克劳修斯表述。因此,如果开尔文表述不对,则克劳修斯表述也不对。

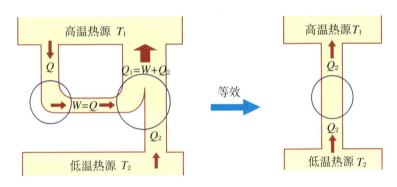

图 5.6 违反开尔文表述的热机的能流示意

可以看出，由热传导的不可逆性必然导致功变热过程的不可逆性，反之亦然。用类似的方法可以进一步证明，自然界中各种不可逆过程都是互相关联的，即由某一过程的不可逆性可推断出另一过程的不可逆性。

正是由于这种相互关联，每一个不可逆过程都可作为表述热力学第二定律的基础，热力学第二定律也就可以有多种不同的表述了。需要指出的是，不同表述、版本之间的等同性并非一目了然。但不管具体表述方式如何，热力学第二定律的实质在于指出**一切与热现象有关的实际宏观过程都是不可逆的**。一个实际的自然过程一旦产生出热能，就有了一种不可逆性。若要使系统还原，就必须将所有产生出来的热能自发地转变回其原来的形式，而第二定律禁止这种过程发生。相应的热力学系统永远不能靠自己自发地回到原先的状态，只有靠外界帮助才能回到初始状态。

因此，热力学第二定律强调了热能的特殊性，一种有别于其他形式能量的特殊性。这种特殊性规定了人们在利用热机时，从高温物体获得的热量并不能全部转变为有用的功，必须有部分不能被利用而白白地流向低温物体。就是说，热能的转换受到限制，即热能只能以有限的效率转化为其他形式被人们所利用。对这个问题，我们在介绍熵的概念时，还会进一步说明。

总之，从热力学第二定律的这两种表述中，我们不难发现它们是从实践中提炼出来的，反映了客观世界的一种真实，它们是值得列在物理学基础定律之中的。

5.2 卡诺定理及其应用

热力学第二定律否定了第二类永动机，效率为 100% 的热机是不可能实现的，那么热机效率最高可以达到多少？要回答这个问题，就必须来谈谈卡诺定理。

5.2.1 卡诺定理

早在热力学第一定律和第二定律建立以前，通过分析蒸汽机和一般热机循环过程中功和热转化的各种因素，法国工程师卡诺于 1824 年提出了关于热机效率的卡诺定理：

在两个具有一定温度的高、低温热源之间工作的一切热机，其效率都不可能大于可逆热机的效率。

实际上,卡诺定理讲述了自然界中的某些基本事实。具体来说包含了热力学第零定律(温度的存在)和第一定律(能量守恒),同时本身就含有热力学第二定律的表述。令人遗憾的是,在当时的历史背景下,人们对热的本质认识尚未明了,热力学第一定律还未建立,卡诺定理的普遍性含义并未得到肯定和完全接受。

在卡诺定理表述中提及的可逆热机一定是卡诺热机。这是因为两热源温度恒定,且热机能可逆运行,在一个热源处吸热,对另外一个热源放热,则循环过程必定是由两条等温线和两条绝热线构成的。

设有两部热机 X 和 Y,分别从高温热源 T_1 吸热 Q_1 与 Q'_1,向低温热源 T_2 放热 Q_2 与 Q'_2,对外做功分别为 W 与 W',则两热机的效率分别是

$$\eta_X = \frac{W}{Q_1}, \quad \eta_Y = \frac{W'}{Q'_1} \tag{5.2.1}$$

假设热机 X 为可逆热机,则卡诺定理可以表述为

$$\eta_X \geqslant \eta_Y \tag{5.2.2}$$

下面我们用热力学第一、二定律来证明卡诺定理,采用反证法。为此,设卡诺定理不成立,即 $\eta_X < \eta_Y$,这意味着热机 Y 若与可逆热机 X 从热源 T_1 吸取同样多的热量,$Q_1 = Q'_1$,但能做更多的功,即 $W' > W$。这样,热机 Y 除了能带动热机 X 做可逆循环、使热量回流到高温热源 T_1 以外,还有多余的功 $W' - W$ 输出,如图5.7所示。根据热力学第一定律,有

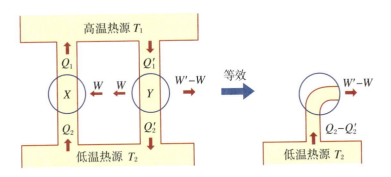

图 5.7 违反卡诺定理的热机的能流示意

$$W = Q_1 - Q_2, \quad W' = Q'_1 - Q'_2$$

则

$$W' - W = Q_2 - Q'_2$$

以上两热机联合循环的结果是热机和高温热源均恢复原状,只从低温热源吸热并完全转化为有用的功,没有产生其他影响。这违背了热力学第二定律的开尔文表述。因此所假设的前提 $\eta_X < \eta_Y$ 是错误的。由此可知,必有 $\eta_X \geqslant \eta_Y$。

由卡诺定理我们可以进一步推论：在两个具有一定温度的高、低温热源之间工作的一切可逆热机，其效率都相等。

若 X 和 Y 均为可逆热机，根据卡诺定理，由于 X 机是可逆热机，则有

$$\eta_X \geqslant \eta_Y$$

同理，由于 Y 也是可逆热机，则有 $\eta_Y \geqslant \eta_X$。上面两个不等式要同时成立，只能是 $\eta_X = \eta_Y$。

至此，对式(5.2.2)中的"$\geqslant$"号可理解为：若热机 X 为可逆热机，热机 Y 为不可逆热机，则取">"；若两者均为可逆热机，则取"="。

既然在两个温度一定的高温和低温热源之间工作的一切可逆热机的效率都相等，与工作物质无关，则它们的效率必然都等于工作物质为理想气体时的可逆卡诺热机的效率。于是，根据第 4 章的式(4.7.3)有，工作于两个温度一定的高温和低温热源之间的一切可逆卡诺热机的效率均为

$$\eta = 1 - \frac{T_2}{T_1} \tag{5.2.3}$$

而一切不可逆热机的效率都不可能大于这一数值。因此，卡诺定理给出了热机效率的上限，这对如何提高热机效率有着重要的指导意义。

值得一提的是，卡诺在提出他的理论时利用了"热质说"来解释热和功的转化，如把热机类比于水轮机，热质流动产生热动力，其大小依赖于交换热质的两物体之间的温度差。在错误的理论前提下，卡诺却得出了正确的卡诺定理，这主要归功于他正确的物理直觉和善于高度科学抽象的思维方法。卡诺在 1832 年因病去世，年仅 36 岁，他在短暂的科学研究中对热力学理论的发展做出了不朽的贡献。

5.2.2 卡诺定理的应用

卡诺定理除在热机效率研究和热学理论发展中很重要外，在处理一些具体热学问题时也十分简洁和有效。下面我们利用卡诺定理来讨论物质某些平衡性质之间的关系。

1. 内能和物态方程的关系

热平衡定律和热力学第一定律已经分别给出了物态方程和内能。在卡诺定理的基础上，我们可以来讨论一般 p-V 系统的内能 U 与状态参量间的关系。

如图 5.8 所示，设一物质经历一微小的可逆卡诺循环，AB 是温度为 T 的等温线，CD 是温度为 $T-\Delta T$ 的等温线，BC 和 DA 都是绝热线。设循环足够小，

ABCD 可近似地看成平行四边形。这个循环对外做的功由四边形 ABCD 的面积确定。从图 5.8 可看出,这面积等于四边形 ABEF 的面积 S_{ABEF}(图中 AFH 和 BEG 都与 V 轴垂直)。则

$$\Delta W = S_{ABEF} = (\Delta p)_V \cdot (\Delta V)_T \tag{5.2.4}$$

式中,$(\Delta p)_V$ 为图中的 AF 段,它代表在体积不变的情况下压强的变化;$(\Delta V)_T$ 即图中的 HG 段,它表示等温过程 AB 中体积的变化。

根据热力学第一定律,在等温过程 AB 中系统从外界吸收的热量 $(\Delta Q)_T$ 为

$$(\Delta Q)_T = S_{ABGH} + (\Delta U)_T \tag{5.2.5}$$

式中,最后一项 $(\Delta U)_T$ 代表在等温过程 AB 中内能的增加,S_{ABGH} 是梯形 ABGH 的面积。设 A 点压强为 p,$(\Delta p)_T$ 代表在等温过程 AB 中压强的变化,则 B 点的压强为 $p - (\Delta p)_T$。于是梯形 ABGH 的面积为

$$S_{ABGH} = \left[p - \frac{(\Delta p)_T}{2} \right] (\Delta V)_T$$

将其代入式(5.2.5),即得

$$(\Delta Q)_T = \left[p - \frac{(\Delta p)_T}{2} \right] (\Delta V)_T + (\Delta U)_T \tag{5.2.6}$$

根据第 4 章的式(4.7.3),可逆卡诺循环的效率为

$$\eta = \frac{\Delta W}{(\Delta Q)_T} = \frac{\Delta T}{T} \tag{5.2.7}$$

将式(5.2.4)和(5.2.6)代入式(5.2.7),并略去三级无穷小量,可得

$$(\Delta p)_V (\Delta V)_T = \left[(\Delta U)_T + p (\Delta V)_T \right] \frac{\Delta T}{T}$$

整理为

$$(\Delta p)_V (\Delta V)_T T = (\Delta U)_T \Delta T + p (\Delta V)_T \Delta T$$

此式可化为

$$\left(\frac{\Delta U}{\Delta V} \right)_T = T \left(\frac{\Delta p}{\Delta T} \right)_V - p$$

令图 5.8 中的可逆卡诺循环趋于无穷小,则得偏微商形式

$$\left(\frac{\partial U}{\partial V} \right)_T = T \left(\frac{\partial p}{\partial T} \right)_V - p \tag{5.2.8}$$

上式将内能和物态方程两方面的性质联系起来。值得注意的是,式(5.2.8)与

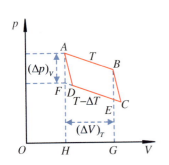

图 5.8 *p-V* 图中微小卡诺循环的示意

任何具体的物质分子结构模型无关。

2. C_p 与 C_V 的关系

利用式(5.2.8)还可以求得 p-V 系统定压热容量 C_p 与定容热容量 C_V 之间的普遍关系。

由于内能是状态参量的函数,即 $U = U(T, V)$,则有

$$dU = \left(\frac{\partial U}{\partial T}\right)_V dT + \left(\frac{\partial U}{\partial V}\right)_T dV = C_V dT + \left[T\left(\frac{\partial p}{\partial T}\right)_V - p\right] dV$$

由热力学第一定律及状态方程 $V = V(T, p)$ 可得

$$\text{đ}Q = dU + pdV = C_V dT + \left[T\left(\frac{\partial p}{\partial T}\right)_V - p\right] dV + pdV$$

$$= C_V dT + T\left(\frac{\partial p}{\partial T}\right)_V \left[\left(\frac{\partial V}{\partial T}\right)_p dT + \left(\frac{\partial V}{\partial p}\right)_T dp\right]$$

$$= \left[C_V + T\left(\frac{\partial p}{\partial T}\right)_V \left(\frac{\partial V}{\partial T}\right)_p\right] dT + T\left(\frac{\partial p}{\partial T}\right)_V \left(\frac{\partial V}{\partial p}\right)_T dp$$

在等压过程中,有 $dp = 0$,代入上式,可得

$$(\text{đ}Q)_p = \left[C_V + T\left(\frac{\partial p}{\partial T}\right)_V \left(\frac{\partial V}{\partial T}\right)_p\right] (dT)_p$$

而 $C_p = \left(\dfrac{\text{đ}Q}{dT}\right)_p$,则有

$$C_p = C_V + T\left(\frac{\partial p}{\partial T}\right)_V \left(\frac{\partial V}{\partial T}\right)_p \tag{5.2.9}$$

对于理想气体,其状态方程为 $pV = \nu RT$,则

$$\left(\frac{\partial p}{\partial T}\right)_V = \frac{\nu R}{V}, \quad \left(\frac{\partial V}{\partial T}\right)_p = \frac{\nu R}{p}$$

代入式(5.2.9),得 $C_p = C_V + \nu R$,与第 4 章中的式(4.5.7)是一致的。

5.3 热力学温标

在第 1 章我们讨论了温标。在日常生活中,我们进行温度测量,利用的是所谓的经验温标,即测量依赖于测温物质和测量属性的选择。进一步地我们发现,在压强很低时使用不同的气体温度计温度测量的结果趋于一致,由此建立

了理想气体温标。但理想气体温标仍依赖于气体的共性,对极低温度和极高温度均不能适用。

毫无疑问,确定温度值要看测量它的物质及物质属性,这是我们无法接受的,因为温度是物质的一个基本属性。我们必须找到一种温标,它与测温物质及其性质无关,即用任何测温物质按这种温标定出的温度数值都是一样的。这种温标称为热力学温标,它是由开尔文首先提出的。

由卡诺定理可知,工作于两个温度一定的高温和低温热源之间的一切可逆卡诺热机的效率都相等,只是两个热源温度的函数,与工作物质的性质无关。这使开尔文意识到,温标完全可以独立于测温物质的性质以外。卡诺定理给热力学温标的建立提供了基础。

设有温度为 θ_1、θ_2 的两个恒温热源,这里的 θ_1、θ_2 可以是任何温标所确定的温度。一个可逆卡诺热机工作于 θ_1、θ_2 之间,在 θ_1 处吸热 Q_1,向 θ_2 处放热 Q_2,如图 5.9 所示。

由卡诺定理可知其效率为

$$\eta = \frac{W}{Q_1} = 1 - \frac{Q_2}{Q_1}$$

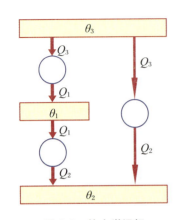

图 5.9 热力学温标

η 与工作物质无关,只取决于两热源的温度 θ_1、θ_2。所以有

$$\frac{Q_2}{Q_1} = 1 - \eta = F(\theta_1, \theta_2) \tag{5.3.1}$$

这里 $F(\theta_1, \theta_2)$ 应是关于两个温度 θ_1、θ_2 的普适函数,与工作物质的属性及热量 Q_1 和 Q_2 的大小都没有关系。

在温度为 θ_1、θ_2 的两个热源以外再引入一个温度为 θ_3 的热源,置另外两部热机分别工作于热源 θ_1 与 θ_3、热源 θ_2 与 θ_3 之间,对应的交换热量大小分别为 Q_1、Q_3 和 Q_2、Q_3,则同样有

$$\frac{Q_1}{Q_3} = F(\theta_3, \theta_1), \quad \frac{Q_2}{Q_3} = F(\theta_3, \theta_2) \tag{5.3.2}$$

而 $\dfrac{Q_2}{Q_1} = \dfrac{\frac{Q_2}{Q_3}}{\frac{Q_1}{Q_3}}$,由式(5.3.1)和(5.3.2)得

$$F(\theta_1, \theta_2) = \frac{F(\theta_3, \theta_2)}{F(\theta_3, \theta_1)} \tag{5.3.3}$$

令 θ_3 为任一温度,它既然没有在式(5.3.3)的左边出现,就一定在式(5.3.3)右边的分子和分母中可以相互约去。因此,式(5.3.3)可写为

$$F(\theta_1, \theta_2) = \frac{\psi(\theta_2)}{\psi(\theta_1)} \tag{5.3.4}$$

于是，由式(5.3.1)和(5.3.4)可得

$$\frac{Q_2}{Q_1} = \frac{\psi(\theta_2)}{\psi(\theta_1)} \tag{5.3.5}$$

式中，ψ 为另一个普适函数。取不同的函数 ψ，可以规定不同的温标。开尔文引入一个新的温标，令 $T \propto \psi(\theta)$，于是式(5.3.5)变为

$$\frac{Q_2}{Q_1} = \frac{T_2}{T_1} \tag{5.3.6}$$

这样选取的温标 T 称为热力学温标。两个热力学温度的比值被定义为在这两个温度之间工作的可逆热机与热源所交换的热量的比值。因此，热力学温标只需要测量热量就完全可以定义温标，与测温物质的性质无关。

式(5.3.6)定义了两个热力学温度的比值，要把热力学温度完全确定下来，还必须附加一个条件。1954 年国际计量大会规定水的三相点的热力学温度为 273.16 K。这样，热力学温度就完全确定了，热力学温度单位——开尔文(K)就是水的三相点的热力学温度的 1/273.16。

在第 1 章中我们建立了理想气体温标。设 T_1', T_2' 表示用理想气体温标所确定的温度。当使用理想气体作为工作物质时，在这两个温度之间工作的可逆卡诺热机的效率为

$$\eta = 1 - \frac{Q_2}{Q_1} = 1 - \frac{T_2'}{T_1'} \tag{5.3.7}$$

而使用热力学温标时，任何工作物质的可逆卡诺循环效率为

$$\eta = 1 - \frac{Q_2}{Q_1} = 1 - \frac{T_2}{T_1} \tag{5.3.8}$$

比较式(5.3.7)和(5.3.8)可得

$$\frac{T_2}{T_1} = \frac{T_2'}{T_1'}$$

因为这两个温标都把水的三相点的温度值定为 273.16 K，则有

$$T = T'$$

也就是说，在理想气体温标能确定的温度范围内，使用热力学温标与理想气体温标的测量值相等。因此，以后不再区分这两种温标，统一用 T 来表示。需要指出的是，理想气体温标也是理想的，要实现它，可以先近似地使用气体温度计，再把实际气体换算成理想气体来对温度测量值加以修正。

热力学温标又称绝对温标，不依赖于任何测温物质及测温属性，适用于任何温度测量。实际上，我们不可能制造出一部工作在任何温度与水的三相点温

度之间的可逆卡诺热机来测量温度值;在理想气体温标适用的范围内,热力学温标是通过理想气体温标来实现的。尽管如此,通过绝对温标的确立,我们明确了**表示物质冷热程度的温度是物质的一个自然属性**,是不受制于其测量方法的。这点尤为重要,也是热力学温标的意义所在。这样,在实际工作中,我们对根据测量需要来选择各式各样的实物温度计就无需担心了。

5.4　热力学第二定律的熵表述

我们讲完热力学第二定律的经典表述后,大家可能还有意犹未尽的感觉,总是希望**它能以更普遍化、更优雅和简洁的形式**给出,而不用牵涉到某个具体过程。此外,定量的表述也是物理学的特征与兴趣所在。我们从热力学第零定律确定了态函数温度,又从热力学第一定律确定了态函数内能,那么第二定律是否也能与一个函数相联系,且能够利用这个新的函数来表述热力学第二定律?那就让我们一起走进函数"熵"的世界。

5.4.1　克劳修斯不等式

在一个卡诺循环中,设高温热源和低温热源的温度分别为 T_1 和 T_2,则卡诺热机的效率为

$$\eta = 1 - \frac{Q_2}{Q_1} \leqslant 1 - \frac{T_2}{T_1} \tag{5.4.1}$$

式中,"="对应可逆循环,"<"对应不可逆循环。Q_1 和 Q_2 分别是工作物质与高温热源、低温热源交换的热量大小,都是正的。若我们对热量 Q 的符号进行规定,采用热力学第一定律中对 Q 规定的代数符号,Q 代表吸收的热量,则放热时 Q 取负值,于是式(5.4.1)可改写为

$$\eta = 1 + \frac{Q_2}{Q_1} \leqslant 1 - \frac{T_2}{T_1}$$

整理为

$$\frac{Q_1}{T_1} + \frac{Q_2}{T_2} \leqslant 0 \tag{5.4.2}$$

系统从热源吸收的热量与热源的温度之比叫热温比。式(5.4.2)表明,系统经历一次由两个等温过程和两个绝热过程构成的循环后,可逆循环的热温比之和等于零,而不可逆循环的热温比之和小于零。

现在可将上面的结论推广到有 n 个热源的循环过程。假设一个系统在循环过程中相继与温度为 $T_1,T_2,\cdots,T_n$ 的 n 个热源接触,吸收的热量分别为 $Q_1,Q_2,\cdots,Q_n$,对外做功 W,可以证明存在下列不等式

$$\sum_{i=1}^{n}\frac{Q_i}{T_i}\leqslant 0 \tag{5.4.3}$$

上式称为克劳修斯不等式,式中,"="对应可逆循环,"<"对应不可逆循环。下面根据热力学第一、第二定律来证明式(5.4.3)。

设想有一个辅助热源,温度为 T_0,有 n 个可逆卡诺热机,第 i 个卡诺机工作在 T_i 与 T_0 之间,从 T_0 吸收热量 Q_{0i},从 T_i 吸收热量 $-Q_i$,对外做功 W_i,如图 5.10 所示。这个热机正好补偿了原来循环过程中工作物质在热源 T_i 处发生的热量交换 Q_i,从而使热源 T_i 恢复原态。

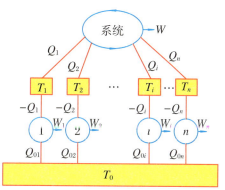

图 5.10 证明克劳修斯不等式的假想实验

既然是可逆卡诺热机,利用卡诺定理,即式(5.4.2)取等号的情形,则有

$$\frac{Q_{0i}}{T_0}+\frac{-Q_i}{T_i}=0$$

即

$$Q_{0i}=\frac{T_0}{T_i}Q_i$$

对 i 求和,得

$$Q_0=\sum_{i=1}^{n}Q_{0i}=T_0\sum_{i=1}^{n}\frac{Q_i}{T_i} \tag{5.4.4}$$

当 n 个可逆卡诺热机与原循环过程联合之后,温度为 $T_1,T_2,\cdots,T_n$ 的 n 个热源由于吸热和放热相等而没有变化,最后的效果是从温度 T_0 的热源中吸热 Q_0。根据热力学第一定律,对外做功 $W=Q_0$。

若 $Q_0>0$,则表示从单一热源 T_0 吸热而对外做功,这违反了热力学第二定律的开尔文表述。因此必有 $Q_0\leqslant 0$,即

$$T_0\sum_{i=1}^{n}\frac{Q_i}{T_i}\leqslant 0$$

且 $T_0 > 0$,所以

$$\sum_{i=1}^{n} \frac{Q_i}{T_i} \leqslant 0$$

这样就证明了系统从 n 个热源吸热的任意循环过程的克劳修斯不等式(5.4.3)。

我们再讨论在什么情况下式(5.4.3)取等号。若原来系统所进行的循环是可逆的,可令其循环逆向进行,式(5.4.3)仍然成立,但其中的 Q_i 都要换成 $-Q_i$,则得

$$\sum_{i=1}^{n} \frac{-Q_i}{T_i} \leqslant 0$$

即

$$\sum_{i=1}^{n} \frac{Q_i}{T_i} \geqslant 0 \tag{5.4.5}$$

要使式(5.4.3)和(5.4.5)都成立,必有

$$\sum_{i=1}^{n} \frac{Q_i}{T_i} = 0 \tag{5.4.6}$$

因此,对克劳修斯不等式,当系统进行的是可逆循环时,式(5.4.3)取等号。如果这个循环是不可逆的,则式(5.4.3)只能取小于号。

需要指出的是,式(5.4.3)取等号时或式(5.4.6)中,温度 T 既是外界热源的温度,又可看成工作物质的温度。这是因为在准静态可逆循环过程中,系统与外界要满足热平衡条件。至于式(5.4.3)中的不可逆过程,T 代表热源的温度,系统的温度一般不等于热源的温度,甚至系统内部各处的温度也可能不均匀,没有单一的温度。

再看 $n \to \infty$ 的极限情形,这时过渡到任意循环。在循环的每一步温度可以不同,可能涉及与许许多多的热源接触。这时我们可设想系统相继与这些热源接触,每相继的两个热源的温度之差都很小,系统从热源 T_i 吸收的热量为 ΔQ_i,有

$$\lim_{n \to \infty} \sum_{i=1}^{n} \frac{\Delta Q_i}{T_i} \leqslant 0$$

则克劳修斯不等式(5.4.3)推广为积分形式

$$\oint \frac{\mathrm{d}Q}{T} \leqslant 0 \tag{5.4.7}$$

这里的积分是沿循环过程曲线一周,式中,"="对应可逆循环,"<"对应不可逆循环。

5.4.2 熵

考虑任意可逆循环过程,由式(5.4.7)得

$$\oint \frac{\text{d}Q}{T} = 0$$

式中,$\text{d}Q$ 代表系统在微小元过程中从热源所吸收的热量,T 是热源的温度,也是系统的温度,因为在可逆过程中系统温度与热源温度相等。

在图 5.11 所示的 $p\text{-}V$ 图上,x 和 x_0 两点代表两个平衡态。经过 x 和 x_0 的任一闭合曲线,被 x 和 x_0 分为了两部分:路径 I 和路径 II,它们均为可逆过程。于是,沿闭合路径的积分可以写成两段路径积分之和,即

$$\int_{x_0(\text{I})}^{x} \frac{\text{d}Q}{T} + \int_{x(\text{II})}^{x_0} \frac{\text{d}Q}{T} = 0$$

改写为

$$\int_{x_0(\text{I})}^{x} \frac{\text{d}Q}{T} = -\int_{x(\text{II})}^{x_0} \frac{\text{d}Q}{T} = \int_{x_0(\text{II})}^{x} \frac{\text{d}Q}{T} \quad (5.4.8)$$

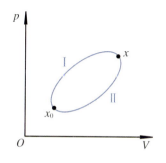

图 5.11 平衡态与积分路径

这表明沿路径 I 的积分和与沿路径 II 的积分相等。由于通过 x 和 x_0 的闭合路径是任意选择的,无论系统怎么从初态 x_0 到达终态 x,$\text{d}Q/T$ 的积分都只有一个值,即与路径无关,只与初态 x_0 和终态 x 有关。这个显著的特点说明式(5.4.8)一定是某种量的微分,而且**这个量也必定是系统的一个性质。**

克劳修斯首先认识到这个量的本质和重要性,于 1854 年引入一个态函数 S,取名为熵(entropy,源于希腊语),对于一可逆过程,定义

$$\text{d}S = \frac{\text{d}Q}{T} \quad (5.4.9)$$

$\text{d}S$ 代表系统的性质——熵的微小变化;对一可逆过程,则有

$$S - S_0 = \int_{x_0}^{x} \frac{\text{d}Q}{T} \quad (5.4.10)$$

式中,x_0,x 表示给定的两个平衡态,分别为积分的起点和终点;积分路径是连接起点和终点的任一可逆过程。

以上根据热力学第二定律证明了系统的平衡态存在一个新的函数——熵,公式(5.4.10)既是熵的定义,也是热力学第二定律对可逆过程的数学表达形式。熵在热力学理论中占有核心地位,但难以理解。我们首先从宏观角度来看

这个概念:

① 熵是态函数,只要状态确定了,熵也就确定了。根据式(5.4.10)计算的是初、终态的熵变化,可以选用任一可逆过程来进行积分,熵与热力学路径无关。"与路径无关"这一点很重要,尤其在对熵的计算中。

② 需要特别指出的是,式(5.4.9)和(5.4.10)中,T是热源温度,也是系统的温度。因为我们是使用可逆过程来进行计算的,系统在任何时候都与热源处于热平衡。这时,对系统而言,变化过程也是由一系列平衡态组成,否则我们就不知道该用什么温度了。

③ 熵是广延量,与内能和焓类似,具有可加性。

④ 吸热与熵变化密切相关。

对于微小元过程有 $T\mathrm{d}S = \mathrm{d}Q$,将其代入热力学第一定律 $\mathrm{d}U = \mathrm{d}Q - p\mathrm{d}V$,得

$$\mathrm{d}U = T\mathrm{d}S - p\mathrm{d}V \tag{5.4.11}$$

上式完全以系统的性质作为变量,既包含能量守恒的热力学第一定律,又反映了热力学第二定律的内容,是平衡态热力学中的基本方程,称为热力学基本方程。

由 $\mathrm{d}S = \mathrm{d}Q/T$ 可知,系统在某一可逆过程中有

$$Q = \int T\mathrm{d}S \tag{5.4.12}$$

以前我们大多用 p-V 图来表示系统在准静态过程中所做的功。从式(5.4.12)可以看出,热量也可以用图示法来表示。熵是平衡态的状态参量函数,因而可以作 T-S 图(温熵图),如图5.12所示。在 T-S 图上,每个点代表一个平衡态,每一条曲线代表一个可逆过程。这样,任一曲线下的面积表示系统经一准静态过程从初态 A 到终态 B 所吸取的热量 Q,如图中所示的阴影部分。由于其特殊作用,T-S 图也叫示热图。

对可逆绝热过程,因为 $\mathrm{d}Q = 0$,$T\mathrm{d}S = 0$,所以 $\mathrm{d}S = 0$。因此,在 T-S 图上与 T 轴平行的直线就表示可逆绝热过程,如图5.13中的直线 BC 和 DA。而图5.13中的 AB 和 CD 是等温线。这样,循环 $ABCDA$ 由两条等温线和两条绝热线构成,为可逆卡诺循环过程。矩形所包围的面积就是系统经历一个循环从外界净吸收的热量。由热力学第一定律可知,这个净热量也等于系统经历一个循环后对外界做的功。这个分析结果对任意的循环过程都成立。

通过热力学第二定律给出了一个新的态函数熵。尽管我们是通过两平衡态间相连的可逆过程引出熵的概念,但大家将看到,熵反映了热力学系统经历绝热不可逆过程的初态和终态之间存在着的差异性。随着科学的发展和人们认识的深入,熵的意义也越来越重要,但熵的概念很抽象,需要逐步地去认识。

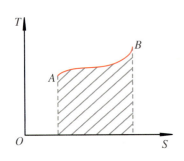

图 5.12　T-S 图(温熵图)

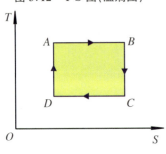

图 5.13　卡诺循环 T-S 图

5.4.3 熵的计算

熵是作为热力学函数来定义的。对于任一热力学平衡态,系统都存在着一个对应的熵值,不管系统曾经经历的是可逆过程还是不可逆过程。下面我们来讨论各种情况下如何进行熵的计算。

式(5.4.10)的积分对应的路径是连接初态和终态的任一可逆过程,积分的结果是系统在两态熵的差值。实际上,对于热力学问题来说,需要知道的也正是初、终态熵的变化。

如计算物体的势能一样,上式也可以写成

$$S(T,V) = S_0 + \int_{(T_0,V_0)}^{(T,V)} \frac{\text{d}Q}{T} \tag{5.4.13}$$

它包含了一个任意的常数。在许多实际问题中,为了方便起见,常选一个参考态并规定在参考态的熵值为零,从而定出其他状态的熵值。

根据热力学第一定律,有 $\text{d}U = \text{d}Q - p\text{d}V$,式(5.4.13)可写为

$$S(T,V) = S_0 + \int_{(T_0,V_0)}^{(T,V)} \frac{\text{d}U + p\text{d}V}{T}$$

熵的量纲是能量除以温度,它的单位是 $\text{J} \cdot \text{K}^{-1}$。

例 5.1 计算理想气体的态函数熵。

解 设有 ν mol 理想气体,其物态方程为 $pV = \nu RT$。当以 T,V 为系统的状态参量时,对于一微小可逆过程,有

$$\text{d}S = \frac{\text{d}Q}{T}, \quad \text{d}U = \nu C_{V,\text{m}}\text{d}T$$

式中,$C_{V,\text{m}}$ 为气体的摩尔热容量。根据前述三式和热力学第一定律,可得

$$\text{d}S = \nu C_{V,\text{m}}\frac{\text{d}T}{T} + \nu R \frac{\text{d}V}{V}$$

求积分,有

$$\Delta S = \nu \int_{T_0}^{T} C_{V,\text{m}} \frac{\text{d}T}{T} + \nu R \ln \frac{V}{V_0} \tag{5.4.14}$$

如果温度变化的范围不大,$C_{V,\text{m}}$ 可看作常数,则式(5.4.14)可写为

$$S = \nu C_{V,\text{m}} \ln T + \nu R \ln V + (S_0' - \nu C_{V,\text{m}} \ln T_0 - \nu R \ln V_0)$$

式中，S_0' 是 ν mol 理想气体在参考态 (T_0, V_0) 的熵。令

$$S_0 = S_0' - \nu C_{V,m} \ln T_0 - \nu R \ln V_0$$

则得

$$S = \nu C_{V,m} \ln T + \nu R \ln V + S_0$$

若以 p, T 为系统的状态参量，则用类似的方法可得

$$dS = \nu C_{p,m} \frac{dT}{T} - \nu R \frac{dp}{p} \tag{5.4.15}$$

两边积分即可得到熵的表达式。

需要特别指出的是，熵的增加通常表述为热交换引起的系统状态变化，但 đ$Q = 0$ 并不意味着熵不变。因为本质上熵是态函数，与路径无关。熵的定义是 $dS = $ đQ/T，但这只是针对可逆过程来定义和引出的。当初态和终态确定后，可以用不同的路径来连接，当然包括可逆或不可逆路径。当系统经历某个过程不可逆时，尽管可能是系统与外界无热交换，đ$Q = 0$，但初态和终态的熵是变化的。例如，理想气体的绝热自由膨胀过程，体积增大，$V > V_0$。由式(5.4.14)可知，在这种情况下，尽管系统与外界没有热量交换，即 đ$Q = 0$，但熵随理想气体的体积增加而增加，详细讨论见后面例 5.4。

同样，在计算熵的变化时，我们常常要用到"与路径无关"这一特性，通过一个假想的可逆过程来计算由实际的非可逆过程引起的熵变化，请看下面例子。

例 5.2 一块质量为 1 kg 的冰，在 1 atm 和 0 ℃ 状态下，与一温度为 100 ℃ 的热源相接触，使冰全变为 100 ℃ 的水蒸气。已知冰在 1 atm 下的熔解热 $L = 3.34 \times 10^5$ J·kg^{-1}，水的定压比热容 $C_p = 4.2 \times 10^3$ J·kg^{-1}·K^{-1}，水的汽化热 $l = 2.26 \times 10^6$ J·kg^{-1}。试求在这变化过程中：① 冰变为水蒸气的过程中熵的变化；② 热源的熵变。

解 ① 冰从 100 ℃ 的热源吸收热量变为 100 ℃ 的水，这一实际过程是非可逆过程。一般而言，我们只要知道初态和终态，原则上就可以估算其间熵的变化。

本例中冰变为水蒸气，经历三个过程：从 0 ℃ 的冰到 0 ℃ 的水，0 ℃ 的水变为 100 ℃ 的水，100 ℃ 的水汽化为同温度的水蒸气。

首先看冰融化为水的过程。在本例中，我们可以设想有一个恒温热源，其温度比 0 ℃(273.15 K)高一无穷小量 dT，使冰不断地从热源吸收热量。由于 $dT \to 0$，过程进行得无限缓慢，可视为等温的准静态过程，过程是可逆的。利用这假想的可逆过程来连接初态 0 ℃ 的冰和终态 0 ℃ 的水。则熵的变化为

$$\Delta S_{冰\to 水} = \frac{\Delta Q}{T_1} = \frac{mL}{T_1} = \frac{1 \times 3.34 \times 10^5}{273} \text{ J·K}^{-1} = 1.22 \times 10^3 \text{ J·K}^{-1}$$

再考虑水从 0 ℃ 通过等压准静态过程升温变成 100 ℃ 的水。设想在 0 ℃ 与 100 ℃ 之间有一系列相差无限小的恒温热源 $T'_i (i = 1, 2, 3, \cdots)$，水分别与这些热源接触，依次从低到高进行，直至到 100 ℃ 为止。每一次的接触过程，温差无穷小，可近似地看成可逆的等温过程。在这设想的可逆过程中，熵的增加为

$$\Delta S_{水} = \left(\frac{c_p \mathrm{d} T}{T_1} + \frac{c_p \mathrm{d} T}{T'_1} + \cdots + \frac{c_p \mathrm{d} T}{T'_i} + \cdots + \frac{c_p \mathrm{d} T}{T_2} \right) m$$

代入数值可得

$$\Delta S_{水} = \int_{T_1}^{T_2} \frac{m c_p \mathrm{d} T}{T} = m c_p \ln \frac{T_2}{T_1} = 1 \times 4.2 \times 10^3 \times \ln \frac{373}{273} \mathrm{J \cdot K^{-1}}$$
$$= 1.3 \times 10^3 \mathrm{J \cdot K^{-1}}$$

最后水从 100 ℃ 等压准静态过程汽化为 100 ℃ 的水蒸气，其熵的变化

$$\Delta S_{水 \to 水蒸气} = \frac{\Delta Q}{T_2} = \frac{ml}{T_2} = \frac{1 \times 2.26 \times 10^6}{373} \mathrm{J \cdot K^{-1}} = 6.05 \times 10^3 \mathrm{J \cdot K^{-1}}$$

这样，1 kg 0 ℃ 的冰变为 100 ℃ 的水蒸气的过程中，总的熵变化

$$\Delta S_{总} = (1.22 \times 10^3 + 1.3 \times 10^3 + 6.05 \times 10^3) \mathrm{J \cdot K^{-1}} = 8.57 \times 10^3 \mathrm{J \cdot K^{-1}}$$

② 计算热源的熵变化。

与上面的方法一样，设想热源与另一个温度比其低一个无穷小量的热源接触，进行热传导，过程可以视为等温准静态传热，则

$$\Delta S_{源} = -\frac{\Delta Q}{T_2} = -\frac{1}{T_2}[mL + m c_p (T_2 - T_1) + ml]$$
$$= -\frac{1}{373}[1 \times 3.34 \times 10^5 + 1 \times 4.2 \times 10^3$$
$$\times (373 - 273) + 1 \times 2.26 \times 10^6] \mathrm{J \cdot K^{-1}}$$
$$= -8.08 \times 10^3 \mathrm{J \cdot K^{-1}}$$

不可逆过程熵变化的计算，可通过辅助的可逆过程去计算。**在这里，可逆过程只是计算的手段，而不是实际过程的近似。**

此外，我们看出，在 1 个大气压下，1 kg 0 ℃ 的冰变为 100 ℃ 的水蒸气的过程中，$\Delta S_{总}$ 为 $8.57 \times 10^3 \mathrm{J \cdot K^{-1}}$，其中水在 100 ℃ 汽化期间熵的变化就占 $6.05 \times 10^3 \mathrm{J \cdot K^{-1}}$，是冰在 0 ℃ 融化时的熵变化的 5 倍，这其中很大一个原因是汽化时体积的急剧膨胀。

5.4.4 熵增加原理

我们花了如此大的代价引入熵,会"物有所值"吗? 回答是肯定的。熵的出现,洞开了一扇大门,给出了更普适的热力学第二定律的熵表述——熵增加原理。与热力学第二定律的经典表述相比,其意义是深远的,且超越了物理学范畴。下面我们来讨论熵增加原理。

如图 5.14,假定一个不可逆过程 I 中,初态为 x_0,终态为 x。在不可逆过程中系统一般处于复杂的非平衡态,无法在参量图中简单地表示。因此,我们用一虚线加以示意。现在补一条从 x 到 x_0 的任一可逆过程 II,与 I 一起构成一个不可逆循环。

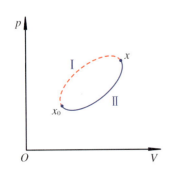

图 5.14 不可逆循环过程图示
虚线表示不可逆过程,实线为可逆过程。

对这一循环应用克劳修斯不等式(5.4.7)的积分形式,有

$$\oint \frac{\dbar Q}{T} = \int_{\mathrm{I}\, x_0}^{x} \frac{\dbar Q}{T} + \int_{\mathrm{II}\, x}^{x_0} \frac{\dbar Q}{T} < 0$$

或

$$\int_{\mathrm{I}\, x_0}^{x} \frac{\dbar Q}{T} < -\int_{\mathrm{II}\, x}^{x_0} \frac{\dbar Q}{T} = \int_{\mathrm{II}\, x_0}^{x} \frac{\dbar Q}{T} \tag{5.4.16}$$

因为过程 II 是可逆过程,所以式(5.4.16)右边的积分应该等于 x 态和 x_0 态的熵值之差,即 $S - S_0$,故有

$$S - S_0 > \int_{\mathrm{I}\, x_0}^{x} \frac{\dbar Q}{T} \tag{5.4.17}$$

由于熵是态函数,当平衡态确定了,式(5.4.17)左边的熵的变化 $S - S_0$ 也就确定了;而右边积分则与具体的不可逆过程有关,而且 T 指的是热源的温度。式(5.4.17)告诉我们,任何不可逆过程的热温比之和一定小于终、初态的熵的差值。将不可逆和可逆过程一并考虑,对任意过程总有

$$S - S_0 \geqslant \int_{x_0}^{x} \frac{\dbar Q}{T} \tag{5.4.18}$$

对一微小过程,则为

$$\mathrm{d}S \geqslant \frac{\dbar Q}{T} \tag{5.4.19}$$

式中,"="对应可逆过程,">"对应不可逆过程,在任一不可逆过程中的热温比之和总小于终、初态的熵差,而在可逆过程中两者是相等的。

若过程是绝热过程,即 $\dbar Q \equiv 0$,则有

$$\Delta S = S - S_0 \geqslant 0 \qquad (5.4.20)$$

式中,"="对应可逆绝热过程,">"对应不可逆绝热过程。式(5.4.20)可以表述为:系统的熵在绝热过程中永不减小,在可逆绝热过程中不变,在不可逆绝热过程中增加。

对于孤立系统,以上结论也就自然成立。孤立系统除绝热条件以外,还意味着外界对系统也不做功。由此得出结论:"孤立系统的熵永不减少"。

这就是熵增加原理。孤立系统内发生的可逆过程不改变系统的熵;而不可逆过程总是使系统的熵增加,直至熵达到最大。熵增加原理是孤立系统中自发的不可逆过程具有方向性的判据。

但有一个问题必须要注意,熵增加原理并不是说"系统的熵永不能减小"。实际上,如果是在开放系统或非绝热系统中,系统的熵完全可能通过与外界相互作用而减小。

表面上看,熵增加原理只对孤立系统适用,其实不然,它是一个普遍的规律。对于非孤立系统,如果我们用熵增加原理来判别其过程进行的方向,则可以把系统和外界结合在一起,使它们成为一个大系统。那么,相对于我们所要考虑的非孤立系统而言,大系统总是朝熵增加的方向演变。由大系统的发展方向,就可以分析、确定目标系统的演化方向。

下面我们以三个典型的热力学过程为例,来看如何利用熵增加原理来判断热力学过程进行的方向。

例 5.3 热传导过程。

解 将两个温度分别为 T_1 和 T_2($T_1 > T_2$)的物体进行接触,发生热传导,利用熵增加原理来判定过程进行的方向。为简单起见,设想两个物体通过一细金属杆发生接触,发生了无穷小热量 ΔQ 的传递,方向是从高温物体 T_1 到低温物体 T_2,当然有 $\Delta Q > 0$。在这微小过程中,两个物体的熵的变化分别为

$$\Delta S_1 = -\frac{\Delta Q}{T_1}, \quad \Delta S_2 = \frac{\Delta Q}{T_2}$$

因金属杆极其细小,其熵变可忽略,所以系统的熵变化为

$$\Delta S = \Delta S_1 + \Delta S_2 = -\frac{\Delta Q}{T_1} + \frac{\Delta Q}{T_2}$$

又因 $T_1 > T_2$,所以 $\Delta S > 0$。对于两个物体组成的系统,热量从高温物体传递到低温物体,即熵增加的方向。相反的过程,则不满足熵增加原理。

例 5.4 理想气体的绝热自由膨胀过程。

解 如图 5.15 所示,容器被隔板分为左、右两部分,左边充有 ν mol 理想

图 5.15 理想气体的自由膨胀

气体,体积为 V_1,右边真空,容器壁是刚性绝热壁。打开隔板,气体绝热自由膨胀,体积从 V_1 变化到 V_2,充满整个容器,V_2 为容器体积。

理想气体在自由绝热膨胀过程中,与外界无物质和能量交换,所以该过程中,$Q=0$,$W=0$,$\Delta U=0$。而理想气体的内能只是温度 T 的函数,故 $\Delta T=0$。我们可能要推断熵的变化也为零,因为没有热量交换。但实际上这一过程中熵的变化不为零,因为自由膨胀是不可逆的。

我们设想一个可逆过程来计算熵的变化。此过程中由于初、终两态温度不变,可设想系统与一温度恒为 T 的热源相接触,维持理想气体的温度比热源温度小一无穷小量,则气体吸热,体积从初态 V_1 膨胀到终态 V_2。在前面我们已经讨论过,这样无穷小温差下的热传导过程可视为可逆的。

在这可逆等温膨胀过程中,$dU=0$,所以有 $đQ=dU+pdV=pdV$,则

$$S_2 - S_1 = \int_1^2 \frac{đQ}{T} = \int_1^2 \frac{pdV}{T}$$
$$= \nu R \int_{V_1}^{V_2} \frac{dV}{V} = \nu R \ln \frac{V_2}{V_1}$$

因为 $V_2 > V_1$,所以 $S_2 - S_1 > 0$,可见在理想气体的绝热自由膨胀过程中熵是增加的。很容易看出,气体自由膨胀的终态 (V_2, T) 自动收缩到初态 (V_1, T) 的相反过程,必有理想气体的熵的变化 $\Delta S < 0$,这是熵减小的过程。对于孤立系来说,这违背了熵增加原理,是不可能自发发生的。

例 5.5 功变热的过程。一个 300 Ω 的电阻通过 10 A 电流 100 s,电阻在通电过程中散热极快,始终与大气保持相同的温度,为 300 K。试求:① 通电过程中电阻的熵变化;② 大气与电阻作为一个系统时,系统的熵变化。

解 ① 电阻通电过程中电力做功。在这过程中,电阻的温度保持不变,且压强也保持与大气压一致,故电阻的热力学状态未变,电阻的熵也不变,即

$$\Delta S_{电阻} = 0$$

② 电力做功为 $W = I^2 R t = 10^2 \times 300 \times 100 \text{ J} = 3 \times 10^6 \text{ J}$,功全部转化为热被大气吸收。大气热源的热容量极大,虽吸收了热量而温度保持不变,故大气热源的熵变化为

$$\Delta S_{大气} = \frac{Q}{T} = \frac{W}{T} = \frac{3 \times 10^6}{300} \text{ J} \cdot \text{K}^{-1} = 10^4 \text{ J} \cdot \text{K}^{-1}$$

电阻和大气合在一起的总熵变化为

$$\Delta S_{总} = \Delta S_{电阻} + \Delta S_{大气} = 10^4 \text{ J} \cdot \text{K}^{-1}$$

因此，功变热的过程中系统的熵是增加的。在上面三个例子中，热力学过程若反方向进行，将会导致熵减少，与熵增加原理相矛盾，因而是不可能自发发生的。

熵增加原理是热力学第二定律数学表述的重要结论，也可以看成热力学第二定律的一般表述。它与能量守恒定律相似，两者都是对自然过程加以限制：**任何过程中一切参与者的总能量必定保持不变，但总熵必定不减少**。到这里，大家可以看出，热力学第二定律的经典表述为什么可以用"否定"形式给出。"否定"形式也是热力学第二定律表述的另外一个特色，它要告诉我们在自然界中什么过程是不可以的，因为若是可以，就与热力学第二定律的熵表述相矛盾了。

5.5 熵 的 属 性

应该说，熵的概念和思想是抽象的，比起能量更让人费解。下面我们试图从多角度来理解熵，讨论熵增加原理。

5.5.1 熵与无序程度

我们首先来探究熵的统计意义。由于详细地介绍这部分内容要涉及后续的统计物理学课程，这里只采用简单的、定性的方式来讨论。

1. 玻耳兹曼关系式

在2.8节，我们分别从经典和量子角度介绍了系统的微观态和宏观态。简单而言，系统的微观态是从微观角度对系统的描述，当组成系统的每个分子的位置和速度等微观量都已明确时，对应于系统的一个确定的微观状态。而系统的宏观态是对系统的宏观性质的描述，是指系统的温度、压强、摩尔数等状态参量都已知时所确定的宏观状态。实际上我们只能知道系统的宏观态，因为系统包含有大数粒子，不可能知道每个时刻每个粒子的速度和位置，系统的宏观参量是对大数粒子微观量的统计平均值。因此，一个确定的宏观态必定与许多不同的微观态相对应。

为了易于理解，我们用一个简化的例子来说明宏观态和微观态的区别。假设一个容器被分为体积相等的左、右两个部分，其中有四个分子在运动（图5.16）。

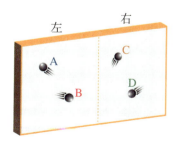

图 5.16 一个容器被分为相同的左、右两个部分

假设其中有四个分子在运动。

我们将四个分子分别编号为 A、B、C 和 D，以它们是处在左半部或右半部来进行分类，则这四个分子在容器中的分布有 16 种可能(图 5.17)。

宏观态	容器左部	容器右部	微观态数
左4	A B C D		1
左3右1	A B C	D	4
	A B D	C	
	A C D	B	
	B C D	A	
左2右2	A B	C D	6
	A C	B D	
	A D	B C	
	B C	A D	
	B D	A C	
	C D	A B	
左1右3	A	B C D	4
	B	A C D	
	C	A B D	
	D	A B C	
右4		A B C D	1

图 5.17　四个分子在容器的左、右两个部分的 16 种可能分布

如果我们不需要去详细了解是哪个分子出现在左边或右边，只需知道左、右半部各有多少个分子数，这样，左、右半部出现分子的数目共有 5 种可能，分布情况见图 5.17 中的第一列。这每个确定的粒子数分布就相当于我们所说的系统的一个宏观状态(即有确定的分子数分布)。一个确定的宏观态又可以包含四个粒子的若干种具体的分配法，每一种具体的分配方法就相当于一种微观态。因此，一个宏观态可以包含多种微观态，微观态数见图 5.17 中最右边的一列。例如，容器中左、右两部分各有两个分子的宏观态中，分子有 6 种可能的具体分布(具体到哪些分子在左、哪些分子在右)，则相应的微观态数就是 6。四个分子在容器中共有 16 种可能的具体分布，即总的微观态数是 16。

左、右两部分各有两个分子的概率为 6/16，即 37.5%。而分子全在容器的左部或右部的概率均为 1/16，机会虽然不算大，但可能性还是显著的，这是因为我们假设在容器中只有四个分子。

不难看出，如果有 N 个分子，若以分子是处在左半部或右半部的两种可能来分，则共有 2^N 种可能的分布，即有 2^N 个可能的微观状态数。而 N 个分子全回到左半部的概率为 $1/2^N$。对 1 mol 气体，$N \approx 6.02 \times 10^{23}$。所以，当 1 mol 气体分子在整个容器中做热运动，所有分子全在左或右半部的概率都只有 $1/2^{6.02 \times 10^{23}}$，这个概率小得难以想象，以致在实际上是完全不可能出现的。

在上面的例子中,我们实际上承认了每个微观状态的出现是等概率的。所有气体分子都集中在左(右)半部这样的宏观状态只包含了一种可能的微观状态,而基本上均匀分布的宏观状态却是包含了 2^N 个可能的微观状态的绝大部分。因此,最有可能出现的宏观态就是包含微观状态数目最大的宏观态,这也是系统最无序的状态。

统计理论中的一个基本假设——等概率假设是:对于孤立系统(总能量一定,总分子数一定),所有微观运动状态是等概率的。就是说虽然在这一瞬间或那一瞬间,系统的微观运动状态随时间变化,但在足够长时间内,任一微观状态出现的机会相等,是等概率的。这样,各宏观状态就不可能是等概率的,哪一个宏观状态包含的微观运动状态数目多,这个宏观状态出现的机会就大。因此,可以引入热力学概率的概念。与任一给定的宏观状态相对应的微观状态数,称为该宏观状态出现的热力学概率,用 W 表示。

统计物理学中证明,熵与热力学概率存在着如下关系:

$$S = k \ln W \tag{5.5.1}$$

式中,k 是玻耳兹曼常数。这就是著名的玻耳兹曼关系式,已经成为物理学中最重要的公式之一。式(5.5.1)把宏观量与微观量联系起来,在宏观和微观之间架起了一座桥梁。

实际上计算热力学概率 W 是很困难的。但在一些条件下,我们可以使用式(5.5.1)来计算两个热力学态的熵的变化。考虑系统经历一个热力学过程从一个宏观态 1 到另一个宏观态 2,相应的微观状态数分别为 W_1 和 W_2,则熵的变化为

$$\Delta S = S_2 - S_1 = k \ln W_2 - k \ln W_1 = k \ln \frac{W_2}{W_1} \tag{5.5.2}$$

这表明,两个热力学状态熵的变化取决于它们相应的微观状态数目的比率。

作为一个例子,我们利用式(5.5.2)来分析例 5.4,换个角度来看理想气体绝热自由膨胀过程的熵的变化。

如图 5.15 所示,先看一个分子。在初态时每个分子活动空间的体积是 V_1;在终态每个分子可以在整个容器内运动,可活动的空间的体积增加为初态时的 V_2/V_1 倍。而我们知道,每个分子的力学状态由位置和速度确定。理想气体自由膨胀后,由于温度未变,分子的速度分布概率未变,只是每个分子在空间分布的可能状态因为体积增大而增加了,即每个分子的微观状态数也由于体积增大而增为原来的 V_2/V_1 倍。

ν mol 理想气体的分子数为 N,则 $N = \nu N_A$。整个系统的 N 个分子由于体积膨胀导致微观状态数增加,相对于膨胀前的初态,增加的倍数则为

$$\frac{V_2}{V_1} \cdot \frac{V_2}{V_1} \cdot \frac{V_2}{V_1} \cdot \cdots \cdot \frac{V_2}{V_1} = \left(\frac{V_2}{V_1}\right)^N = \left(\frac{V_2}{V_1}\right)^{\nu N_A}$$

设膨胀前初态、膨胀后终态的热力学概率分别为 W_1 和 W_2，则

$$W_2 = W_1 \times \left(\frac{V_2}{V_1}\right)^{\nu N_A}$$

根据式(5.5.2)，有

$$\Delta S = S_2 - S_1 = k\ln\frac{W_2}{W_1} = k\ln\left(\frac{V_2}{V_1}\right)^{\nu N_A} = \nu R\ln\frac{V_2}{V_1}$$

这与例 5.4 的熵的计算相符。显然有 $V_2 > V_1$，$W_2 > W_1$，自由膨胀后系统的微观状态数目增加了，即 $\Delta S > 0$。

2. 熵与无序度

有了玻耳兹曼关系式后，我们就清楚了熵增加原理的微观实质：孤立系统内部发生的过程总是从热力学概率小的状态向热力学概率大的状态过渡。而热力学概率越大，就是系统某一宏观状态所对应的微观态数越多。不难理解，这时系统的无序程度越高，即系统越混乱。因此，系统熵增加的过程就是系统无序程度增大的过程，即熵是一个系统的无序程度的度量。

在例 5.2 中，我们计算了 1 kg 冰变为水蒸气时熵的变化。在固态冰中，分子以某种结构有规则地排列着，各自在自己的平衡位置上做微小振动，表现为一种长程有序的结构。随吸收热量的增多，分子振动加强，分子虽摆脱固体结构的束缚，但相互之间还不能分散远离，成为一种短程有序、长程无序结构，固态变液态，熵值增加。进一步吸热，分子运动更加激烈，挣脱束缚而成为自由运动，分子分布变成完全无序，液体变为气体，其熵值变得更大(图 5.18)。

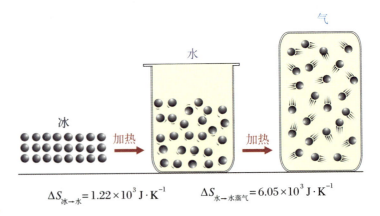

图 5.18 冰—水—气相变的
示意和熵的增加

其中熵变 ΔS 是例 5.2 的计算结果。

我们再来看自由膨胀过程。如图 5.19(a) 所示，一个容器被一个隔板分成两部分，左边有理想气体，右边为真空。打开隔板后，气体自由膨胀至整个容器，如图 5.19(b) 所示。这时，分子可能的活动空间变大，对应的微观状态数增加，系统变得更加无序。由于系统向更无序程度演化的趋势比向有序状态演化

的趋势强得多,分子再全部回到左边是不可能的。

(a) 气体被隔板挡在容器的左边

(b) 隔板拿走,气体弥散在整个容器中

图 5.19　气体自由膨胀
图中虚线分别示意膨胀前后"分子 A"的运动轨迹。

结合对气体的自由膨胀的讨论,我们可以进一步回答在第 2 章提出的"为什么要用统计规律"这个问题。这个问题涉及与热现象有关的过程的概率统计性。当隔板未打开之前,如果对物理系统进行微观描述的话,我们看到的是许许多多的微观粒子,它们服从力学规律,如牛顿方程。假设你有一台很"高级"的摄像机,把视野对准某个分子 A,你会看见它在左边的空间中碰撞、运动,再碰撞、再运动⋯⋯

打开隔板后,这时你还是盯住分子 A,会发现它的运动扩展到整个容器中,在隔板左右两边是"可逆的",这里所说的"可逆"是特指分子 A 在隔板左右的空间中自由地运动,如图 5.19(b) 所示。当我们将"高级"摄像机的镜头拉远,视野扩大,从微观过渡到宏观,那我们的观察和感受发生了怎样的变化?这时,单个粒子 A 的图像看不清了,取而代之的是在观察的时间内大数分子充斥隔板左、右两边且无规则运动着;相对于分子全部回到隔板左边的状态,这是无序度更高的状态。所有分子再"可逆"地全部回到隔板左边的宏观状态是观察不到的。

在微观向宏观过渡的进程中,这里所发生的事,是清洗掉个别粒子的微观运动信息,而代之以其平均运动,即宏观与微观的联系是概率性的。对大数粒子组成的系统,力学规律和统计规律都起作用,它们决定系统的不同方面。微观运动遵循力学规律,而力学规律是决定性的:在初始条件一定的情况下,某个时刻物体必有确定的运动状态;宏观和微观的联系遵从的是统计规律,是概率联系。因此,与热现象有关的过程有它自身的特殊性,那就是不可逆性,它来自于概率统计性,并非源于微观动力学,这就是问题的实质。可以这样理解,对某一个过程,若其逆过程的概率极小,则该过程为一不可逆过程;逆过程原则上并非绝对不能进行,但概率太小,实际上观察不到,因而没有实际意义。

无序度的增加在日常生活中随处可见。比如,有一副排得比较有序的扑克牌,也许其中所有的红桃都聚集在一起。假如你现在洗这副纸牌,几乎肯定将使这副牌进一步无序化。当然,洗牌也有可能使这副牌进一步有序,也许红桃仍然排在一起,而且更幸运的是黑桃也被聚在一块,但这种可能性极小。使一副纸牌混乱排列的方式要比使其有序排列的方式多得多。因此,纸牌更有可能朝着无序的状态排列。

*5.5.2 熵与可用能量

任何系统若具有做功的本领,我们常说它具有能量。在力学中,物体因为运动而具有动能(机械能)。机械能的大小以物体在逐渐停下来的过程中所做的功来衡量。自然界实际发生的热力学过程中的各种非热形式的能量最终都要转化为热能。产生热能的途径有多种,如机械能、化学能、电磁能和核能等的利用。这些能量在做功过程中不可避免地转换为热能(通过摩擦、燃烧等),就是所谓的功变热的过程。

我们知道,机械能表示所有分子都做同样的定向运动时所对应的能量,而热能则代表分子做无规则热运动时的能量。单纯的功变热表示有规则运动的能量转变为无规则运动的能量,这意味着熵增加,是可能的。而相反的过程,单纯的热变功,即无规则运动自发地转变为有规则的定向运动,这对大数分子的宏观系统来讲,其热力学概率小到实际上是不可能的。前者是概率小的状态向概率大的状态进行,而后者则是概率大的状态向概率小的状态进行。

当然,热能也可以用来对外做功。有效利用物体内能的方法,就是利用热机把热能通过热量的形式从物体内抽取出来,然后把热量转化为可利用的功。熵的概念揭示了热机的奥秘:热能转化为机械能时,只有一部分可以用来对外做功。热机将热转化为功,其转化的效率取决于高温热源和低温热源的温差。高温热源温度越高,它所输出的热能用来做功的潜力就越大,即是说高温热源有较高的品质。热机从高温热源获得的热能,有一部分一定会传递给低温热源,这是必须交付给热力学第二定律的"费用"或者"礼物"。只有这样,才可能使整个系统的熵增加,满足熵增加原理。如果说能量是做功的本领,那么熵就是这个本领的贬值。因此,熵所量度的其实是能量退化、耗散和稀释的程度,熵增加使系统做功的能力减弱。

例 5.6 讨论焦耳热功当量实验中的能和熵变化。

解 若重物 m 下落 dh 高度,重物势能 $mgdh$ 全部变成水的内能,使水的温度由 T 升高到 $T+dT$。设水的摩尔数为 ν,定压摩尔热容量是 $C_{p,m}$,则

$$mgdh = \nu C_{p,m} dT$$

我们计算一下,在这能量转移过程中可用来做功的能量退降了多少。假设在升温到 $T+dT$ 的水和温度为 T_0 的周围低温热库之间开动一部热机,拟借助热机将这些转移的能量吸出对外做功。按卡诺循环计算,热机能做的功的最大值为

$$W = mg\mathrm{d}h \cdot \eta = mg\mathrm{d}h\left(1 - \frac{T_0}{T + \mathrm{d}T}\right)$$

与原来能做功的能量 $mg\mathrm{d}h$ 比较,一部分能量被送入 T_0,再不能被利用来做功了。退降的能量值为

$$E_\mathrm{d} = mg\mathrm{d}h - mg\mathrm{d}h\left(1 - \frac{T_0}{T + \mathrm{d}T}\right) \approx \frac{mg\mathrm{d}h T_0}{T}$$

再来考虑重物下降做功、水升温过程中系统熵的变化。由于 $mg\mathrm{d}h$ 全部变为热使水升温 $\mathrm{d}T$,所以熵的变化为

$$\mathrm{d}S = \frac{mg\mathrm{d}h}{T}$$

将 $\mathrm{d}S$ 与退降的能量值 E_d 比较,得

$$E_\mathrm{d} = T_0 \mathrm{d}S$$

从这个例子可以看出,退降的能量与系统熵的增量成正比。由于不可逆性,熵增加的直接后果是:越来越多的能量不能被用来做功了。

大气、陆地和海洋中蕴藏着大量的热能,但不能被随意利用。如果能随意利用的话,空调使用就是免费的了,但这种情况永远不会发生,因为自然界是遵循热力学第二定律的。当我们使用地球上的石油、煤炭和天然气时,能量总量是守恒的,只不过是将能量从高度有用的形式降级为不大可用的形式,而这种能量品质的降低是可以用熵的增加来定量地描述的。

既然系统从外界吸热以后对外做功,存在着能量品质降低,那么在什么情况下可以从系统获得最大的有用功,其与熵又有何关联?我们进一步讨论这个问题。

由热力学第一定律可知

$$\mathrm{d}U = \mathrm{d}Q + \mathrm{d}W$$

设系统对外做功为 $\mathrm{d}W'$,则

$$\mathrm{d}W' = -\mathrm{d}W = \mathrm{d}Q - \mathrm{d}U \tag{5.5.3}$$

上式对任何的热力学过程都适用,单凭热力学第一定律无法回答上面提出的问题。根据热力学第二定律,有

$$\mathrm{d}S \geqslant \frac{\mathrm{d}Q}{T}$$

即
$$\dj Q \leqslant TdS \tag{5.5.4}$$

式中,"="对应可逆过程,这里的 T 既是热源的温度,也是系统本身的温度;">"对应不可逆过程,T 仅代表热源的温度。将式(5.5.4)代入式(5.5.3),有

$$\dj W' \leqslant TdS - dU$$

在初态和终态给定的条件下,dS 和 dU 是一定的。所以系统对外所做的最大功 $\dj W'_{max}$ 对应于上式取等号的情形,即对应于可逆过程中系统对外所做的功,此时有

$$\dj W'_{max} = TdS - dU \tag{5.5.5}$$

因此只有可逆热机的效率最高,对外做功最大。

*5.5.3 熵与时间方向

时间有方向,这原本是人们在日常生活中感受到的一个基本事实。但这一事实在我们已学过和将要学到的几乎所有物理学定律中均未能体现。例如我们所熟悉的牛顿方程,$\vec{f} = m\vec{a}$,无论时间向前流动还是向后流动,方程的形式不变。也就是说,即使经过 $t = -t$ 的时间反演变换,牛顿第二定律 $\vec{f} = m\vec{a}$ 形式不变,具有时间反演不变性,这是物理规律的对称性之一。因此,若把自由落体的录像带倒过来演播,观众不能判断正反,为什么?因为两者都符合物理规律,差别仅仅是初始条件不同而已。

与其他的物理学定律不同的是,熵增加原理第一次把时间的方向引入物理学,描述了实际过程的不可逆性,而实际的不可逆过程必定朝着熵增加的方向进行。自然界中自发的不可逆过程相对于时间坐标轴是不对称的,因为系统不可能按相反次序来复原。熵增加原理指出了时间有方向,时间箭头总是指向不可逆过程熵增加的方向。

如果不满足热力学第二定律,所有的物理进程逆着时间方向也一样能进行,如一个静止在桌面上的球突然开始跳动,将自身的一些热能转换为动能和势能而自发地跳到空中,这是球降落到桌面上这一过程的逆过程;水能向山上自动流淌;热量可以自发地从低温物体流向高温物体;人也会长生不老、返老还童。凡此种种,都是不可思议、有悖常理的。但假如这些事在实际中真的能发生,目前看来被违反的物理学定律只是热力学第二定律。但物理学并没有

把时间的流逝性渗透到自己的各个分支里去,更多的是强调时间的均匀性。而且也似乎未说明这种不可逆性是怎么产生的,未能说明时间流逝的根源何在。

关于时间方向的问题,不只涉及物理学,而且涉及生物学、宇宙学等其他自然科学;也与物质的微观、宏观、宇宙各个层次相联系,**关于时间方向的种种讨论还远远没有结束。**

在本节中,我们花了较大篇幅试图描述熵,来理解熵增加原理。熵的增加可以是能量的贬值,或是无序度的提高,也可以是自然过程的方向性等。至此,熵增加原理的物理意义就非常明确、简单,也可以走进千家万户,成为日常生活中大家所熟悉的物理原理,热力学第二定律如此深刻地包含在我们的日常生活事件中。大家都有经验,将物品搞乱容易,但是要把它们收拾整齐就得费工夫或者要靠很好的运气。有趣的是:我们人类也有一个类似的秉性,"自由"容易,"规则"难,因此,才有了孟子的"不以规矩,不成方圆"。

熵的故事还未结束,但关于熵的根本点是:在一个孤立系统中,当系统的熵增加时,系统变化的能力就减弱了;当系统的熵达到最大值时,系统也就处于平衡态,一个没有变化的、稳定的状态。

*5.6 热机与环境

热机在现代社会中扮演着不可或缺的角色。热机的大量应用,使人们享受着四季恒温的舒适,感受着车轮带来的速度和便利;同时,人们也正面临着由此产生的众多环境问题。随着现代化水平、人们生活质量的不断提高,环境问题也变得越来越严重了。

5.6.1 热机的能流

当今世界上,大部分的发电厂都是使用热机将热能转换为电能。煤是使用最广泛的发电能源,燃煤火力发电仍然是获得电能的主要手段之一。利用原油、天然气、核能或者太阳能将锅炉中的水变成水蒸气的发电厂,在从水蒸气生产电力方面与燃煤火力发电的运行流程非常相似。下面,我们以燃煤火力发电为例来说明电力产生过程中的能量流。

如图 5.20 所示，发电厂就是一部热机。通过煤燃烧加热锅炉，将热能传给锅炉里的水。与此同时，大多数燃烧产物通过烟囱散出。不过，某些污染物已经被先行除去。锅炉产生超过 500 ℃ 的高压水蒸气，通过管道被送到蒸汽涡轮机的大型旋转装置；当蒸汽涡轮机前部（上游）的压强比后部的压强高时，它就会转起来（见第 4 章）。涡轮机带动发电机旋转、对外做功而产生电力。

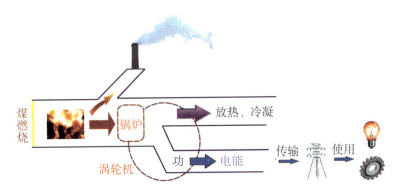

图 5.20　火力发电的能流图

转动的涡轮机将热水蒸气的一部分热能转化为机械能对外做功。热力学第二定律告诉我们，这只有当其余的热能流向下一个较低温度的热源时才有可能实现。为了维持所需要的温差，同时获得最大的效率，排出的水蒸气需要被充分冷却，将水蒸气凝结变回液态水，因为这样会大大降低涡轮机后部的压强。水蒸气会强力地冲过涡轮机，从压强极高的一边流向压强低的另一边。最后，冷却的水被泵回锅炉，循环重新开始。

由于煤主要由碳组成，发电过程向大气排放的大量废气中，CO_2 是最主要的烟囱气体，除此之外还有 H_2O、硫化物、氧化物和灰尘。现代的发电厂会对烟囱排出的硫氧化物、一部分氮氧化物和粉尘进行处理和收集。

图 5.21 是一所火力发电厂的外景图。人们路过电厂时，往往对图中左边的四个巨型塔状物很好奇，实际上它们是电厂热机的冷却塔，用于循环物质热水的散热与降温。图 5.22 是冷却塔的工作原理示意，它是利用水的蒸发现象来工作的。冷空气从冷却塔底部被吸入，在塔中与自上而下的热水接触，变成潮湿空气向上流走。由于水的巨大汽化热，可以将来自发电厂的热水冷却降温，将大量的废热和水汽倾倒至大气层中。图 5.21 中右侧的三个高耸的细长塔状物则是真正的烟囱，用于排出燃烧生成的废气。一个发电 1 000 MW 的电厂，若效率按 40% 来估算，要求输入大约 2 500 MW 的能量，这需要每秒烧 100 kg 煤。在这么大的输入能量中，有 300 MW 的能量随着氮和硫的氧化物、CO_2 以及粉尘从烟囱中排出。涡轮机将水蒸气的 1 000 MW 的热能转化为有用功，这些功驱动发电机产生 1 000 MW 的电力。其余 1 200 MW 的能量损耗跑到冷凝管的冷水中去了。最后，真正到用户手上的电能，还要考虑输电线路的损耗。

图 5.21　火力发电厂的外景图

我们再来看汽车发动机的能流。汽车也许是我们遇到"热"变"功"最直接的地方。汽车发动机的能流过程本质上与图5.20类似,只不过使用的燃料是汽油。汽油在热机的气缸中直接燃烧成高温气体,气体膨胀推动活塞运动,对外做功来驱动车轮(图5.23)。与上面的火力发电不同的是,燃烧是直接在做功的气体内部进行的(内燃);另外,热机的放热对象是大气环境,发动机通过散热片或排气管直接将损耗的能量流放到大气中。

汽车发动机的循环过程是燃料(汽油)和空气混合,点火燃烧,高温燃气同时又是推动活塞做功的工作流体。完成做功后的燃气简单地由排气管排放,再由新一轮的燃气、空气混合气燃烧来维系循环过程。这样就不需要锅炉和其他导热装置。在排气管排出的废气中,有燃料未充分燃烧而剩下的碳氢化合物以及燃烧产物,主要有CO, NO, NO_2等。

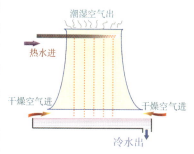

图 5.22 电厂中的冷却塔示意图

从上面可以看出,无论是火力发电还是汽车,热机在运行中大部分能量被耗散于低温热源,最终以热的形式废弃掉,这是热力学第二定律一个不可避免的结果。我们知道,发电机效率是 W/Q,是"输出的电力"和"发电机总耗热量"的比值。热力学第二定律告诉我们,一部热机的最高效率是

$$\frac{W}{Q} = 1 - \frac{T_2}{T_1}$$

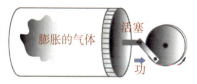

图 5.23 汽油在气缸中燃烧产生热能,推动活塞做功

在实际使用中,考虑到各种损耗、热机本身材料的耐温值以及环境温度T_2,一个现代化的以石油为燃料的蒸汽发电厂的总效率大约是40%。就是说,这样一个发电厂,将约60%的能量都排入到湖泊、海洋和大气等环境中。

而汽车发动机的效率则更低。一辆中等速率行驶的汽车,其发动机的效率也就在20%左右。汽车在行驶过程中,将大部分能量用于向大气环境放热和热机的实际机械损耗。只有一小部分能量是真正有用的,被用于克服空气阻力和滚动摩擦做功。

在向环境排放大量废弃热量的同时,热机也将大量的燃烧产物排向大气。这些废弃的热能和气体,给我们的环境带来了严重的污染,包括热污染和空气污染。这些已经成为真正的全球性问题。

5.6.2 热污染和空气污染

每一种热机,都需要向冷却系统放热,冷却系统可以是水或大气。这些热量流入环境而造成的环境污染,称为热污染,它是一种能量污染。除热机以外,钢铁厂的冷却系统排出的热水,以及石油、化工、造纸等工厂排出的生产性废水中均含有大量废热。这些废热排入地面水体之后,使水温升高。

热污染首当其冲的受害者是水生物。水温升高会引起水的多种物理性质变化,其中最受关注的是水中溶解氧的变化。水环境中溶解氧的状况在很大程度上决定着水生生物的生命活动,是水生生物赖以存在的条件之一,也是水体净化的最重要因素之一。水温升高使水中溶解氧减少,水体处于缺氧状态,导致一些水生生物在热效力作用下发育受阻或死亡,从而影响环境和生态平衡。不少鱼类适宜生存的温度范围很窄,超出此范围将影响它们的正常生存和繁殖。此外,水温上升为一些致病微生物营造了一个人工温床,使它们得以滋生、泛滥,引起疾病的流行。

环境热污染对人类的危害大多是间接的。环境冷热变化首先冲击对温度敏感的生物,破坏原有的生态平衡,然后以食物短缺、疫病流行等形式波及人类。危害的出现往往要滞后较长时间。今天人们对自然气候还远未充分了解,控制与之有关的热污染问题尚处于探索阶段。随着现代工业的发展和人口的不断增长,环境热污染将日趋严重。

空气污染已对全球气候造成了严重影响。地球表面的平均温度在最近100年内上升了 0.55 ℃。研究地球历史的科学家认为,20 世纪是过去的 1 000 年中最温暖的一个世纪。而且从 1860 年开始,10 个最热的年份全部发生在 1990 年以后。世界范围地表平均温度上升的现象称为全球变暖。

全球变暖被认为是"温室效应"所致。在第 3 章,我们已经介绍了什么是温室效应,知道温室效应给人类提供了一个温暖的环境。但是,近一个世纪以来,由于人类的活动增强,大量的废气随热机的使用被排入大气,大气中的 CO_2 含量不断增加。据估计,当前 CO_2 含量水平比 18 世纪工业化前高出 25%。地球的长波热辐射被大气中逐年增加的 CO_2 吸收。"温室效应"大大增强,导致气候变暖,冰川积雪融化,海水水位上升。一些原本十分炎热的城市,变得更热。来自化石燃料的 CO_2 排放在全球变暖的原因中占 55% 以上的比重。

如果全球继续变暖,在不远的将来会造成更严重的后果。最严重的问题恐怕是海平面因水的膨胀和两极冰川的消融而升高,造成陆地大面积被淹没,像太平洋中的一些低洼岛国会很快消失。另一个灾难性的后果是强暴风雨(如飓风和龙卷风)出现的频率会增加;也会使干旱热带地区更干旱,形成高温热浪;天气会在总体上更加多变。此外,随着大气污染日趋严重,臭氧层遭到破坏,世界各地屡有"酸雨"出现。酸雨中所含的主要成分硫酸和硝酸,正是来源于空气中的二氧化硫和氮氧化物与大气中水蒸气的反应。

*5.7 非平衡态与非平衡过程

5.7.1 近平衡的非平衡态

1. 非平衡态的局域平衡近似

前面的讨论主要是集中在系统的平衡态情形。一个孤立系统不管其初始状态如何，经过足够长的时间后，系统都将趋于宏观性质稳定不变，且没有物质、能量、动量或电荷的宏观流动的状态，这就是平衡状态。根据热力学第二定律，孤立系统的平衡态是熵值最大的宏观状态；从分子热运动角度来说，是包含微观态数目最多的宏观态。在不受外力场作用的平衡态气体系统中，无规则的分子热运动把系统内各处"搅拌"得宏观性质均匀一致，温度、压强、密度等强度量在平衡态系统内处处相同，因而它们可以被用作描述系统平衡态的状态参量。

在自然界中，处于平衡态的情况只是暂时的、相对的和有条件的。宏观物质系统一般都处于非平衡状态，且自然界中实际发生的与热现象有关的过程都是非平衡过程。当系统处于非平衡态时，内部呈现各种不均匀性，如果是流体，一般还会有流动。所以在非平衡态下，系统的性质既与空间位置有关，也与时间有关。

对非平衡态与非平衡过程的描述与处理是复杂和困难的。对于偏离平衡态不远、系统宏观性质随时空的变化比较缓慢的非平衡态系统，称之为近平衡的非平衡态，我们可以采取局域平衡近似的方法来进行描述。

所谓局域平衡近似就是把整个系统分割成很多小区域，每个小区域宏观小、微观大，以致可以把每个小区域视为宏观性质处处均匀的小平衡态系统；而从微观角度看小区域又包含有大量分子，统计规律仍然有效。例如，在1个大气压下，1 cm³气体约有分子10^{19}个。若对其进行分割，10^{-9} cm³的小区域可以说是宏观小的体积了，但其中仍有10^{10}个分子，这数目从微观上看还是足够大的。当我们所考虑的时间尺度从微观上看足够长时，以致每一小区域的统计平均的宏观量都可以确定；在系统随时间变化的过程中，虽然整个系统处于非平衡态，但局部的小块可以近似地看成平衡态。

按照以上这种局域平衡近似的观点，对每个宏观小、微观大的区域，系统的温度、压强、密度、内能和熵等宏观量都是有意义的。在 t 时刻，非平衡态系统

内位于 r_i 处小区域系统的宏观参量可以表示为温度 $T(\vec{r_i},t)$、压强 $p(\vec{r_i},t)$、分子数密度 $n(\vec{r_i},t)$、内能 $U(\vec{r_i},t)$、熵 $S(\vec{r_i},t)$，等等。

对流体系统，如果有宏观流动，小区域的宏观参量还包括小区域质心的坐标和速度矢量。对于熵、内能这些广延量来说，如果忽略各个小区域系统交界面处的相互作用，则整个非平衡态系统的熵、内能等广延量还是有意义的。整个非平衡态系统的广延量应等于各个小区域系统的相应量之和，如整个非平衡态系统的熵 S 和内能 U 应分别为

$$S(t) = \sum_i S(\vec{r_i},t), \quad U(t) = \sum_i U(\vec{r_i},t)$$

局域平衡近似在什么条件下成立？一般认为，要求几个时间尺度应满足如下关系，即

$$\tau_{\text{局部小区域}} \ll \Delta t \ll \tau_{\text{系统}} \tag{5.7.1}$$

式中，$\tau_{\text{局部小区域}}$ 是把小的局部区域孤立出来，它达到平衡的弛豫时间；$\tau_{\text{系统}}$ 代表整个系统在切断引起非平衡的外部作用后达到平衡的弛豫时间；Δt 表示非平衡过程进行的特征时间。当式(5.7.1)的条件满足，在系统随时间变化过程中，虽然整个系统处于非平衡态，但局部的小块可以近似看成平衡态。

局域平衡近似是近平衡的非平衡态热力学的一个基本假设，只有在这个条件下，局部的宏观参量和热力学函数才有意义。这种局域平衡近似的方法，目前被广泛地应用在科学研究中。

2. 非平衡过程中熵的变化

当系统处于非平衡态时，系统内各处的宏观性质不同。一般存在着温度梯度、化学势梯度、密度梯度和电势梯度等。在近平衡的非平衡态下，这些梯度会引起能量、粒子和电荷的迁移，称为输运过程。例如，当系统内不同区域有温差，就会导致热量从高温处向低温处传递，即出现宏观的热量（能量）流。实验发现，当系统偏离平衡态不远、这些梯度不大时，由梯度引起的各种热力学流（能量流、电流、物质流等）与梯度成正比，处在非平衡态的线性区。这种情况下的热力学理论发展成熟，称之为线性非平衡态热力学，它在物理、化学、流体力学等学科中得到广泛的应用。

系统内部发生的扩散、热传导、内摩擦、化学反应等非平衡过程总是使系统的熵增加，这些非平衡过程是产生熵的过程。因此，孤立系统内发生的这些非平衡过程使系统的熵增加，使系统更混乱无序。最终，系统内产生输运过程的原因（即宏观性质不均匀分布）消失，系统的熵值最大，系统处于平衡态。

如果系统是开放系统，系统与外界有能量、物质交换，那么系统的熵值变化 dS 必定是内部变化和外界交换的总和（图5.24），即

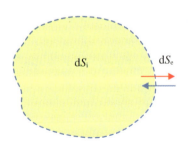

图 5.24　开放系统熵变化示意

$$dS = dS_i + dS_e$$

式中，$dS_i \geq 0$，是指系统内不可逆过程的进行而导致的熵变；dS_e 是系统与外界之间熵的交换，它的符号取决于系统与外界的热交换是正还是负。

因此，开放系统的熵既可以增加，即 $dS = dS_i + dS_e > 0$，这对应于系统趋向于更无序状态；也可以减小，即 $dS < 0$，只要开放系统与外界的相互作用，外界能够提供足够大的负熵流（$dS_e < 0$），且 $dS_i < -dS_e$，从而使开放系统从无序向有序转变。例如，把一杯水放入冰箱冷冻室内，通过水向外界传递热量，使水从液态转变成更为有序的固态——冰。

所以，经由不可逆过程，系统里一个叫熵的量被制造。熵固然可以在系统与外界之间来回交换，但一旦产生就永远留下其印记。这一点与我们学习过的其他守恒量如"质"量和"能"量是完全不一样的。**熵不守恒、不能被消灭，但可以被制造。**

5.7.2　远离平衡的非平衡态系统

人们通常有这样的印象：倘若系统原先处于一种混乱无序的非平衡态，它就不可能在非平衡状态下呈现出一种稳定有序的结构。

从热学角度看，在系统内部存有使熵增的非平衡输运的情况下，使系统的熵值保持不变甚至使系统的熵值减小，在孤立系统中是办不到的。但若是开放系统，可以使 $dS = dS_i + dS_e < 0$，总熵逐步减小，使系统由无序变为有序。形成有序结构之后，若 $dS_i = -dS_e$，则 $dS = dS_i + dS_e = 0$。此时，系统的熵不变，则系统可维持在非平衡的有序结构状态。

这种有序结构是可以出现的，出现在系统远离平衡态的情况下。当一个系统远离平衡时，由原来的混沌、无序结构靠外界不断供应能量和物质，通过突变而形成有序结构，产生自组织现象，相应的自组织有序态称为"耗散结构"。之所以称为耗散结构，是因为这种结构是一种"活"的结构，需要不断地与外界发生物质和能量的交换，由系统内部各个要素之间存在的非线性相互作用，形成这种新的有序结构。一个典型的耗散结构必须满足系统是开放的，孤立系统或封闭系统都不可能产生耗散结构；其次，系统必须远离平衡态，在平衡态或近平衡态都不可能从一种有序走向另一种高级的有序；最后，系统中必须有某些非线性相互作用。

耗散结构理论的问世，极大地丰富了非平衡态热力学理论，被广泛地运用于物理、化学、生物学和社会科学中，引起了人们对自然界更加全面和深刻的思考。

远离平衡的非平衡态系统会呈现出有序结构，这对渴望了解生命奥秘的人们来说自然是感兴趣的。我们知道,任何生物有机体都是由几种简单的物质原子(如碳、氢、氧等)组成的。当然不是简单地把这些原子无规律地混乱堆积在一起,而是通过复杂巧妙的组织方式,把这些原子结合成高度有序的生物有机体。对于完全没有生命功能特征的几种简单原子,在什么条件下、如何经过复杂的途径演变成生命物质系统,至今我们还难以说清楚。但是生命系统之所以能维持自身的有序,就是因为它有新陈代谢,不断地同外界进行物质、能量的交换形成负熵流,以抵消系统内经由不可逆过程产生的熵增加,使系统一直维持在低熵有序状态。

下面我们看一个生物系统的例子。一片生长的叶子能用简单的 CO_2 和 H_2O 分子制造出复杂的葡萄糖分子。葡萄糖分子比起制造它的那些随机运动的 CO_2 和 H_2O 分子,是高度有序的物质。这种熵的变化是如何产生的呢?

图 5.25 是通过叶子的能量流动示意。有趣的是,图中显示的能量流动与热机相似。叶子好似一部热机,太阳表面温度约为 6 000 K,其能量辐射到地球表面被叶子吸收,如同叶子从高温热源获得能量。太阳能是被叶子吸收、输运和转换而进入生物系统的。叶子本身的生物系统如叶绿体吸收太阳能,再通过光合作用机制,从周围环境吸取 H_2O 和 CO_2,进行系列的光化、生化反应,最终将太阳能转化为化学能,无机物转变为有机物。流入叶子的能量只有 2% 左右转化为化学能,其余的能量则被叶子辐射到周围的环境中。入射到植物的绝大部分能量重新流向环境,在这个热能流动中熵值有很大的增加,从而允许其余少量的太阳能转化为低熵的化学能,来补偿植物进化生长所需要的负熵流,从而不违反热力学第二定律。

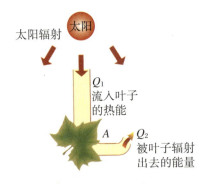

图 5.25 叶子生长过程中的能量流动

从以上看出,太阳能既给地球上的生命提供能量,又将它们组织起来。与植物不同的是,动物不直接利用太阳能,而是通过食用高度有序的食物来减少自身的熵。人类不断地吸取营养,却维持稳定的体重和恒定的体温,需要的不是简简单单地补充能量,重要的是在能量流动中降低熵,保持一个低熵的状态。否则,人只是靠晒晒太阳就可以维系生命了。

克劳修斯在 1865 年提出把热力学第二定律应用到宇宙:将来总有一天,全宇宙都要达到热平衡,一切变化都将停止,从而宇宙也将死亡,即所谓的

"宇宙热寂说"。

　　"宇宙热寂说"没能认识到引力这一重要的物理因素。现代宇宙大爆炸学说研究表明，宇宙处于不断膨胀之中，这已经被证明是确凿的事实。茫茫宇宙中，引力无处不在。对存在引力作用的系统，系统具有负热容特征：引力作用导致系统收缩，因而引力势能降低，所降低的引力势能的一部分以热辐射形式向外界放热，另一部分能量使自身温度升高。这样，系统中物质的均匀和等温分布就不再是最概然分布，不可能出现整个引力系统的热平衡态以及熵的极大化。热力学第二定律是以有限物质系统为研究对象、总结大量实验事实而得出的；简单地把建立在有限时空基础上的热力学第二定律推广到无所不包的宇宙中，其科学性还缺乏根据，或还没有统一的认识，有待进一步深入的理论研究和实验观察。但可以肯定的是，宇宙绝不会走向热死。

　　热力学开创的"熵"及其复杂性科学在20世纪得到了全面的发展。值得一提的是，正是因为熵与系统无序程度相关联，为熵概念的推广和超越热力学甚至物理学的范畴打开了窗口。例如，把熵的概念扩展到信息科学，出现了所谓的"信息熵"。信息的获得是与情况的不确定度的减少相联系的。信息获取越多，不确定性越少，信息获取足够，不确定性为零。熵是系统的混乱度或无序度的度量，把熵和信息联系起来，熵也就成了信息的对立面。获得信息使不确定度减少，即减少系统的熵，于是有了信息熵的概念。熵的概念也很快被扩展和应用到社会科学领域，如熵增加与企业管理混乱和经济过热相关联；生产就是进化，以形成高熵为代价而制造出高度有序的低熵产品，等等。这些领域都取得了一系列令人瞩目的研究成果。

　　热学理论拓展了人们的科学视野，同时也使人们对自然和社会的理解产生了深刻的影响。熵增与熵减、随机与必然、可逆与不可逆、平衡与非平衡……这些揭示了"成长""活力""自然演化"等的时间秘密，使人类能正确认识自身在整个自然中的位置，重新思考人类自身的行为。在工业化进程中，对自然过度的开发和改造，使人类在享受其成果的同时，也遭受到变异了的自然的报复，如沙漠化、温室效应等。而目前物理学发展的一个事实是：物理学的发展尤其是20世纪物理学的发展，使人类大规模地改造地球表面的活动正在以极大力度进行着。

　　整个自然生态环境及其中物种间的关系远比人类以往所知道的复杂得多，科学技术应该成为促进、保护人类与自然和谐的力量。但我们必须承认，尊重自然、理解自然，在和自然和谐相处中与自然共同发展，达到中国古代贤达所提倡的"天人合一"境界，还任重而道远。

第 6 章 相变与潜热

"秋风萧瑟天气凉,草木摇落露为霜",描写了深秋季节水所发生的物态变化。露、霜、雾都是空气中的水蒸气在放出热量的过程中所发生的物质聚集状态的变化,亦称相变。从本质上来说,**相变是粒子热运动和粒子间的相互作用竞争的结果**,这种竞争机制导致了形形色色的"相"及相变现象。相变是自然界和生产实践中常发生的过程,也是当前物理学等众多学科研究的一个前沿领域。本章将介绍通常条件下最基本的固—液—气相变过程。

6.1 相 与 相 变

6.1.1 相与态

在第 1 章我们已经介绍了物态。物质通常被分为固、液、气三种聚集状态(物态),但相与态并不完全相同。态仅考虑物质的表观状态,而相是指在没有外力作用下,物理性质完全相同、成分相同的均匀物质的聚集态。也就是说,相要考虑物理和化学性质的均匀性,即要考虑物质的内部结构。因而,相比物态的内涵更精细。

通常的气体及纯液体都只有一个相。但也有例外,例如,在低温下的液态氦有氦 I 及氦 II 两个液相。当系统中同时存在几个相时,称为复相。复相的各个部分之间有一定的分界面相互隔开。冰和水组成的系统中,冰是一个相,水也是一个相,共两个相。但在酒精和水的混合系统中,酒精可以溶解于水,所以系统只有一个相。

对固体来说,不同的点阵结构对应于不同的物理性质,因而固体可以有多种不同的相。例如,冰有 9 种晶体结构,铁有 4 种不同的结晶态。金刚石和石墨都是由 C 原子组成的固态物质,但呈现出不同的微观结构,如图 2.6 所示。因而,碳可以有金刚石和石墨两种不同的相。当然,碳还有其他的相,如 C_{60}、碳纳米管等。

如果把一种纯物质叫做"元",则单元系是指由单一化学成分的物质组成的系统,多元系是由两个或两个以上化学成分的物质组成的系统。例如,纯金属是单元系,合金是多元系。冰和水组成的系统虽然有两个相,但只有一种化学成分,这种系统称为单元复相系。

在一定条件下,同一物质可从一个相转变为另一个相,这种转变称为相变。相变过程都伴随某些物理性质的突然变化。例如超导体在温度较高时处于正常相,它的电阻不为零;当温度降低时,它的物理性质如比热、电阻率发生连续变化;而当温度降至某个特定温度时,它的电阻率突然降为零,进入超导相。

6.1.2 一级相变与潜热

1. 一级相变

通常条件下,物质的相变是由温度变化引起的,涉及的是气、液、固三态间的转变。在一定压强下,当物质的温度升高到或降低到某一值时,相变就会发生。也就是说,在一定压强下,相变是在一定的温度条件下发生的。众所周知,在1个大气压下,冰在0℃时熔解为水,水在100℃时沸腾变为水蒸气。

在相变过程中,如果体积发生变化并伴随热量发生,这种相变叫做一级相变。发生一级相变时,若物质从固相转变为液相,体积变化约10%。对大多数物质(如石蜡、铜、锌等)而言,熔解时体积增大;但也有少数物质如冰、铋等,熔解时体积反而减小。例如,冬天岩石缝隙中的水结冰,体积增大,可把岩石胀裂,这是自然界岩石风化的原因之一。

物质从液相变为气相时,气相的体积总是大于液相的体积。例如,在1个标准大气压下,在沸点373.15 K时水的单位质量的体积(比体积)为 1.04346×10^{-3} m³·kg^{-1},而水蒸气的比体积为 1.6730 m³·kg^{-1},它们相差3个数量级。此外,体积的变化还密切依赖于相变时的温度。

2. 相变潜热

相变过程中物体吸收或释放的热量称为相变潜热。设 u_1 和 u_2 分别表示1相和2相单位质量的内能,V_1 和 V_2 分别表示1相和2相的比体积。根据热力学第一定律,单位质量物质由1相转变为2相时,所吸收的热量为

$$l = (u_2 - u_1) + p(V_2 - V_1) \tag{6.1.1}$$

这称为该物质单位质量的相变潜热,其中 $u_2 - u_1$ 表示两相的内能之差,称为内潜热,$p(V_2 - V_1)$ 表示相变时克服外部压强所做的功,称为外潜热。

在前面几章中所讨论的热量是由温度变化导致的,这称为"显热"。但相变是在一定温度下进行的,相变过程中两相共存,并没有温差。例如,把水加热到100℃时,继续供热,液相水不断地变为气相,内能增加但温度保持不变。在相变过程中,温度不变但物质吸收或放出热量,故称之为"潜热"。潜热是布莱克最先认识到的,他从大量物态变化的实验中发现,在物态变化时一部分"活动的热"变成"潜藏的热",而不显示温度升高的效应。在一场暴风雪之后,积雪并不马上消失,而是吸收了一定的热量之后,才慢慢融化。如果物体发生相变时没有潜热,所有的积雪都会在同一时刻融化,那么在零度上下变化的气候中,亦会

造成严重的水灾。

不同相变的潜热有不同的名称,例如熔解热、汽化热等。设 h_1,h_2 分别表示 1 相和 2 相单位质量的焓,则有

$$h_1 = u_1 + pV_1, \quad h_2 = u_2 + pV_2$$

则式(6.1.1)可写为

$$l = h_2 - h_1 \tag{6.1.2}$$

这里用焓来表示相变潜热。

可见,单元系固、液、气三相的相互转变过程,具有两个特点:即**相变时体积要发生变化,并有相变潜热发生**。在有多个固相时,固相之间的相互转变也具有这两个特点。凡是具有这两个特点的相变都称为一级相变。

还有一类相变,它不涉及通常的气、液、固三态间的转变,而是在经历某一温度时物质的某种性质发生转变或变化。例如,相变时体积不发生突变,也没有相变潜热,只是热容、体膨胀系数、等温压缩率等物理量发生突变,这类相变称为二级相变。

相变的级数是依据吉布斯函数(或化学势)及其导数是否连续来确定的。若吉布斯函数本身连续,而其一阶导数不连续,这类相变称为一级相变,其特点是相变时产生潜热和体积突变;若吉布斯函数和其一阶导数连续,而二阶导数不连续,这类相变称为二级相变;以此类推至 n 级相变。自然界中观察到的相变都是一级或二级相变,习惯上把二级及以上的高级相变称为连续相变。二级相变时,系统的宏观性质不发生突变,即描述系统的宏观参量如 T,p,V 等不发生突变,但系统的结构或反映这种结构的有序度(对称性质)发生变化,其物理性质也发生了变化。例如,铁磁性物质在温度升高时转变为顺磁性物质;在无外磁场的情况下,温度降低时超导物质由正常态转变为超导态;二元合金的有序—无序相变等,都是二级相变。

6.1.3 相变的物理机制

在前面几章我们多次提及两种机制的竞争:热运动和粒子间的相互作用。相变也是物质粒子(原子和分子等)的热运动与粒子之间的相互作用两者竞争的结果。

从微观角度看,不同的"相"对应不同的"序"。热运动使其趋向无序,而相互作用使其趋向有序。在高温条件下,通常分子的热运动占主导地位,但随着温度的降低,每当一种相互作用的特征能量与热运动能量可比拟时,物质的宏

观状态就可能发生突变。换句话说，就是每当温度降低到一定程度，以致热运动不再能破坏某种特征相互作用造成的有序时，就可能出现一个有序相变。两相比较，温度比相变点高的高温区为无序相，温度比相变点低的低温区为有序相(有个别例外)。

通常气态是最无序的，由于分子的热运动，它可占据任意形状、任意大小的空间。液体的有序度比气体高，虽然它仍可占据任意形状的空间，但体积被限定。而固相则有序度更高，形状和体积均被限定。相变时熵与体积的突变来源于相变前后物质微观结构的突变。正因为发生固—液—气相变时其摩尔熵与摩尔体积要发生突变，所以它们都必须通过两相共存阶段(一个时间过程)来完成这种物质结构的改变，这就是一级相变。

温度降得越低，更精细的相互作用就越能显示出来。多种多样的相互作用就导致了形形色色的"相"和更高级的相变现象。相变的机制是复杂的，既可以是经典的相互作用，也可以是量子效应。

6.2 气液相变

物质从液态变为气态的过程称为汽化，物质由气态变为液态的过程称为凝结。单位质量物质汽化时所吸收的热量称为汽化热，汽化热与汽化时的温度有关，温度升高时汽化热减小。这是由于随着温度的升高，液体分子将具有较大的动能，气相与液相之间的差别逐渐减小，液体只需要从外界获得较少的能量就能汽化。

6.2.1 蒸发与凝结

1. 微观图像

汽化有蒸发和沸腾两种形式。从微观上看，蒸发就是液体分子从液面逸出的过程。在一定 T,p 条件下，液体中热运动动能足够大的分子，能够克服界面层中分子引力做功而逸出液面。这样，如果不从外界补允能量，蒸发的结果是液体中的分子平均平动动能变小，从而使液体温度降低，称为蒸发制冷。例如，用酒精擦拭手背时皮肤会有凉爽的感觉。

另一方面，液面外的蒸气分子的无规则热运动，使蒸气分子有机会碰到液面,被液面俘获成为液体分子。宏观上看,就是蒸气又凝结成液体,称为凝结。在任何时刻、任何温度下,液面上总有液体蒸发,也总有蒸气在凝结。

2. 开口容器中液体的蒸发

在开口容器中,蒸气分子不断地向远处扩散,会大量地离开容器,液体的蒸发一般不会达到与凝结的平衡。这时,蒸发量是蒸发和凝结过程相抵消后的蒸发部分。液体在单位时间内的蒸发量因各种液体的挥发性高低而不同。

对同一种液体,影响蒸发的因素很多,主要有以下几个:① 蒸发过程发生在液体的表面,表面积越大,蒸发就越快。例如,展开的湿衣服要比卷在一起的湿衣服干得快。② 温度越高,液体分子热运动的平均动能越大,能够跑出液体表面的分子数就越多。③ 通风状况好,可以促使液体中跑出来的分子更快地向外扩散,减少它们重新凝结返回液体的机会。

3. 密闭容器中液体的饱和蒸气压

在密闭的容器里,情况就不同了。随着蒸发过程的进行,容器内蒸气的密度不断增大,返回液体的分子数也不断增多,等到单位时间内跑出液体的分子数等于单位时间内返回液体的分子数时,蒸发和凝结达到了动态平衡,宏观上看蒸发现象就停止了。这种与液体保持动态平衡的蒸气叫做饱和蒸气,它的压强叫饱和蒸气压。

实验表明,在一定温度下,同一物质的饱和蒸气压是一定的,不同物质的饱和蒸气压不同。例如,水在 20 ℃ 时的饱和蒸气压为 $2.33×10^3$ Pa,酒精在 20 ℃ 时的饱和蒸气压为 $5.92×10^3$ Pa。温度越高,能跑出液面的分子数就越多。因此,与液体保持动态平衡的饱和蒸气的密度也就越大,饱和蒸气压随温度的升高而增大。表 6.1 给出了不同温度下水的饱和蒸气压。

表 6.1 水的饱和蒸气压

温度(℃)	饱和蒸气压(Pa)
0	$6.11×10^2$
5	$8.72×10^2$
10	$1.23×10^3$
15	$1.71×10^3$
20	$2.33×10^3$
25	$3.17×10^3$
30	$4.24×10^3$
40	$7.37×10^3$

续表

温度（℃）	饱和蒸气压（Pa）
50	1.23×10^4
60	1.99×10^4
70	3.12×10^4
80	4.73×10^4
90	7.01×10^4
100	1.01×10^5
120	1.99×10^5

饱和蒸气压的大小还与液面的形状密切相关。由图 6.1(a) 可见，在凹液面情形下，分子逸出液面所需做的功比平液面时的大，因为逸出分子要多克服图中画斜线部分液体分子的引力。因此，单位时间内逸出凹液面的分子数比平液面时的少，从而使饱和蒸气压比平液面时的要小。相反，分子逸出凸液面所需做的功，要比平液面时的小，因为不必克服图 6.1(b) 中画斜线部分液体分子的引力，使凸液面上方的饱和蒸气压比平液面时的大。需要指出的是，由于引力的有效作用距离很短，弯曲液面与平液面上方饱和蒸气压之间的差别，只有当气液分界面的曲率半径很小（如形成小液滴或小气泡）时，才会显现出来。

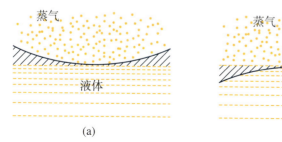

图 6.1 液体饱和蒸气压

4. 凝结

弯曲液面的饱和蒸气压与平液面处的不同，对液滴的形成与长大有很大影响。通常所说的饱和蒸气压指的是平液面处的饱和蒸气压 p_s。因为液滴具有凸液面，所以它周围的饱和蒸气压 p_{v_0} 比 p_s 要大。在液滴形成的初始阶段，液滴很小，因而 p_{v_0} 明显地比 p_s 大。只有当周围环境中实际的蒸气分压强 p 比 p_{v_0} 大时，蒸气才有可能进一步凝结，液滴才可能长大。若 p 比 p_{v_0} 小，即使有了液滴，也会因蒸发而消失。

在蒸气凝结的初期，形成的小液滴相应地具有很大的饱和蒸气压 p_{v_0}。这时会出现实际液面的蒸气压超过平面上饱和蒸气压几倍以上也不会凝结的现象，这种现象称为过饱和，这种蒸气叫过饱和蒸气。当有外界干扰，如有尘埃和杂质等小颗粒时，蒸气就以它们为凝结核，在这些微粒表面凝结一层液体后，形成半径相当大的液滴，凝结就容易发生。在有凝结核时，蒸气压只需超过饱和蒸气压1%，液滴便可能形成。因此，通常的条件下凝结是很容易发生的。

许多现象与凝结核有关。晴朗的天空中，在喷气式飞机飞过的地方会形成一条径迹，那是以喷出的微粒为凝结核、水蒸气凝结形成液滴所引起的。打雷时易下雨，是因为雷电产生的许多带电粒子成为凝结核，使水蒸气凝结成雨水落下。原子核物理中的云室也是根据这一现象来设计的。高能量的带电粒子在其运动途径中会形成离子，这些离子就成为凝结核；云室中的过饱和水蒸气凝结在它上面，形成雾状踪迹，就可以观察到粒子的轨迹。

地面附近的未饱和水蒸气上升到高空成为饱和蒸气，凝结成小水滴形成云。0 ℃以上的水滴构成的云称为暖云。在暖云中有大小水滴共存时，大小水滴所对应的饱和蒸气压不同。当云中水汽分压对大液滴已达到饱和时，而对小液滴却还未饱和。这样，小的水滴不断蒸发而变小，水蒸气将在大的水滴上凝结，大水滴不断长大；此外，还有液滴间的相碰、合并增大过程。当液滴的半径大于 200 μm 时，就能落下来形成雨。而温度低于 0 ℃ 时，云中的水滴形成冰晶，这种云称为冷云。但往往有一部分水滴不凝固而与冰晶共存，这种云称为混合云。在冷云和混合云中，冰晶大小不同，或冰晶上的饱和蒸气压小于水滴上方的饱和蒸气压，使有些冰晶不断长大并下落，下落过程中逐渐融化，落到地面就成为雪和雨。

在不降雨的冷云或混合云中，水滴、水蒸气、冰晶呈相对的稳定状态。如用人工的方法使云中产生大量冰晶，就可以破坏这种稳定状态而形成人工降雨。常用的方法有降温和引入人工凝结核两种。前者在云层中投放制冷剂（干冰），形成制冷区域，使水蒸气易凝结；后者在云层中引入人工冰核（碘化银粉末等）作为凝结核而产生大量冰晶。如果是暖云，则可引入小水滴或饱和食盐水以促使降水的形成。

6.2.2 沸腾

1. 沸腾

在一定压强下，加热液体到某一温度时，液体内部和器壁上涌现出大量的气泡，液体上下翻滚剧烈汽化，这种现象称为沸腾，相应的温度称为沸点。沸腾发生在沸点时的整个液体中。

例如，在1个大气压下水的沸点是 100 ℃。沸腾时汽化剧烈进行，外界供给的热量全部用于液体的汽化。所以沸腾时液体的温度不再升高，直到其全部变成气体为止。各种液体具有不同的沸点。化工上常利用这一点来分馏各种混合液体。表 6.2 给出了一些物质在标准大气压下的沸点和摩尔汽化热。

表 6.2　几种物质的沸点和摩尔汽化热

物质	沸点(K)	摩尔汽化热(10^3 J·mol^{-1})
Ne	27.2	1.740
Ar	87.3	6.531
F_2	85.0	6.540
Cl_2	239	20.42
HCl	188	16.16
N_2	77.3	5.569
O_2	90.2	6.825
H_2O	373	40.68
SO_2	263	24.54
NH_3	240	23.36
CH_4	112	8.166
CF_4	145	12.60
C_2H_6	185	14.72
Na	1 156	91.28
Hg	630	59.03
Zn	1 180	116.1
Pb	1 887	192.6

2. 沸腾的条件

一般液体的内部和器壁上,都有很多小的气泡。气泡内部的蒸气由于液体不断蒸发,总是处在饱和状态,其压强为饱和蒸气压 p_{v_0}。气泡内的压强为气体压强 p_g 和蒸气的饱和蒸气压 p_{v_0} 之和,如图 6.2 所示。

当气泡平衡时,有

$$(p_{v_0} + p_g) - p = \Delta p$$

式中,p 是外界压强,$p_g = \dfrac{\nu RT}{V}$,ν 为气泡内气体的摩尔数,Δp 为表面张力引起的附加压强,$\Delta p = \dfrac{2\alpha}{r}$,$r$ 为小气泡半径,α 是液体表面张力系数。则有

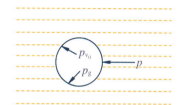

图 6.2　液体中气泡的平衡

$$\left(p_{v_0} + \frac{\nu RT}{V}\right) - p = \frac{2\alpha}{r}$$

而由 $r = \left(\frac{3}{4\pi}V\right)^{\frac{1}{3}}$，可得

$$\frac{2\alpha}{r} = \left(\frac{4\pi}{3}\right)^{\frac{1}{3}} \frac{2\alpha}{V^{\frac{1}{3}}} = \frac{B}{V^{\frac{1}{3}}}$$

式中，$B = 2\alpha \left(\frac{4\pi}{3}\right)^{\frac{1}{3}}$，所以

$$p + \frac{B}{V^{\frac{1}{3}}} = p_{v_0} + \frac{\nu RT}{V}$$

可以看出，随着温度升高，p_{v_0} 不断增大，气泡可以通过膨胀增大体积来维持新的平衡。但当饱和蒸气压随温度升高而增加到与外界压强相等时，即当 $p_{v_0} = p$ 时，气泡的平衡就无法靠气泡体积膨胀来维持了。这时气泡将会急剧膨胀，所受浮力也迅速增大，气泡便从液体中涌现出来，到液面后破裂放出蒸气。由于气泡急剧膨胀，大大增加了气液分界面，使汽化在整个液体内部进行，出现沸腾现象。

由此可见，液体沸腾的条件就是饱和蒸气压与外界压强相等。

一般说来，只要液体内溶解有可形成足够数量汽化核的气体且液体的饱和蒸气压等于或超过液体上方的气体压强，沸腾现象就可发生。发生沸腾的温度称为沸点，沸点也就是液体饱和蒸气压等于其上方气体压强时的液体温度。外界气体压强为 1 个大气压时的沸点称为正常沸点。因为饱和蒸气压随液体温度的升高而增加，所以沸点也随外界压强的增大而升高。高压锅炉、压力锅就是依据这一原理来获得高于 100 ℃ 的蒸气的。低温技术中的抽气减压制冷，也利用了沸点随外界压强减小而降低这一性质。若用真空泵抽除液氮或液氦上方的蒸气，以降低蒸气压强，就可看到杜瓦瓶中的液氮或液氦处于沸腾状态。达到动态平衡时，被抽气的容器中气体的压强就是饱和蒸气压，这时液体的温度就是该饱和蒸气压所对应的沸腾的温度。

应该看到，蒸发与沸腾虽然从现象上看有很大差别，但都是在气液分界面上以蒸发的方式进行的，都是液态分子吸收潜热而转变为气态分子的过程，相变的机制是相同的。

沸腾时，液体内部和器壁上的小气泡起着汽化核的作用。久经煮沸的液体，因缺少气泡作为汽化核，所以加热到沸点以上还不沸腾，这种液体称为过热液体。过热液体是不稳定的。过热液体中虽然缺少小气泡，但由于涨落，有些地方的分子具有足够的能量可以彼此推开而形成极小的气泡。这种气泡的线度只数倍于液体分子间距离，因此，气泡内的饱和蒸气压极小。当过热液体继

续加热,温度大大高于沸点时,极小气泡内的饱和蒸气压就能超过外界压强,从而气泡膨胀,而同时饱和蒸气压也迅速增大,使气泡极快膨胀,甚至发生爆炸而打破容器,这种现象称为暴沸。为了避免暴沸,锅炉中的水在加热前,应加入一些溶有空气的新水或放进一些附有空气的陶瓷碎片,使过热不至于发生。

过热液体处于亚稳态,而外界干扰或涨落会破坏这种亚稳态。与云室类似,当带电粒子通过过热液体时,会在其轨迹附近产生汽化核,并进一步形成气泡,从而显示带电粒子的轨迹。在基本粒子研究中用到的气泡室,就是根据这一原理制成的。在气泡室中常用的液体有丙烷、液氢等。

例 6.1 在直立的气缸内盛水 0.010 kg,活塞紧压水面未留空隙。将气缸放置于 20 ℃的恒温环境中,并缓慢提升活塞使气缸中水面有 0.40×10^{-3} m^3 的空间,形成一个气液平衡系统。问:

① 此时,水和水蒸气的质量各为多少?

② 将水面上方的空间缓慢压缩到 0.20×10^{-3} m^3,对系统做功多少? 系统放热多少?(已知水在 20 ℃时的饱和水蒸气密度为 17.3 g·m^{-3},饱和蒸气压为 2 340 Pa,凝结热为 2.45×10^6 J·kg^{-1}。)

解 ① 水蒸气的质量为

$$0.40 \times 10^{-3} \times 17.3 \times 10^{-3} \text{ kg} = 6.9 \times 10^{-6} \text{ kg}$$

水的质量为

$$0.010 \text{ kg} - 6.9 \times 10^{-6} \text{ kg} \approx 0.010 \text{ kg}$$

水的质量几乎没变。这说明,只要瓶口塞紧,瓶内液体的蒸发量是很小的。

② 在准静态等温等压过程中,外界对系统做功为

$$W = p(V_1 - V_2)$$

式中,p 为系统的压强。将空间从 0.40×10^{-3} m^3 压缩到 0.20×10^{-3} m^3,外界做功为

$$W = 2\ 340 \text{ Pa} \times (0.40 - 0.20) \times 10^{-3} \text{ m}^3 = 0.47 \text{ J}$$

同时,20 ℃的水蒸气凝结为 20 ℃的水,放出的热量为

$$Q_{凝结} = \frac{1}{2} \times 6.9 \times 10^{-6} \text{ kg} \times 2.45 \times 10^6 \text{ J·kg}^{-1} = 8.5 \text{ J}$$

系统放出的热量为

$$Q = Q_{凝结} + W = 8.97 \text{ J}$$

*6.2.3　湿空气与湿度

我们前面提及的空气或大气都是指干空气。自然界中实际的空气总是含有一定的"水分",即是湿空气。湿空气是干空气和水蒸气的混合物,水蒸气来自于江、河、湖、海及潮湿的土壤和植物等。

通常空气中水蒸气的含量很少,一般水蒸气分压强不超过几十毫米汞柱。尽管水蒸气的含量很少,它却是影响空气物理性质的一个重要因素,也直接影响人体的舒适感。大家都有这样的感觉,夏天天气炎热,而一旦潮湿就会感到更不舒服;同样的情形亦出现在冬天,我们感觉湿冷比干冷"更冷"。下面我们从相变的角度来谈谈湿空气。

对于湿空气而言,其压强来自于干空气压强和水蒸气压强两部分。根据道尔顿分压定律,湿空气压强为

$$p = p_a + p_v$$

式中,p_a,p_v分别是干空气分压强和水蒸气分压强(蒸气压)。

蒸发时,水蒸气要从周围环境吸热,汽化热的大小取决于环境温度。蒸发消耗的水量称为蒸发量。气象台站用直径为 20 mm 的盛水圆筒中因蒸发而降低的水面的深度来表示蒸发量。例如,每日测量一下水的深度,就可以知道所谓的日蒸发量为多少毫米。

湿空气分为饱和湿空气和未饱和湿空气。饱和湿空气中的水蒸气处于饱和状态。这时,水蒸气的分压强等于该温度下的饱和蒸气压强 p_{v_0}。同样,水蒸气密度亦等于该温度下饱和蒸气的密度。当水蒸气处于饱和状态时,汽化与液化达到平衡,无法再进一步吸收任何水蒸气。未饱和湿空气中的水蒸气处于"过热"状态,水蒸气密度小于该温度下饱和蒸气的密度。因而未饱和的湿空气具有吸收水蒸气的潜力,水蒸气的分压强可以增大到其相应的饱和蒸气压。

我们用湿度来表示湿空气中水蒸气的含量,即 1 m³湿空气中所含的水蒸气质量(kg)。湿度应等于水蒸气的密度 ρ_v,将水蒸气看成理想气体,则有

$$\rho_v = \frac{m_v}{V} = \frac{p_v}{R_w T}$$

式中,R_w是水蒸气常量,可由普适气体常量和水的摩尔质量求得,即

$$R_w = \frac{R}{\mu_w} = 461.5 \text{ J} \cdot \text{kg}^{-1} \cdot \text{K}^{-1}$$

通常我们在生产和生活中用相对湿度 r 来表示湿空气中的水蒸气含量。相

对湿度定义为湿空气中水蒸气的蒸气压 p_v 与同温度下的饱和蒸气压 p_{v_0} 之比,即

$$r = \frac{p_v}{p_{v_0}} \times 100\%$$

相对湿度 $r = 100\%$ 表示空气中的水蒸气已经饱和,$r < 100\%$ 表示其未饱和。

当空气中的水蒸气含量和压强一定时,降低湿空气的温度可以使未饱和湿空气逐渐趋于饱和。使空气中所含水蒸气达到饱和的温度,称为露点。到了露点后,如果继续降温,冷却表面就会出现十分细小的水滴——结露。低于露点后继续降温,水蒸气的分压强将降低,这也是冬天空气比较干燥的一个原因。采用热烘干的办法去湿,其原理是提高湿空气的温度使水蒸气的饱和蒸气压升高,而使相对湿度减小。

6.3 固液及固气相变

6.3.1 固液相变

物质三相之间的变化,除了气液相变之外,还有固液相变。物质从固相转变为液相的过程称为熔解。

在一定温度下,晶体要升高到一定温度才熔解,这个温度称为熔点。在熔解过程中温度保持不变,但要吸热。熔解单位质量物质所需的热量称为熔解热,即固液相变过程的相变潜热。固相物质的熔点是由多种因素决定的。实验表明:含杂质的晶体的熔点常比纯净的晶体低;合金的熔点常低于它的任一组分的熔点。晶体若与其他的物质接触,也会改变熔点。例如,在冰上喷洒工业盐($NaNO$),会显著地降低熔点,加速冰的熔解过程。表 6.3 给出了几种物质在标准大气压下的熔点和摩尔熔解热。

表 6.3　几种物质的熔点和摩尔熔解热

物质	熔点(K)	摩尔熔解热(10^3 J·mol^{-1})
Na	370.7	2 550
K	336.1	2 300
Rb	312	2 180
Cu	1 356	11 300

续表

物质	熔点(K)	摩尔熔解热(10^3 J·mol^{-1})
Ag	1 235	11 300
Zn	692.5	7 500
Cd	594.0	6 300
Tl	563	6 150
Hg	234.1	2 340
Ne	24.5	335
Ar	83.8	1 120
Kr	116	1 630

从微观上看,晶体的熔解是点阵结构被破坏的过程。在加热过程中,晶体中粒子的振动变得剧烈,到一定温度时,粒子有足够的能量能摆脱粒子间相互作用力的束缚,使点阵结构解体而变成液体。由固相变成液相,物质内部粒子间相互作用势能增加,因此相变过程要吸热。而固液相变时体积变化很小,克服外压强所做的功可以忽略,相变潜热主要是使系统的内能发生变化。在相变过程中,吸热全部用于改变系统内部粒子间相互作用的势能,所以熔解过程中温度保持不变。

从液相转变为固相的过程称为凝固。若固相是晶态,该过程又称结晶,在结晶过程中要放出结晶热。结晶过程是无规则排列的原子形成空间点阵的过程。在这过程中,总是先有少数原子按一定的规则排列起来,形成所谓的晶核,有时是引入事先人工制备好的籽晶。再由晶核吸附原子,释放能量,围绕这些晶核生长成为一个个晶粒。在结晶时,若只是从一个晶核长大,则生长出的是单晶体;若是从多个晶核同时生长,便生长出多晶体。

晶体生长有着重要的实际应用和科学研究价值,特别是在半导体工业中,单晶材料(如硅、锗等)是重要的芯片制作材料。

6.3.2　固气相变

物质从固相直接转化为气相的过程称为升华,从气相直接转化为固相的过程称为凝华。如果将固体放在密闭容器中,最后固体和它的蒸气会达到平衡状态,这时在固体周围形成饱和蒸气,它的压强也叫饱和蒸气压,饱和蒸气压随温度而变化。

一切固态物质在一切温度下,都有一定的饱和蒸气压。饱和蒸气压一般很小,只有用精密仪器才可以测量,因而常被人们忽略。但也有少数物质固相的饱和蒸气压很大,以致温度上升到熔点之前,它的饱和蒸气压已与大气压相当,因此并未熔解而发生升华。例如,樟脑、干冰(固态 CO_2)、硫、磷等物质在常温下都直接挥发成气体,这就是升华现象。水蒸气遇冷在树叶、草上凝结成微小冰粒,如在我国东北地区形成的美丽的雾凇(图 6.3),就是水蒸气的凝华现象。

图 6.3 美丽的雾凇

升华时,粒子直接由点阵结构转变为气体分子,一方面要克服粒子之间的结合力做功,另一方面还要克服外界的压强做功。因此物质升华时要吸收大量的相变潜热,称为升华热。例如,干冰在 1 atm 下的升华温度为 $-78.9\ ℃$,升华热为 $573\ kJ\cdot kg^{-1}$。干冰的升华热很大,工业上常用干冰作食品冷冻及人工降雨的制冷剂。一旦干冰进入云层,会很快升华,吸收大量的热,使周围空气的温度急剧降低,从而使云层中的水汽凝华成冰晶,当这些冰晶增大到一定程度后下降,在下降过程中遇到较暖空气层后,便会化为雨降落下来。

再例如,飞行器在高速飞行时与空气摩擦,使飞行器本身的温度升高。为此,在飞行器表面涂上一些特殊涂层,利用涂层材料的烧蚀升华带走因空气摩擦产生的热量,起保护飞行器的作用。

6.4 相 平 衡

6.4.1 相平衡条件

系统两相平衡状态是在一定条件下发生的,下面我们讨论单元复相系处于平衡时应该满足的条件。

设一个单元两相的系统,其中 1 相的摩尔数为 ν_1,单位摩尔的熵、内能和体积分别为 s_1, u_1, V_1;2 相的摩尔数为 ν_2,单位摩尔的熵、内能和体积分别为 s_2, u_2, V_2。假定 1,2 两相平衡共存系统是一个不受外界影响的孤立系统,那么系统内发生任何虚拟变化时,系统的内能、总体积和摩尔数应该保持不变,即

$$\begin{cases} U = \nu_1 u_1 + \nu_2 u_2 = c_1 \\ V = \nu_1 V_1 + \nu_2 V_2 = c_2 \\ \nu = \nu_1 + \nu_2 = c_3 \end{cases} \quad (6.4.1)$$

设想该系统内发生了一个虚拟变化过程,两相物理量的改变量应满足如下关系:

$$\begin{cases} \delta U = u_1 \delta \nu_1 + \nu_1 \delta u_1 + u_2 \delta \nu_2 + \nu_2 \delta u_2 = 0 \\ \delta V = V_1 \delta \nu_1 + \nu_1 \delta V_1 + V_2 \delta \nu_2 + \nu_2 \delta V_2 = 0 \\ \delta \nu = \delta \nu_1 + \delta \nu_2 = 0 \end{cases} \quad (6.4.2)$$

系统的熵为

$$S = \nu_1 s_1 + \nu_2 s_2 \quad (6.4.3)$$

系统处于平衡态,系统熵达到最大;在系统变化过程中,熵变 $\delta S = 0$,所以

$$\delta S = \nu_1 \delta s_1 + s_1 \delta \nu_1 + \nu_2 \delta s_2 + s_2 \delta \nu_2 = 0 \quad (6.4.4)$$

根据热力学基本方程

$$\mathrm{d}s = \frac{1}{T}\mathrm{d}u + \frac{1}{T}p\mathrm{d}V$$

式(6.4.4)可以写为

$$s_1 \delta \nu_1 + s_2 \delta \nu_2 + \frac{\nu_1}{T_1}(\delta u_1 + p_1 \delta V_1) + \frac{\nu_2}{T_2}(\delta u_2 + p_2 \delta V_2) = 0 \quad (6.4.5)$$

将式(6.4.2)代入式(6.4.5),整理得

$$\left[s_1 - s_2 - \frac{u_1 - u_2}{T_2} - \frac{p_2(V_1 - V_2)}{T_2}\right]\delta \nu_1$$
$$+ \nu_1\left(\frac{1}{T_1} - \frac{1}{T_2}\right)\delta u_1 + \nu_1\left(\frac{p_1}{T_1} - \frac{p_2}{T_2}\right)\delta V_1 = 0 \quad (6.4.6)$$

上式对任意的 $\delta \nu_1$,δu_1 和 δV_1 取值都成立,则要求

$$\begin{cases} \dfrac{1}{T_1} - \dfrac{1}{T_2} = 0 \\ \dfrac{p_1}{T_1} - \dfrac{p_2}{T_2} = 0 \\ s_1 - s_2 - \dfrac{u_1 - u_2}{T_2} - \dfrac{p_2(V_1 - V_2)}{T_2} = 0 \end{cases} \quad (6.4.7)$$

定义

$$\mu = u - Ts + pV$$

称为化学势,则式(6.4.7)可写为

$$\begin{cases} T_1 = T_2 \\ p_1 = p_2 \\ \mu_1 = \mu_2 \end{cases}$$

这就是单元两相系统达到平衡状态时必须满足的条件,即需要达到热平衡、力学平衡和相平衡。

若平衡条件不满足,复相系将发生变化,并且变化总是朝熵增加的方向($\delta S > 0$)进行。若温度不等,变化将朝$\left(\dfrac{1}{T_1} - \dfrac{1}{T_2}\right)\delta u_1 > 0$的方向进行。如果$T_1 > T_2$,则要求$\delta u_1 < 0$,即能量将从温度高的相传递给温度低的相。若热平衡已经满足,力学平衡不满足,则变化朝$(p_1 - p_2)\delta V_1 > 0$的方向进行。如果$p_1 > p_2$,则要求$\delta V_1 > 0$,即压强大的相将膨胀,压强小的相被压缩。

若热平衡和力学平衡均满足,只有相平衡尚未满足,则变化朝$-(\mu_1 - \mu_2)\delta \nu_1 > 0$的方向进行。如果$\mu_1 > \mu_2$,则变化朝$\delta \nu_1 < 0$的方向进行。因为总粒子数守恒,$\delta \nu_1 < 0$意味着粒子从1相流向2相,即粒子总是从化学势高的相流向化学势低的相。

6.4.2 相图

单元系两相平衡有$\mu_1(p, T) = \mu_2(p, T)$,这表明达到平衡共存时两相的压强和温度之间有一一对应关系,即

$$p = p(T) \quad \text{或} \quad T = T(p)$$

相变时微观结构要发生突变,这需要一个调整阶段,就是两相共存阶段。在给定的压强下,两相平衡共存的温度是一定的。反之,当温度一定时,两相平衡共存的压强也随之确定。因此,我们常用温度和压强作为状态参量来研究相变问题。p-T图上画出表示两相平衡共存时的压强随温度的变化曲线,称为相平衡曲线。相平衡曲线有汽化曲线、熔解曲线和升华曲线。p-T图被相平衡曲线分为不同区域,对应于物质不同的相,每个区域代表一个单相。这样的p-T图称为三相图(图6.4)。

在图6.4中,曲线OK是气液两相平衡曲线,称为汽化曲线;OL是固液两相平衡曲线,称为熔解曲线;OS是固气两相平衡曲线,称为升华曲线。因此,曲线上的每个点代表两相平衡共存的状态。三条曲线的交点O为三相点,它是物质固、液、气三相平衡共存的唯一状态,对应着确定的温度和压强。OS与OL之间是固相存在的区域,OL与OK之间是液相存在的区域,OK与OS之间

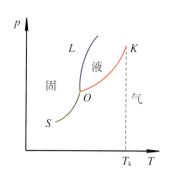

图6.4 三相图

是气相存在的区域。需要指出的是,汽化曲线 OK 是起始于 O 点、终止于 K 点的有限长度的曲线。K 点叫临界点,临界点的温度(T_K)叫临界温度,在温度高于 T_K 时,物质就不能以液相存在(参见第 6.5 节)。

气、液、固三相共存达到平衡,由下列两个方程确定,即

$$\mu_1(p,T) = \mu_2(p,T) = \mu_3(p,T)$$

两个方程完全确定了三相共存时的温度和压强,对应于 p-T 图中的一点,即三相点,因而是唯一的。图 6.5 是水的三相图,图中 p 和 T 的坐标标度是不均匀的。三条曲线共同的交点 O 为水的三相点,对应的温度为 273.16 K (0.01 ℃),对应的压强为 4.581 mmHg。正因为水的三相点温度是唯一的,所以被选定为国际温标的基本固定点。其他物质除氦以外,都有三相点,表 6.4 列出了几种物质在三相点时的温度和压强。

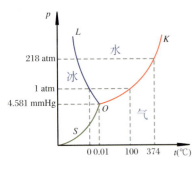

图 6.5 水的三相图

表 6.4 物质在三相点时的温度和压强

物质	三相点温度(K)	三相点压强(mmHg)
H_2O	273.16	4.581
CO_2	216.55	3 880
SO_2	197.68	1.256
NH_3	195.40	45.57
N_2	63.16	94
O_2	54.36	1.14
Ne	24.57	324
H_2	13.81	52.8

通过相图,可以找出在给定的温度和压强下,物质处于什么相,确定在什么条件下两相能够共存。另外,有了三相图以后,就比较容易说明物态变化。例如,当气体的压强低于三相点的压强时,如果这时气温又降得足够低,则气体将直接凝固为固态。因此,在寒冷的季节,如果大气中水蒸气的分压强低于 4.581 mmHg,当大气温度突然降到 0 ℃ 以下时,水蒸气会直接凝结为冰晶,即所谓的霜。相反,当外界压强比三相点的压强低,加热固体时,就可以不经熔解阶段而直接转变为气态。

图 6.6 是 CO_2 的三相图,CO_2 的三相点温度是 -56.6 ℃,相应的压强是 5.11 atm。因此,在 1 atm 情况下,CO_2 只能以固相或气相存在。固相 CO_2 在常压下加热,不经液相直接升华为气相,故称常压下的固态 CO_2 为"干冰"。只有当压强高于 5.11 atm 时,才以液相存在。例如,室温下干冰通常是贮存在高压的钢瓶中,这时它处在气液两相平衡共存的状态。在 20 ℃ 时,钢瓶内气压约为 56 atm。使用时,把钢瓶的阀门打开,喷出的液态 CO_2 气压由 56 atm 骤然降到

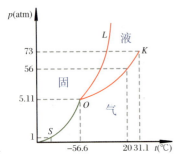

图 6.6 CO_2 的三相图

1 atm。从图中看出，在此压强下，CO_2 不可能处于液态，在室温下只能处于气态。所以喷出的液态 CO_2 就迅速汽化，在汽化的过程中吸收大量的汽化热。这样，一部分的 CO_2 汽化导致另一部分冷却而凝固成干冰，其温度低达 $-78\ ℃$，用容器收集起来，便可充当冷却剂使用。

6.4.3 相平衡时的参量关系

1. 克拉珀龙方程

图 6.7(a)是两相 1 和 2 平衡时的相平衡曲线。设 m 千克的物质做微小的可逆卡诺循环，在压强 p 和温度 T 时由 1 相转变为 2 相，对应于 p-T 图上的 E 点，在 p-V 图上用过程曲线 AB 表示，如图 6.7(b)所示；然后再经过一绝热过程 BC，使温度由 T 减小到 $T-\Delta T$，压强由 p 减小到 $p-\Delta p$，即在 p-T 图上从 E 点移到 F 点。再使 m 千克的物质由 2 相变为 1 相，相变过程在 p-V 图上用过程曲线 CD 表示，对应于 p-T 图上的 F 点；最后经绝热过程 DA 使温度回到 T，压强回到 p，即由图上的 F 点回到 E 点。

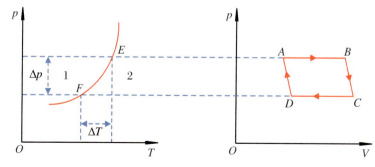

(a) p-T 图上两相1和2平衡时的相平衡曲线 (b) p-V 图上相变过程曲线

图 6.7 相变过程

设该物质单位质量的相变潜热为 l，则在这一微小的可逆卡诺循环中，从高温热源(温度为 T)吸取的热量为

$$Q_1 = ml$$

设 1 相的比体积为 V_1，2 相的比体积为 V_2，则在相变过程 AB 中所增加的体积为 $m(V_2 - V_1)$。当 ΔT 很小时，四边形 $ABCD$ 可近似看成平行四边形。循环过程对外做的功就是平行四边形 $ABCD$ 的面积，即

$$A = m(V_2 - V_1) \cdot \Delta p$$

循环的效率为

$$\eta = \frac{A}{Q_1} = \frac{m(V_2 - V_1) \cdot \Delta p}{ml} = \frac{(V_2 - V_1) \cdot \Delta p}{l}$$

由卡诺定理得

$$\eta = 1 - \frac{T - \Delta T}{T} = \frac{\Delta T}{T}$$

所以有

$$\frac{(V_2 - V_1) \cdot \Delta p}{l} = \frac{\Delta T}{T}$$

在 ΔT 无限小时,即得

$$\frac{\mathrm{d}p}{\mathrm{d}T} = \frac{l}{T(V_2 - V_1)} \tag{6.4.8}$$

这个式子称为克拉珀龙方程,它是热力学第二定律的直接推论。它将相平衡曲线的斜率 $\frac{\mathrm{d}p}{\mathrm{d}T}$ 与相变潜热 l、相变温度 T 以及相变时体积的变化 $V_2 - V_1$ 联系起来了。式(6.4.8)中各个量都是可以直接测量的,因此,式(6.4.8)是否成立,可以用实验来确证,从而可以验证热力学第二定律的正确性。

2. 熔点与压强的关系

用式(6.4.8)来考察熔点随压强的变化。令 1 相为固相,2 相为液相,由于固相变为液相要吸热,所以 $l>0$,则当 $V_2 > V_1$ 时,$\frac{\mathrm{d}p}{\mathrm{d}T} > 0$;当 $V_2 < V_1$ 时,$\frac{\mathrm{d}p}{\mathrm{d}T} < 0$。就是说,若熔解时体积膨胀,则熔点随压强增加而升高;若熔解时体积缩小,则熔点随压强增加而降低。

我们将冰的相关数据代入克拉珀龙方程。冰在 1 atm 条件下的熔点是 $T = 273.15$ K,实验测得,这时冰和水的比体积分别是 $V_1 = 1.0908 \times 10^{-3}$ m³·kg⁻¹ 和 $V_2 = 1.00021 \times 10^{-3}$ m³·kg⁻¹,熔解热 $l_m = 79.72$ cal·kg⁻¹,则由式(6.4.8)得

$$\frac{\mathrm{d}T}{\mathrm{d}p} = \frac{T(V_2 - V_1)}{l} = -\frac{273.15 \text{ K} \times 0.0906 \times 10^{-3} \text{ m}^3 \cdot \text{kg}^{-1}}{79.72 \text{ cal} \cdot \text{kg}^{-1}}$$
$$= -0.00752 \text{ K} \cdot \text{atm}^{-1}$$

这个结果和实验测得的结果符合得很好。每增加 1 个大气压,冰的熔点会下降 0.00752 K,增加 1000 个大气压,会使冰熔点降低 7.52 K。这看起来似乎不是什么大的影响,却对冰川的移动起着重要的作用。

3. 沸点与压强的关系

再来看沸点与压强的关系。设由液相转变为气相，1 相为液相，2 相为气相，由于 $l>0, V_2>V_1$，液—气相变有

$$\frac{\mathrm{d}p}{\mathrm{d}T} = \frac{l}{T(V_2 - V_1)} > 0$$

这表明，沸点随压强的增加而升高，随压强的减少而降低。

大气压是随着高度增加而减小的，所以水的沸点也随着海拔高度的增加而降低。在高原地区，水的沸点低于 100 ℃，食物常不易煮熟，需要使用压力锅来煮食物（图 6.8）。压力锅中的压力升高，水温可升到 100 ℃ 以上，食物就能较快地煮熟。

4. 蒸气压方程

物质的气相和它的液相或固相平衡时的蒸气压强为饱和蒸气压。饱和蒸气压与温度的关系 $p = p(T)$ 叫做蒸气压方程。

一般而言，任何物质固相的比体积要比同温度下气相的比体积小得多；同样，在离临界温度较远时，液相的比体积也要比同温度下气相的比体积小得多。这样，我们可以忽略固、液相的比体积，则克拉珀龙方程为

图 6.8 使用压力锅煮食物

$$\frac{\mathrm{d}p}{\mathrm{d}T} = \frac{l}{T(V_2 - V_1)} = \frac{l}{TV_2}$$

式中，2 相为气相。假设在气相的气体满足理想气体方程，则其比体积为

$$V_2 = \frac{RT}{p\mu}$$

式中，μ 为摩尔质量，代入克拉珀龙方程，则有

$$\frac{\mathrm{d}p}{\mathrm{d}T} = \frac{l}{TV_2} = \frac{\mu l}{RT^2} \cdot p = \frac{l_\mathrm{m}}{RT^2} \cdot p \quad (6.4.9)$$

式中，l_m 是摩尔相变潜热。式(6.4.9)可进一步改写为

$$\frac{\mathrm{d}p}{p} = \frac{l_\mathrm{m}}{RT^2} \cdot \mathrm{d}T \quad (6.4.10)$$

若把相变潜热视为常数，则

$$p = p_0 \exp\left(-\frac{l_\mathrm{m}}{RT}\right) \quad (6.4.11)$$

式中，p_0 为常数。上式只对于较小的温度范围才成立，温度变化范围较大时，潜

热也会有明显的变化。式(6.4.11)可视为一个粗略的蒸气压方程的表达式。

例 6.2 水从温度 99 ℃ 升高到 101 ℃ 时，饱和蒸气压从 0.978×10^5 Pa 增加到 1.050×10^5 Pa，假定这时水蒸气可看成理想气体，求水在 100 ℃ 时的摩尔汽化热。

解 由克拉珀龙方程得

$$l = T\frac{\mathrm{d}p}{\mathrm{d}T}(V_2 - V_1)$$

由于液体的比体积远小于气体的比体积，即 $V_2 \gg V_1$，可在上式中略去 V_1，则有

$$l = T\frac{\mathrm{d}p}{\mathrm{d}T}V_2$$

将水蒸气当成理想气体，有

$$V_2 = \frac{RT}{p\mu}$$

于是有

$$\begin{aligned} l_\mathrm{m} = \mu l &= \frac{RT^2}{p}\cdot\frac{\mathrm{d}p}{\mathrm{d}T} \\ &= \frac{8.31\times 373^2}{1.013}\times\frac{1.050 - 0.978}{101 - 99}\ \mathrm{J\cdot mol^{-1}} \\ &= 4.1\times 10^4\ \mathrm{J\cdot mol^{-1}} \end{aligned}$$

例 6.3 已知空气的温度为 T_0，试求水的沸点随高度的变化关系。

解 当水的饱和蒸气压等于液面上的大气压，饱和蒸气的温度就是水的沸点 T_c。水在沸腾时，由式(6.4.10)可得其饱和蒸气压与温度的关系，即

$$\frac{\mathrm{d}p}{p_\mathrm{c}} = \frac{l_\mathrm{m}\mathrm{d}T}{RT_\mathrm{c}^2}$$

式中，T_c 为水的沸点，l_m 为水在 T_c 时的摩尔汽化热。空气的压强随高度变化，即

$$\mathrm{d}p = -\rho g\mathrm{d}z = -nmg\mathrm{d}z = -\frac{mgp}{kT_0}\mathrm{d}z = -\frac{\mu_0 gp}{RT_0}\mathrm{d}z$$

式中，μ_0 为空气的摩尔质量，g 为重力加速度，T_0 为空气温度。将两式结合，则有

$$\frac{dT_c}{T_c^2} = -\frac{\mu_0 g}{l_m T_0} dz$$

两边积分,有

$$\frac{1}{T_c} = \frac{\mu_0 g}{l_m T_0} z + C$$

设 $z = 0$ 时,$T_c = 373.15\text{ K}$,则

$$\frac{1}{T_c} = \frac{\mu_0 g}{l_m T_0} z + \frac{1}{373.15}$$

可见,当 z 增加时,水的沸点降低。但上式也只是在温度变化范围不大的情况下才成立。

*6.5 临 界 现 象

6.5.1 实际气体的等温线

在图 6.4 所示的单元系相图中,OL 为熔解曲线,OK 为汽化曲线。它们都始于三相点 O,但向上延伸有没有终止点?

人们通过大量实验研究发现,熔解曲线向上延伸到十万个大气压也没出现曲线的终止点;而且理论研究也表明,熔解曲线 OL 将会向无穷远伸长,或与其他相界线相交,形成新的三相点。那汽化曲线 OK 上端有没有终止点?这个问题使物理学家困惑了近 50 年。直到 1869 年才由英国物理学家安德鲁斯(Andrews)给出了答案。

根据我们的经验,改变温度可以发生相变,但控制相变发生的参量还有压强。对气液相变而言,不仅可通过等压改变温度而发生,也可以通过温度和压强同时改变,或等温改变压强而发生。最后一种情形是真实气体的等温过程,改变气体的压强,气体的状态将发生变化。安德鲁斯将一定量的 CO_2 充入气缸。为了使过程等温,将气缸置于恒温水槽中。移动活塞改变 CO_2 的体积和压强,记录过程中压强随体积的变化;并改变温度,在 p-V 图上作出一组等温线,如图 6.9 所示。

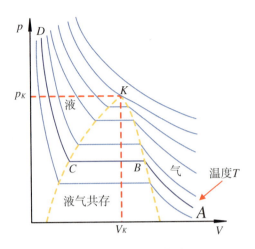

图 6.9 等温压缩曲线

先看温度为 T 的一条等温曲线,从状态 A 开始等温压缩到状态 B 的过程是处于气态的 CO_2 被等温压缩。这段过程中压强随体积的减小而增大,与理想气体的等温线相似。当 CO_2 气体被压缩到状态 B 时,可发现 CO_2 开始液化。活塞继续推移,液态 CO_2 量不断增加而气态 CO_2 量不断减少,并且气态 CO_2 压强维持在状态 B 的压强一直不变,这个过程直到 CO_2 全部液化的状态 C。此后,再使体积减小,必须急剧增加压强,反映出液体不易被压缩,由曲线的 CD 段表示。

水平线段 BC 是 CO_2 气液两相等温等压转变的平衡共存区,在此区域 CO_2 的压强为饱和蒸气压,B 点表示系统全部处于饱和蒸气状态,C 点为 CO_2 全部转变为液态时的状态,从 B 到 C 液态 CO_2 所占比例越来越大。

6.5.2 临界状态

从图 6.9 可以看到,不同温度的等温压缩曲线就与上面所讲的温度为 T 的等温压缩曲线相似,不过温度越高,饱和蒸气压就越大,图中气液共存的水平线段越往上移。同时,随着温度的升高,液态的比体积越接近气态的比体积,水平线段越短,即水平线段两端点越靠近。当温度达到某一温度 T_K(对 CO_2 来说是 31.1 ℃)时,水平线段消失,气液共存区变成一个与 K 点对应的状态。安德鲁斯把 K 点称为临界点,K 点所对应的状态称为临界状态。临界状态对应的温度、压强和比体积分别称为临界温度、临界压强和临界比体积。与临界温度对应的等温线称为临界等温线。

处于临界点的液体的比体积是液态的最大比体积,临界压强是液体的最大饱和蒸气压,而临界温度则是气体可以通过等温加压的办法使其液化的最高温度。温度高于临界温度的等温曲线,不再出现水平线段,即不会再出现气液两相平衡共存状态。这时,无论多大的压强,也不能使气体发生液化。表 6.5 列出了几种物质的临界温度。

表 6.5 几种物质的临界温度

物质	水	乙醚	氨气	二氧化碳	氧气	氮气	氢气	氦气
临界温度(℃)	374.2	193.4	135.2	31.10	-118.8	-147.16	-239.95	-268.12

所以,要用等温压缩方法使气体液化,其先决条件是将气体预冷到临界温度以下。从表 6.5 中可以看出,某些气体(如 O_2, N_2, H_2, He)的临界温度很低,在 19 世纪的上半叶,还未能将它们液化,所以它们曾被称为"永久气体"。直到安德鲁斯认识到临界点这一事实后,表明了所谓的"永久气体"是可以被征服的,即首先必须把"永久气体"温度预降到临界温度以下。人们就努力提高低温技术,结果在 19 世纪的后半叶到 20 世纪初所有气体都可液化了。

在临界点,液体及其饱和蒸气间的一切差别都消失了,折射率相同,因而看不到气液分界面。图 6.10 显示的是乙醚在临界点时的变化情况。在一个坚固的玻璃管中封入适量的乙醚,使乙醚的比体积恰好等于乙醚的临界比体积,把空气抽走后封闭玻璃管。对玻璃管缓慢加热,使管中的乙醚状态沿通过临界点的等体线变化。当温度达到乙醚的临界温度时,液面就消失了。这表明,在一定条件下气液之间没有太大的本质区别。需要指出的是,实验中观察到的现象并不是液面逐渐下降,液态乙醚逐渐汽化,以致最后全部汽化,而是当液面还很高时,液面就逐渐模糊。当到临界点时,呈现气液不分的状态。这时,如果用光照射,将会看到乳白色的散射光,即所谓临界乳光现象。这是因为临界点的密度涨落特别大,引起光的强烈散射所致,如同我们在第 2 章中介绍的晴朗的天空呈现蓝色,是同样的道理。但因为在液体或密度较大的临界态物质中所发生的分子散射,其散射光强度与波长的关系不太明显,所以看到的是乳白色。

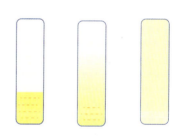

图 6.10 乙醚的临界现象

在图 6.9 中,若将一系列等温线中的水平线段的端点用虚线连起来,则 p-V 图被分成三个区域。虚线下方区域为气液两相共存区,区域中的气相是饱和蒸气;虚线左侧与临界等温线左下侧的区域的每个态都是液态;其余区域中每个态都是单一的气态。

对气液相变可用范德瓦耳斯方程解释。1 mol 物质的范德瓦耳斯方程为

$$\left(p + \frac{a}{V^2}\right)(V - b) = RT \tag{6.5.1}$$

根据范德瓦耳斯方程得到一条理论上的等温线,如图 6.11 所示。在气相段和液相段,范德瓦耳斯等温线和实验等温线基本一致,说明范德瓦耳斯方程不仅比理想气体物态方程能更好地描述实际气体状态,还能在一定程度上描述液体

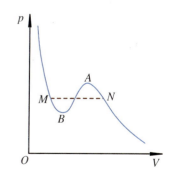

图 6.11 范德瓦耳斯方程的等温线

和气体相变时的某些特点。

但范德瓦耳斯等温线与实验等温线也有明显的差别,表现在 MN 间实验曲线为一与横轴平行的直线,但范德瓦耳斯等温线 NABM 上却有起伏,这一段正好是气体液化的过程。等温线 NABM 表示气体以单相存在的方式连续地转变为液体的过程。但是,在温度低于临界点的等温线上(如 AB 段)有一段正斜率,这是不允许的。因为温度一定时,物体的体积只能越压越小,最多压不动,但绝不能越压越大,这是自然界的一个基本事实。因此,在实际中,气液转变只能以双相存在的方式进行。在转变过程中,处于状态 N 的气体,只能是一部分一部分地转变为状态 M 的液体,其余部分不发生变化。

范德瓦耳斯等温线中的起伏部分也不是完全没有物理意义。若蒸气中基本没有凝结核,那么虽然达到饱和状态仍不开始凝结,甚至压力超过饱和蒸气压,仍以气态存在,称为过饱和蒸气,NA 段正说明过饱和蒸气行为。类似地,BM 段表示液体所受的压强比饱和蒸气压小时,仍不蒸发,保持液体状态,称为过热液体。在没有汽化核的情况下它是可以实现的。过饱和蒸气和过热液体都属于亚稳态,若有较大扰动,它们立即转变为更加稳定的气液两相共存的状态,即水平直线 MN 段上的状态。因此,范德瓦耳斯方程能够解释亚稳态的存在。曲线 AB 段表示极不稳定的状态,实验中完全不可能实现。

6.5.3 临界参数

图 6.11 显示的是温度为 T 的一条范德瓦耳斯曲线。同样,对于不同温度可作一系列范德瓦耳斯等温线,如图 6.12 所示。随着温度升高,等温线上的极大值点与极小值点之间的距离就越来越小。到某一温度 T_K 时,两点重合,等温线上出现拐点 K,温度继续升高,等温线上就没有弯曲部分了。具有拐点 K 的等温线就是临界等温线,K 是临界点,T_K 是临界温度。由式(6.5.1)有

$$p = \frac{RT}{V-b} - \frac{a}{V^2}$$

对 V 求一、二阶导数,结果分别为

$$\left(\frac{\partial p}{\partial V}\right)_T = -\frac{RT}{(V-b)^2} + \frac{2a}{V^3}, \quad \left(\frac{\partial^2 p}{\partial V^2}\right)_T = \frac{2RT}{(V-b)^3} - \frac{6a}{V^4}$$

根据拐点 K 的性质,在 K 处必须有

$$\left(\frac{\partial p}{\partial V}\right)_{T_K} = 0, \quad \left(\frac{\partial^2 p}{\partial V^2}\right)_{T_K} = 0$$

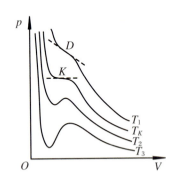

图 6.12　一组范德瓦耳斯等温线

则

$$-\frac{RT_K}{(V-b)^2}+\frac{2a}{V^3}=0, \quad \frac{2RT_K}{(V-b)^3}-\frac{6a}{V^4}=0$$

利用上式可求出 V, T_K 和 p，即为临界点的状态参量 V_K, T_K 和 p_K：

$$V_K = 3b, \quad T_K = \frac{8a}{27Rb}, \quad p_K = \frac{a}{27b^2} \tag{6.5.2}$$

由式(6.5.2)可见，由范德瓦耳斯方程中的常数 a 和 b 就可以确定临界点 K 的状态参量。实际上，往往是反过来由实验测得临界点参量，再去求常数 a 和 b。

由式(6.5.2)可知，p_K, V_K 和 T_K 之间存在如下关系：

$$\frac{RT_K}{p_K V_K} = \frac{8}{3} = 2.667 \tag{6.5.3}$$

这是一个无量纲的比值，称为临界系数。根据范德瓦耳斯方程，临界系数对于一切物质都相同，与具体气体的特性无关。但实际上，不同的实际气体有不同的值，而且与 2.667 相差很大，由此也可以看出范德瓦耳斯方程对于实际气体来说只是近似的物态方程。

第 7 章 非常规温度

王可伟先生的油画

"将军角弓不得控,都护铁衣冷难着",描绘了一幅古代边塞军旅生活的图画:极度苦寒使将士们角弓不能控制、盔甲难以穿上。古诗中所言及的自然环境的寒冷远远不及人类今天所追求的和能达到的低温,人类早已战胜了普通的冰雪低温,踏入非常规的低温世界;同样的情形亦出现在高温世界。

人们源于科学的基本兴趣及实际应用,在迈向"低温世界"、"高温世界"的道路上留下了一串串足迹,而**伴随着这些非常规温度的是一个个令人兴奋的新现象和新效应的发现**,并"生长"出前沿的物理学科:低温物理和等离子体物理。对这些问题的讨论已远远超越了热学范畴,我们尝试着基于已有的热学知识来认识一下非常规温度及相应的物质性质,从中领略热学的发展,并进一步认识普通物理学的基础性地位。

*7.1 低温与极低温的获得

7.1.1 低温获得

1. 气体液化

在日常生活中,当温度降到 0 ℃ 以下,人们就感觉进入了低温世界。在广阔的低温世界中,低温二字在不同领域、不同时期有过不同的含义。在物理学中,一般把 81 K 以下的温度称为低温,这是因为 81 K 是空气在标准大气压下发生液化的温度,而把 1 K 以下的温度称为极低温。

历史上最先涉及的低温技术是气体液化。气体液化制冷在今天应用到几乎所有需要低温的领域。因此,要获得低温,首先必须使气体液化,再利用获得的液化气体的相变温度(沸点)来制造低温环境,这是获得低温的常用方法。

表 7.1 是用作制冷剂的常用液化气体在 1 个大气压下的沸点。可以看出,利用液态空气可获得 81 K 的低温,而使用液态氦则可获得 4 K 的低温。

表 7.1 常用的液化气体在 1 个大气压下的沸点

液态气体	氮气	氩气	氨气	氢气	空气	氦气	氧气	氖气	氯气
沸点(℃)	−195	−185.8	−33.5	−252.8	−193	−268.8	−183	−245.9	−34.5

将气体液化,外界必须对制冷机做功。将单位质量的气体从室温 T_1 全部变成液体,需要取走的热量为

$$Q = H_1 - H_0 \tag{7.1.1}$$

式中,H_1 是压强为 1 atm、温度为 T_1 时气体的焓值;H_0 是正常沸点时液体的焓值。设制取单位质量的液化气体,外界对制冷机做功 W,则工作物质向大气(高温热源 T_1)放出的热量为 $Q+W$。将液化气体、工作物质和热源 T_1 作为热力学系统,该系统经历绝热过程。根据熵增加原理,整个系统的熵的变化必须大于或等于零。若室温下气体的熵为 S_1,正常沸点时液体的熵为 S_0,则液化气体熵的变化为 $\Delta S = S_0 - S_1$,而热源 T_1 的熵的变化为 $(Q+W)/T_1$,制冷机工作物质的熵的变化 $\Delta S = 0$,于是有

$$S_0 - S_1 + \frac{Q+W}{T_1} \geqslant 0$$

或

$$W \geq T_1(S_1 - S_0) - Q \tag{7.1.2}$$

将式(7.1.1)代入上式,得

$$W \geq T_1(S_1 - S_0) - (H_1 - H_0)$$

由此可见,制冷机所需的最小功为

$$W_{\min} = T_1(S_1 - S_0) - (H_1 - H_0) \tag{7.1.3}$$

生产液态 N_2 和 He 的最小功分别为 769.6 kJ·kg^{-1} 和 6 850 kJ·kg^{-1},因而液态 He 的生产费用比液态 N_2 的要高。当然,实际制冷机不可避免地存在各种不可逆因素,所需要做的功比 $W_{\min}$ 大得多。

2. 节流液化

在第 4 章中介绍的焦耳-汤姆孙效应已成为生产液化气体和获得低温的重要手段。当气体的温度低于最大转换温度,表现为焦耳-汤姆孙正效应,则节流膨胀后温度降低。利用此效应,可以使加压气体通过小孔后膨胀来降低温度,使它液化。1895 年,林德(Linde)首先用气体节流降温方法获得了液态空气,所使用的制冷循环称为林德循环。

图 7.1 是林德循环的空气液化流程示意图。压缩机把空气压缩至高压,高压空气经水冷后进入热交换器,被逆向流动的低压冷空气进一步冷却,随后,经节流阀节流膨胀,降压降温。节流后部分空气液化,贮存在容器中,而未被液化的空气返回热交换器,通过热交换器去冷却后进入的高压空气;最后低压回气在压缩机处与新补充的新鲜空气混合,再进入压缩机。至此,完成一个循环。

气体从一定的压强和温度节流一次,降低的温度总是有限的,难以达到液化温度使气体液化。林德循环的一个重要特点是利用逆流换热器,用节流后的冷气回流来冷却随后的节流前的高压气体,使后来的高压气体节流后达到更低的温度。这样不断循环,最终使节流后的温度达到液化温度,使气体液化。

在早期的制冷设备上,采用的是单一节流膨胀来生产低温液体。高压空气经节流膨胀后获得液化空气,再经分馏设备生产出液氮(77 K)或液氧(90 K)。但是对氢、氦等气体,在常温下节流膨胀,温度不但不降,反而升高。所以,要用节流膨胀方法生产液氢(20 K)需要用液氮预冷氢气到最大转换温度以下;而生产液氦(4.2 K)则先将氦气经液氮预冷,再由液氢预冷,然后才可节流膨胀降温。

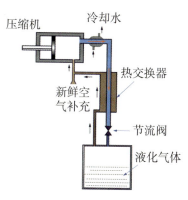

图 7.1 林德循环的空气液化流程示意图

3. 绝热膨胀液化

我们知道,气体绝热膨胀对外做功,温度降低。由于气体在绝热膨胀对外做功的过程中,与外界无热交换,$Q = 0$,气体对外所做的功只能以内能减少为代价。同时,当气体膨胀时,与节流膨胀一样,分子间平均距离增大,气体因分子引力而产生的势能也相应增加。分子势能的增加只能来自分子动能的减少。所以,气体绝热膨胀对外做功的制冷效果优于节流膨胀。

1902年,克劳德(Claude)最先将气体绝热对外做功应用于制冷循环,高压气体在膨胀机中绝热膨胀,对外做功,降低温度,使液体液化。具有膨胀机的制冷循环称为克劳德循环。

尽管气体绝热膨胀对外做功的制冷效果优于节流膨胀,但是由于节流膨胀简单有效,它通常被用于膨胀机制冷的最后一级冷却。

7.1.2 极低温的获得

1. 液氦抽气降温

液体饱和蒸气压与温度有对应关系,饱和蒸气压降低,液体的温度也降低。因此,对绝热的液体抽气可降低温度。从能量角度来看,抽气时液体不断蒸发,物质由液相变为气相,势能增加。绝热条件下,势能增加依靠热运动能量的减小来弥补,因而温度下降。

液氦(通常指 ^{4}He)的沸点为 4.2 K,降低液氦的蒸气压,最低温度可达 0.8 K。如图7.2所示,在装有液态氦的容器中,当抽气机工作时,将蒸气抽走使蒸气压降低,蒸发速度增大,使温度降低到它的沸点以下。

^{3}He 的沸点比 ^{4}He 更低,标准大气压下的沸点是 3.2 K,且 ^{3}He 至少在 3×10^{-3} K 以上不显示超流动性。在同样的饱和蒸气压下,^{3}He 液体比 ^{4}He 液体的温度更低。因此,对 ^{3}He 液体抽气降压可达到更低的温度,最低温度可达 0.2 K。对 ^{3}He 抽气降压是获得 0.3~1 K 温度的较简单方法。但要想获得更低温度,就必须要采取其他方法。

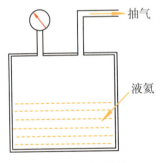

图 7.2 液氦抽气降温示意图

2. ^{4}He-^{3}He 稀释制冷

获得1 K 以下的温度目前最常见的方法是用 ^{4}He-^{3}He 稀释制冷。先看 ^{4}He-^{3}He 混合液体的性质。^{4}He 和 ^{3}He 像酒精和水一样可以相互混合。实验表明,^{4}He-^{3}He 混合液体当温度低于 0.87 K 时,将分离为 ^{3}He 浓度不同的两个相,一个相含 ^{3}He 浓度较高,为富 ^{3}He 相或浓缩相;另一个相含 ^{3}He 的浓度较低,称为稀释相。由于 ^{3}He 原子比 ^{4}He 轻,富 ^{3}He 相浮在稀释相上面。在稀释相中,^{3}He 稀疏地分布于 ^{4}He 液体中,^{3}He 原子间的相互作用可以忽略。当温度低于 0.5 K,在稀释相作为基底的 ^{4}He 超流已基本处于量子力学基态,它们对 ^{3}He 原子的作用可以忽略,所以,稀释相中的 ^{3}He 原子可当作理想气体来处理。

从熵的角度来看,如果 ^{4}He 和 ^{3}He 液体严格分离,这是一种有序的状态;如果 ^{4}He 和 ^{3}He 完全混合在一起,则是一种无序状态,后者的熵大于前者。温度低于 0.87 K 的 ^{4}He-^{3}He 混合液体实际上是介于这两种状态之间。这样,富 ^{3}He 相中的 ^{3}He 向稀释相"扩散",使溶液更接近均匀混合状态,溶液的熵增加。若过程绝热,则溶液温度下降。

稀释相中的 ^{3}He 摩尔焓大于浓缩相中的 ^{3}He 摩尔焓。所以当 ^{3}He 原子从浓缩相穿越边界进入稀释相时要吸收热量,从而产生制冷效应。上述过程与液体的蒸发类似,上部浓缩相相当于液相,下部稀释相相当于气相。

3. 绝热去磁制冷

系统的熵是系统无序程度的度量,系统的熵随温度降低而减小。因此,我们可以改变其他状态参量,使系统的熵减小,从而达到降温的目的。当达到 0.1 K 左右时,液化气体的无序度已经很小了,很难再使其无序度进一步下降,无法再用液化气体的方法达到更低的温度。

为了获得更低的温度,必须有一种系统,它在温度很低时仍是无序的,然后改变系统的状态参量,使其有序化,使熵降低。顺磁物质中的磁偶极子就是这样一个系统。原子磁矩是与电子的轨道角动量和自旋角动量相联系的,而轨道角动量和自旋角动量合成为总的角动量 $\vec{J}$,原子磁矩可表示为

$$\vec{\mu}_m = - g\mu_B \vec{J} \qquad (7.1.4)$$

式中,μ_B 为玻尔磁子,$\mu_B = 9.274 \times 10^{-24}$ J·T^{-1},g 为朗德(Lande)因子。磁介质中具有磁矩的原子或离子都称为磁离子。

在用于绝热去磁的顺磁盐中,磁性离子比非磁性粒子要少得多,且磁矩间的相互作用很弱,直到 1 K 时它们在空间的取向仍是无序的。图 7.3 是绝热去磁装置的示意图和顺磁盐的 S-T 图。将顺磁盐在磁场强度 $H = 0$ 时与真空室中的 ^{4}He 交换气热接触,待顺磁盐与真空室外面的液氦池达到热平衡,初始温度为 T_1。然后外加磁场,磁场对样品做功使样品磁化。磁偶极子在外磁场的作用下,趋于沿磁场方向排列,顺磁盐在温度不变的情况下放出的热量 $T_1(S_A - S_B)$ 传给 ^{4}He,使系统的无序度下降,熵减小。

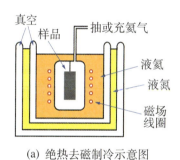

(a) 绝热去磁制冷示意图

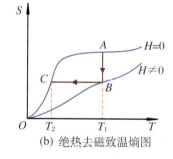

(b) 绝热去磁致温熵图

图 7.3 绝热去磁

抽取真空室中的热交换气,使顺磁盐绝热,再缓慢撤去磁场。这个过程中,系统对外做功,内能减少,温度下降到极低温度。这与气体的绝热膨胀类似,气体绝热膨胀将导致温度下降。从微观看,系统的熵由两部分组成,一部分是晶格热振动产生的熵,另一部分为磁偶极子取向无序化产生的熵。从 B 至 C 是可逆绝热过程,系统的熵不变。撤去磁场后,磁偶极子趋于无序化而导致其熵增加,因此样品分子热振动的熵必定减小,导致样品的温度下降到 T_2。

绝热离子去磁制冷的方法是德拜在 1926 年和焦克在 1927 年分别提出的,并在 1933 年第一次实现。用这种方法可获得 10^{-3} K 级的低温。

当温度更低时,由于磁偶极子间的相互作用,在零场下磁矩取向已经自发有序,无法再依靠外加磁场进一步降低无序度。这时,人们就想到利用核自旋磁矩去磁降温,因为核自旋磁矩比原子磁矩小 3 个数量级。用核自旋绝热去磁的基本原理与顺磁盐绝热去磁类似,但顺磁盐去磁利用的是原子磁矩,核自旋去磁利用的是原子核的磁矩。要使核自旋磁矩有序排列需要更大的磁场与温度的比值 B/T。因此,用核自旋绝热去磁制冷应该从更低的初始温度出发,且要用更强的磁场。

由于技术上的困难,直到 1956 年库特(N. Kurti)等才成功地用铜核去磁,使核自旋系统温度达到 2×10^{-5} K。1979 年,埃霍尔姆(Ehnholm)等用二级铜核去磁得到了 5×10^{-8} K 的核系统温度。

*7.2 热力学第三定律

7.2.1 绝对零度

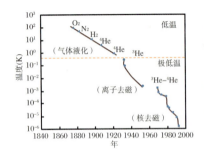

图 7.4 人类追求低温的"足迹"

向低温世界进军的先驱是英国物理学家法拉第。他在 19 世纪初进行了一系列气体液化实验,成功地获得液态氯、液态二氧化碳等。在随后的岁月,人们征服了一个又一个"永久气体",成功地实现了"永久气体"的液化。随着低温技术的进步,最低温度纪录不断被刷新。图 7.4 记录了人们利用前面介绍的几种低温方法获取低温的情况,显示了人类在追求最低温度的道路上不同年代留下的印迹。

20 世纪 80 年代以来,科学家们进一步发明了用激光冷却中性原子的方法来获得低温。在 1995 年用这种方法获得 2×10^{-8} K 的极低温。

热力学温标的零度(0 K)被称为绝对零度。一个有趣的现象是:降低温度的进展越来越慢,每进一步产生微小的冷却都要克服很大困难。绝对零度逐步被逼近,但能达到绝对零度吗?

在对低温现象进行大量实验研究的基础上,人们总结归纳出又一个具有普遍意义的热力学定律,表述为:**不可能用有限的步骤使系统的温度达到绝对零度。**

这就是热力学第三定律,又称绝对零度不能达到原理。显然,绝对零度不能达到原理不可能用实验直接证明,但是人们获得的极低温经验证实了热力学第三定律的正确性。

绝对零度是热力学第三定律的主题,如同热力学第一、第二定律,它也是一个限制性定律。不同的是,后两者要人们放弃第一类和第二类永动机,而第三定律却鼓励人们不断地向绝对零度进发,以一切可能的方法去无限接近绝对零度。但另一方面,令人们又感到困惑的是热力学第三定律又表明,绝对零度如水中月、镜中花一样,可望不可即。

人们发现,每当低温技术有进一步发展时,可达到的低温与绝对零度之间的差距也就缩短到 1 K 的很小很小一部分。降低物体的温度,就需要用特殊的"热泵"把它的能量带走,使它变凉,同时把这热量传递给另外一个物体。但这过程不可能永远进行下去。因为当温度接近绝对零度时的任何东西都比周围环境冷得多,除非我们可以找到一种理想的热绝缘体,完美地阻塞一切可能的热传递。但实际上,隔断一切可能的热传输在现实中是不可能的。在热的传输机制中,热传导和热对流可以在很大程度上得到控制,但是很难阻止热辐射的发生。况且,即使能找到这样一种完全理想的特殊隔热材料来隔断一切热传输,那么我们怎么知道确实达到了绝对零度?如果想要知道的话,就必须测量温度。当将温度计放入系统内部,你必须要通过信息通道来确定温度计的读数。可无论你采用什么通道,实物也好,电磁信号也好,它们同时也是热传输的通道。而使用的那种特殊材料也必定隔断了这一切的信息通道。因此,绝对零度是无法实现的,即使真的可以达到,它也无法维持和确定。

其实在谈论温度时,我们想到的是温度差。例如,1 K 与 10 K 之间差是 9 K,10 K 与 100 K 之间差是 90 K,等等。但也可以这样通俗地理解,那就是温度比,即 10 K 比 1 K 热 10 倍,100 K 比 1 K 热 10^2 倍,1 000 K 比 1 K 热 10^3 倍;那么,0.1 K 比 1 K 冷 10 倍,0.01 K 比 1 K 冷 10^2 倍,0.001 K 比 1 K 冷 10^3 倍……一直下去,绝对零度比 1 K 冷 10^∞ 倍,一个永远达不到的低温极限。

在寒冷的太空,几乎真空背景条件下仍然有温度,称为宇宙背景辐射温度。这种能量来源于约 150 亿年前的宇宙"大爆炸",就像火熄灭后烟囱的温度。随着宇宙的膨胀而平衡热辐射温度降低。到现今已经降为 2.7 K,是宇宙大爆炸的遗迹。美国的彭齐亚斯(Penzias)与威尔逊(Wilson)因发现了这一背景辐射温度获得了 1978 年的诺贝尔物理学奖。

7.2.2　零点问题

把热力学原理应用到低温现象及化学过程，1906年能斯特（W. Nernst）发现凝聚体系在等温过程中的熵变随温度趋于绝对零度时趋于零，即

$$\lim_{T \to 0} (\Delta S)_T = 0 \tag{7.2.1}$$

这称为能斯特定理。为此，能斯特于1920年获得了诺贝尔化学奖。利用绝对零度不可能达到的原理可导出能斯特定律。

根据能斯特定理，在绝对零度时，任何过程的熵变为零，则式（7.2.1）可写成

$$\lim_{T \to 0} S = S_0 \tag{7.2.2}$$

S_0是一个绝对常数，与状态变量无关。

1912年，普朗克把能斯特定理做了进一步发展，把熵常数选择为零，称为普朗克假设。这样，不仅熵的变化消失，并且在绝对零度时任何处于平衡态的系统的熵都等于零，即

$$\lim_{T \to 0} S = 0$$

因此，若将熵的参考温度取为绝对零度，则熵的公式变成

$$S = \int_0^T C_x \frac{\mathrm{d}T}{T} \tag{7.2.3}$$

这样就把熵的数值完全确定了，不含任何常数，因而称为绝对熵。熵函数的确定只需一个热容量的数据就够了，不必再用物态方程，但积分时要保持x不变。

在绝对零度时，任何物体的熵都变为零是量子统计的结果。在量子统计理论中，如果系统具有一系列能级$\varepsilon_0, \varepsilon_1, \varepsilon_2, \cdots$，在绝对零度时，系统必然处于能量最低的量子态——基态，在基态时系统的能量称为零点能。而前面的分子动理论表明温度正比于分子运动的平均能量，那么当温度等于零时，能量自然为零，怎么又出现了零点能呢？

在第2章最后一节，我们曾提到不确定原理。当温度降到绝对零度时粒子必定仍然在振动。如果粒子完全停下来，那它的动量和位置就可以同时精确地确定，而这是违反不确定原理的。粒子在绝对零度时的振动（零点振动）所具有的能量就是零点能。

所有物体的定容热容量C_V在$T = 0 \mathrm{K}$时也为零。从实验上讲，如果系统

的温度足够低,粒子的平均动能 kT 远小于 ε_0 和 ε_1 之间的差。系统的热激发就不足以将它从 ε_0 的状态转移到 ε_1 的状态。因此,极低温下系统将处于最低能量 ε_0 的状态中,系统的内能 $U = \varepsilon_0$。则系统的定容热容量为

$$C_V = \left(\frac{dU}{dT}\right)_V = \left(\frac{d\varepsilon_0}{dT}\right)_V = 0$$

还可以进一步给出,当 $T = 0\,\text{K}$ 时,$C_p = 0$。

热力学第二定律引进了态函数熵,从积分关系,可以把熵的值确定到相差一个任意的常数。但此常数不能通过热力学第一定律和第二定律得到。为了确定熵的绝对值,要用热力学第三定律。

7.2.3 负温度

在摄氏温标中,我们规定水的三相点温度为 $0\,°\text{C}$。河水结冰时,经验告诉我们气温已经低于 $0\,°\text{C}$ 了,达到负摄氏温度。所以,对摄氏温标而言,负温度是司空见惯的。

但在热力学第二定律基础上建立的绝对温标中,它以水的三相点为基准值,规定为 $273.16\,\text{K}$,利用卡诺循环中系统与热源交换的热量与热源温度关系

$$\frac{Q_2}{Q_1} = \frac{T_2}{T_1}$$

来标定温度。通常认为热力学温度只能取正值,其最小值为绝对零度,而绝对零度是不可达到的。那么负的热力学温度是否存在?如果存在,会以怎样的方式存在?

从理论上看,负热力学温度(负温度)的系统状态实际上是存在的。首先看热力学基本方程(5.4.11),即

$$dU = TdS - pdV$$

则有

$$\frac{1}{T} = \left(\frac{\partial S}{\partial U}\right)_V \tag{7.2.4}$$

这表明,随内能 U 增大,当熵 S 增加即系统的无序程度增大时,$T>0$,系统处于正温度状态;当系统的微观无序度随内能的增大而减小时,$T<0$,系统处于负温度状态。所以,系统有可能达到负温度状态,但前提是系统的熵随内能增大而减小。一般情况下,内能增加,系统的熵总是增大的,系统总是处于正温度

状态。

微观粒子的能量是不连续的,即能级是分立的。达到平衡后,在一定温度下,系统中具有某个能量的粒子数遵从玻耳兹曼能量分布律式。在简单情况下,取各个能级的简并度 $g_i = 1$,则由式(2.6.3)可以得到分布在任意两个能级 ε_1 和 ε_2 上的粒子数的比值为

$$\frac{n_2}{n_1} = e^{\frac{-(\varepsilon_2 - \varepsilon_1)}{kT}} \tag{7.2.5}$$

式中,n_1 和 n_2 分别表示两能级上的粒子数。

在通常情况下,处于高能态的粒子数必定比处于低能态的粒子数要少,如图 7.5(a) 所示。当温度升高时,处于高能级的粒子数目增加。某些特殊情况下,激发态的粒子数可以比基态(低能态)的粒子数更多,实现"粒子数反转"。根据式(7.2.5),当 $n_2 > n_1$,则 $e^{-(\varepsilon_2 - \varepsilon_1)/kT} > 1$,$(\varepsilon_2 - \varepsilon_1)/kT < 0$。但因为 $\varepsilon_2 - \varepsilon_1$ 和 k 是正数,所以 T 必须是负值。于是,当粒子数反转时,系统便呈现负温度状态,如图 7.5(b) 所示。

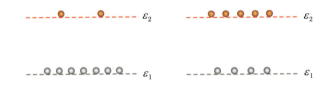

图 7.5 粒子数反转示意

ε_1 是低能级,而 ε_2 为高能级

(a) 正温度下的粒子数分布　　(b) 粒子数反转,对应于负温度

从上面可以看出,在正温度情况下,温度越高,微观粒子的热运动就会越剧烈,微观无序度就会越大。玻耳兹曼能量分布律决定了高能量的粒子数总是小于低能量的粒子数。但是随着温度升高,高能量的粒子数逐渐增多。当粒子数的能量无限增大后,就会出现高能量的粒子数多于低能量的粒子数的情况,即所谓的粒子数反转。此时,系统的微观无序度随温度的进一步升高而减小,由无序状态转变为有序状态。

因此,只有当温度比无穷大的温度更高时,粒子数才开始反转,即负温度是比正无穷大的温度还要高。当然,从数学上讲,比无穷大还要大是没有意义的;但从物理上看,温度升高表示系统内能增加,就是说负温度系统比无穷大温度系统拥有更高的能量。负温度并不是由正温度经过 0 K 而达到的,负温度不是比绝度零度更"冷",而是比正无穷大温度还要"热"。我们可以把热力学温度按冷热程度由低到高排列成:

$$+ 0\,K \cdots\cdots + 300\,K \cdots\cdots \pm \infty\,K \cdots\cdots - 300\,K \cdots\cdots - 0\,K$$

在这个序列中,负温度区比 $+\infty$ K 还要热,正温度向负温度过渡时,要经过 $\pm \infty$ K,$+\infty$ K 和 $-\infty$ K 一样热,$T \to -0$ K 才是最高温度,$+0$ K 才是整个热力学温度范围内最冷的温度。

1950年,在核磁共振实验中,科学家发现核自旋系统是具有负热力学温度的系统。1951年,美国物理学家珀塞尔首先提出"负温度"概念,并把粒子数反转称为"负温度"状态。需要指出的是,实现负热力学温度的条件相当苛刻,能实现的物理系统很少,而且时间也很短。在负温度下,系统的状态变化仍然遵从热力学基本定律,但有些说法需要进行相应的修改。

*7.3 低温世界的奇异物性

物质在低温下呈现许多常温时所没有的特性,低温物理已发展成为一门新兴的独立学科。在温度下降、熵趋近于零的道路上,一系列奇妙的物理现象被发现,其中最重要的有超流特性与超导电性。

7.3.1 超流现象

氦有两种同位素:^{4}He 和 ^{3}He,通常所说的氦是 ^{4}He。^{4}He 气体在 4.2 K 时液化,^{3}He 气体在 3.2 K 时液化。在常压下无论温度多低都不能使它变为固体。

这是因为物质的凝固点是由范德瓦耳斯力和热运动之间的平衡来决定的。对氦而言,由于原子小,范德瓦耳斯力比其他物质都弱。这样,在力的平衡中必须把通常可忽略的量子力学的零点能考虑进去,即氦原子在绝对零度时仍有很大的动能。零点能的作用使原子之间保持一定的间距,氦原子在其自身蒸气压下不能排列成空间有序的结构而形成晶体。只有靠外加压强作用,使氦原子更紧密地靠在一起,才能形成固体。因为不能在常压下变成固体,所以人们称液体 ^{4}He 和 ^{3}He 为永久液体,只能采用加压的方法让原子间距离缩小而固化。

温度接近绝对零度时,除氦以外,一切物质都以固态存在。在这样的低温下,液态氦与一般的流体相比,它具有许多奇特的性质。^{4}He 在温度降到 2.17 K 时,其许多物理性质,例如压缩系数、比热容和热膨胀系数都发生突变。把温度约在 2.2 K 以上、物理性质表现正常的液氦叫 HeⅠ,把在该温度以下、物理性质表现反常的液氦叫 HeⅡ。

HeⅡ最引人注目的性质是超流动性,即其黏滞系数变为零。1938年,前苏联科学家发现液氦通过直径小于 10^{-5} cm 的毛细管中而不损失动能,畅通无阻地通过,流速变得与压强差及管长无关,仅是温度的函数,这称为超流特性。

我们来看 HeⅡ的两个不可思议的实验现象。将一底部装满金刚砂细粉的玻璃管插入液氦中，玻璃管底部开有小孔与液池相通，见图 7.6(a)。金刚砂细粉填充得非常紧密，使得只有超流液体才能通过。当用光照射金刚砂时，金刚砂粉吸收辐射热，使玻璃管底部液氦温度升高，变为正常流体，由于黏滞性不能返回液池；同时外部低温处的大量液氦通过金刚砂细粉涌入温度高的玻璃管底部，致使液氦经细管喷出，形成可高达 30 cm 的喷泉。图 7.6(b) 所示是 He II 的质量迁移现象。如果将一个空杯子置于 2.2 K 以下的液氦中，当液氦和杯子底接触后，液氦以薄膜的形式顺着杯子表面爬进杯子，杯子内液面逐渐上升。最后杯内、外液面居然相平了，这就是液氦爬壁。

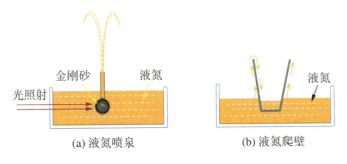

图 7.6 液氦喷泉和爬壁

(a) 液氦喷泉　　(b) 液氦爬壁

超流现象使有些与"热"相联系的自发过程变成可逆。如在喷泉实验中，超流体将从强光照射中吸收的能量无条件地、全部转化为机械能，超流体在机械热效应中可自发发生能量从低温区流动到高温区的现象。这种超流体现象使科学家们感到困惑，为什么会出现超流现象？这无疑是量子效应的宏观表现，这里简单地介绍一下于 1938 年提出的一个唯象理论——二流体模型。

简单地讲，He II 分成两部分流体，一部分为超流体，另一部分为正常流体。当温度从 2.17 K 趋于 0 K 时，超流体成分逐渐增多，正常流体比例相应减少。因此，超流体现象完全是由超流体粒子——超流原子产生的。超流原子与绝对零度的原子一样不参与热运动，不携带熵，其黏滞系数为零，而正常流体则携带全部熵。所以超流体的自发过程并不与微观粒子的无规则热运动相联系，不违背热力学第二定律。

二流体模型虽然在解释 He II 的许多奇异性质方面取得成功，但毕竟只是一个唯象理论，它不能回答超流特性的本质。进一步的理论解释有后来的朗道 (Landau) 的准粒子理论，这是一种多粒子的量子理论，1955 年，费曼 (Feynman) 进一步地发展了朗道理论。至此，才完美地解释了各种超流现象。

7.3.2　超导现象

荷兰物理学家昂内斯 (K. Onnes) 于 1908 年液化了氦气，他在 1911 年研究几种纯金属在液氦温度下电阻与温度的关系时发现,当温度下降到大约 4.2 K 时,水银的电阻突然下降到零(图 7.7)。金属的这种现象称超导电性。具有超导电性的材料称为超导体。电阻突然消失的温度叫做超导体的临界温度,用 T_c 表示。

自实验上发现了超导电性后,就出现了各种不同的理论企图说明这种现象。随着实验不断地取得进展,与实验不符合的理论被抛弃,合理部分被保留、修正。直到 1934 年,提出了超导相的二流体唯象模型,很好地解释了超导体的一些性质,为进一步建立微观理论打下了基础。

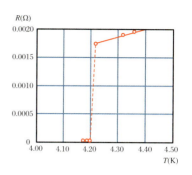

图 7.7 低温环境下汞的电阻随温度的变化

在超导相中存在两种类型的自由电子,一种是有序化的超导电子,另一种是正常电子,这就是著名的二流体模型。正常电子在晶格中运动时,受到不完整晶格的散射作用,表现出电阻的特性,其熵不为零;超导电子在晶格中运动时,不受晶格的散射作用,因而没有电阻,同时其熵为零。超导电子的数目与温度有关。当 $T=0\text{ K}$ 时,所有电子都是超导电子,随着温度升高,超导电子的数目逐渐减少,正常电子的数目逐渐增加。当到临界温度 T_c 时,所有超导电子变成正常电子,这时产生超导相变成正常相的相变。

在应用超导体的过程中,人们的一个重要目标就是把超导体的临界温度提高到 30~40 K,使超导体能稳定而可靠地在液氮温区工作,从而摆脱对液氦的束缚。为此,人们对各种金属材料进行了全面的筛选。1930 年以前,人们发现在纯金属材料中临界温度最高的 Nb(铌),其临界温度也只有 9.2 K。后来人们发现合金的临界温度可能比纯金属材料要高。1973 年,伽伐里厄(Gavalier)发现 Nb_3Ge 的 T_c 为 23.2 K。自 1911 年到 1973 年,超导温度大致以每年 0.3 K 的速率提高。

伽伐里厄发现的 23.2 K 的超导温度纪录一直保持了 13 年。1986 年,米勒(Muller)和贝德诺尔茨(Bednorz)发现了 T_c 为 35 K 的钡镧铜氧化物。这一发现为 T_c 进入液氮温区的高温超导开辟了道路,为此,他们于 1987 年获得了诺贝尔物理学奖。

高温超导体的发现,是超导发展史上划时代的突破,被认为是 20 世纪最重大的科技发现之一。在随后的短短两年内,人们将 T_c 提高到超过 77 K 的温度,从液氦温区上升到液氮温区。液氮温区的超导体的发现,标志着超导研究由侧重基础研究逐渐转向侧重超导技术的开发。

7.3.3 低温世界色彩纷呈

随着科学技术的迅速发展,低温世界将更多地为人类造福。从食品保存到生命冷冻,从工业生产到尖端超导技术等各个方面,都有来自低温世界的惊喜。

在 -200~-100 ℃的环境里,汽油、水银、酒精都会变成硬邦邦的固体;二氧化碳则变成了雪白的结晶体,鲜艳的花朵会像玻璃一样亮闪闪,轻轻地一敲,发出"叮当"响。而在 -190 ℃以下,空气液化,变成浅蓝色的液体。在室温下非常坚韧的物质,如各种金属,放到液化气体中,它们在低于 77 K 的低温下会变脆,不堪一击。

低温超导现象的发现是人类科技进步的一个里程碑。在电能传输过程中,由于导线电阻的存在,产生热效应而白白地消耗了电能,还会给机器、设备造成损害。超导现象的发现,促使人们去探究物质世界中超导电性的奥秘,发展其技术应用。目前,超导技术在许多重要领域中得到应用,如超导磁体、超导加速器、超导托卡马克聚变实验装置等。但超导的广泛应用还要克服许多障碍,超导世界的奥秘有待进一步揭示。可以预计,随着高温超导技术的一个个突破,人类必将进入超导应用的新时代,将引起一场涉及工程技术、信息、军事、医学以及一些基础学科广泛的技术革新。

在医学上,低温更具有奇特的妙用。各种冷冻治疗机配合各种专门设计的特种冷刀,在肿瘤科、耳鼻喉科、皮肤科和外科中得到广泛的应用。更奇妙的是,生物的深低温贮存技术发展很快。目前,利用液氮可以长期保存人体的皮肤、眼球、骨骼,甚至细胞。进一步地,人们将开展"冷冻"生命的试验。

人类有意识地探究低温世界,只有 200 年左右的历史。然而低温世界中色彩缤纷,奇异的物性和规律给人们带来了强烈的震撼并为之激动,也为低温应用提供了可能。事实上,茫茫的宇宙中,按照我们的标准来看,许多物质是处于低温状态的,这也为我们准备了极好的低温环境,等待我们去开发与应用。

*7.4 高温条件下的物质

7.4.1 温度与等离子体

1. 等离子体

通过前面几章的学习,我们形成了物质聚集态的基本物理图像。从温度的角度来看,宏观物质在一定的压力下随温度升高由固态变成液态,再进一步转变为气态,如图 7.8 所示。物质在不同的温度下呈现出不同的聚集态。

图 7.8 物质状态与温度关系示意图

(箭头方向指示温度升高)

在固、液、气三态转变的讨论中,我们没有对温度加以限制。而实际上,温度进一步升高将会导致新的现象。温度升高,气体分子热运动加剧。当温度足够高时,由于分子间碰撞,分子中的原子可获得足够大的动能,使分子分裂成原子,这个过程称为离解。若再进一步提高温度,当原子中电子的动能超过原子的电离能时,原子的外层电子会摆脱原子核的束缚成为自由电子,失去电子的原子则变成带电的离子,这个过程称为电离。由此可见,在理想气体模型中温度是不能太高的。

当气体中有足够数量的分子电离后(通常只需大于千分之一),电离气体的性质与原来的气体相比产生了质的变化,主要表现在气体的行为受带电粒子的支配,而带电粒子之间存在复杂的相互作用。我们将这种电离的气体称为等离子体。

等离子体经常被人们称为物质的第四态。但需要指出的是:第一,第四态的提法并不是从相变(如固—液—气三态间发生的相变)的角度来理解的,而是与等离子体特性及其所遵循的物理规律有关。**形成等离子体后,物质性质发生了明显不同于中性物质的变化。**从中性气体到等离子体没有明确的界限,变化是连续的。第二,以上引出等离子体定义是从初学者容易接受的角度来考虑的。实际上等离子体不但可以与气体共存,也能与固体和液体共存。关于等离子体确切的定义可参阅参考文献中有关等离子体物理的书目。

2. 高温及等离子体的获得

一般而言,一个热力学系统获得能量,温度升高。当温度足够高时,就会形成等离子体。

给一个热力学系统提供能量的方式有多种:提供热能,即直接加热导致升温;绝热压缩,将机械能转化为系统的内能;利用能量束传递能量,如电子束和离子束;在实验室或工业中常用的是通过气体放电产生等离子体。

提供能量的方式不同,能量的利用效率也不一样。因而产生的等离子体的特性也千差万别,包括温度特征也不同。下面我们只介绍利用放电技术产生等离子体。但作为对比,先讨论一下热电离。

热电离的主要过程可用下式表示:

$$A + B \longrightarrow A^+ + B + e$$

温度升高,分子热运动加剧。由于粒子 A 和 B 间的碰撞作用,粒子 A 中的原子获得足够大的动能,以致原子中电子的动能超过原子的电离能,发生电离,产生离子和电子。因此,严格地讲,热电离的机制还是碰撞作用。

图 7.9 表示了 1 个大气压条件下氦的电离度随温度变化的情况。若使电离成分占总成分千分之一以上,必须使温度 T 高于 10 000 ℃。通常家用的燃气灶燃烧温度约 1 000~1 500 ℃,火山喷发熔浆的平均温度也只不过约 1 000 ℃。所以在人类生活的环境中物质绝不会自发地以等离子体的形式存在。太阳中心温度高达 10^7 ℃以上,那里的物质显然都以等离子体状态存在,而我们人类居住的地球则是"冷星球"。

在通常条件下通过燃烧的方法很难获得几千度的高温,通过热电离得到电离度高的等离子体是困难的。在实验室和工业中广泛采用的是气体放电方式产生等离子体,其主要过程如图 7.10 所示。

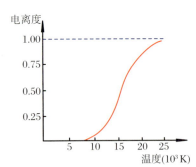

图 7.9　1 个大气压条件下氦的电离度随温度的变化

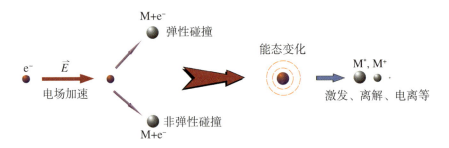

图 7.10　放电激活过程示意

中性气体中少量的初始种子电子被电场加速,电子获得能量。它们与气体分子碰撞发生能量交换。等离子体粒子之间的相互作用可以分为两大类:一类是弹性碰撞,即碰撞过程中粒子的总动能保持不变,并且粒子内能也不变;另一类是非弹性碰撞,其中有粒子的内能发生变化,并且总动能也不守恒。

由于电子与比它重约 3 个数量级以上的中性粒子碰撞时几乎不损失能量,电子可以在多次与原子或分子的弹性碰撞的间隔中从电场获得能量,达到很高的能量水平。当电子与中性粒子碰撞产生的能量转移达到气体分子发生非弹性碰撞的能量阈值时,高能量电子参与非弹性碰撞过程而丧失能量,变为低能电子,从而发生能量转移。这样,外电场的能量也就经由非弹性碰撞过程传递给分子或原子,使粒子内能发生变化,从而导致粒子状态的变化,如电离、离解、激发等,形成等离子体。由于电子独特的"媒介"作用,放电电离形成等离子体比热电离有高得多的能量效率。

若忽略二阶电离,这种电离反应可表示为

$$e + A \rightarrow A^+ + 2e$$

电子与中性粒子 A 碰撞,形成离子并释放一个电子。等离子体存在电子、正离子和中性粒子这三类粒子,它们的密度分别为 n_e,n_i 和 n_n,定义等离子体的电离度为

$$\eta = \frac{n_e}{n_e + n_n} \tag{7.4.1}$$

由于 $n_e \approx n_i$，则 $n_e + n_n$ 为电离前的粒子数密度，可用电离度来描述等离子体的电离程度。

7.4.2 等离子体特有的性质

我们看看等离子体具有哪些特有的、中性气体所没有的特性。

1. 多粒子、多参数体系

等离子体是一个复杂的体系。等离子体与中性气体相比，无论是在粒子种类还是能态上，都是中性气体远远不能比拟的。组成等离子体的基本成分是电子、离子和中性粒子。等离子体中的中性粒子是多元的。形成等离子体后，除了源气体分子外，等离子体中存在有大量基态/激发态的原子、基团、分子碎片和分子等。

这些不同能态、不同种类的粒子间存在相互作用，构成了等离子体的多粒子体系。等离子体的粒子密度是等离子体重要的参数，有电子密度、离子密度和中性粒子密度等。等离子体中的中性粒子物种及密度的确定是困难的，这是因为等离子体碰撞过程有众多的途径，等离子体中进行的反应极其复杂，反应是系列的、链式的。

2. 电中性

等离子体中既有中性粒子又有带电粒子，正负电荷数目相等。等离子体在宏观上呈现电中性。但是这种电中性只有在一定时空条件下才成立。

带电粒子与气体分子一样，在空间做无规则运动。由于粒子热运动涨落或存在外界干扰，等离子体中时时、处处可能出现电荷分离、积累，即偏离电中性。那么等离子体靠什么机制来维系宏观电中性呢？

我们先来看一个例子。在电子密度为 $n_e = 10^{13}$ cm^{-3} 的等离子体中，有一半径为 1 cm 的小球，若某种扰动，突然有万分之一的电子跑出球外，使电中性受到局部破坏，球内出现正电荷过剩，产生净电荷 q。这些净电荷将在距球心 1 cm 的球面处产生高达 6×10^4 V·m^{-1} 的电场。由此可见，等离子体对电中性的破坏非常敏感。若某种扰动使等离子体内出现电量为 q 的正电荷积累，则其一定会吸引电子而排斥正离子，在其周围出现一个带净负电荷的球状电子云。在远离电荷云外看，电荷云的包围削弱了积累电荷对远处带电粒子的库仑作

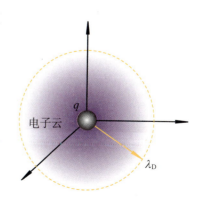

图 7.11 德拜屏蔽示意图

用。这种现象称为静电屏蔽(图7.11)。

下面我们来研究等离子体中的静电屏蔽效应。设在原点处有一个带电粒子,电荷为 q,称为中心粒子。这个粒子将异号带电粒子吸引到自己的附近,同时排斥同号带电粒子。于是在这电荷周围的一定区域内,出现屏蔽电荷云(偏离电中性)。中心粒子对较远处的其他带电粒子的库仑作用就会减弱。这表明等离子体具有强烈维持电中性的特性。

我们用一个参量 λ_D 来描述这个"减弱"程度,称为德拜长度或德拜半径。λ_D 反映了在多大空间尺度上,中心粒子产生的势场基本上会被屏蔽掉。在等离子体中,电子比离子质量小得多,假设离子不动,考虑电子云对离子的屏蔽,则根据电磁理论我们可以计算出电子的德拜半径 λ_D,在这里直接给出结果,即

$$\lambda_D = \sqrt{\frac{\varepsilon_0 k T_e}{n_e e^2}} \tag{7.4.2}$$

式中,n_e 为电子密度,T_e 为电子温度。

对距离中心粒子为 r 的带电粒子,若 $r<\lambda_D$,中心粒子对其有库仑作用;若 $r>\lambda_D$,由于电荷屏蔽,中心粒子的库仑势大大减小,即其库仑作用被屏蔽。因此,在空间尺寸 L 小于 λ_D 的区域内,正负电荷数目不等,偏离电中性。但在空间尺度 L 大于 λ_D 的尺度上,电荷屏蔽效应能使等离子体保持准电中性。$L \gg \lambda_D$ 称为准电中性条件,这是电离气体成为等离子体的基本条件之一。

保持电中性还有一个时间尺度,即等离子体存在的时间必须足够长,使得大量带电粒子间有足够的时间相互作用,以消除涨落或粒子初始运动状态的影响。

等离子体内热运动涨落等原因引起电荷分离时,将产生强大的电场。由于等离子体中最普遍、最快的集体运动是由电子运动引起的,我们首先考虑这种情况。为简单起见只考虑一维运动。如图7.12所示,假设电子相对于离子(假定静止不动)向右运动了很小的距离,于是在左侧出现多余离子,但在右侧出现电子过剩。把这两个电荷过剩区域处理成薄面。它们的面电荷密度的大小为 σ,由电磁学知识可知,在这两薄层之间将产生一个电场 E,其大小为

$$E = \frac{\sigma}{\varepsilon_0} = \frac{n_e e x}{\varepsilon_0} \tag{7.4.3}$$

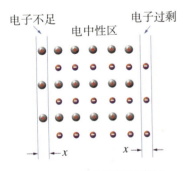

图 7.12 电子振荡示意图

这个电场具有把电子拉回原来的平衡位置的趋势。在无外磁场且忽略电子热运动及碰撞效应的情况下,在该电场作用下,单个电子的运动方程为

$$m_e \frac{d^2 x}{dt^2} = -eE = -\frac{n_e e^2}{\varepsilon_0} x \tag{7.4.4}$$

式中,m_e 为电子质量,负号表示电场方向与电子运动方向相反。将式(7.4.4)整理为振荡方程

$$\frac{d^2 x}{dt^2} + \omega_{pe}^2 x = 0$$

式中,

$$\omega_{pe} = \left(\frac{n_e e^2}{\varepsilon_0 m_e}\right)^{\frac{1}{2}} \tag{7.4.5}$$

为振荡频率,称为等离子体电子振荡频率,它是等离子体物理学中最重要的参数之一。用同样的方法可以考虑离子运动,得到相应的离子振荡频率为

$$\omega_{pi} = \left(\frac{n_i Z_i^2 e^2}{\varepsilon_0 m_i}\right)^{\frac{1}{2}} \tag{7.4.6}$$

在一般情况下,若同时考虑电子和离子在电场作用下的运动,则可以求得等离子体振荡频率为 $\omega = (\omega_{pe}^2 + \omega_{pi}^2)^{1/2}$,而 $m_i \gg m_e$,故有 $\omega \approx \omega_{pe}$。

从上可以看出,当等离子体中某处产生扰动,即发生电荷聚集时,等离子体会自发地做出调整,对扰动进行响应。我们把电子走过德拜长度所需的时间定义为响应时间 t_D,则

$$t_D = \frac{\lambda_D}{v_e} = \frac{1}{\omega_{pe}} \tag{7.4.7}$$

式中,v_e 为电子运动的平均特征速度,对一个自由度而言,由 $\frac{1}{2} m v_e^2 = \frac{1}{2} k T_e$ 给出。式(7.4.7)表明等离子体对扰动的响应时间是振荡频率的倒数。等离子体在 $\frac{1}{\omega_{pe}}$ 的时间尺度内对扰动做出响应,也就是说等离子体某区域电中性一旦被破坏,等离子体将在 $\frac{1}{\omega_{pe}}$ 时间内消除这种破坏。

在无磁场情况下,等离子体的两个重要的集体效应(德拜屏蔽和等离子体振荡)是等离子体区别于中性气体的特有的性质。因此,带电粒子系统为等离子体必须满足的条件为

$$L \gg \lambda_D, \quad \tau \gg t_D \tag{7.4.8}$$

式中,L 为系统在空间上的特征尺度,τ 为带电粒子与中性粒子的平均碰撞时间。若满足这两个条件,等离子体的自我调整机制保证等离子体在宏观上呈现电中性,但在小尺度上则呈现出电磁特性。任何电荷的不平衡将导致电场驱使电荷移动来减少这种不平衡,这就是所谓的准电中性:

$$n_e \approx n_i \tag{7.4.9}$$

3. 集体效应与电磁特性

在前面几章的讨论中，除碰撞的瞬间外，我们认为中性气体分子间的相互作用很弱，或在理想气体模型中就直接忽略了相互作用。但等离子体中的带电粒子间是库仑相互作用，存在着长程库仑力。等离子体呈现出集体效应，体系内的多个带电粒子均同时且持续地参与相互作用，任何带电粒子的运动状态均受到其他带电粒子的影响；而中性粒子之间的相互作用退居次要地位。带电粒子的运动可以形成局部的电荷集中，从而产生电场；带电粒子的运动也可以产生电流，因而产生磁场。这些电磁场又会影响其他带电粒子的运动。

还有，作为一个带电粒子的体系，等离子体对外来电磁场的响应远比中性气体体系强烈和复杂，等离子体运动行为明显地受到电磁场的影响。例如，在外加电场作用下，等离子体中的电子和离子朝相反方向加速运动，从而产生一个沿电场方向的电流。同时，等离子体又具有流体特征，因而可以把等离子体视为导电流体。这种导电流体会呈现出许多普通流体所没有的现象。

此外，等离子体中的电子在外加的电场作用下或与其他粒子碰撞过程中一般伴随着电磁波的发射。等离子体的辐射是等离子体所特有的，在其他物质形态中很少见到。

4. 化学活性

一般放电条件下，等离子体中存在有大量基态/激发态的原子、基团、分子碎片和分子等。例如，在 CF_4 放电产生 C-F 等离子体中，可以通过以下反应途径获得基团或原子：

$$CF_4 + e \longrightarrow CF_3 + F + e$$
$$CF_3 + e \longrightarrow CF_2 + F + e$$
$$CF_2 + e \longrightarrow CF + F + e$$
$$CF_4 + e \longrightarrow CF_3^+ + F^- + e$$
$$CF_4 + e \longrightarrow CF_3^+ + F + 2e$$

这些反应产物与母粒子 CF_4 相比，具有高得多的化学活性。O 原子、H 原子、Cl 原子等，都是高活性的化学反应粒子，可以通过等离子体放电产生。

此外，当粒子处于激发态时，相对于基态，轨道电子使粒子化学活性增强。对自由基而言，如 CH_4 等离子体放电产生的 CH_3 等，至少有一个未配对的电子，这也使其更容易进行化学反应。

本书作者利用氧等离子体进行金刚石薄膜的刻蚀（图 7.13），将覆盖有 Ni 掩膜的金刚石样品放入氧等离子体中，利用等离子体中形成的氧原子与暴露的金刚石表面进行反应，产生可挥发的氧化碳，在金刚石薄膜上形成孔列阵。我们知道金刚石具有极好的耐腐蚀性能，即使将金刚石放入硫酸－硝酸溶液中，都不会产生反应。从这个例子可以看出,氧分子是稳定的,但一旦形成等离子体后,氧等离子体具有比氧分子高得多的化学活性。

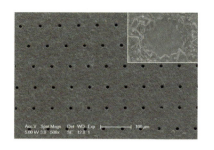

图 7.13 利用氧等离子体在金刚石膜上制造孔列阵

右上角的插图是微孔放大的照片。

*7.5 等离子体的温度与热力学态

7.5.1 等离子体的温度概念

描述等离子体,一个重要的概念就是等离子体的温度。然而,一个热力学系统只有处于热力学平衡态时才可以用统一的参量来表征。对于等离子体,同样要追究该系统是否达到热力学平衡。

一般来说,等离子体是多元的热力学体系。与中性气体系统不同的是,等离子体的热力学过程涉及电离过程,各种成分之间发生可逆的解离反应和电离反应。所谓达到热力学平衡,实际上除了热平衡外,还需达到力学平衡、化学平衡,其中化学平衡指各成分之间解离-去解离反应、电离-复合反应的平衡,等等。

对于这样复杂的反应系统,若热力学系统整体不是处于平衡态,但组成它的子系统却各自近似处于平衡态,则可定义一组温度来表征其热力学特性。应用统计的观点,温度与粒子的自由度联系在一起。就是说,当外界向等离子体供给能量时,不仅可能改变粒子的平动动能,还可以改变其他自由度的能量状态,即能量不仅"施加"到平动自由度上,还"施加"到其他自由度上。这样,针对各自由度的粒子平均能量就可以定义一组统计温度。因此,在等离子体中,我们常常用到很多温度,如电子温度、离子温度、转动温度、振动温度等,用来描述各子系、不同自由度各自达到平衡时的能量水平。下面介绍几个常用的温度。

1. 平动温度

传统热力学对温度的讨论,大多限于平动温度。当外界向热力学系统供给能量时,粒子平均动能增加,也就是能量均分于平动自由度上。

中性气体由质量相当的中性粒子组成,常用的气体温度是与粒子的平均平动温度相对应。对于等离子体而言,有电子和离子,也有中性粒子,每一种粒子的热运动达到平衡时,满足麦克斯韦分布定律,相应的平均平动能就可用粒子的平动温度来表征,对通常所说的电子温度 T_e 和离子温度 T_i,有

$$\frac{3}{2}kT_e = \frac{1}{2}m_e \overline{v_e^2}, \quad \frac{3}{2}kT_i = \frac{1}{2}m_i \overline{v_i^2} \tag{7.5.1}$$

2. 转动温度和振动温度

在第 2 章讨论气体分子运动论时,我们知道对于多原子分子,除了平动自由度外还有转动自由度和振动自由度。与转动自由度和振动自由度对应的温度分别称为转动温度和振动温度。

对于双原子分子,在转动自由度内粒子间的碰撞可以看作两个缓慢转动着的"哑铃"间的碰撞。在转动自由度内建立平衡,对应的温度就称为转动温度。大多情况下,在转动自由度内和在平动自由度内建立平衡的快慢程度接近,所以通常将转动温度视为分子的平动温度。振动温度要比转动温度复杂。

3. 激发温度

原子的能级是由组成该原子的电子组态决定的。依据量子理论,粒子能量状态只能取若干个分立的量子化数值——能级。能量最低的稳定状态为基态。以基态为基准,更高能级状态称为激发态。

一个快电子(能量高)与原子 A 相碰变成慢电子,而原子吸收能量由低能级跃迁到高能级,称这个原子处于激发态,或者说这个原子被激发,即

$$A + e \longrightarrow A^* + e$$

式中,A^* 表示原子的一个激发态。

考察某一种粒子处于某个激发态的运动,若各能级之间通过碰撞和辐射来交换能量使其达到平衡,满足玻耳兹曼分布律,见第 2 章的式(2.6.3),则根据玻耳兹曼分布律就可以得到一个统计温度,它就是与该激发自由度对应的粒子的激发温度。

4. 电离温度

把玻耳兹曼分布律应用到连续状态,就相当于电离的情况。假设系统达到热力学平衡态,一次电离的粒子的分布用沙哈方程描述,即

$$\frac{n_e n_i}{n_n} = \frac{(2\pi m_e kT)^{\frac{3}{2}}}{h^3} \frac{2g_i}{g_n} e^{\frac{-eV_i}{kT}} \tag{7.5.2}$$

式中，n_e，n_i，n_n 分别为电子、离子和中性粒子密度，eV_i 为电离能，g_n 为中性原子基态的统计权重，g_i 为离子基态的统计权重，不同元素的 eV_i，g_n，g_i 值是不同的。与这个自由度相联系的温度定义为电离温度 T_i。

5. 辐射温度

当电子从高能态向低能态跃迁时，对外界有光辐射。根据普朗克辐射公式，可以定义辐射温度 T_{rad}。辐射强度（单位表面积和单位立体角内在单位频率间隔的辐射功率）随频率的变化关系为

$$B(\nu) = \frac{2h\nu^3}{c^2} \frac{1}{\exp\left(\dfrac{h\nu}{kT_{rad}}\right) - 1} \tag{7.5.3}$$

式中，h 和 c 分别为普朗克常数和光速。

对等离子体而言，各个自由度都达到相互平衡是非常困难的。

7.5.2 等离子体的热力学态

按系统是否达到热力学平衡态来描述，可以把等离子体分为完全热力学平衡等离子体、局部热力学平衡等离子体和非热力学平衡等离子体。

1. 完全热力学平衡等离子体

等离子体的热力学平衡态的建立比前面介绍的中性气体系统复杂得多，主要原因之一是等离子体中产生各种元过程。同时，各种元过程导致的多粒子、多温度特征也使热力学平衡态概念难以理解。从一个主要的状态参量——温度的角度来看，完全热力学平衡等离子体就是假设把等离子体封闭在壁温为 T_w 的黑体容器中，若等离子体中发生的所有元过程与其逆过程达到平衡，按各个自由度定义的统计温度都相等，且等于器壁温度 T_w，即

$$T = T_w = T_{tr} = T_{rad} = T_{ex} = \cdots$$

这时，等离子体中所有粒子的平动动能满足以平动温度 T_{tr} 为函数的麦克斯韦分布，辐射场满足以辐射温度 T_{rad} 为函数的普朗克定律分布，激发的粒子数则满足以激发温度 T_{ex} 为函数的玻耳兹曼分布等。只有处于完全热力学平衡时，对应各自由度定义的温度才会相等，才有统一的温度。在这种情况下，我们说"等离子体温度"才是有意义的。

2. 局部热力学平衡等离子体

实际中，实验室或工业等离子体的器壁通常在很宽的光谱范围内是透明

的,向外辐射逃逸总是存在的。此外,产生的等离子体几何尺度都不大,大部分辐射逃逸到外部而不是被等离子体本身吸收;且等离子体外层温度较低,内部温度较高,不存在一个均匀的温度。因此,辐射产生的能量逃逸无法以相同机制得到补充,辐射场和等离子体之间不再有平衡,系统也就不可能达到完全热力学平衡。

既然实验室等离子体不可能存在完全热力学平衡态,那就有必要定义另一种确实存在于实验室的等离子体状态——局部热力学平衡状态。若等离子体体积元除了不满足普朗克定律外,全部服从完全热力学平衡时的热力学分布规律,则这样的等离子体称为局部热力学平衡等离子体。

3. 非热力学平衡等离子体

非热力学平衡等离子体,即不满足局部热力学平衡态的等离子体。最常见的,如在低气压气体放电中,能量的最初来源是被电场加速的初始高能电子,高能电子与中性气体碰撞电离,产生的电子又被进一步加速、碰撞……形成等离子体。这个过程中,离子获得动能很少,电子之间较快地达到平衡。由于质量相近,离子和中性气体的温度基本一致。但离子存在的时间(寿命)远小于离子、电子两者通过库仑碰撞达到平衡的时间,于是很自然有 $T_e \gg T_i$,即电子温度远大于中性粒子(或离子)温度,这也是低温等离子体中常说的非平衡特征。

7.5.3 等离子体分类

除了从系统的热力学性质来区分等离子体外,在实际应用中常常按温度和电离度特性对等离子体进行分类。

1. 等离子体按温度分类

将等离子体按温度来分,有高温等离子体和低温等离子体。

高温等离子体是指温度在 $10^8 \sim 10^9$ K,一般指的是聚变等离子体,几乎所有分子或原子都电离成电子和离子。

电子温度一般低于 10 eV 的、部分电离的等离子体,通常称为低温等离子体。低温等离子体大多通过气体放电产生,实际上是部分粒子电离,并不需要系统每个粒子都电离才呈现等离子体特征。

在低温等离子体范畴内,又进一步分热等离子体和非热等离子体。热等离子体是指近局部热力学平衡等离子体,电子温度约等于离子温度,即 $T_e \approx T_i$,各种粒子的温度相近。热等离子体一般在高气压下形成,由弧放电激发,等离子体的中心温度可达 5 000 K~20 000 K。热等离子体取 $T_e \approx T_i$ 来描述,实际上是取电子和离子这两种差异较大的粒子的温度来表示。

而非热等离子体中,电子温度远大于离子温度,即 $T_e \gg T_i$。对于实验室中采用低气压放电产生的等离子体,电子的温度 T_e 约为 $1\sim 10\ \text{eV}$,远大于离子的温度 T_i(只有数百 K,基本上等于中性粒子的温度),有时也称这种等离子体为冷等离子体。

2. 等离子体按电离程度分类

按电离程度可将等离子体分为完全电离等离子体、部分电离等离子体和弱电离等离子体,若 $\eta=1$,为完全电离等离子体;若 $1>\eta>0.1\%$,为部分电离等离子体,实际上当电离度为 1% 时,其电导率就已经很高了;弱电离等离子体的电离度约为 0.1% 或更小,是少量电离的热力学系统。

*7.6 等离子体应用

7.6.1 高温等离子体聚变能应用

化石能源是有限且不可再生的,在不远的将来,化石燃料资源将枯竭。另外,化石燃烧产物如 CO_2 等带来的全球变暖问题也不容忽视。基于核裂变反应的原子能发电,其主要燃料铀的储量亦是有限的,且反应堆的安全问题和放射性废物的处理问题还没能从根本上得到解决。

一种有可能的替代能源就是核聚变能。它所依赖的核反应与氢弹的相同,是核聚变反应。核聚变是将两个较轻的原子核聚合成一个稍重的原子核,并释放出能量。自然界中可望实现作为人类未来能源的聚变反应之一,就是氢的同位素——氘和氚的聚变反应(图 7.14)。例如,一个高能氘核(D) ^2_1H 和一个高能氚核(T) ^3_1H 碰撞发生核聚变反应,生成一个氦核(He),并放出一个中子(n),即

$$D + T \longrightarrow {}^4_2He + {}^1_0n \tag{7.6.1}$$

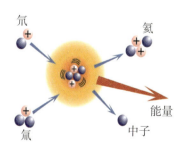

图 7.14 氘氚核反应示意

该反应出现的质量亏损及释放出的能量分别为

$$\Delta m = 3.136 \times 10^{-29}\ \text{kg}$$
$$\Delta E = (\Delta m)c^2 = 2.82 \times 10^{-12}\ \text{J} = 1.76 \times 10^7\ \text{eV}$$

ΔE 转化为 He 和 n 的巨大动能释放出来,撞击到反应堆四周的吸收介质,从而

转化成热能来发电。

作为对比,我们来看看碳在燃烧过程释放的能量:反应式 $C + O_2 \longrightarrow CO_2$ 释放的能量约为 4 eV,为式(7.6.1)释放的能量的千万分之一。

大家都知道氢弹的威力,但氢弹是通过爆炸形式释放出巨大的聚变能,产生毁灭性的破坏(图 7.15)。有没有可能使聚变能在可控情况下释放出来,被人类和平地利用? 这就是目前正在开展的可控核聚变研究。核聚变反应以氢同位素为燃料,它们大量存在于海水之中。实现核聚变发电,可使我们人类掌握半永久性的绿色能源,将使能量图像发生革命性的变化。

核聚变反应是极其困难的,原因是核之间强大的排斥作用。为了实现核聚变,必须将参加反应的两个原子核靠近到核力作用范围之内。因此,必须将核加速到其动能足以克服由核的同种电荷间相互排斥的库仑力所建立的势垒。这样就必须要将物质加热到 1 千万度以上。

图 7.15 氢弹爆炸形成的蘑菇云

例 7.1 假定必须将两个氘核移近到 10^{-14} m 的距离时,才能使核的引力克服静电力聚合在一起。试求需要多高的温度才能使氘核克服静电势垒。

解 两个氘核间的库仑斥力势能是

$$U = \frac{1}{4\pi\varepsilon_0} \frac{e^2}{r} = 9 \times 10^9 \times \frac{(1.602 \times 10^{-19})^2}{10^{-14}} \text{ J}$$
$$= 2.3 \times 10^{-14} \text{ J} = 0.14 \text{ MeV}$$

因两个氘核相对运动,故每一个核的动能达到 $\frac{1}{2}U$ 即可,即

$$\frac{3}{2}kT = \frac{1}{2}U = 7 \times 10^4 \text{ eV}$$

解得

$$T = 7 \times 10^4 \times 7.7 \times 10^3 \text{ K} = 5.4 \times 10^8 \text{ K}$$

事实上,当温度在 10^7 K 以上时,就有部分氘核穿越势垒,引起核聚变。

在如此高温条件下,任何物质都变为完全电离的等离子体(高温等离子体)了,也无任何容器能封闭如此高温的物质。那如何将产生的如此高温的等离子体约束住? 下面我们简单地从力的平衡角度来讨论目前被广泛使用的所谓磁约束。

将等离子体看成带电的流体,在磁场 $\vec{B}$ 中区别于普通流体的一个显著特征,是等离子体中存在着磁场 $\vec{B}$ 和电流 $\vec{j}$ 相互作用形成的洛仑兹力。单位体积导电流体所受的磁力为

$$\vec{f} = \vec{j} \times \vec{B} \tag{7.6.2}$$

而电流可以由磁场得到,即

$$\vec{j} = \frac{1}{\mu_0} \nabla \times \vec{B} \quad (7.6.3)$$

我们先考虑单位体积的等离子体流体，对其应用牛顿定律，可得

$$\rho \frac{d\vec{v}}{dt} = \vec{f} - \nabla p \quad (7.6.4)$$

式中，$\vec{v}$ 为这段流体的速度，∇p 为等离子体的热压强梯度。由式(7.6.2)和(7.6.3)得

$$\vec{f} = \vec{j} \times \vec{B} = \frac{1}{\mu_0}(\nabla \times \vec{B}) \times \vec{B} = \frac{1}{\mu_0}(\vec{B} \cdot \nabla)\vec{B} - \frac{1}{2\mu_0}\nabla B^2 \quad (7.6.5)$$

对于体积为 V 的一段流体柱，如图 7.16 所示，其所受的洛伦兹力为式(7.6.5)的体积分，即

$$\vec{F} = \int_V \vec{f} dV = \int_V \left[\frac{1}{\mu_0}(\vec{B} \cdot \nabla)\vec{B} - \frac{1}{2\mu_0}\nabla B^2\right] dV$$

将体积分转为面积分，则为

$$\vec{F} = \oint_S \left[\frac{1}{\mu_0}\vec{B}(\vec{B} \cdot \vec{n}) - \frac{1}{2\mu_0}B^2\vec{n}\right] dS \quad (7.6.6)$$

式中，$\vec{n}$ 为面元 dS 的外法向单位矢量；右边第二项是作用在面元 dS 上、方向与 $\vec{n}$ 反向的压力，是各向同性的，表现为磁压强力 p^*；右边第一项表示沿磁力线方向的张力，当 $\vec{n}$ 与 $\vec{B}$ 同方向时，面元受到的力沿 $\vec{B}$ 方向，当 $\vec{n}$ 与 $\vec{B}$ 反向时，面元受到的力沿 $-\vec{B}$ 方向。这个张力对约束住等离子体非常重要，磁力线如同一个拉紧的橡皮筋，磁场增强意味着张力增大。若磁力线弯曲，这个张力就产生指向磁力线曲率中心的恢复力。这个力就可以平衡热压强梯度，使等离子体被磁场约束住。

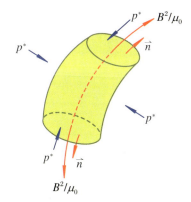

图 7.16 磁场中体积为 V 的导电流体柱的受力分析

从牛顿方程(7.6.4)看，力学平衡为

$$\vec{f} - \nabla p = 0 \quad (7.2.7)$$

可见，要维持流体柱稳定，就必须用洛伦兹力来平衡热压强梯度 ∇p。

一般而言，等离子体密度都是由中心区到边缘逐渐减小的。如图 7.17 所示，这个体系中心区压强最大，边界压强最小。所以等离子体流体元受到的压力($-\nabla p$)是由轴心垂直等压面向外的。若构成的磁面与等压面重合，磁面一个套一个地构成一簇曲面体系，则 $\vec{f}$ 是垂直等压面向里的。产生的磁应力可以用来平衡热压强梯度 ∇p，即用磁场把等离子体约束住，使其约束在一个密闭的空间。这就是磁约束原理。

目前在磁约束等离子体物理的研究中，一种重要的磁场位型就是托卡马克

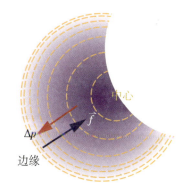

图 7.17 磁约束原理示意

磁场位型,如图 7.18 所示。等离子体在环形真空室中产生,通过合理地施加电流产生磁场,使磁场的磁力线沿环向、多次反复环绕以后构成封闭磁面,磁面是一组一个套一个的环状表面。最中心的磁面退化成一条闭合曲线,称为磁轴。这样,磁面把等离子体与真空室器壁隔开,避免器壁被高温损坏。

高温磁约束等离子体的研究,其目标就是实现聚变能的应用,解决人类的能源问题。为了实现实用的核聚变,必须将高温等离子体约束一定时间,且等离子体的温度、密度及约束时间要满足一定的关系,才能实现能量的收支平衡。受控核聚变研究自 20 世纪 50 年代开始以来,通过磁场来约束等离子体是目前发展最快的方式,取得了巨大的进展。我国的磁约束聚变研究已经具有一定的规模,在一些方向上已经达到国际先进水平,呈现出良好的发展势头。目前在法国建造的国际热核实验堆(International Thermonuclear Experimental Reactor,ITER)就是为了探索该方式的科学问题和发展相关的工程技术而设立的世界七方(中、美、俄、欧、日、韩、印)合作项目,主要针对高温等离子体的启动、加热、维持和诊断等相关的物理和工程问题展开联合研究。

对高温等离子体的约束除了用磁场外,还可以利用热核反应燃料自身的惯性达到约束目的。任何物体都有惯性,运动状态的改变都需要时间。在热核反应中,燃料原子核被加热到 10 keV 量级的高温,热运动速度非常大,逃离反应区域的时间很短,尽管如此,仍需要一定时间。在这极短的逃逸时间内迅速将燃料加热和压缩到热核反应的条件,实现燃料的点火并完成热核燃烧,那么就能在高温高密度的热核燃料相互飞离之前实现热核聚变。这种利用燃料自身的惯性约束自己,实现点火和聚变反应的方法称为惯性约束聚变。若使用激光来驱动惯性约束聚变,则称为激光核聚变。激光核聚变的研究也直接推动了高密度、高能量水平等离子体研究的发展。

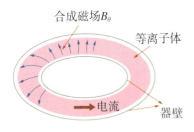

图 7.18 托卡马克磁场位型

7.6.2 低温等离子体的应用

1. 热等离子体的应用

热等离子体最引人注目的特点就是温度非常高,典型的等离子体温度为 1~2 万度。热等离子体可以通过弧放电产生。等离子体形成在两电极之间,也可以通过电极设计使等离子体从喷嘴引出,形成等离子体射流。显然热等离子体的电极及喷嘴温升很大,必须用水来强制冷却,否则将会严重烧蚀。同时,热等离子体从喷嘴中喷出来的速度很快,接近声速。

正因为这些特点,热等离子体可以作为一个高温热源,进行高熔点金属的熔炼提纯、耐高温材料的切割等;也可利用其中的活性物质进行各种超高温化学反应,如矿石或化合物的热分解还原、高熔点合金的制备、超高温耐热材料的合成等。下面以等离子体喷涂和等离子体切割为例做简单介绍。

等离子体喷涂是进行材料表面处理的一种方法,其基本原理如图 7.19 所示。

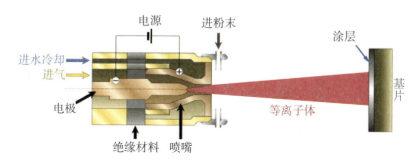

图 7.19 热等离子体喷涂示意

除了等离子体弧电极、工作气体、冷却水和电源这几部分之外,还要一个送粉器。将要喷涂的难熔金属粉末或非金属粉通过喷嘴输入等离子体中。温度很高的等离子体将粉末迅速熔化,并以极快的速度将其喷涂在工件上,牢固地粘在工件表面。它们以液体状态存在几个微秒的时间,然后迅速固化,形成一个具有特殊性能的薄层。由于等离子体射流具有温度高、能量大和可以控制等特点,等离子体喷涂技术比一般涂层技术具有更多优点,可以实现难熔(高熔点)金属的喷涂,涂料充分熔化,使涂层致密、结合牢固。目前该技术在工业中已有广泛的应用。

图 7.20 是利用热等离子体切割金属的照片。等离子体炬切割金属的基本原理是:在等离子体射流的作用下,待切处的材料迅速熔化,直至其熔化深度等于该金属的厚度。等离子体射流的能量高度集中,在高速切割时产生一窄的割口,能使受热影响的范围减至最小;具有动能的等离子体射流使熔化的金属迅速地从割缝中被吹出,使割缝干净而无毛刺。

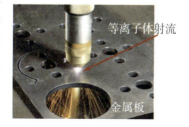

图 7.20 热等离子体切割钢板照片

2. 非热等离子体的应用

非热等离子体的应用极其广泛,最有代表性的是在微电子工业中。利用等离子体工艺制造芯片,这在技术上给经济、社会的发展以巨大贡献。可以说,世界微电子工业是建立在等离子体技术的基础上的,如果缺乏等离子体微电子制造,整个世界的技术状态将可能停留在 1990 年的水平。

自 1948 年发明晶体管,随后出现集成电路,直到 20 世纪 60 年代的 20 年里,半导体器件制造工艺中对各种材料均采用化学试剂进行腐蚀,通常称湿法腐蚀。在湿法腐蚀中,硅片浸没于一种化学溶剂中,液体化学试剂(如酸、碱、溶剂等)与曝露的膜反应,以化学方式去除硅片表面的材料,形成可溶解的副产品。湿法刻蚀是一个纯粹的化学反应过程,有着严重的缺点,那就是刻蚀的各向同性、工艺难以控制等,如图 7.21 所示。当器件集成度进入中等规模,结构

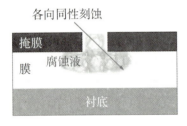

图 7.21 湿法腐蚀示意

化学溶液通过掩膜上开出的窗口，与下面的膜层接触发生化学反应，从而去掉曝露的表面材料。但腐蚀是各向同性的，除了沿与样品表面垂直方向腐蚀外，还向侧面钻蚀。

尺寸小于 $1\,\mu m$ 时，由于毛细现象和各向同性的腐蚀特征使湿法腐蚀难以保证精度和重复性，迫切需要寻找新的途径，等离子体刻蚀也就应运而生。

虽然人们早已认识到原子和游离基具有远强于分子的化学活性，但一直没有应用到固体材料的腐蚀技术上。直到 20 世纪 60 年代人们才发现氧等离子体可用于去除残留碳化物，并成功地应用于等离子体去胶工艺。随后很快发展了半导体器件工艺中的干法刻蚀技术。自 20 世纪 70 年代初，以气体辉光放电产生的等离子体用于刻蚀工艺，至今经历了多样化的发展过程，技术不断被创新和完善。

等离子体干法刻蚀是把硅片表面曝露于气体放电产生的等离子体中，等离子体通过光刻胶中开出的窗口，与硅片发生物理或化学反应，从而去掉曝露的表面材料。干法刻蚀是亚微米尺寸下刻蚀器件的最主要方法。图 7.22 所示为 CF_4 等离子体刻蚀 Si。

图 7.22 CF_4 等离子体硅刻蚀 Si

首先是 CF_4 在反应室中形成 C-F 等离子体，产生大量活性反应粒子，如高活性 F 原子等；这些原子、基团与表面产生吸附、反应、脱吸附等表面过程，形成可挥发的副产物，排出的主要气体是 CF_4，C_2F_6，SiF_4 等。

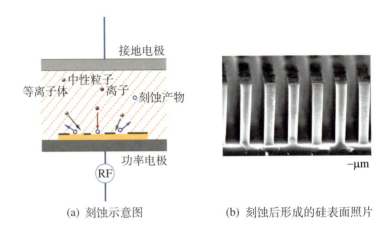

(a) 刻蚀示意图　　(b) 刻蚀后形成的硅表面照片

在等离子体刻蚀过程中，等离子体非热平衡，电子动能大多为 $1\sim 10\,eV$，电子温度高，化学反应主要靠电子激发，而离子温度不过几百度乃至接近室温，这样既保证了刻蚀所需的化学反应的激活，同时可以使系统保持在一个低温水平。另外，等离子体刻蚀是各向异性的刻蚀。对于亚微米尺寸的图形来说，希望刻蚀剖面是各向异性的，即刻蚀只在垂直于硅片表面的方向进行，尽可能少地横向刻蚀。

目前，芯片中的电容器等电路元件、布线、触点、保护膜等均采用等离子体工艺制作。生产一个芯片需要几百道工序，其中 $40\%\sim 50\%$ 要用到等离子体工艺，包括最难、最重要的等离子体微细加工。

3. 低温等离子体应用的发展

低温等离子体技术经历了一个由 20 世纪 60 年代初的空间等离子体研究向 20 世纪 80 年代和 90 年代以材料为导向的研究领域的大转变，高速发展的微电子科学、环境科学、能源、医学与材料科学等，为低温等离子体科学发展带来了新的机遇和挑战。

等离子体应用是一个具有全球性影响的重要的科学与工程，对高科技产业发展及许多传统工业的改造都有着直接的影响。在高新技术领域,低温等离子体具有其他技术无法替代的优势。低温等离子体提供了独特的化学活性环境,被广泛地应用于材料制备、结构制造、表面改性(图 7.23)等。在传统工业改造方面,尤其是在能源和环保领域,等离子体应用也日益增多,如节能新工艺、能源化工、煤的气化等。在国家安全方面,低温等离子体除了应用于核爆炸模拟以外,还可用于多种国防技术,例如等离子体天线,利用等离子体与电磁波相互作用开展的等离子体隐身、等离子体动能武器等等。

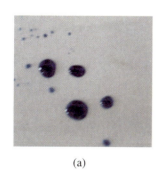
(a)

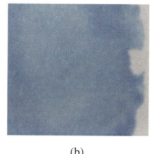
(b)

图 7.23　等离子体处理 PET 材料表面效果的照片

除了在微电子领域中的应用以外,非热平衡等离子体还在材料表面处理、特种功能材料沉积等方面有广泛的应用。(a)和(b)分别显示的是未经等离子体处理和经等离子体处理后的 PET 薄膜表面照片。这是本书作者利用氩常压等离子体来改善 PET 薄膜润湿特性的实验工作。在等离子体未处理前,蓝色的墨水呈液滴状;经过短时间氩等离子体处理后的薄膜表面,墨水迅速散开在,呈现出润湿现象。

等离子体科学是一门快速成长的学科,如近年来发展起来的新型放电技术如大气压等离子体、微放电等离子体,它们极大地丰富了低温等离子体的研究空间,产生了许多新效应、新现象。令人欣慰的是,在当前的能源危机、环境变暖、疾病传播等重大问题方面,等离子体科学和技术的作用已经日趋显现,如等离子体聚变、煤裂解、甲烷转化、等离子体垃圾处理、等离子体抗菌灭菌、细胞的培养等。可以相信,随着等离子体科学研究的深入,作为一种高效、绿色的新型技术,等离子体技术一定能为解决社会可持续发展中遇到的问题和困难做出重要贡献。

习 题

（部分题目中提供的数据可能超出解题所需，也有可能需要另外查找一些数据，或合理地估计。题目难度大致可分为三级，题后没有标记的为一般，标"○"的为中等，标"☆"的为稍难，请选择使用。）

第1章 温 度

1-1 在什么温度下，下列一对温标给出相同的读数：(1) 华氏温标和摄氏温标；(2) 华氏温标和热力学温标；(3) 摄氏温标和热力学温标。

1-2 一个气体温度计与处于三相点的水接触时显示为 325 mmHg，当它与正常沸水接触时指示为多少 mmHg？

1-3 道尔顿提出一种温标：规定理想气体体积的相对增量正比于温度的增量，在标准大气压下，规定水的冰点温度为零度，沸水温度为100度。试用摄氏度 t 来表示道尔顿温标的温度 τ。○

1-4 一个定容气体温度计在水的三相点温度（0.01 ℃）时压强为 $4.8×10^4$ Pa，在正常沸水温度（100 ℃）时压强为 $6.50×10^4$ Pa。(1) 假设压强随温度线性变化，用已知数据找出摄氏温度的气体压强为零的点。(2) 在此温度计中的气体精确满足方程（T 采用热力学温标）$T_2/T_1 = p_2/p_1$ 吗？如果精确满足方程，而且在 100 ℃时压强为 $6.5×10^4$ Pa，那么在 0.01 ℃时测得的压强应该是多少？

1-5 如果一理想气体用于定容气体温度计，$T_s/T_{tr} = p_s/p_{tr} = 1.36605$，而一般来说，$T_1/T_2 = p_1/p_2$。右下角的小字母 s 表示沸点，tr 表示三相点，而数字 1 和 2 表示任意两个温度。让我们定义一个新的绝对温标——"牛顿"温标，该温标中 $t_s - t_{tr} = 23$，试求出 t_s 和 t_{tr}。

1-6 水银温度计浸在冰水中时，水银柱的长度为 4.0 cm；温度计浸在沸水中时，水银柱的长度为 24.0 cm。(1) 在室温 22.0 ℃时，水银柱的长度为多少？(2) 温度计浸在某种沸腾的化学溶液中时，水银柱的长度为 25.4 cm，试求溶液的温度。

1-7 一个热偶的电动势，以下列方程式来描述：

$$\varepsilon = a + b(t - t_0) + c(t - t_0)^2$$

式中，a, b, c 为以参考热偶定出的常数，t 为摄氏温度，t_0 表示冰点 0 ℃或 273.15 K，ε 为电动势。(1) 用 a, b, c 来定义一个以 ε 来测量的百分温标（即冰点和沸点之间平均分为 100 度的温标）。(2) 试把 ε 改以 a, b, c, T（T 为开氏温度）来表示。在绝对零度时，ε 的值是什么？(3) 如果我们定义一个温标 θ，符合 $\theta/\theta_0 = \varepsilon/\varepsilon_0$，而 $\theta_0 = 200$，表示冰点时的温度。那么当 $t = -100$ ℃时，θ 值是多少？○

1-8 水的密度在 4 ℃时达到极大值。试问如果用水的密度作为测温属性，会发生什么问题。

1-9 用定容气体温度计测量系统的温度。当测温泡内气体的质量变化时测得的 p/p_{tr} 值如下表所示，p_{tr} 是定容气体温度计在三相点时的压强值。试根据表中数据求出未知温度值。

p_{tr}(mbar)	1 200	1 000	800	600	400	200
p/p_{tr}	1.79	1.71	1.64	1.58	1.53	1.49

1-10 将某液体从 0 ℃加温到 100 ℃，压强增加 2 atm，体积不变，若该液体的等温压缩系数是 $4.5×10^{-5}$ atm^{-1}，求等压体膨胀系数。假设压缩系数和体膨胀系数都是常数。

1-11 简单固体和液体的等压体膨胀系数 α 和等温压缩系数 β 数值都很小，在一定温度范围内可以把 α 和 β 看作常量。试证明简单固体和液体的物态方程可近似为 $V(T, p) = V_0(T_0, p_0)[1 + \alpha(T - T_0) - \beta(p - p_0)]$。○

1-12 试证明任何一种具有两个独立参量 T, p 的物质，(1) 其物态方程为 $\ln V = \int (\alpha dT - \beta dp)$，其中等压体膨胀系数 α 和等温压缩系数 β 由实验测得。(2) 如果某一气体的等压体膨胀系数和等温压缩系数分别为 $\alpha = \dfrac{nR}{pV}, \beta = \dfrac{1}{p} + \dfrac{a}{V}$，其中 n，R 和 a 都是常数。试求此气体的物态方程。

1-13 要使一根钢棒在任何温度下都要比另一根铜棒长 5 cm，试问它们在 0 ℃ 时的长度 l_{01} 和 l_{02} 分别是多少？已知钢棒及铜棒的线膨胀系数分别为 $\alpha_1 = 1.2 \times 10^{-5}$ K^{-1}, $\alpha_2 = 1.6 \times 10^{-5}$ K^{-1}。

1-14 一个 0.450 m 长的钢棒和一个 0.250 m 长的铝棒首尾相连，被放置在不可伸长的刚性支柱中间，它们有相同的直径，开始时两棒间没有压力。两棒的温度升高 60 ℃ 时，它们之间的压力变为多少？（提示：两棒的总长度不变，但是每个棒的伸长量不同。）☆

1-15 摆钟的钟摆摆动一个周期为一秒（每个周期滴答响两次）。(1) 这个摆钟会在高温环境变快、在低温环境变慢吗？还是相反变化？给出理由。(2) 某摆钟在 20 ℃ 时显示为标准时间。摆轴是用钢制造的，质量相对摆锤可以忽略。当温度降至 10 ℃ 时，摆轴的长度相对原长改变多少？(3) 在 10 ℃ 时，此摆钟在一天之内会变快或变慢多少？(4) 如果要求每天的时间变化不能超过 1 s，那摆钟的温度应控制在什么范围以内？此结果与钟摆的周期有关吗？○

1-16 (1) 某固体上的一小块区域在某初始温度时面积为 A_0，当温度改变 ΔT 时，它的面积改变了 ΔA，证明它们之间的关系为 $\Delta A = 2\alpha A_0 \Delta T$，其中 α 是线膨胀系数。(2) 一个圆形铝片在 15 ℃ 时直径为 55.0 cm。当温度升高到 27.5 ℃ 时，这个铝片的单面面积将改变多少？○

1-17 假设你正在做饭，使用高为 10.0 cm 的圆柱形普通玻璃杯（$\alpha_g = 2.7 \times 10^{-5}$ ℃$^{-1}$）来盛放橄榄油（$\alpha_o = 6.8 \times 10^{-4}$ ℃$^{-1}$），橄榄油面离杯顶端正好还差 2 mm。开始时，杯子和橄榄油处于室温 22.0 ℃，然后你把它们放到炉子上加热。若恰好有人给你打电话，让你忘记了橄榄油还在加热。假设加热的速度很慢，杯子和橄榄油始终处在相同的温度，问在多少摄氏度时，橄榄油开始溢出杯子？

1-18 一个 20.0 L 的容器内含 18.0 ℃ 的 4.86×10^{-4} kg 的氦气。氦气的摩尔质量为 4.00 g·mol^{-1}。(1) 容器内有多少摩尔的氦？(2) 容器内的压强是多大？

1-19 设一房间冬天的温度为 1 ℃，夏天的温度为 35 ℃，试问在这两个季节房间内空气的质量之比为多少？（假定在这两个季节房间内空气的压强相等。）

1-20 一房间的容积为 5 m×10 m×4 m。白天的气温为 21 ℃，大气压强为 0.95×10^5 Pa，到晚上气温降为 12 ℃ 而大气压强升为 1.01×10^5 Pa。窗是开着的，从白天到晚上通过窗户漏出了多少空气（以 kg 表示）？视空气为理想气体，已知空气的摩尔质量为 29 g·mol^{-1}。

1-21 一个带有塞子的烧瓶，体积为 2.0×10^{-3} m^3，内盛压强为 0.1 Mpa、温度为 300 K 的氧气。当系统加热到 400 K 时塞子被顶开，立即盖上塞子并且停止加热，烧瓶又逐渐降温到 300 K。设外界气体压强始终为 0.1 Mpa。试问：(1) 烧瓶中所剩氧气压强是多少？(2) 烧瓶中所剩氧气质量是多少？

1-22 潜水艇气箱的容积为 20 L，其中充满了压缩空气。气箱在 20 ℃ 时的压强计读数为 $p = 120$ kg·cm^{-2}，若取 10 m 高水柱的压强值为 1 kg·cm^{-2}，试问，若该气箱位于 30 m 水深处，其温度为 5 ℃，则可利用该气箱中的空气排出潜水艇水槽中多少体积的水？

1-23 一电焊工用体积为 0.075 0 m^3 的容器装氧气，温度为 37.0 ℃，压强约为 3.00×10^5 Pa。若这个容器有一个小缝隙，氧气可以从缝隙泄漏出去。某天温度为 22.0 ℃，容器内的氧气压强约为 1.8×10^5 Pa。计算：(1) 初始氧气质量；(2) 泄露的氧气质量。

1-24 过节时我们向空中释放氢气球，试由理想气体状态方程分析气球升空过程中的状态变化。

1-25 设在恒温（$t = 0$ ℃）下，测得三甲胺的密度和压强比值 ρ/p 随压强 p 变化的数据如下表所示。试根据实验数据求三甲胺的摩尔质量。

$p(10^5$ Pa)	0.8	0.6	0.4	0.2
ρ/p (10^{-5} kg·m^{-3}·Pa^{-1})	2.756 8	2.717 0	2.677 9	2.638 5

1-26 两个贮着空气的容器 A 和 B，以带有活塞的细管相连接。容器 A 浸入温度为 $t_1 = 100$ ℃ 的水槽中，容器 B 浸入温度为 $t_2 = -20$ ℃ 的冷却剂中。开始时，两容器被细管中之活塞分隔开，这时容器 A 及 B 中空气的压强分别为 $p_1 = 0.053\ 3$ MPa, $p_2 = 0.020\ 0$ MPa，体积分别为 $V_1 = 0.25$ L, $V_2 = 0.40$ L。试问把活塞打开后气体的压强是多少？

1-27 容积为 2 250 cm^3 的烧瓶内有 1.0×10^{15} 个氧分子、4.0×10^{15} 个氮分子和 3.3×10^{-7} g 氩气。设混合气体的温度为 150 ℃，求混合气体的压强。

1-28 试证明道尔顿分压定律等效于道尔顿分体积定律，即
$$V = V_1 + V_2 + \cdots + V_n$$
式中，V 是混合气体的体积，$V_1, V_2, \cdots, V_n$ 为各组分的分体积。所谓某一组分的"分体积"，是指混合气体中该组分单独存在时，其温度和压强与混合气体的温度和压

强相同时所具有的体积。

1-29 把温度为 20 ℃，压强为 1.0 atm，体积为 500 cm³ 的氮气压入一容积为 200 cm³ 的容器，容器中原来已充满同温同压的氧气。试求混合气体的压强和各种气体的分压强，假设容器中气体的温度保持不变。

1-30 深海潜水员在四周都是水的压力下呼吸空气。因为在 2 个大气压的分压强下的氧是有毒的，所以在一定的水深以下必须使用特殊的气体混合物。(1) 在什么深度下空气中氧的分压强等于 2 atm？(2) 在深水作业中使用含氧 3%、含氦 97%（体积百分比）的气体混合物。在水深 200 m 时，这种气体中氧的分压强是多少？

1-31 系 A 和 B 原来各自处在平衡态，现使它们相互接触，试问在下列几种情况下，两系统相接触部分是绝热的还是透热的，或两者都可能？(1) 当 V_A 保持不变，p_A 增大时，V_B 和 p_B 都不发生变化；(2) 当 V_A 保持不变，p_A 增大时，p_B 不变而 V_B 增大；(3) 当 V_A 减小，同时 p_A 增大时，V_B 和 p_B 都不发生变化。

1-32 在一封闭容器中装有某种理想气体。(1) 使气体的温度升高同时体积减小，是否可能？(2) 使气体的温度升高同时压强增大，是否可能？(3) 使气体的温度保持不变，但压强和体积同时增大，是否可能？

1-33 一容积为 11.2 L 的真空系统，已抽到 1.0×10^{-5} mmHg 的真空度。为了提高真空度，把该系统放在 300 ℃ 的烤箱内烘烤，使器壁释放出被吸附的气体。设烘烤后真空度变为 1.0×10^{-2} mmHg，求器壁原来吸附的分子数。

1-34 如图所示，两个截面积相同的连通管，一开一闭，原来两管内水银面等高。今打开活塞使水银漏掉一些，因此开管内水银面下降了 h，闭管内水银面下降多少？设原来闭管内水银面以上空气柱的高度 h' 和大气压强 p_0 已知。

（题 1-34 图）

1-35 人坐在橡皮艇内，艇浸入水中一定的深度。到夜晚的温度降低了，设大气压强不变，问艇浸入水中的深度将怎样变化。

1-36 有人说："由理想气体的压强公式，可以看到理想气体的压强与组成气体的分子的质量成正比。因此当理想气体系统的温度、体积相同时，不同分子组成的理想气体的压强也不相同。"你认为这种讲法是否正确？为什么？

1-37 如图，两相同的玻璃泡用玻璃管连通，中间有一水银滴作活塞。当两边所充气体的温度分别为 10 ℃ 和 20 ℃ 时水银滴平衡于玻璃管中央。现将两边的温度各提高 10 ℃，问：(1) 水银滴会不会移动？若移动，往哪边移？(2) 本题的结论与两边充的气体是否相同有无关系？

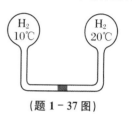

（题 1-37 图）

1-38 地球的重力场吸引着大气，也因此形成了地球表面的大气压，此气压足以支撑 76 cm 高的水银柱。设大气满足理想气体状态方程，忽略地心引力随海拔高度的变化，试着回答以下各问题，地球半径取 6 400 km，水银密度为 13.5 g·cm⁻³，大气的分子量为 29。(1) 大气的总质量是多少？(2) 假如大气中每一个分子的质量增加了，分子量变为 87 而非原来的 29，那么地球表面的气压是多少？(3) 假设没有引力效应，所有的大气可以装进一只容积与地球体积相同的空心球，且温度为 300 K，则气压是多少？

1-39 目前可获得的极限真空度为 1.00×10^{-18} atm。求在此真空度下 1 cm³ 空气内平均有多少个分子？设温度为 20 ℃。

1-40 (1) 计算火星、金星和土星的卫星泰坦表面的大气密度。其中，火星表面压强为 650 Pa，温度为 253 K，大气成分为 CO_2；金星表面平均温度为 730 K，压强为 92 个大气压，大气成分为 CO_2；泰坦表面压强为 1.5 个大气压，温度为 -178 ℃，大气成分为 N_2。(2) 比较这些密度与地球大气密度（1.20 kg·m⁻³）的大小。

1-41 某潜水者看到一个气泡从湖底慢慢升到湖面，湖底的温度是 4 ℃，压强为 3.5 atm；湖面温度是 23 ℃，压强为 1.0 atm。(1) 在气泡从湖底升到湖面的过程中，气泡的体积变大为原来的多少倍？(2) 如果这个潜水者屏住呼吸从湖底升到湖面，这安全吗？为什么？

1-42 在 1 个大气压下，用氢气给体积为 750 m³ 的气球充气。(1) 如果氢气原本是储存在压强为 1.20×10^6 Pa，体积为 1.90 m³ 的圆柱形罐中，那么需要多少罐氢气才可以充满气球？假设氢气的温度保持恒定。(2) 这个气球在充满氢气后可以拉起的重物总重量最多为多少? 假设气球内部的氢气和外部的空气温度都为 15 ℃, 氢气的摩尔质量为 2.02 g·mol^{-1}. 空气在 15 ℃ 和 1 个大气压下的密度为 1.23 kg·m^{-3}. (3) 如果气球里充的是氦气而不是氢气,那么它在 15 ℃ 时可以拉起的重物总重量最多为多少?

1-43 一气缸内贮有理想气体. 气体的压强、摩尔体积和温度分别为 p_1, v_1, T_1. 现将气缸加热,使气体的压强和体积同时增大. 设在这过程中,气体的压强 p 和摩尔体积 v 满足关系式
$$p = kv$$
其中 k 为常数. (1) 求常数 k,将结果用 p_1, T_1 和普适气体常数 R 表示. (2) 设 $T_1 = 200$ K,当摩尔体积增大到 $2v_1$ 时,气体温度是多高?

1-44 一抽气机转速 $\omega = 400$ r·min^{-1},抽气机每 1 min 能抽出气体 20 L. 设容器的容积 $V_0 = 2.0$ L, 问经过多长时间后才能使容器内的压强由 0.101 MPa 降为 133 Pa. 设抽气过程中温度始终不变. ○

1-45 (1) 用活塞式抽气泵对容积为 V 的容器抽气,若活塞往复一次,泵所抽气体体积为 $\Delta V (\Delta V \ll V)$, 试问使容器中的压强从 p_0 降为 p, 活塞应往复运动多少次? 设气体温度始终不变. (2) 试用(1)的结果证明排气管中气体压强和排气时间 t 的函数关系为
$$p = p_0 \cdot \exp\left(-\frac{Ct}{V}\right)$$
式中, C 称为排气速度 ($C = \gamma \Delta V$, γ 为单位时间内活塞的往复次数). ○

1-46 把氧气当作范德瓦耳斯气体,它的范德瓦耳斯方程常量为 $a = 1.36 \times 10^{-1}$ m^6·Pa·mol^{-2}, $b = 3.2 \times 10^{-5}$ m^3·mol^{-1}. 试问压强为 10.1 MPa, 密度为 100 kg·m^{-3} 的氧气的温度是多少? 并把计算结果与把氧气当作理想气体时的结果作比较.

1-47 对 CO$_2$ 来说, 范德瓦耳斯气体状态方程中的常数 $a = 0.364$ J·m^3·mol^{-2}, $b = 4.27 \times 10^{-5}$ m^3·mol^{-1}. (1) 如果 1 mol CO$_2$ 气体在 350 K 时被装入体积为 400 cm^3 的容器中, 分别用理想气体方程和范德瓦耳斯方程计算气体压强. (2) 用哪个方程计算出的压强更低? 为什么? 用范德瓦耳斯方程计算的结果相对于理想气体方程得出的结果的差值百分比是多少? (3) 如果这些气体在同样温度下膨胀到 4 000 cm^3, 重复计算(1)和(2). 解释你的计算结果, 并说明如果 v/V 较小的话, 范德瓦耳斯方程等价于理想气体方程. ○

第 2 章 热运动统计规律

2-1 在压强为 1 atm、温度为 0 ℃ 的条件下,把空气视为分子量为 29 的相同分子组成的气体, 分子的有效直径 $d = 3.7 \times 10^{-10}$ m, 试估算: (1) 一个一般房间的空气分子数目; (2) 单位时间内碰撞单位面积墙壁的空气分子数; (3) 空气分子的碰撞频率; (4) 空气分子的平均自由程. (取分子的平均热运动速率 $\bar{v} = 448$ m·s^{-1})

2-2 混合气体由两种分子组成, 其有效直径分别为 d_1 和 d_2. 如果考虑这两种分子的相互碰撞, 则碰撞截面为多大? 平均自由程为多大?

2-3 考虑处于 28 ℃ 和 1 个大气压下的理想气体. 为了了解这些分子之间距离的一些情况, 我们假设它们呈均匀分布, 每个分子都位于一个小立方体的中心. (1) 这些小立方体的边长是多少? (2) 这个长度与分子的特征直径相比如何? (3) 这些气体分子之间的距离与固体原子之间的距离相比如何? 已知相邻固体原子之间的距离约为 0.3 nm.

2-4 在气体放电管中, 电子不断与气体分子碰撞, 因电子的速率远大于气体分子平均速率, 可认为后者静止不动. 设电子的直径比起气体分子的有效直径 d 可忽略不计, 气体分子数密度为 n. 试求: 电子与气体分子碰撞的碰撞截面及平均自由程.

2-5 现代真空泵可以在实验室中实现 10^{-13} atm 量级的真空度. 若将此真空度下的气体看成理想气体. (1) 在常温 300.0 K 和压强 9.00×10^{-14} atm 下, 每 1 cm^3 气体中含有多少个分子? (2) 在相同温度和 1 个大气压下, 每 1 cm^3 气体中含有多少个分子?

2-6 某一时刻氧气中有 N 个分子都刚与其他分子碰撞过, 问经过多少时间后这 N 个分子中尚有一半未与其他分子相碰? 设氧分子都以平均速率运动, 氧气温度为 300 K, 在给定的压强下氧分子的平均自由程为 2.0 cm.

2-7 由电子枪发出的一束电子, 射入压强为 p 的气体. 在枪前 x 处有一收集电极, 用来测定能自由通过这段距离的电子数. 已知电子枪发射的电子流强度为 100 μA, $p = 100$ N·m^{-2}, $x = 10$ cm 时, 到达收集电极的电子流强度为 37 μA. 求电子的平均自由程; 当压强降低到 $p = 50$ N·m^{-2} 时, 到达收集电极的电子流强度. ○

2-8 在质子回旋加速器中, 要使质子在 10^5 km 的路径上不和空气分子相撞, 真空室内的压强应为多少? 设温度为 300 K, 质子的有效直径比起空气分子的有效直径小得多, 可以忽略不计, 空气分子可认为静止不动, 且空气分

子的有效直径 $d = 3.0 \times 10^{-10}$ m。）

2-9 一密闭容器中贮有水及其饱和水蒸气，水汽的温度为 100 ℃，压强为 1 atm，已知在这种状态下每 1 g 水汽所占体积为 1 670 cm³，水的汽化热为 2 250 J·g⁻¹。(1) 每 1 cm³ 水汽中含有多少个水分子？(2) 每 1 s 有多少个水汽分子碰到单位面积水面上？(3) 设所有碰到水面上的水分子都凝聚为水，则每 1 s 有多少个水分子从单位面积水面逸出？(4) 试将水汽分子的平均平动动能与每个水分子逸出所需的能量相比较。

2-10 一个边长为 1.25 m 的立方体箱子内有 2 500 只饥饿的蜜蜂，它们毫无规律地乱飞，速度为 1.10 m·s⁻¹。我们可以把这些蜜蜂建模为直径为 1.50 cm 的球体。平均来说：(1) 一只蜜蜂在两次碰撞之间飞过的平均路程是多少？(2) 两次碰撞之间所经历的平均时间是多少？(3) 一个蜜蜂在每 1 s 时间内的碰撞次数是多少？

2-11 气体的平均自由程可通过实验测定（例如由测量气体的黏度算出气体的平均自由程）。现在测得 $t = 20$ ℃、压强为 1.0×10^5 Pa 时氩和氮的平均自由程分别为 $\lambda_{Ar} = 9.9 \times 10^{-8}$ m，$\lambda_N = 27.5 \times 10^{-8}$ m。试问：(1) 氮和氩的有效直径之比是多少？(2) $t = 20$ ℃、$p = 2.0 \times 10^4$ Pa 时的 λ'_{Ar} 是多少？(3) $t = -40$ ℃、$p = 1.0 \times 10^5$ Pa 时的 λ'_N 是多少？

2-12 需将阴极射线管抽到多高的真空度，才能保证从阴极发射出来的电子有 90% 能到达 20 cm 远处的阳极，而在中途不与空气分子相碰？（设气体温度为 0 ℃，空气分子的有效直径 $d = 3.5 \times 10^{-10}$ m。）

2-13 贮有 1 mol 氧气，容积为 1 m³ 的容器以 $v = 10$ m·s⁻¹ 的速度运动，设容器突然停止，其中氧气的 80% 的机械运动动能转化为气体分子热运动动能，试求氧气的温度和压强各升高了多少？

2-14 设有一群粒子速率分布如下：

粒子数 N_i	2	4	6	8	2
速率 v_i (m/s)	1	2	3	4	5

试求：(1) 平均速率 $\bar{v}$；(2) 方均根速率 $\sqrt{\overline{v^2}}$；(3) 最概然速率 v_p。

2-15 空气中的烟雾颗粒质量的一般量级为 10^{-16} kg。这类微粒的布朗运动是由微粒和空气分子的碰撞引起的，可以在显微镜下观测到。(1) 计算在 300 K 的温度下，一个质量为 3.00×10^{-16} kg 的微粒做布朗运动时的方均根速率。(2) 如果微粒是在相同温度下的氢气中，那么它的方均根速率会不一样吗？

2-16 火星大气大部分为 CO_2，大气压强可以视为恒定，为 650 Pa。在许多地方，温度的变化范围从夏天时的 0 ℃ 到冬天时的 -100 ℃。在一个火星年的时间段内：(1) CO_2 分子的方均根速率的变化范围是多少？(2) 大气密度的变化范围是多少？

2-17 外层空间的温度约为 3 K，主要是氢原子气体，平均每 1 cm³ 有 1 个氢原子。试求：(1) 外层空间中这种气体所产生的压强；(2) 每个氢原子的平均动能；(3) 氢原子的速度平方的平均值。

2-18 试估算大气中水汽的总质量的数量级。可认为大气中水汽全部集中于紧靠地面的对流层中，对流层平均厚度为 10 km，对流层中水汽平均分压为 665 Pa。

2-19 热气球能够停在高空是因为在相同的大气压下，热空气的密度比冷空气的小。如果某气球的体积为 500.0 m³，周围大气的温度为 15.0 ℃，那么气球内的温度为多少时才可以拉起 290 kg 重的物体（热气球内的空气的质量除外）？在 15.0 ℃ 和 1 个大气压下，空气的密度为 1.23 kg·m⁻³。

2-20 土卫六是土星最大的卫星，它有一个氮气密度很高的大气层，压强为 1.5 个地球大气压，温度为 94 K。(1) 土卫六的表面温度是多少摄氏度？(2) 土卫六的大气密度是多少？(3) 土卫六大气密度和 22 ℃ 时的地球大气密度，哪个更大？

2-21 (1) 多大质量的分子或者粒子的方均根速率在 300 K 时等于 1.00 mm·s⁻¹？(2) 如果这种粒子是冰晶颗粒，那么它含有多少水分子？水的摩尔质量是 18.0 g·mol⁻¹。(3) 如果这块冰晶是球形的，计算它的直径。我们可以用裸眼看到它吗？

2-22 你有两个完全相同的容器，一个装有气体 A，另一个装有气体 B。它们的分子质量分别为 $m_A = 3.34 \times 10^{-27}$ kg 和 $m_B = 5.34 \times 10^{-26}$ kg。两种气体有相同的压强和温度（10.0 ℃）。(1) 哪种气体具有更大的平均平动动能？哪种气体有更大的方均根速率？(2) 现在让你只对其中一种气体加热，使两种气体具有相同的方均根速率，你应该加热哪一种气体？(3) 要达到目标，你需要将气体加热到多少摄氏度？(4) 当你实现目标后，哪种分子具有更大的平均平动动能？

2-23 太阳表面温度大约为 5 800 K，其大气成分主要是氢原子。(1) 计算在此温度下氢原子的方均根速率（单个氢原子的质量为 1.67×10^{-27} kg）。(2) 摆脱太阳引力的逃逸速率表达式为 $\sqrt{2GM/R}$，其中 M 是太阳质量，R 是半径，G 是引力常数。计算此逃逸速率。(3) 会有氢原子从太阳逃逸吗？请解释原因。

2-24 木星的多彩云层顶部的温度约为 140 K。地球大气层顶部约 20 000 m 的高度温度约为 220 K。(1) 计算这两种环境中的氢气分子的方均根速率,将你的结果分别用 m/s 和相应的逃逸速率为单位表示。逃逸速率的表达式为 $\sqrt{2GM/R}$。(2) 在地球大气中氢气分子的含量很少,但是在木星上 89% 的气体分子是氢气。试用(1)中的计算结果解释原因。(3) 想象一下如果一名宇航员声称在谷神星上发现氧气分子。这个事件的可信度高吗?已知谷神星的质量约为月球质量的 0.014 倍,半径为 4.75×10^5 m,表面温度约为 200 K。

2-25 (1) 火星的质量为地球质量的 0.108 倍,半径为地球半径的 0.531 倍,火星表面的逃逸速率是多大?以表面温度 240 K 计,火星表面 CO_2 和 H_2 分子的方均根速率分别是多大?请以此说明火星表面有 CO_2 而无 H_2(实际上,火星表面大气中 96% 是 CO_2)。(2) 木星质量为地球的 318 倍,半径为地球半径的 11.2 倍,木星表面的逃逸速度是多大?以表面温度 130 K 计,木星表面 H_2 分子的方均根速率是多大?请以此说明木星表面有 H_2(实际上,木星大气有 78% 的质量分数为 H_2,其余的是 He,其上盖有冰云,木星内部为液态甚至是固态氢)。

2-26 在中国的北方,寒风凛冽。风大,代表空气分子的速度大;寒表示温度低,即空气分子的速度小。这不矛盾吗?试解释原因。

2-27 对于一维系统,我们知道,服从麦克斯韦速度分布律的分子的方均根速率 v_{rms} 始终大于平均速度 v_{av},但是要证明对具有任意分布的系统都满足这个关系还是比较困难的(唯一的一个例外就是当所有的粒子都具有相同的速度的时候,此时两者相等)。(1) 对任意两个粒子,速度分别为 v_1 和 v_2,不考虑实际数值,试证明 $v_{rms} \geq v_{av}$,当 $v_1 = v_2$ 时取等号。(2) 想象一个由 N 个粒子组成的集合满足 $v_{rms} > v_{av}$,另一个具有速度 u 的粒子被加入到集合中,新的方均根速率和平均速度为 v'_{rms} 和 v'_{av},试证明: $v'_{rms} = \sqrt{\dfrac{Nv_{rms}^2 + u^2}{N+1}}$,$v'_{av} = \dfrac{Nv_{av} + u}{N+1}$。(3) 用(2)中的表达式证明 $v'_{rms} > v'_{av}$。○

2-28 设 N 个粒子系统的速率分布函数为
$$dN_v = \begin{cases} Kdv, & v_0 > v > 0; \\ 0, & v > v_0. \end{cases} \quad (K \text{ 为常量})$$
(1) 画出分布函数图;(2) 用 N 和 v_0 定出常量 K;(3) 用 v_0 表示出算术平均速率和方均根速率。

2-29 请说明麦克斯韦分布中,在方均根速率附近某一小的速率区间 dv 内的分子数随气体温度的升高而减少。

2-30 试从麦克斯韦速率分布律推出如下分布律:(1) 以最概然速率 $v_p = \sqrt{\dfrac{2kT}{m}}$ 作为分子速率单位的分子速率 $x = \dfrac{v}{v_p}$ 的分布律;(2) 分子动能 $\varepsilon_k = \dfrac{1}{2}mv^2$ 的分布律。

2-31 遵从麦克斯韦速率分布的气体分子,其平动动能的最概然值是否有关系 $\varepsilon_k = \dfrac{1}{2}mv_p^2$?这里 v_p 是最概然速率。

2-32 麦克斯韦速率分布律满足 $f(v) = \dfrac{8\pi}{m}\left(\dfrac{m}{2\pi kT}\right)^{\frac{3}{2}} \varepsilon e^{\frac{-\varepsilon}{kT}}$,其中 $\varepsilon = \dfrac{1}{2}mv^2$。证明当 $f(v)$ 取最大值时,ε 满足 $\varepsilon = kT$;并由此求得最概然速率。

2-33 试求温度为 T、分子质量为 m 的气体中分子速率倒数的平均值,它是否等于 $1/\bar{v}$?○

2-34 证明在麦克斯韦速率分布中,速率在最概然速率到与最概然速率相差某一小量的速率之间的分子数与 $\sqrt{T}$ 成反比,处于平均速率附近某一速率小区间内的分子数也与 $\sqrt{T}$ 成反比。○

2-35 气体扩散过程经常被用来分离铀的同位素。在常温下含铀的气态化合物只有 UF_6。$^{235}UF_6$ 和 $^{238}UF_6$ 分子的质量分别为 0.349 kg·mol^{-1} 和 0.352 kg·mol^{-1}。假设 UF_6 可以看成为理想气体,那么在相同温度下,$^{235}UF_6$ 和 $^{238}UF_6$ 分子的方均根速率之比为多少?

2-36 一容器体积为 $2V$,一隔板把它分成相等的两半。开始时,左边有压强为 p_0 的理想气体,右边为真空。在隔板上有一面积为 S 的小孔。求打开小孔后左边气体的压强 p 随时间 t 的变化关系。假定过程中左右两边温度相等且保持不变。○

2-37 分子从器壁的小孔射出,求在射出的分子束中分子的平均速率、方均根速率和平均动能。○

2-38 一容积为 1 L 的容器,盛有温度为 300 K、压强为 3.0×10^4 Pa 的氩气,氩的摩尔质量为 0.040 kg。若器壁上有一面积为 1.0×10^{-3} cm^2 的小孔,氩气将通过小孔从容器内逸出,经过多长时间容器内的原子数减少为原有原子数的 $\dfrac{1}{e}$?

2-39 处于低温下的真空容器器壁可吸附气体分子,这叫做"低温泵",它是提高真空度的一种简单方法。考虑一半径为 0.1 m 的球形容器,器壁上有一面积为 1 cm^2 的区域被冷却到液氮温度(77 K),其余部分及整个容器均保持 300 K。初始时刻容器中的水蒸气压强为 1.33 Pa,设每个水分子碰到这一小区域上均能被吸附或凝结在上面,试问要使容器的压强减少为 1.33×10^{-4} Pa,需要多少时间?○

2-40 由于温室效应，金星的表面温度平均为 460 ℃，压强为 92 个标准地球大气压，表面重力加速度为 $0.894g$（g 为地球表面重力加速度）。大气成分基本上都是 CO_2，温度基本恒定。我们也假设在所有高度上温度不变。(1) 金星表面海拔 1.00 km 处的大气压是多少？分别用 1 个标准金星大气压和 1 个标准地球大气压表示。(2) 金星表面和海拔 1.00 km 处 CO_2 分子的方均根速率分别是多少？

2-41 一般情况下成人在呼吸时每次可吸入 0.50 L、温度为 20.0 ℃、压强为 1 个大气压的空气。吸入的空气中氧气含量为 21%。(1) 此人每次呼吸吸入的氧气分子数有多少？(2) 假设此人正在海拔 2 000 m 的地方休息，但是温度还是 20.0 ℃。假设每次呼吸吸入的空气体积和氧气含量不变，那么现在这个人每次呼吸吸入的氧气又是多少？(3) 如果人体需要的氧气量与在海平面高度上需要的氧气量相等，试解释为什么有些人在高海拔地区会出现"呼吸短促"的现象。

2-42 由灰尘颗粒组成的气体充满一高 2 m 的容器。当平衡时，容器顶部的灰尘密度是底部的 1/2.718，求一颗典型灰尘微粒的质量，它比 N_2 分子重多少？设温度为 27 ℃。

2-43 一飞机在地面时机舱中的压强计指示为 $1.01×10^5$ Pa，到高空后压强降为 $8.11×10^4$ Pa。设大气的温度均为 27 ℃。问此时飞机距地面的高度为多少？（设空气的摩尔质量为 $2.89×10^{-2}$ kg·mol^{-1}。）

2-44 大气对流层是指从地球表面到约 11 km 高度以下的部分，在这一段区域内大气温度不恒定，其随着高度的增加而降低。(1) 证明，如果温度的变化关系可以近似用线性关系表示为

$$T = T_0 - \alpha y$$

其中，T_0 是地面温度，T 是在高度为 y 时的温度，那么在高度为 y 时的压强 p 可表示为

$$\ln\frac{p}{p_0} = \frac{\mu g}{R\alpha}\ln\frac{T_0-\alpha y}{T_0}$$

其中，p_0 是地球表面压强；μ 是空气分子摩尔质量；系数 α 叫做温度直减率，它随着大气条件的变化而变化，但是平均值大约为 0.6 ℃/100 m。(2) 证明上述结论在 $\alpha \to 0$ 时就会变成等温气压公式。(3) 利用 $\alpha = 0.6$ ℃/100 m，计算 $y = 8\,863$ m 处的压强 p，并将计算结果和直接用等温气压公式计算所得结果进行比较。取 $T_0 = 288$ K 和 $p_0 = 1.00$ atm。○

2-45 已知玻耳兹曼密度分布律可推广至任意保守力场

$$n(\vec{r}) = n_0 e^{-\frac{U(\vec{r})}{kT}}$$

其中 $U(\vec{r})$ 为保守力场的势能。(1) 试求在回旋体中粒子密度的径向分布。(2) 台风是气体回旋运动形成的热带风暴，是我国东南沿海地区每年最为常见的自然灾害。台风可造成巨大破坏，近中心最大风力可达 12 级（32.6 m·s^{-1}）以上。而台风眼（即台风中心位置）往往风和日丽。试根据(1)的结果解释其原因。○

2-46 有一圆柱形电容器，高为 L，其内充满处于平衡态的经典理想气体，分子质量为 m，在重力场作用下，若气体温度为 T，求分子的平均势能和平均平动动能。○

2-47 在容积为 $2.0×10^{-3}$ m^3 的容器中，有内能为 $6.57×10^2$ J 的刚性双原子分子的理想气体。(1) 求气体的压强；(2) 若容器中分子总数为 $5.4×10^{23}$ 个，求分子的平均平动动能及气体的温度。

2-48 (1) 计算水蒸气的等容比热，假设这个三原子分子有 3 个平动自由度，3 个转动自由度，振动自由度对比热没有贡献。水的分子质量为 18.0 g·mol^{-1}。(2) 实际上，低压水蒸气的比热大约为 2 000 J·kg^{-1}·K^{-1}。将这个事实和计算所得结果进行比较，并说明振动在实际过程中的作用。

2-49 某种气体的分子由四个原子组成，它们分别处在正四面体的四个顶点。(1) 求这种分子的平动、转动和振动自由度数；(2) 根据能量均分定理求这种气体的定容摩尔热容量。

2-50 水蒸气分解为同温度的氢气和氧气，即 $H_2O \to H_2 + \frac{1}{2}O_2$，也就是 1 mol 的水蒸气可分解成 1 mol 氢气和 0.5 mol 氧气，当不计振动自由度时，求此过程中内能的增量。

2-51 (1) 计算 1 mol 处于 300 K 温度下的双原子分子的总转动动能。(2) 计算氧气分子相对于过中心的轴旋转时的转动惯量。把两原子当作质点，它们的间距为 $1.20×10^{-10}$ m，氧原子的摩尔质量为 16.0 g·mol^{-1}。(3) 计算氧气分子绕过中心的固定轴转动时的角速率的方均根值。把计算结果与转得非常快的机器的转速进行比较（每分钟 10 000 转）。○

第 3 章 热与热传递

3-1 将一个 0.085 0 kg、温度为 100.0 ℃ 的未知固态样品放入一个容器中，这个容器是由 0.150 kg 的铜所造，内部装有 0.200 kg 的水，初始温度为 19.0 ℃，终态温度为 26.1 ℃。试计算该未知样品的比热容。

3-2 一定质量的理想气体，压强为 p_1，温度为 T_1，与同体积的压强为 p_2、温度为 T_2 的同理想气体相混合。已知混合后气体的体积为原来体积之和，在混合过程中，与外界未

发生能量交换，气体的比热可视为常数，求混合后气体的温度与压强。

3-3 在测量未知液体的比热时，一般放一个电阻器在液体里，然后通电流测量液体升高的温度。某次测量以 65 W 的恒定功率向未知液体传热 120 s，液体质量为 0.78 kg，温度从 18.55 ℃ 升高到 22.54 ℃。(1) 计算液体在这个温度变化范围内的平均比热。假设由液体传给容器壁的热量可以忽略，并假设没有热量散失到周围。(2) 如果在这个实验中传给容器或者散失到周围的热量不可忽略，那么(1)中的计算结果比实际比热值偏大还是偏小？请给出理由。

3-4 在非常冷的环境当中，导致人体能量损失的一个很重要的过程就是将每次呼吸进入肺部的空气加温而消耗热量。(1) 在 -20 ℃ 的冬天，需要多少热量才能将每次呼吸与外界交换的 0.5 L 空气加热到体温(37 ℃)？假设空气的比热为 $1\,020$ J·kg^{-1}·K^{-1}，1.0 L 空气的质量为 1.3×10^{-3} kg。(2) 如果呼吸速率为每分钟 20 次，那么每小时会损失多少热量？

3-5 跑步的时候，一个 70 kg 重的学生产生热量的功率为 $1\,200$ W。为了保持体温恒定为 37 ℃，这些多余的热量必须通过呼吸或者其他过程耗散掉。如果这些过程都失效，热量不能从这个学生的身体流失，那么在对身体造成不可逆转的损伤之前这个学生能跑多长时间？(提示：如果温度达到 44 ℃ 或以上时，人体的蛋白质结构将造成不可逆转的损伤。成年人的比热为 $3\,480$ J·kg^{-1}·K^{-1}，比水的比热略小一点，造成差别的原因是蛋白质、脂肪和各种矿物质的出现，它们的比热都比水的小。)

3-6 动物在从事活动时的能量输出称为基础新陈代谢率，它用来测量食物转化为其他形式的能量。一个简单的测量基础新陈代谢率的热量计由一个绝热箱子和一个测量空气温度的温度计组成。空气的密度为 1.20 kg·m^{-3}，比热为 $1\,020$ J·kg^{-1}·K^{-1}。一只 50 g 的仓鼠被放置在一个热量计里，内含室温下的 0.05 m^3 的空气。(1) 当仓鼠在一个车轮上爬行的时候，热量计内的空气温度每小时升高 1.6 ℃。这只仓鼠爬行时每小时产生多少热量？假设所有产生的热量都释放到热量计里。忽略进入箱子和温度计的热量并假定没有热量损失到外界。(2) 假设仓鼠将种子变成热量的效率只有 10%，种子可以提供的热量为 24 J·g^{-1}，这只仓鼠每小时需要吃多少种子才可以提供这些热量？

3-7 一箱水果从倾角为 36.9° 的斜面上滑下，水果质量为 35 kg，比热 $3\,650$ J·kg^{-1}·K^{-1}，斜面长 8.00 m。(1) 如果箱子在斜面顶端从静止开始自由下滑，到达底部时的速度为 2.50 m·s^{-1}，那么在这个过程中摩擦力对箱子做了多少功？(2) 如果和摩擦力所做功大小相等的热量被这箱水果吸收，并且假设水果最终达到一个均匀的温度，那么水果温度将改变多少？

3-8 一列重 25 吨的火车以 15.5 m·s^{-1} 的速度行驶，然后慢慢地停在车站里，并在站内停很长时间以使其刹车系统冷却。这个火车站长 65.0 m，宽 20 m，高 12.0 m。假设刹车所做的功全部转化为热，并使站内的空气均匀受热，问火车站内的空气温度会升高多少？取空气密度为 1.2 kg·m^{-3}，比热为 $1\,020$ J·kg^{-1}·K^{-1}。

3-9 一块 500 g 重的金属放入沸水中保持几分钟，然后迅速放入盛有 1 kg 处于室温(20.0 ℃)状态的水的绝缘泡沫杯子中。5 分钟后，水的温度到达一个恒定值 22.0 ℃。(1) 假设泡沫吸收的热量可以忽略，并且没有热量散失到周围的空气中，那么这种金属的比热是多少？(2) 哪种物质贮存热量最有效，是这种金属还是等重量的水？请给出解释。(3) 如果被泡沫吸收的热量不可忽略，那么此时计算出来的金属的比热值与(1)中的计算结果比，变大了？变小了？还是不变？给出解释。

3-10 水蒸气烫伤和热水烫伤。下面两种过程分别释放多少热量？(1) 25.0 g 初始温度为 100 ℃ 的水蒸气冷却到皮肤温度。(2) 25.0 g 初始温度为 100 ℃ 的水冷却到皮肤温度。通过计算，哪种烫伤更加严重？

3-11 "沙漠之舟"骆驼可以让它的体温有一个相对较大的变化，所以它们需要很少的水就可以维持生命。一个成年人的体温基本保持恒定，只能在一两度的范围内变化，而一头成年骆驼在夜晚可以降到 34 ℃，白天可以升高到 40 ℃。为了看清这种机制对节省水分的有效性，试计算一头重 400 kg 的骆驼需要蒸发掉多少汗液，才能在白天(12 小时)保持它的体温在恒定的 34 ℃，而不是升高到 40 ℃？(注意：骆驼或者其他动物的比热和成年人的比热基本一样，都是 $3\,480$ J·kg^{-1}·K^{-1}。34 ℃ 时水的蒸发热为 2.42×10^6 J·kg^{-1}。)

3-12 一个直径 10 km，质量 2.60×10^{15} kg 的小行星以 32.0 km·s^{-1} 的速度撞向地球，落在大洋之中。如果小行星动能的 1% 变成了大洋中水的内能(假设水的初始温度为 10.0 ℃)，那么将有多少质量的水在碰撞中被加热至沸腾？(我国第一大内陆湖泊青海湖中水的质量约为 10^{14} kg。)

3-13 在一个家用热水加热系统中，热水在进入的时候是 70.0 ℃，出去的时候是 28.0 ℃。如果把这个系统用水蒸气系统代替，水蒸气在 1 个大气压下在散热器里凝结，凝结后变成的水离开散热器时的温度为 35.0 ℃。在第一个加热系统中，1 kg 的热水可以提供的热量，用第二个加热系统加热的话，需要多少 kg 的水蒸气才可以提供相同的热量？

3-14 证明压强与黏滞系数之比近似等于气体分子在单位时间内的碰撞次数，并由此结果计算在标准状态下气体分子单位时间内的碰撞次数。假设标准状态下该气体的黏滞系数为 1.8×10^{-5} N·s·m^{-2}。

3-15 如果在标准状态下空气的扩散系数约为 3.1×10^{-5} m^2·s^{-1}，空气被视为分子量为 29 的分子气体，试估算其黏滞系数。

3-16 将一圆柱体沿轴悬挂在金属丝上，在圆柱体外面套上一个共轴的圆筒，两者之间充以氢气。当圆筒以角速度 $\omega = 8.88$ rad·s^{-1} 转动时，由于氢气的黏滞性作用，圆柱体受一力矩 G，由悬丝的扭转程度测得此力矩 $G = 9.70 \times 10^{-5}$ N·m。圆柱体的半径 $R_1 = 10.0$ cm，圆筒的半径 $R_2 = 10.5$ cm，圆筒与圆柱体的长度均为 $L = 10.0$ cm。试求氢气的黏滞系数 η。

3-17 一细金属丝将一质量为 m、半径为 R 的均质圆盘沿中心轴铅垂吊住，盘能绕轴自由转动，盘面平行于一大的水平板，盘与平板之间充满了黏滞系数为 η 的液体。如初始时盘以角速度 ω_0 旋转。假定圆盘面与大平板之间的距离为 d，且在任一竖直直线上的速度梯度都相等，试问 t 秒时盘的旋转角速度是多少？○

3-18 一根长为 2 m、截面积为 10^{-4} m^2 的管子里贮有标准状态下的 CO_2 气体，其中一半 CO_2 分子中的碳原子是放射性同位素 ^{14}C。在 $t = 0$ 时，放射性分子密集在管子的左端，其分子数密度沿着管子均匀地减小，到右端为零。已知 CO_2 分子的有效直径为 $d = 3.67 \times 10^{-10}$ m。(1) 开始时，放射性气体的密度梯度是多大？(2) 开始时，每秒有多少个放射性分子通过管子中点的横截面从左侧移往右侧？(3) 开始时，每秒通过管子横截面扩散的放射性气体为多少克？

3-19 设有一半径为 R 的水滴悬浮在空气中，由于蒸发而体积逐渐缩小，蒸发出的水蒸气扩散到周围空气中。设其近邻处水蒸气的密度为 ρ，远处水蒸气的密度为 ρ_∞，水蒸气在空气中的扩散系数为 D，水的密度为 ρ_w。试证明：(1) 水滴的蒸发速率 $W = 4\pi D(\rho - \rho_\infty)R$；(2) 全部蒸发完需要的时间 $t = \rho_w R^2/(2D(\rho - \rho_\infty))$。○

3-20 水和油边界的表面张力系数 $\alpha = 1.8 \times 10^{-2}$ N·m^{-1}，为了使 1 g 油在水内散布成半径为 $r = 10^{-6}$ m 的小油滴，需要做多少功？散布过程可以认为是等温的，油的密度为 $\rho = 90$ kg·m^{-3}。

3-21 有同种材料制成的金属薄圆盘，密度为 ρ，厚度均为 t，其半径从小到大有很多种，它们对水是完全不润湿的，现在把它们轻轻地放在水面上。(1) 试问是半径大的易于下沉还是半径小的易于下沉？(2) 若水的表面张力系数为 α，试求从下沉过渡到不下沉的临界半径是多少？

3-22 将两滴半径都为 1 mm 的水滴合并为一滴水时产生的温度改变是多少？设水的表面张力系数为 0.073 N·m^{-1}。○

3-23 大小两个肥皂泡用玻璃管连通着，其中哪一个肥皂泡要缩小？缩小到什么程度为止？试解释原因。

3-24 某大洋中有一个高度为 100 m 的孤立小岛，若底部的水通过毛细管到达山顶，试估算毛细管的半径。设水的表面张力系数为 0.073 N·m^{-1}，并假设水与管壁的接触角为 $0°$。

3-25 两个表面张力系数都为 α 的肥皂泡，半径分别为 a 和 b，它们都处在相同大气中，泡中气体都可以看做理想气体。若将它们在等温下聚合为一个泡，泡的半径为 c（这时外界压强仍未变化）。试证泡外气体压强的数值为 $p = 4\alpha \dfrac{c^2 - b^2 - a^2}{a^3 + b^3 - c^3}$。

3-26 水滴在空气中匀速下降，若水滴上端与下端间距为 d，设水的表面张力系数为 α，水的密度为 ρ。试估算上端曲率半径与下端曲率半径之差。○

3-27 在内半径为 $R_1 = 2.0 \times 10^{-3}$ m 的玻璃管中，插入一外半径为 $R_2 = 1.5 \times 10^{-3}$ m 的玻璃棒，棒与管壁间的距离是到处一样的，求水在管中上升的高度。已知水的密度 $\rho = 1.0 \times 10^3$ kg·m^{-3}，表面张力系数为 0.073 N·m^{-1}，水与玻璃的接触角 $\theta = 0°$。

3-28 两端开口的玻璃管，上部是毛细管，下部是粗圆管。粗端置于大口敞开的水槽内，在水槽和玻璃管内注入水，若弯月面壁水槽中水面高 10 cm，大气压强为 10^5 Pa。问：(1) 在弯月面下 4 cm 处的压强是多少？(2) 若水的表面张力系数 $\alpha = 7 \times 10^{-2}$ N·m^{-1}，接触角 $\theta = 0°$，求玻璃毛细管的内径 r。

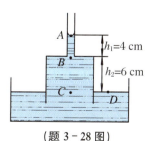

(题 3-28 图)

3-29 如图所示的两边内径不同的U形管中注入水,设半径较小的毛细管 A 的内径 $r = 5.0 \times 10^{-5}$ m,半径较大的毛细管 B 的内径 $R = 2.0 \times 10^{-4}$ m,试求两管水面的高度差 h。已知水的表面张力系数 $\alpha = 7.3 \times 10^{-2}$ N·m^{-1}。

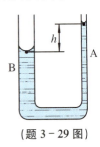

(题 3-29 图)

3-30 两平行玻璃板,宽 $l = 0.1$ m,两板间距 $d = 1.0 \times 10^{-4}$ m,两板部分浸入水中,如图所示。水的表面张力系数 $\sigma = 7.0 \times 10^{-2}$ N·m^{-1},接触角 $\theta = 0°$,试求:(1) 两板间水面上升的高度 h 是多少?(2) 两板间的吸引力 F 是多少?

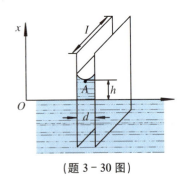

(题 3-30 图)

3-31 已知氦气和氩气的分子量分别为 4 和 40,它们在标准状态下的黏滞系数分别为 $\eta_{He} = 18.8 \times 10^{-6}$ N·s·m^{-2} 和 $\eta_{Ar} = 21.0 \times 10^{-6}$ N·s·m^{-2},试求:(1) 氩气与氦气的导热系数之比 κ_{Ar}/κ_{He};(2) 氩气与氦气的扩散系数之比 D_{Ar}/D_{He}。

3-32 一根 0.200 m 米长的黄铜管和一根 0.800 m 长的紫铜管首尾相连成一根管子,横截面积 0.005 00 m^2。在 1 个标准大气压下,让黄铜管的另一端接触沸水,同时让紫铜管的另一端接触冰水混合物。不考虑棒的侧面散热。(1) 两棒接触点的温度是多少?(2) 5 分钟后,有多少冰融化?

3-33 一个木匠建造了一间房子,外层用了一层 3 cm 厚的木板,内层用了一层 2.2 cm 厚的泡沫聚苯乙烯材料。其中木头的导热系数为 $\kappa_w = 0.080$ W·m^{-1}·K^{-1},泡沫聚苯乙烯的是 $\kappa_p = 0.010$ W·m^{-1}·K^{-1}。这间房子的内部温度为 19.0 ℃,外部温度为 -10.0 ℃。(1) 两板接触面上的温度是多少?(2) 通过这面墙每平方米的热传导速率是多少?

3-34 血液在将热量从身体内部直接传向皮肤的过程中起着重要的作用,这些热量通过皮肤辐射散失。然而这些热量必须在散失之前先被传导到皮肤。我们假设皮肤底层血液的温度为 37 ℃,皮肤外层的温度为 30 ℃。皮肤的厚度从 0.50 mm 到几个毫米不等,因此我们假设平均厚度为 0.75 mm。一个成年人的体表面积大约为 2.0 m^2,休息时的散热功率大约为 75 W。基于我们的假设,人的皮肤的导热系数为多少?

3-35 一个电灶具的表面积为 1.40 m^2,它的表面覆盖了一层 4.00 cm 厚的玻璃隔热。玻璃的内表面温度为 175 ℃,外表面温度为 35 ℃。这种玻璃的导热系数为 $\kappa = 0.040$ W·m^{-1}·K^{-1}。(1) 这个隔热装置内的热流是多少?假设它可以被想象成一块平板,表面积为 1.40 m^2。(2) 为了保持加热器内的温度,需要施加多大功率的电能?

3-36 一根长棒的侧面被隔热材料包裹以防止散热,长棒的一端插入沸水中(1 个大气压),另一端插入冰水混合物之中。这根长棒由一根长 $L_1 = 1$ m 的紫铜棒(一端插入沸水中)和一根长度为 L_2 的钢棒(一端插入冰水混合物中)连接而成。两根棒的截面积都是 4.00 cm^2。达到稳态后,两棒接触点的温度为 65.0 ℃。(1) 每秒钟从沸水流向冰水混合物的热量是多少?(2) 钢棒的长度 L_2 是多少?

3-37 一个底厚 8.50 mm 的钢盆放在火炉上。盆底的面积为 0.150 m^2,盆中水的温度为 100 ℃,3 分钟之内蒸发了 0.39 kg。试计算与火炉接触的盆底的温度。

3-38 如果你要设计一个 50.0 cm 长的圆柱形钢棒,要求一端连接 400 ℃ 的表面,而另一端接入沸水里,在 1 个大气压下的热流为 150.0 J·s^{-1},那么棒的直径应该为多少?

3-39 一个玻璃窗户大小为 1.40 m × 2.50 m,厚度为 5.2 mm。冬天窗外温度为 -20 ℃,室内为舒适的 19.5 ℃。(1) 计算通过这扇窗户散失热量的速率;(2) 如果在玻璃上贴一层 0.75 mm 厚的纸,散热速率将变成多少?假设纸的导热系数为 0.050 W·m^{-1}·K^{-1}。

3-40 (1) 当气体温度低于 0 ℃ 时,湖面将开始结冰。为什么不是整个湖包括水面下的所有体积都出现结冰?(2) 证明如果冰层下面的水结冰时熔解热通过冰层释放的话,湖泊表面结冰的厚度正比于时间的平方根。(3) 假设冰层上表面温度为 -10 ℃,下表面为 0 ℃,计算形成 25 cm 厚的冰所需要的时间。(4) 如果像(3)中所说的一个湖泊有均匀的 40 m 深,那么需要多长时间才可以将所有

3-41 北京冬季一些天的气温白天都为零度,晚上都在零度以下。冬泳爱好者白天在户外游泳池破冰游泳,第二天再来时发现水面上又结了厚度 $D=3.0$ cm 的冰层。以晚上连续时间 $t=10$ h 结冰计,晚上的平均气温如何?已知冰的密度 $\rho=0.92\times10^3$ kg·m^{-3},热导率 $\kappa=0.92$ W·m^{-1}·K^{-1}。○

3-42 圆柱状杜瓦瓶高 24 cm,夹层之内层的外直径为 15 cm,外层的内直径为 15.6 cm,瓶内装有冰水混合物,瓶外温度保持在 25 ℃,大致估算单位时间内由于氮气热传导而流入杜瓦瓶的热量为多少?取氮分子有效直径为 3.1×10^{-10} m。(假设夹层内气压较高,热导率不随压强变化。)

3-43 灼热的星体表面通过电磁辐射向外发射能量。对于这些表面来说,辐射系数近似为 $\varepsilon=1$。假设它们是圆的,找到下面星体的半径。(1) 参宿七是猎户座里的一颗明亮的蓝色星体,它辐射能量的功率为 2.7×10^{32} W,表面温度为 11 000 K。(2) 南河三 B 是小犬座的主星,只有借助望远镜才能看到,它辐射能量的功率为 2.1×10^{23} W,表面温度为 10 000 K。(3) 将你计算的结果和地球半径、太阳半径以及日地距离做比较。(参宿七是超巨星的代表,南河三 B 是白矮星的代表。)

3-44 在极低的温度下,岩盐的摩尔热容量随温度的改变遵从 Debye 的 T^3 定律:$C=k\dfrac{T^3}{\theta^3}$,其中 $k=1\,940$ J·mol^{-1}·K^{-1},$\theta=281$ K。(1) 将 1.5 mol 的岩盐的温度从 10.0 K 升高到 40.0 K,需要多少热量?(2) 在这个过程中的平均摩尔热容量是多少?(3) 在 40.0 K 时实际的摩尔热容量是多少?

3-45 一个物理学家用一个直径 0.090 m、高为 0.250 m 的圆柱形金属罐储存温度为 4.22 K 液氦。在此温度下,液氦的蒸发热为 2.09×10^4 J·kg^{-1}。罐的周围被墙完全包围,墙的温度是液氮温度,即 77.3 K,罐与墙之间是真空。问每小时有多少液氦损失?金属罐的辐射率是 0.200,假设在金属罐与墙之间的热传递形式只有辐射。

3-46 基础新陈代谢速率是一个人在休息的时候人体产生能量的速率。一个身高为 1.83 m、体重为 75 kg 的人的表面积大约为 2.0 m^2。(1) 如果他的皮肤温度是 30 ℃,房间的温度是 18 ℃,那么这个人每秒向房间释放的净热值是多少?在这个温度下,几乎所有的热都以红外线的形式辐射,人体的辐射率约为 1.0。(2) 正常情况下,新陈代谢产生的热量的 80% 变成热量,其他的热量用来输运血液和修复细胞。而且正常情况下,人在休息的时候只通过辐射就可以将多余的热量辐射出去。用(1)的结果计算这个人的基础新陈代谢速率。

3-47 假定太阳的发光度在 40 多亿年间增长了 1.4 倍,试估算地球表面温度的变化(不考虑大气的反照和温室效应)。

3-48 金星到太阳的距离是日地距离的 72%,火星到太阳的距离是日地距离的 1.52 倍,不考虑大气反照和温室效应,试估算它们的表面温度。

3-49 一个由岩石构成的半径为 100 km 的球形黑体小行星,因远离太阳以致太阳辐射对它没有什么影响。由于放射性元素的缘故,行星内部单位质量有恒定而均匀的热产生率 $q=1.26\times10^{-10}$ J·kg^{-1}·s^{-1},岩石密度 $\rho=3.5\times10^3$ kg·m^{-3},热导率 $\kappa=2.09$ W·m^{-1}·K^{-1}。已知小行星表面单位面积热辐射能量 u 与表面温度 T 的关系为 $u=\sigma T^4$,其中 $\sigma=5.67\times10^{-8}$ W·m^{-2}·K^{-4}。求行星的表面温度 T_1 和中心温度 T_2。○

3-50 考虑一个在沙漠中迷路的可怜人,身上穿了一件泳衣,以 5 km·h^{-1} 的速度在炎热的太阳下行走。这个人的皮肤温度会因为以下四个原因而升高:人体新陈代谢反应产生能量的功率为 280 W,几乎所有这部分热量都以热的形式流向皮肤;通过对流方式,外界直接对皮肤传热的功率为 $k'A_{\text{skin}}(T_{\text{air}}-T_{\text{skin}})$,其中,$k'=54$ J·s^{-1}·K^{-1}·m^{-2},裸露在空气中的皮肤面积为 1.5 m^2,空气温度为 $T_{\text{air}}=47$ ℃,皮肤温度为 $T_{\text{skin}}=36$ ℃;皮肤吸收太阳能辐射的功率为 1 400 W·m^{-2};皮肤从环境中吸收的热辐射能量,环境温度为 47 ℃。(1) 将四种过程全部计入,计算皮肤升温的净功率。假设皮肤的辐射系数为 $\varepsilon=1$,皮肤初始温度为 $T_{\text{skin}}=36$ ℃。哪个过程对升温的贡献最大?(2) 为了保持皮肤温度恒定,人应该每小时从皮肤蒸发多少水分?36 ℃时水的蒸发热为 2.42×10^6 J·kg^{-1}。(3) 假设这个人穿的是浅颜色衣服($\varepsilon\approx0$),裸露的皮肤区域只剩下 0.45 m^2,计算这种情况下每小时需要从皮肤蒸发多少水分?讨论沙漠中的人穿这种传统服装有多大的用处。○

第 4 章 热力学第一定律

4-1 某油炸饼含有蛋白质 2.0 g,糖类 17.0 g 和脂肪 7.0 g。蛋白质和糖类可提供的平均能量值为 4.0 kcal·g^{-1},脂肪为 9.0 kcal·g^{-1}。(1) 在剧烈运动的时候,普通人消耗能量的速率为 510 kcal·h^{-1}。通过运动需要多长时间才可以消耗掉一块这样的油炸饼的能量?(2) 如果油炸饼里的能量可以以某种形式转化成身体的动能,那么吃了油炸饼之后你最快可以跑多快?假设你的质量为 60 kg。

4-2 下图是成人在深呼吸时肺部气体变化的 $p-V$ 图(顺时

针变化)。这个图是由临床测试所得,本来是曲线形状,但被简化为由直线构成,保持了基本形状(注意:这里的压强是计量压强,即除去环境压强后的压强,不是绝对压强)。四个顶点的坐标分别为 $(0.1,1.0)$,$(0.4,9.0)$,$(1.4,11.0)$,$(1.0,2.0)$。(1) 在一次完整的呼吸中,这个人的肺做了多少功?(2) 这个图示的过程和我们平时所学的有些不同,这里的压强随着肺内的气体体积变化,不随温度而变(想象一下你自己的呼吸)。如果肺内空气的温度始终保持在 20.0 ℃,那么这个人的肺部在一次呼吸内具有的最大分子数目为多少?

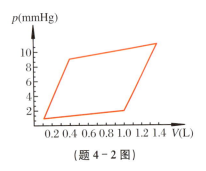

(题 4-2 图)

4-3　一只火力相当强的步枪射出一颗铅子弹,速度大约为 500 m·s^{-1}。假设具有此速度的铅弹头命中靶子,嵌入而不反弹,且靶是绝热材料,也就是说,子弹无热量损失;同时假定子弹撞击靶之前的温度(来自于它与枪管的摩擦以及火药爆炸后气体的接触)是 100 ℃。如果铅的比热是 0.022 cal·g^{-1}·℃$^{-1}$,熔点为 327.5 ℃,熔解热为 26 cal·g^{-1}。那么中靶后铅子弹有多少铅会熔化?

4-4　某化学工程师研究甲醇(CH_3OH)液体的性质,用钢制圆柱形容器来盛甲醇液体,容器容量为 $1.20×10^{-2}$ m^3,截面积为 0.020 0 m^2。这容器有一个非常紧密的活塞,可承受压力 $3.00×10^4$ N。系统的温度从 20.0 ℃ 增加到 50.0 ℃。甲醇的体膨胀系数为 $1.20×10^{-3}$ K^{-1},密度为 791 kg·m^{-3},定压比热为 $C_p = 2.51×10^3$ J·kg^{-1}·K^{-1}。忽略钢制容器的膨胀。试计算:(1) 甲醇体积的增加量。(2) 甲醇为了克服 $3.00×10^4$ N 的力所做的功。(3) 传递给甲醇的热量的大小。(4) 甲醇内能的增加量。(5) 基于你的结果,说明在这样的条件下,甲醇的定压比热和定容比热有没有实质差异?

4-5　试计算 1 mol 范德瓦耳斯气体从体积 v_i 等温膨胀到 v_f,外界对系统所做的功。

4-6　在 0 ℃ 和 1 atm 下,空气的密度为 1.29 kg·m^{-3}。空气的定压比热容 $C_p = 0.996×10^3$ J·kg^{-1}·K^{-1},$\gamma = 1.41$。今有 27 m^3 的空气,试计算:(1) 若维持体积不变,将空气由 0 ℃ 加热至 20 ℃ 所需的热量;(2) 若维持压强不变,将空气由 0 ℃ 加热至 20 ℃ 所需的热量;(3) 若容器有裂缝,外界压强为 1 atm,使空气由 0 ℃ 缓慢地加热至 20 ℃ 所需的热量。○

4-7　一个体积为 400 cm^3 的圆柱形容器装有 0.185 mol 的气体,温度为 780 K,压力为 $3.00×10^6$ Pa。向容器内注入 645 J 的热量。(1) 如果注入热量的过程中,圆柱形容器的体积保持不变,那么气体的终态温度是多少?假设气体为 N_2,并假设在此温度下 $C_V = \frac{5}{2}R$,画出这个过程的 $p-V$ 图。(2) 如果圆柱形容器的体积并非保持不变,而是压强保持不变,计算气体的终态温度,并假设在此温度下 $C_p = \frac{7}{2}R$,画出这个过程的 $p-V$ 图。

4-8　若把氮气、氢气和氨气都看成理想气体,已知在 298 K 时它们的焓值分别为 8 669 J·mol^{-1},8 468 J·mol^{-1} 和 -29 154 J·mol^{-1}。试求在定压下氨的合成热。氨的合成反应是 $\frac{1}{2}N_2 + \frac{3}{2}H_2 \rightarrow NH_3$。

4-9　非洲放屁甲虫可以从其腹部末端喷射一种防御性的雾气。这种昆虫的储液囊内含有两种不同的化学物质。当这种甲虫被打扰的时候,这两种物质会在甲虫体内混合,并发生化学反应,释放的热量可以将液体温度从 20 ℃ 升高到 100 ℃。产生的高压强可以使混合物以 19 m·s^{-1} 的速度从甲虫体内喷射而出,吓退各种捕食者。试计算这两种物质的反应热(J·kg^{-1})。假设这两种化学物质混合物和喷射出的雾气的比热容与水的比热容相同,均为 $4.19×10^3$ J·kg^{-1}·K^{-1},化学物质的初始温度为 20 ℃。

4-10　活塞密封的 0.1 m^3 体积的汽缸内充有 0.5 kg 水及其蒸气,压强为 $4×10^5$ Pa。保持压强不变,使水、蒸气吸热,温度升高到 300 ℃,求吸收的热量和在这过程中水、蒸气推动活塞所做的功。从蒸气表上查得压强为 $4×10^5$ Pa 时饱和水的比容为 0.001 084 m^3·kg^{-1},比焓为 6.047 4 × 10^5 J·kg^{-1},饱和蒸气的比容为 0.462 5 m^3·kg^{-1},比焓为 $2.738 6×10^6$ J·kg^{-1};压强为 $4×10^5$ Pa、温度为 300 ℃ 时过热蒸气的比容为 0.654 8 m^3·kg^{-1},比焓为 $3.066 1 ×10^6$ J·kg^{-1}。○

4-11　氮气在一个可膨胀容器中,在保持压强 $3.00×10^5$ Pa 下将温度从 50.0 ℃ 降到 10.0 ℃。气体释放的总热量为 $2.50×10^4$ J。假设气体为理想气体。(1) 计算气体的摩尔数;(2) 计算气体内能的改变;(3) 计算气体所做的功;(4) 如果保持体积不变,那么改变相同的温度,气体会释放多少热量?

4-12　在一个密闭的气缸中,有一弹性系数为 k 的弹簧,下面吊着一个质量不计且没有摩擦的滑动活塞,如图所示。弹簧下活塞的平衡位置位于气缸的底部。当活塞下面的空间引进一定量的定容摩尔热容为 $C_{V,m}$ 的理想气体时,活塞上升到 h。弹簧作用在活塞上的正压力正比于活塞的位移。如果该气体温度升高并吸热 Q,问活塞所在高度 h' 等于多少? ☆

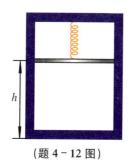

(题 4-12 图)

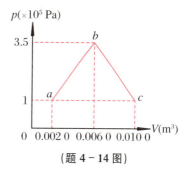

(题 4-14 图)

4-13 一定体积的理想气体首先等容降温,然后等压膨胀,如图所示。(1)终态温度与初态温度相比是变大还是变小了? (2) 在整个过程中气体和周围环境的热交换是多少? 气体吸热还是放热? (3) 如果气体不是按照这个过程变化,而是直接按照图示中的虚线路径变化,那么气体与周围环境的热交换又是多少?

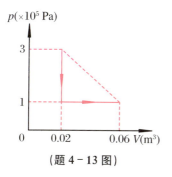

(题 4-13 图)

4-14 一摩尔的氦气沿图中的实线路径 $a-b-c$ 变化。假设气体可以当成理想气体。(1)有多少热量流入或者流出气体? (2) 如果气体是沿图中的水平虚线直接从 a 态到 c 态,那么又有多少热量流入或者流出气体? (3) (1) 和 (2) 中求得的热量为什么会不同?

4-15 某运动员在地板上打篮球。设篮球内的空气(假设是 N_2)最初温度为 20.0 ℃,压强为 2.00 atm,篮球的内直径为 23.9 cm。当将篮球压缩到原体积的 80% 时,(1) 温度为多少? 假设压缩过程是绝热的,并把气体当成理想气体。(2) 篮球内的气体的内能改变是多少?

4-16 在一个温暖的夏天(大气压强为 $p_1=1.01\times 10^5$ Pa),一个大的气团被地表温度加热到 26.0 ℃,然后从周围的冷空气中上升。这个过程可以被近似为绝热过程,为什么? 当气团上升到压强仅有 $p_2=0.85\times 10^5$ Pa 的高度时,计算气团的温度。假设空气是理想气体,$\gamma=1.40$。

4-17 一卧式绝热气缸有一无摩擦、不导热的活塞,活塞两侧各有 54 L 处于 1 atm 和 273 K 的惰性单原子理想气体,在左端对气体缓慢加热,直到活塞把右侧气体压缩到 7.59 atm,求:(1) 对右侧气体做的功是多少? (2) 右侧气体的终态温度是多少? (3) 左侧气体的终态温度是多少? (4) 传给左侧气体的热量是多少?

4-18 自行车打气筒的内半径为 2 cm,高度为 80 cm。将出气孔堵住打气,假设压缩活塞到最低点时人的力量为 50 N,试估算压缩一次打气筒会使筒内气体温度改变多少?

4-19 一台抽气机由 0.250 m 长的圆柱形筒和一个可移动活塞组成。这个抽气机用来把空气从大气中(压强为 1.01×10^5 Pa)压缩到一个非常大的储气罐中(压强为 4.20×10^5 Pa)。对空气来说,摩尔热容量为 $C_{V,m}=20.8$ J·mol^{-1}·K^{-1}。(1) 活塞从筒的一端开始压缩,当气体刚好开始被压缩进入储气罐时,活塞的位置在哪儿? 假设压缩是绝热的。(2) 如果气体刚进入抽气机的时候温度为 27.0 ℃,那么压缩后的气体温度是多少? (3) 用这个抽气机将 20.0 mol 的空气压缩进入储气罐需要做多少功?

4-20 一门 155 mm 口径的榴弹炮,有 2 m 长的炮管,装有 1 kg 的推进剂,占据了 20 cm 长的炮管。炮弹的质量是 2 kg。开火的时候,炮弹在射出之前,火药瞬间产生温度 2 400 K 的气体。假设气体的分子量为 30,定容比热为 $3R$,并且气体膨胀过程是绝热的。(1) 炮弹在炮口的速度是多少? (2) 假如垂直朝上开炮,炮弹可达到的高度是多少?

4-21 二氧化碳装在一个体积为 5 270 cm^3 的容器内,一个质量为 16.65 g 的球在横截面积为 2.01 cm^2 的管子内以 0.834 s 的周期振动。若气压计的读数为 724 mmHg,问 γ 是多少?

4-22 为了测定气体的 γ,可以用下述方法:一定量气体的初始温度、压强和体积分别为 T_0，p_0 和 V_0，用一根通有电流的铂丝对它加热。设两次加热的电流强度和通电时间都相同，第一次保持气体体积 V_0 不变，而温度和压强各变为 T_1 和 p_1，第二次保持压强 p_0 不变，而温度和体积各变为 T_2 和 V_1。试证明 $\gamma = \dfrac{(p_1 - p_0)V_0}{(V_1 - V_0)p_0}$。

4-23 气体中的声速由公式 $v = \sqrt{\left(\dfrac{\partial p}{\partial \rho}\right)_{绝热}}$ 给出。设空气为双原子气体，摩尔质量为 $0.029\ \mathrm{kg \cdot mol^{-1}}$。求下述情况下空气中的声速。(1) $1.013 \times 10^5\ \mathrm{Pa}$, $0\ ℃$；(2) $1.013 \times 10^5\ \mathrm{Pa}$, $30\ ℃$；(3) $3.039 \times 10^5\ \mathrm{Pa}$, $0\ ℃$。○

4-24 一个圆柱形容器，内有一可移动活塞，含有 $0.150\ \mathrm{mol}$ 氮气，压强为 $1.80 \times 10^5\ \mathrm{Pa}$，温度为 $300\ \mathrm{K}$。假设氮气可以当作理想气体。这些气体先是被等压压缩到原体积的一半，然后又绝热膨胀到原来的体积，最后又等容加热到原压强。(1) 在 p-V 图上画出这些过程；(2) 计算绝热前后气体的温度；(3) 计算最小压强。

4-25 在一个圆柱形容器中，$1.20\ \mathrm{mol}$ 的单原子理想气体，初始压强为 $3.60 \times 10^5\ \mathrm{Pa}$，温度为 $300\ \mathrm{K}$，按照下列三种方式膨胀到原来体积的 3 倍：(a) 等温；(b) 等压；(c) 绝热。(1) 对每个路径变化，试计算气体对外所做的功。(2) 在 p-V 图上画出这些过程。哪一条路径气体做功的绝对值最大，哪条最小？(3) 哪一条路径热传递的绝对值最大，哪条最小？(4) 哪一条路径内能改变的绝对值最大，哪条最小？○

4-26 一种特殊气体的内能可以表示为 $U = A + BpV$，其中 A 和 B 是常数。在绝热膨胀过程中，pV^n 保持不变。求 C_V，C_p 和 n 的值。假定气体遵循 $pV = RT$。用 A，B 和 R 来表示你的答案。○

4-27 抽成真空的小匣带有活门，打开活门让气体冲入。当压强达到外界压强 p_0 时将活门关上。试证明：小匣内的空气在没有与外界交换热量之前，它的内能 U 与原来在大气中的内能 U_0 之差为 $U - U_0 = p_0 V_0$，其中 V_0 是它原来在大气中的体积。若气体是理想气体，求它的温度和体积。○

4-28 两个相同的绝热汽缸用连杆连接如图所示，活塞也是绝热的。初始时固定活塞位置，使两边汽缸充气部分长度都为 L。两边都充氦气，温度为 $300\ \mathrm{K}$。A 中压强为 $2\ \mathrm{atm}$，B 中压强为 $1\ \mathrm{atm}$，然后放松活塞。由于两活塞处

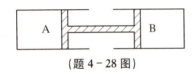

（题 4-28 图）

都有摩擦力，两活塞最后将停在平衡位置。估算两边气

体最后的温度。为简化计算，假设汽缸和活塞的能量变化可忽略。☆

4-29 $0.1\ \mathrm{mol}$ 单原子理想气体经历如图所示的准静态过程 ab（为直线段），计算该过程的最高温度 T_h 并讨论该过程吸热、放热情况。☆

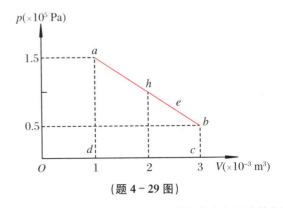

（题 4-29 图）

4-30 已知单位摩尔范德瓦尔斯气体的状态方程及其内能表达式分别为 $\left(p + \dfrac{a}{V^2}\right)(V - b) = RT$, $U(T, V) = U_0 + C_{V,m}T - \dfrac{a}{V}$。试证 1 mol 范德瓦尔斯气体经节流膨胀前后的温度差为 $T_2 - T_1 = \dfrac{1}{R + C_{V,m}}\left[2a\left(\dfrac{1}{V_2} - \dfrac{1}{V_1}\right) - Rb\left(\dfrac{T_2}{V_2 - b} - \dfrac{T_1}{V_1 - b}\right)\right]$。○

4-31 一个理想卡诺热机工作于 $500\ ℃$ 和 $100\ ℃$ 之间，每个循环输入热量 $250\ \mathrm{J}$。(1) 每个循环向低温热源释放多少热量？(2) 如果用这个热机来提升一个 $500\ \mathrm{kg}$ 重的岩石至 $100\ \mathrm{m}$ 高的地方，那么热机至少需要循环多少圈？

4-32 一个热机引擎利用卡诺循环工作，在每个循环中，它从 $135\ ℃$ 的高温热源吸收热量 $135\ \mathrm{J}$，效率为 22.0%。(1) 这个引擎每个循环对外做多少功？(2) 这个引擎每个循环浪费多少热量？(3) 低温热源的温度是多少？(4) 这个引擎在每个循环中对世界的熵改变多少？(5) 这个引擎每循环一次，可以从 $35.0\ \mathrm{m}$ 深的井里抽出多少质量的水？

4-33 用人的身体作为卡诺热机。工作物质是装在管子里的气体，一端接在你的嘴里（温度为 $37\ ℃$），另一端接在你的皮肤表面（温度为 $30\ ℃$）。(1) 这个热机的最大效率是多少？这个热机很有效吗？(2) 假设你用这样一部人体热机将一个 $2.50\ \mathrm{kg}$ 的箱子从地面抬高到 $1.20\ \mathrm{m}$ 高的桌面上，你要克服多少重力势能？你要提供多少能量来完成这项工作？(3) 如果你最喜欢吃的糖块含有 350 卡路里能量（1 卡路里 = 4.186 焦耳），这些能量的 80% 变成热散

失掉,你需要吃多少这样的糖块才可以通过这种方式将这个箱子举这么高?

4-34 一位发明家宣称他发明了一种引擎,在温度为 600 K 的条件下,可以吸热 10^6 J·s^{-1},放热到一个温度 300 K 的容器中,并且产生 6.5×10^5 J·s^{-1}。你会投资制造这种引擎上市吗?

4-35 某实验发电装置利用海洋的能量梯度来产生电能。海洋表面和深水区的温度分别为 27 ℃ 和 6 ℃。(1) 这个发电装置理论上最大的发电效率是多少?(2) 如果这个发电装置要产生 210 kW 的电力,那么从表面温暖的水中需要吸收热量的速率是多少?热量释放到冷水中的速率是多少?假设理论上的最大发电效率可以实现。(3) 冷水进入装置,离开时的温度为 10 ℃,流经这个系统的冷水的速率是多少?将结果分别用 kg·h^{-1} 和 L·h^{-1} 表示。

4-36 1 mol 单原子分子理想气体所经历的循环过程如图所示,其中 ab 为等温线,已知 $V_c = 3$ L,$V_b = 6$ L,求该循环的效率。

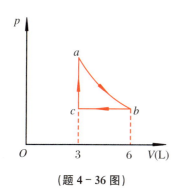

(题 4-36 图)

4-37 如图所示为理想的狄塞尔内燃机循环过程,它由两绝热线 AB 和 CD、等压线 BC 及等体线 DA 组成。试证此内燃机的效率为 $\eta = 1 - \dfrac{\left(\dfrac{V_3}{V_2}\right)^\gamma - 1}{\gamma \left(\dfrac{V_1}{V_2}\right)^{\gamma-1} \left(\dfrac{V_3}{V_2} - 1\right)}$。○

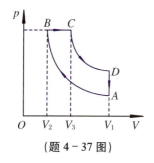

(题 4-37 图)

4-38 现代喷气式飞机和热电站所用的燃气轮机进行的循环过程可简化为下述布瑞顿循环(如图所示)。1→2,一定量空气被绝热压缩到燃烧室内;2→3,在燃烧室内燃料喷入燃烧,气体等压膨胀;3→4,高温高压气体被导入轮机内绝热膨胀推动叶轮做功;4→1,废气进入热交换器等压压缩,放热给冷却剂(空气或水)。(1) 证明:以 1,2,3,4 各点的温度表示的循环效率为 $\eta = 1 - \dfrac{T_4 - T_1}{T_3 - T_2}$;(2) 以 $r_p = p_{\max}/p_{\min}$ 表示此循环的压缩比,则其效率可表示为 $\eta = 1 - \dfrac{1}{r_p^{(\gamma-1)/\gamma}}$。取 $\gamma = 1.40$,则当 $r_p = 10$ 时,效率是多少?

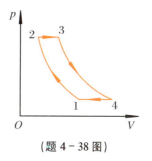

(题 4-38 图)

4-39 一座重 10^8 kg、温度均匀为 0 ℃ 的冰山,漂浮在水温为 10 ℃ 的海洋中。(1) 假如一个热引擎以海水为热源,以熔化的冰山为冷源,并假设熔化冰山所需要的热都来自于引擎释放的热,那么将会产生多少功?(2) 假如这些功被用于从周围海洋中抽热到一个 100 ℃ 的锅炉中,锅炉可以蒸发多少水?设冰的熔化热是 80 cal·g^{-1},水的蒸发热是 540 cal·g^{-1}。○

4-40 如图所示,将两部卡诺热机连接起来,从一个热机输出热量,输入到另一个热机中去。设第一个热机工作在温度为 T_1 和 T_2 的两热源之间,其效率为 η_1,而第二个热机工作在温度为 T_2 和 T_3 的两热源之间,其效率为 η_2。组合热机的总效率以 $(W_1 + W_2)/Q_1$ 表示,试证总效率表达式为 $\eta = (1 - \eta_1)\eta_2 + \eta_1$ 或 $\eta = 1 - \dfrac{T_3}{T_1}$。○

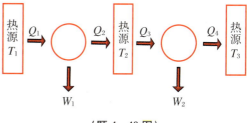

(题 4-40 图)

4-41 有一暖气装置如下,用一热机带动一制冷机,制冷机自河水中吸热而供给暖气系统中的水,同时这暖气中的水又作为热机的冷却器。热机的高温热库（用燃烧煤放出的热量维持温度）的温度是 $t_1 = 210\ ℃$，河水温度是 $t_3 = 15\ ℃$，暖气系统中的水温为 $t_2 = 60\ ℃$。设热机和制冷机都以理想气体为工作物质，分别以卡诺循环和卡诺逆循环工作，那么每燃烧 1 kg 煤，暖气系统中的水得到的热量是多少？是煤所发热量的几倍？已知煤的燃烧值是 $3.34 × 10^7\ J·kg^{-1}$。○

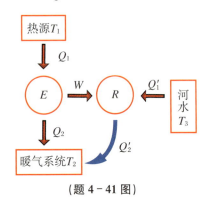

（题 4-41 图）

4-42 风力涡轮机从气流中获得的最大能量约为 $P = kd^2v^3$，其中 d 是直径，v 是风速，常数 $k = 0.5\ W·s^3·m^{-5}$。(1) 研究在时间 t 内通过涡轮叶片的气体，解释 P 与 d 和 v 的关系为什么是这样。这个风轮的直径为 d，长度 $L = vt$，气体的密度为 ρ。(2) 某涡轮机叶片的直径为 97 m（比一个足球场略长），被放置在一个 58 m 高的塔顶。它可以产生 3.2 MW 的电力。假设此风力涡轮机的效率为 25%，那么需要多大的风速才可以产生这么大的功率？(3) 商用风力涡轮机一般被放置在山口或者顺风处，为什么？○

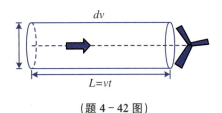

（题 4-42 图）

4-43 一个太阳能热水器加热 200 L 水，温度可从 27 ℃ 升高到 47 ℃。假设一个热引擎的功率是卡诺热机的 40%，在 600 K 的温度下吸收同样的热量，释放剩余的热量于 300 K 下。若引擎的功率可 90% 转化为电能，然后消耗在一个电阻加热器中，问可以使多少水从 27 ℃ 加热到 47 ℃？

4-44 某冰箱的制冷系数为 2.40，这个冰箱在 1 小时内将 25.0 ℃、1.80 kg 的水变为 -5.0 ℃、1.80 kg 的冰。(1) 将这些水从 25.0 ℃ 降低到 -5.0 ℃ 必须去掉多少热量？(2) 这 1 小时所消耗掉的电能是多少？(3) 这个冰箱每小时向所在房间释放多少热量？

4-45 当冰箱内部温度为 7 ℃ 而室温为 27 ℃ 时，一家用冰箱的马达平均消耗电能的功率为 100 W。门上开关控制着冰箱内的灯，但它有毛病，门关上后，灯还一直亮着，使电力消耗增加到 105 W。假定冰箱的整体制冷系数是理想卡诺冷机的一半。冰箱灯泡的瓦数是多少？假设灯泡的所有电力以热的形式消失在冰箱内。

4-46 一个制冰机原理是一个逆向卡诺循环，它从 0 ℃ 的水中吸热并将热量释放到 24 ℃ 的房屋中。假设 85 kg 处于 0 ℃ 的水被变成冰。(1) 有多少热量释放到房屋中？(2) 要向装置提供多少能量？

4-47 一台家用冰箱冷冻库的温度保持在 -17.8 ℃，夏季的某天室温为 33.3 ℃。这台冰箱的制冷性能系数只有理想卡诺机的 10%。若电费是每度 0.5 元，制出 100 个 50 g 的冰块，需要多少电费？假设冰的熔解热是 80 $cal·g^{-1}$，而且制冰盒刚放入冰箱时，水温是 25 ℃；冰的比热是 0.5 $cal·g^{-1}·K^{-1}$，是水的比热的一半。

4-48 地球人登月存在一个大问题，就是如何保持他们在月球上起居室内的温度适宜。试考虑用卡诺循环装置调节室温。设月球昼间和夜间温度分别为 100 ℃ 和 -100 ℃，又设起居室墙壁导热率为每 1 ℃ 温差 0.5 kW。现欲将起居室温度保持在 20 ℃，求昼间与夜间各需供给卡诺循环装置的功率。○

4-49 一个家用冰箱的温度保持在 0 ℃，安装在温度为 25 ℃ 的房间里。每 24 小时从温暖的房间中渗漏进入冰箱的热量为 $8 × 10^6$ J，足以熔化大概 22.68 kg 的冰。为了使冰箱的温度保持在 0 ℃，这些热必须从冰箱中排掉。(1) 假如这是一个理想的卡诺冰箱，则冰箱的电功率多大？(2) 假如电费是每度 0.5 元，每天花费多少；若冰的价格是每千克 0.22 元，改用冰来排热的话大概要花费多少元？

4-50 热泵在冬天从寒冷的空气中吸收热量释放到温暖的室内，保持房间在一个舒适的温度。(1) 如果冬天室外温度为 -5 ℃，室内温度为 17 ℃，那么每消耗 1 焦耳的电能可以从室外吸收多少焦耳的热量释放到室内？假设是理想卡诺循环。(2) 假设你可以选择用电阻加热而不是用热泵。需要多少电能才可以向房间输入和 (1) 中的结果相同的热量？(3) 考虑一个卡诺热泵将热量输入室内并保持温度为 20 ℃。证明当外界温度降低的时候，这个热泵每消耗 1 焦耳的电能向室内传送的热量将变少。注意，这种行为与卡诺循环效率对热源温度变化的依赖是相反的。试解释为什么会这样。

4-51 房间墙壁的传热速率是 $B(T_{室外} - T_{室内})$,现用一个制冷系数为理想卡诺机一半的空调来给房间降温。该空调由一台1千瓦的发电机来驱动,此发电机可把90%的电能转化成机械功。若 B 等于 $700\ \mathrm{J\cdot s^{-1}\cdot K^{-1}}$,且室外温度是310 K,那么室内温度最低可达到多少?

4-52 某市的一月平均气温是 13.3 ℃(286.5 K)。七月平均气温是 28.3 ℃(301.5 K)。假设城里的一幢屋子与外界的热交换满足这样的关系式:$Q_{ex} = A(T_o - T_i)$,右下角的 o 和 i 分别代表室外和室内。A 的值为 $1.14 \times 10^6\ \mathrm{J\cdot h^{-1}\cdot ℃^{-1}}$。假设室内温度 T_i 保持在 21.1 ℃(294.3 K),电费是每度 0.5 元。试计算以下情况的每日平均电费:(1) 七月份使用空调,其制冷系数是理想状态(即卡诺机)的 25%;(2) 一月份使用电阻电热器取暖;(3) 一月份使用热泵来取暖,制热性能系数是理想状态(卡诺机)的 25%。(制热性能系数 k 为输入高温处的热量与所用功的比,$k = \dfrac{Q_1}{w}$)。

4-53 假设一个电厂将 40% 的燃油热能转化成了电能。又假设人们能买到制热性能系数为理想卡诺机制热系数 30% 的热泵。若有一家人保持室内温度为 20 ℃,那么当室外温度是多少时,这家的热泵可比得上一个能量利用率 80% 的燃油暖炉? 也就是说,当室外温度为多少时,电厂消耗每千克燃油来驱动的热泵所提供的热量,会等于暖炉消耗每千克燃油所能获得的热量。

4-54 设电动热泵的总体制热性能系数是理想卡诺机的一半。用这样一个热泵来暖化一栋绝热性良好的屋子。当室外平均温度为 -3 ℃,每月电费为 100 元;当室外平均温度为 -23 ℃,每月电费为 325 元。假设电灯和其他家用电器的电耗是每月 25 元,且屋子的热损率正比于室内外的温度差,那么室内温度是多少?("热损率"是指热流失到室外的速率。)

第5章 热力学第二定律

5-1 我们已经知道功可以完全变为热,但是热能完全变为功吗?

5-2 有人说:"不可逆过程就是不能往反方向进行的过程。"对吗?

5-3 有人想利用"海洋不同深度处温度不同"这一现象来制造一种机器,把海水的内能变为有用的机械功,这是否违反热力学第二定律?

5-4 利用卡诺定理证明 1 mol 范德瓦耳斯气体的内能表达式为
$$U_2 = U_1 + C_V(T_2 - T_1) + a\left(\dfrac{1}{V_1} - \dfrac{1}{V_2}\right).$$

5-5 设有 1 mol 的范德瓦耳斯气体,证明其准静态绝热过程方程为 $T(V-b)^{R/C_{V,m}} = \mathrm{Const}$。设气体的定容摩尔热容量 $C_{V,m}$ 为常数。☆

5-6 把 p-V 系统的内能 U 看做是 T 和 p 的函数,导出下列方程:(1) $\mathrm{d}Q = \left[\left(\dfrac{\partial U}{\partial T}\right)_p + p\left(\dfrac{\partial V}{\partial T}\right)_p\right]\mathrm{d}T + \left[\left(\dfrac{\partial U}{\partial p}\right)_T + p\left(\dfrac{\partial V}{\partial p}\right)_T\right]\mathrm{d}p$;(2) $\left(\dfrac{\partial U}{\partial T}\right)_p = C_p - \alpha pV$;(3) $\left(\dfrac{\partial U}{\partial p}\right)_T = pV\beta - (C_p - C_V)\dfrac{\beta}{\alpha}$。这里 C_V 是定容比热,C_p 是定压热容,$\alpha = \dfrac{1}{V}\left(\dfrac{\partial V}{\partial T}\right)_p$ 是定压膨胀系数,$\beta = -\dfrac{1}{V}\left(\dfrac{\partial V}{\partial p}\right)_T$ 是等温压缩系数。☆

5-7 已知光子气的物态方程为 $p = \dfrac{1}{3}aT^4$,求其内能密度 u。

5-8 温度为 T_1 的房间以速率 $\alpha(T_1 - T_2)$ 向温度为 T_2 的室外环境放热,而房间又由工作于 T_1 和 T_2 之间的卡诺热机供热,若对卡诺热机的输入功率为 $\dfrac{\mathrm{d}W}{\mathrm{d}t}$。(1) 这热泵给房间供热的最大热流率 $\dfrac{\mathrm{d}Q_{1m}}{\mathrm{d}t}$ 是多少?(2) 若 T_2,α 和 $\dfrac{\mathrm{d}W}{\mathrm{d}t}$ 已知,热泵以最有效方式运转供热,房间的平衡温度 T_1 是多少?○

5-9 由于损耗,一卡诺机的效率只有理论值的 1/2。试证明 $\sum (Q/T)$ 是负的。

5-10 热机在循环中与多个热源交换热量,在热机从其中吸取热量的热源中,热源的最高温度为 T_1。在热机向其放出热量的热源中,热源的最低温度为 T_2。试根据克劳修斯不等式证明,热机的效率不超过 $1 - \dfrac{T_2}{T_1}$。☆

5-11 已知在所有的温度下热辐射(光子气体)的内能密度 $u = U/V = aT^4$(斯特潘-玻耳兹曼定律),并当 $T = 0$ 时熵 $S_0 = 0$,求它在任何温度下的熵。

5-12 一块重 4.5 kg,温度为 0.00 ℃ 的冰掉入大洋中融化。大洋的平均温度为 3.50 ℃,包括大洋底部的水。这块冰的融化会导致地球的熵改变多少?是变大了还是变小了?

5-13 一个成年人睡眠的时候通过消化食物或者燃烧脂肪产生热量的功率为 80 W。一般来说,这些能量的 20% 用来做一些功能活动,比如细胞修复、血液运输或者变成其他有用的机械能,剩余的部分变成热能。大部分人都将这些多余的热量运输到身体表面(通过热传导或者血液运输),然后辐射掉。正常情况下,人体内部温度为 37 ℃,皮肤温度要比内部温度低 7 ℃。通过这种热转换方式,人体的熵每秒钟改变多少?

5-14 某天你想洗一个热水浴,但却发现热水已经被你的同学用光了。于是,你向浴盆里加了 270 kg 30.0 ℃ 的水,然后又将刚烧开的 5 kg 的沸水倒入。(1) 这是一个可逆过程还是不可逆过程?并用所学物理知识解释。(2)计算洗浴水的最终温度。(3)计算系统的总熵变,假设没有热量损失到空气中或者浴盆本身。

5-15 3 mol 的理想气体在 20.0 ℃ 时经历了一次可逆等温压缩。在压缩过程中,外界对理想气体做功 1 850 J,问气体的熵改变了多少?

5-16 已知某一瀑布的落差为 65 m,流量约为 23 $m^3 \cdot s^{-1}$,设气温为 20 ℃,求此瀑布每秒产生多少熵?

5-17 两个绝热容器体积均为 10 L,最初分别充有压强为 10 个大气压和 30 个大气压的氦气。两个容器的初始温度都是 15 ℃。把它们用一个阀门连通,气体就可以通过阀门流动,直到压强均匀为止。把氦气当作理想气体,求末态的温度、压力以及过程的熵变。

5-18 计算下述情形的熵变:(1)在 4 个大气压下 1 L 的 H_2;(2)在 1 个大气压下 1 L 的 H_2;(3)在 1 个大气压下 6 L 的 N_2;三者混合后,体积为 11 L,气体的温度始终保持为 0 ℃。

5-19 一片云和大地之间的电位差是 10^7 V,释放了一次闪电,持续 0.2 秒,其平均电流是 10^5 A。假如所有闪电放出的能量最终都以热的形式消散,所产生的熵变化为多少?设大气温度 $T_{atm} = 300$ K。

5-20 某物理系学生将铜棒的一端浸入 100 ℃ 的沸水中,另一端浸入 0 ℃ 的冰水混合物中。铜的侧面是绝热的。当铜棒达到稳态条件后,在一定的时间内,0.120 kg 的冰融化了。在这段时间内,计算:(1)沸水的熵变;(2)冰水混合物的熵变;(3)铜棒的熵变;(4)整个系统的熵变。

5-21 一固态物质,质量为 m,熔点为 T_m,熔解热为 L,比热容为 C。如对它缓慢加热,使其温度从 T_0 上升为 T_m,试求熵的变化。假设供给物质的热量恰好使他全部融化。

5-22 一次地下核试验后,产生了一堆温度为 3 000 K、重量为 10^{10} kg 的石头。假设石头的热容是 800 $cal \cdot kg^{-1} \cdot K^{-1}$,并且地壳具有同样的热容,温度为 600 K。(1)这堆石头冷却到地壳温度之后,在冷却过程中所引起的熵变化是多少?(2)地壳的熵变化多少?(3)地球的总熵变化多少?

5-23 在量热器中把 0.500 kg 温度为 100 ℃ 的铜块放在 1.00 kg 温度为 0 ℃ 的水中,最后达到热平衡。求在这过程中铜块、水及整个系统熵的增量。已知铜的比热为 3.77×10^2 $J \cdot kg^{-1} \cdot K^{-1}$,水的比热为 4.19×10^3 $J \cdot kg^{-1} \cdot K^{-1}$。

5-24 一颗陨石在其 3 000 K 时撞进一座冰山,这座冰山在 0 ℃ 的海水中已漂流了好几个星期。这颗陨石重 10 kg,速度是 10 $km \cdot s^{-1}$,且热容 C_p 为 800 $J \cdot kg^{-1} \cdot K^{-1}$。有多少冰会熔化?这颗陨石的熵变化是多少?冰山的熵变化是多少?宇宙里的熵变化是多少?

5-25 一根均匀导热棒,长为 L,横截面积为 A,密度为 ρ,定压比热容为 C_p。将棒的一端与温度为 T_B 的热源热接触,另一端与温度为 T_C 的冷热源接触,使棒中产生线性不均匀温度分布。将棒撤离热源、冷源后,使棒在绝热、等压条件下进行热传导而达到热平衡。试求在这绝热、等压条件下的热传导过程中棒的熵改变量。☆

5-26 地球每天吸收一定太阳光的热量 Q_1,同时又向太空排放一定的热量 Q_2,平均说来 $Q_2 = Q_1$,为什么会是这样?这两个过程是可逆的吗?这两个过程合起来使地球的熵增加还是减少?这是否违反熵增加原理?

5-27 电流强度为 I 的电流通过电阻为 R 的电阻器,历时 t 秒。(1)若电阻器置于温度为 T 的恒温水槽中,问水及电阻器的熵变各是多少?(2)若电阻器包在一绝热壳中,其熵变多少?已知其初温为 T,质量为 m,比热容为 C。

5-28 一个质量为 m_1、比热为 C_1、温度为 T_1 的物体与另外一个质量为 m_2、比热为 C_2、温度为 T_2 的物体接触,其中 $T_2 > T_1$。结果第一个物体温度升高到 T,同时第二个物体温度降低到 T'。(1)证明系统的熵增加了 $\Delta S = m_1 C_1 \ln \dfrac{T}{T_1} + m_2 C_2 \ln \dfrac{T'}{T_2}$,同时证明能量守恒要求 $m_1 C_1 (T - T_1) = m_2 C_2 (T_2 - T')$。(2)证明熵的改变 ΔS 作为 T 的函数,在 $T = T'$ 时取得最大值,此时正好处于热平衡状态。(3)用"熵是系统混乱无序程度的量度"的原理解释(2)中的结果。○

5-29 考虑一理想气体,其熵为 $S = \dfrac{\nu}{2} \left(\sigma + 5R \ln \dfrac{U}{\nu} + 2R \dfrac{V}{\nu} \right)$,其中 ν 为摩尔数,R 为气体常数,U 为内能,V 为体积,σ 为常数。(1)分别计算其定容热容 C_V 和定压热容 C_p。(2)有一间漏风的屋子,起初屋子的温度与室外平衡为 0 ℃,生炉子之后 3 小时达到 21 ℃。假设屋内空气满足上述方程,比较在这两个温度下内能密度的大小。

5-30 一个可逆卡诺热机,先工作于 400 K 和 300 K 的两个热源之间,然后工作在 400 K 和 200 K 的两个热源之间。在一定的整数个循环中,热机从 400 K 的热源吸收 1 200 J 的热,做了 200 J 的机械功。(1)求与其他热源交换的热量;(2)求每个热源的熵变。

5-31 两个物体的热容量都是 $C = 100$ $cal \cdot K^{-1}$,原来温度分别为 $T_1 = 0$ ℃ 和 $T_2 = 100$ ℃,在下面两种情况下,使他们达到热平衡:(1)放在一起进行热接触,没有热量损失到外界;(2)用一个可逆热机工作在它们之间。假定在这两种情况下体积不变,进行无限小的循环操作。计算在两种情况下的末温度、内能的变化 ΔU 和熵变 ΔS。

5-32 一个两端封闭的绝热筒,被一个与筒密接而无摩擦的导热活塞分为两部分。首先,把活塞固定在正中央,一边充以 300 K、2 个大气压的 1 升空气,而另一边充以 300 K、1 个大气压的 1 升空气。然后活塞被释放,并在新的位置达到平衡。计算气体的终态压强、温度及总熵的增加。

5-33 计算下列情况的总熵变:(1) 把热容量为 150 J·K^{-1}、初始温度分别为 100 ℃ 和 0 ℃ 的两个相同金属块连接在一起;(2) 把容量为 1 μF 的电容器与 0 ℃ 的 100 V 的可逆电池相连;(3) 1 μF 的电容器(初始电压为 100 V)通过一个保持在 0 ℃ 的电阻放电。

5-34 两个相同的固态物体 A 和 B,开始时它们的温度分别为 T_1 和 $T_2(T_1 > T_2)$,并相互热接触,通过热传导最终达到热平衡状态。已知物体的热容为常数 C。(1) 在热传导过程中 A、B 两物体各自的熵改变量是多少?(2) 证明 A、B 两物体组成的系统在热传导过程中熵的改变量大于零。〇

5-35 求如下所示 T-S 图中循环过程的效率。

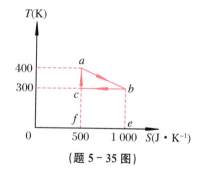

(题 5-35 图)

5-36 1 mol 单原子理想气体由两种不同的过程从起始态 $i(p,V)$ 变到终态 $f(2p,2V)$。(a) 等温膨胀直到体积两倍,然后再恒定体积下使压力增加到终态。(b) 等温压缩使压强加倍,然后再恒定压强下体积增加到终态。(1) 画出这两种过程中的 p-V 图,从而求出每个过程中每一步所吸收的热量以及每一步气体所做的功;(2) 气体内能的变化 $\Delta U = U_f - U_i$;(3) 气体的熵变 $\Delta S = S_f - S_i$。

5-37 有 1 mol 的理想气体,分别经过两种不同的可逆过程体积从 V_0 膨胀到 $3V_0$:(1) 等压过程;(2) 先等温膨胀再绝热压缩。分别求这两种过程的熵变。

5-38 考虑两种把不同的两理想气体混合的方法。第一种方法:如左图所示,把一个孤立绝热的容器分成两部分,分别装入理想气体 A 和 B,然后打开隔板使之混合。第二种方法:如右图所示,隔板是两个紧靠的半透膜,把 A、B 两种气体隔开,与气体 A 相接的半透膜只能透过气体 A

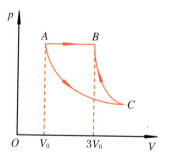

(题 5-37 图)

的分子,另一个半透膜只能透过气体 B 的分子,现在把两个半透膜向两边拉使两气体混合,整个过程保持温度为 T(与热源接触)。(1) 求第一种情况下熵的改变;(2) 求第二种情况下熵的改变;(3) 求第二种情况下热源熵的改变。〇

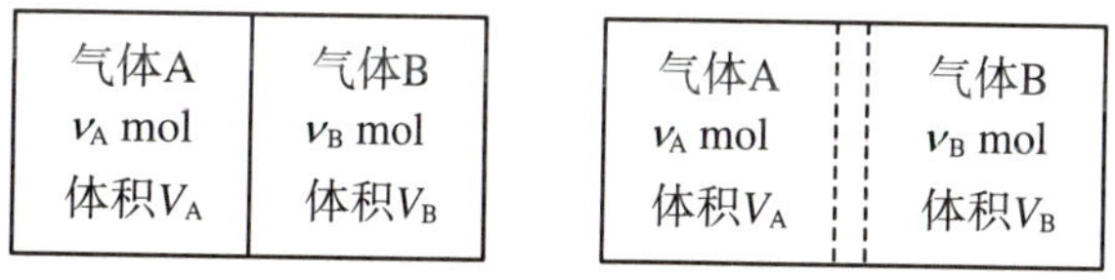

(题 5-38 图)

5-39 如图所示,1 mol 理想气体氢(比热 $\gamma = 1.4$),在状态 a 的参量为 $V_a = 2 \times 10^{-2}$ m^3,$T_a = 300$ K;在状态 c 的参量为 $V_c = 4 \times 10^{-2}$ m^3,$T_c = 300$ K。图中 ac 为等温线,ab、dc 为等压线,bc 为等容线,ad 为绝热线,试分别计算下述三条路径的熵差 $S_c - S_a$。

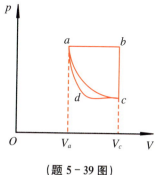

(题 5-39 图)

5-40 证明:在可逆过程中,1 mol 理想气体自初态 $i(p_i, V_i, T_i)$ 变化到终态 $f(p_f, V_f, T_f)$ 时,熵的变化 $S_f - S_i = \ln\left[\left(\dfrac{p_f}{p_i}\right)^{c_V}\left(\dfrac{V_f}{V_i}\right)^{c_p}\right]$。〇

5-41 质量有限的一个物体,起始温度为 T_2,这温度高于热源的温度 T_1。有一热机在这物体与热源之间进行无限小

的循环操作,直到它把物体的温度从 T_2 降到 T_1。试证明这热机做的功最多是 $W_{max} = Q - T_1(S_2 - S_1)$,其中 $S_1 - S_2$ 是物体的熵的变化,Q 是热机从物体上吸取的热量。

5-42 考虑一工作于两热源之间的热机,两热源的热容与温度无关且均为 C,其初始温度分别是 T_1 和 T_2,热机工作到两热源有相同的温度 T_f 为止。(1) 论证 $T_f \geqslant \sqrt{T_1 T_2}$;(2) 这热机的最大输出功是多少?○

5-43 计算从如下各组热源和冷源系统中能得到功 W 的最大值。(1) 热源:处于 100 ℃ 和 1 个大气压的 10^6 克的水;冷源:10 ℃ 的海水。(2) 热源:处于 100 ℃ 和 1 个大气压的 10^6 克的水蒸气;冷源:10 ℃ 的海水。(3) 热源:处于 100 ℃ 和 1 个大气压的 10^6 克的水;冷源:处于 10 ℃ 和 1 个大气压的 10^6 克的水。已知水的比热容为 $4.18 \text{ J} \cdot \text{g}^{-1} \cdot \text{K}^{-1}$,汽化潜热为 $2\,300 \text{ J} \cdot \text{g}^{-1}$。

5-44 热容量恒为 $1 \text{ cal} \cdot \text{K}^{-1}$ 的两个物体,温度分别为 200 K 和 50 K。利用热机的作用,以有用的机械功 270 cal(此外,再也不与外界交换功或热)使其中一个物体的温度升高,问能够达到的最高温度是多少?○

5-45 热容量恒定为 1 单位的三个相同物体,温度分别为 $T_1 = 300$ K,$T_2 = T_1$,$T_3 = 100$ K。若外界不做功,也不供给热,由于热机的作用,使三个物体中的一个升高温度,问能达到的最高温度是多少?☆

5-46 一个热容 C_p 为常数、温度为 T_i 的物体,与温度为 T_f 的热源在定压下热接触而达到平衡。求总熵的变化,并证明总熵的变化总是非负的。☆

5-47 一个箱子被分割成等体积的两部分。箱子的左侧装有 500 个氮气分子,右侧装有 100 个氧气分子。这两种气体所处的环境温度相同。当隔板被抽走后,最终会达到新的平衡。假设箱子的体积足够大,可以让每一种气体自由扩散而且不改变温度。(1) 平均来说,箱子的每一半含有多少气体分子?(2) 隔板被抽走后系统的熵改变了多少?(3) 隔板被抽走后,这些分子回到初始分布状态的概率有多大?初始状态是指左侧装有 500 个氮气分子,右侧装有 100 个氧气分子。☆

5-48 一个体积为 2.40 L 的气球充有 0.100 mol 的空气,被放置在无人居住的压强极低的某国际空间站内。由于太阳光的照射,气体发生爆炸,之后气球内的气体自由扩散至整个空间站内,空间站的体积为 425 m³。计算在气体的扩散过程中熵的改变。

5-49 用一块隔板把 A,B 两个容器隔开,两个容器里面分别盛着不同的惰性气体,温度均为室温 T,压强为 p,容器 A,B 的容积分别为 V 及 $2V$,求当把隔板移开两种气体均匀混合前后总熵的变化。若题中两容器盛的是同一种惰性气体,隔板移开后,熵变如何?还能按照该题同法计算吗?这一问题引出了著名的"吉布斯佯谬",请查看相关文献将其弄明白。

5-50 1 kg 温度为 0 ℃ 的冰,在 0 ℃ 时完全融化成水。已知冰在 0 ℃ 时的融化热为 $334 \text{ kJ} \cdot \text{kg}^{-1}$。试求冰在融化过程中微观状态数增大了几倍?

5-51 一个典型的燃煤发电厂总体上的热利用效率为 40%,有效输出功率为 10 000 MW。(1) 这个发电厂热输入的功率是多少?(2) 这个发电厂的燃料是无烟煤,它的燃烧热是 $2.65 \times 10^7 \text{ J} \cdot \text{kg}^{-1}$。如果这个发电厂持续工作,那么它每天要消耗多少无烟煤?(3) 这个发电厂要向作为低温热源的附近的大河中注入热量的功率是多少?(4) 这条河在流经发电厂前的温度为 18.0 ℃,接收了发电厂的热量之后的温度为 18.5 ℃。计算这条河的流速。(5) 这条大河的熵增加的速率是多少?

第 6 章 相变与潜热

6-1 在压强 $p_0 = 1.013 \times 10^5$ Pa 时,有 4.0×10^{-3} kg 的酒精沸腾变为蒸气。已知酒精蒸气的比容为 $0.607 \text{ m}^3 \cdot \text{kg}^{-1}$,单位质量酒精的汽化热为 $l = 8.63 \times 10^5 \text{ J} \cdot \text{kg}^{-1}$,酒精的比容(即单位质量的体积)$v_1$ 与酒精蒸气的比容 v_2 相比可以忽略不计,求酒精内能的变化。

6-2 质量 $m = 0.027$ kg 的气体占有体积为 $1.0 \times 10^{-2} \text{ m}^3$,温度为 300 K。已知在此温度下液体的密度为 $\rho_1 = 1.8 \times 10^3 \text{ kg} \cdot \text{m}^{-3}$,饱和蒸气的密度为 $\rho_g = 4 \text{ kg} \cdot \text{m}^{-3}$,设用等温压缩的方法可将此气体全部压缩成液体,问:(1) 在什么体积时开始液化?(2) 在什么体积时液化终了?(3) 当体积为 $1.0 \times 10^{-3} \text{ m}^3$ 时,液、气各占多大体积?

6-3 饱和蒸气压是物质的蒸气相和固态相或者液态相处在平衡状态时的压强。相对湿度是空气中的水蒸气的分压强与相同温度下的水的饱和蒸气压的比值。空气的湿度为 100% 时达到饱和。(1) 水在 20 ℃ 时的蒸气压为 2.34×10^3 Pa。如果空气的温度为 20 ℃,相对湿度为 60%,那么大气中水蒸气的分压强为多大?(2) 在(1)的条件下,每 1 m³ 的空气中水的质量是多少?水的摩尔质量为 18.0 g·mol⁻¹。假设水蒸气可以被看成理想气体。

6-4 压强为 0.101 MPa 的水在 100 ℃ 时沸腾,此时水的汽化热为 $2.26 \times 10^6 \text{ J} \cdot \text{kg}^{-1}$,比容为 $1.671 \text{ m}^3 \cdot \text{kg}^{-1}$,求压强为 0.102 MPa 时水的沸点。

6-5 当铅在 1 个大气压下熔解时,熔点为 600 K,密度从 11.01 g·cm⁻³(固态)减少到 10.65 g·cm⁻³(液态),熔解热

6-6 硅酸盐在 1 atm 下的熔点为 1 300 ℃，液相密度与固相密度之比为 0.9，它的熔解热为 4.186×10^5 J·kg^{-1}，试估算地球表面附近硅酸盐熔点随地层深度的变化。

6-7 假设一物质的气相可视为理想气体，气相的比容比液相大得多，因而液相的比容可以忽略不计，证明蒸气的"两相平衡膨胀系数"为 $\frac{1}{V}\cdot\frac{dV}{dT}=\frac{1}{T}\left(1-\frac{L}{RT}\right)$，其中 L 为摩尔汽化热。

6-8 假定在 100 ℃ 和 0.101 MPa 下水蒸气的潜热是 $l=2.26\times10^6$ J·kg^{-1}，水蒸气的比容（单位质量的体积）是 $v_g=1\,650\times10^{-3}$ m^3·kg^{-1}，试计算在汽化过程中所提供的能量用于做机械功的百分比。1 kg 水在正常沸点下汽化时，其焓、内能、熵的变化分别是多少？

6-9 竖直放置的长圆柱形容器内装满了温度为 T 的物质，它处于重力加速度为 g 的重力场中。已知在某一高度以下该物质处于液态，而在这一高度以上为固态。若将整个系统的温度降低 ΔT，发现固-液分界面改变了 x。忽略固体的热膨胀，试找出液体的密度 ρ_l 的关系式（以固体的密度 ρ_s、熔解热 l_m 以及 $x,g,T,\Delta T$ 表示），设 $\frac{\Delta T}{T}\ll 1$。○

6-10 在 700～739 K 范围内，镁的饱和蒸气压 p 与 T 的关系为 $\lg p=-\frac{7\,527}{T}+8.589$。将镁的饱和蒸气看做理想气体，求镁的摩尔升华热。

6-11 氢的三相点温度为 $T_{tr}=14$ K，在三相点时，固态氢密度 $\rho_s=81.0$ kg·m^{-3}，液态氢密度 $\rho_l=71.0$ kg·m^{-3}，液态氢的蒸气压方程为 $\ln p=18.33-\frac{122}{T}-0.3\ln T$，$p_{tr}=6\,795$ Pa；熔解温度与压强的关系为 $T_m=14+2.991\times10^{-7}p$（式中压强单位为 Pa），试计算：(1) 在三相点处的汽化热、熔解热和升华热；(2) 升华曲线在三相点处的斜率。○

6-12 固态氨的蒸气压方程和液态氨的蒸气压方程分别为 $\ln p=23.3-\frac{3\,754}{T}$ 和 $\ln p=19.49-\frac{3\,063}{T}$，式中 p 是以 mm-Hg 表示的蒸气压，求：(1) 三相点的压强和温度；(2) 三相点处汽化热、熔解热和升华热。○

6-13 水银扩散泵的冷却水温度为 15 ℃，若此扩散泵不另设水银冷凝陷阱，问此泵所能达到的极限真空度是多少？已知在 0 ℃时水银的饱和蒸气压为 2.1×10^{-2} Pa，在 0～15 ℃范围内水银的汽化热为 3.16×10^5 J·kg^{-1}。如果汽化热数据不变，请问在 -15 ℃ 时的极限真空度是多少？在水银扩散泵中增加一个液氮（温度为 77 K）冷阱以后，其效果会如何？

6-14 火星大气含有 95.3% 的 CO_2 和 0.03% 的水蒸气。火星表面的大气压只有约 600 Pa，表面温度变化范围为 -100～-30 ℃。极地冰盖包含 CO_2 冰和水冰。问火星表面会有液态 CO_2 吗？有液态水吗？为什么？

6-15 试证明在相变中物质摩尔内能的变化为 $\Delta u=L\left(1-\frac{p}{T}\cdot\frac{dT}{dp}\right)$。如果其中一相是气相，可看做理想气体，另一相是凝聚相，试将公式化简。

6-16 范德瓦耳斯方程 $\left(p+\frac{a}{V^2}\right)(V-b)=RT$ 中的常数 a、b 对不同物质来说都不相同。试证：若取临界状态的 T_K、p_K、V_K 作为温度、压强、体积的单位，则对所有物质来说，范德瓦尔斯方程都完全相同。○

6-17 设气体遵从方程 $p(V-b)=RTe^{-\frac{a}{RTV}}$，试计算临界温度 T_C、临界压强 p_C 和临界体积 V_C。○

第 7 章 非常规温度

7-1 已知氦在 300 K、1 atm 下的焓和熵分别为 1 572.71 kJ·kg^{-1} 和 31.4 kJ·kg^{-1}·K^{-1}，正常沸点下液氦的焓和熵分别为 9.98 kJ·kg^{-1} 和 3.5 kJ·kg^{-1}·K^{-1}。试求液化氦的最小功，如果液化 1 kg 氦气的全部能量，都由 4.2 K（液氦的正常沸点）的冷源提供，则至少要消耗多少功？

7-2 计算下列情况等离子体中的德拜半径 λ_D：(1) 行星际空间，$n=10^6$ m^{-3}，$T=0.01$ eV；(2) 地球电离层，$n=10^{12}$ m^{-3}，$T=0.1$ eV；(3) 辉光放电，$n=10^{15}$ m^{-3}，$T=2$ eV；(4) 聚变实验等离子体，$n=10^{19}$ m^{-3}，$T=100$ eV。

7-3 试计算下列各种情况等离子体的电子和离子振荡频率：(1) 星际气体，$n=10^6$ m^{-3}；(2) 电离层，$n=10^{11}$ m^{-3}；(3) 日冕，$n=10^{15}$ m^{-3}；(4) 实验室气体放电，$n=10^{20}$ m^{-3}。其中(1)、(2)、(4)中正电荷为质子，(3)中正电荷为氦离子。

7-4 对于密度为 10^{20} m^{-3}、温度为 5 keV 的等离子体，试估算其特征空间尺度和特征时间尺度。

7-5 等离子体可看做由正、负带电粒子组成的混合气体，其中带正电的粒子是某种物质的正离子，带负电的粒子往往是电子。文献中常有"等离子体中的电子温度为 T_e，离子温度为 T_i"的说法，且 $T_e\ne T_i$。温度是热平衡态下的概念，为什么二者可以有不同的温度？

7-6 已知氘完全聚变反应总效果为

$$6D\rightarrow 2\,^4He+2p+2n+43.24\text{ MeV}$$

而原煤燃烧发热量率为 21 000 kJ·kg^{-1}。试估算 1 kg 氘完全核聚变产生的能量相当于多少原煤燃烧产生的热量。

部分习题参考答案

(因为具体的解题方法不同,有些问题的答案可能有所不同;这里给出的答案仅作参考。关于问题的详细讨论,可以参阅本书配套的习题集)

第 1 章

1-1　(1) $t = -40\ ℃$;(2) $T = 574.59\ K$;(3) 摄氏温标和热力学温标不可能给出相同的读数。

1-2　$p = 444\ mmHg$。

1-3　$\tau = \dfrac{100 \ln \dfrac{t+273.15}{273.15}}{\ln \dfrac{373.15}{273.15}}$。

1-4　(1) $T = -282.315\ ℃$;(2) $p_2 = 4.76 \times 10^4\ Pa$。

1-5　$t_s = 85.83, t_{tr} = 62.83$。

1-6　(1) $l = 8.4\ cm$;(2) $t = 107\ ℃$。

1-7　(1) $\varepsilon = a + t, a$ 任意数;(2) $\varepsilon = a - 273.15b + 273.15^2 c$;(3) $\theta = 200 - \dfrac{20000b}{a} + \dfrac{2000000c}{a}$。

1-8　略。

1-9　$T = 398.81\ K$。

1-10　$\alpha = 9 \times 10^{-7}\ K^{-1}$。

1-11　略。

1-12　(1) 略;(2) $pV = nRT - \dfrac{1}{2} ap^2 + C$。

1-13　$L_{01} = 20\ cm, L_{02} = 15\ cm$。

1-14　$\dfrac{F}{A} = 1.2 \times 10^8\ Pa$。

1-15　(1) 略;(2) $\dfrac{\Delta l}{l} = 1.2 \times 10^{-4}$;(3) 一天内变快的时间为 $\tau = 5.184\ s$;(4) $|\Delta t| \leqslant 1.93\ ℃$。

1-16　(1) 略;(2) $\Delta A = 1.48\ cm^2$。

1-17　$T = 53.28\ ℃$。

1-18　(1) $\nu = 0.121\ 5\ mol$;(2) $p = 1.47 \times 10^4\ Pa$。

1-19　$\dfrac{m_w}{m_s} = 1.12$。

1-20　$m = -14.7\ kg$,即从房间外面流进来 14.7 kg 的空气。

1-21　(1) $p = 0.075\ MPa$;(2) $M = 0.002\ kg$。

1-22　$\Delta V = 739\ L$。

1-23　(1) $m_1 = 0.279\ kg$;(2) $m_1 - m_2 = 0.103\ kg$。

1-24　略。

1-25　$\mu = 59.0\ g \cdot mol^{-1}$。

1-26　$p = 2.98 \times 10^4\ Pa$。

1-27　$p = 2.58 \times 10^{-2}\ Pa$。

1-28　略。

1-29　$p'_{O_2} = 1.0\ atm, p'_{N_2} = 2.5\ atm, p' = 3.5\ atm$。

1-30　(1) 水深为 85.2 m;(2) $p_{O_2} = 0.63\ atm$。

1-31　略。

1-32　略。

1-33　$N = 1.89 \times 10^{18}$。

1-34　$\Delta h = \dfrac{-\dfrac{p_0}{\rho g} - h' + h + \sqrt{\left(\dfrac{p_0}{\rho g} + h' - h\right)^2 + 4hh'}}{2}$。

1-35　略。

1-36　略。

1-37　略。

1-38　(1) $M = 5.3 \times 10^{18}\ kg$;(2) $p = 3\ atm$;(3) $p = 413.4\ Pa$。

1-39　$N = 24.9$。

1-40 (1) $\rho_{Mars} = 1.36 \times 10^{-2}$ kg·m^{-3}, $\rho_{Venus} = 67.61$ kg·m^{-3}, $\rho_{Titan} = 5.38$ kg·m^{-3}；(2) 略。

1-41 (1) $\dfrac{V'}{V} = 3.74$；(2) 不安全。

1-42 (1) $n \approx 36.3$；(2) $G = 8414.3$ N；(3) $G = 7\,800.6$ N。

1-43 (1) $k = \dfrac{p_1^2}{RT_1}$；(2) $T_2 = 4T_1 = 800$ K。

1-44 约 40 s。

1-45 (1) $n = \dfrac{\ln\dfrac{p_0}{p}}{\ln\left(1+\dfrac{\Delta V}{V}\right)}$；(2) 略。

1-46 $T \approx 394.4$ K；若把氧气当作理想气体，$T' \approx 388.9$ K。

1-47 (1) $p = 7.271 \times 10^6$ Pa，$p' = 5.865 \times 10^6$ Pa；

(2) $\dfrac{p-p'}{p} \times 100\% = 19.34\%$；(3) $p = 7.271 \times 10^5$ Pa，$p' = 7.122 \times 10^5$ Pa，$\dfrac{p-p'}{p} \times 100\% = 2.05\%$。

第 2 章

2-1 (1) 略；(2) $\Gamma = 2.0 \times 10^{27}$；(3) $Z \approx 7.3 \times 10^9$ s^{-1}；(4) $\lambda \approx 6.1 \times 10^{-8}$ m。

2-2 $\sigma = \pi \left(\dfrac{d_1+d_2}{2}\right)^2$，$\lambda = \dfrac{kT}{\sqrt{2}\pi\left(\dfrac{d_1+d_2}{2}\right)^2 p}$。

2-3 (1) 考虑体积为 1 m^3 的气体，$d = 3.45 \times 10^{-9}$ m；(2) 略；(3) 略。

2-4 $\sigma = \dfrac{\pi d^2}{4}$，$\lambda = \dfrac{1}{n\sigma}$。

2-5 (1) $N = 2.2 \times 10^6$；(2) $N = 2.45 \times 10^{19}$。

2-6 $t = 3.1 \times 10^{-5}$ s。

2-7 $\lambda \approx 10$ cm，$I = 60.6\ \mu$A。

2-8 $p = 5.86 \times 10^{-10}$ Pa。

2-9 (1) $N = 2 \times 10^{19}$ cm^{-3}；(2) $N' = 3.3 \times 10^{27}$ m^{-2}·s^{-1}；(3) 3.3×10^{27} m^{-2}·s^{-1}；(4) $\overline{\varepsilon_k} = 7.72 \times 10^{-21}$ J，$\overline{\varepsilon'} = 6.73 \times 10^{-20}$ J。

2-10 (1) $\lambda = 1.1$ m；(2) $\tau = 1$ s；(3) $\dfrac{1}{\tau} = 1$。

2-11 (1) $\dfrac{d_N}{d_A} = \dfrac{3}{5}$；(2) $\lambda'_A = 5.0 \times 10^{-7}$ m；(3) $\lambda'_N = 2.2 \times 10^{-7}$ m。

2-12 $p = 2.06 \times 10^{-2}$ Pa。

2-13 $\Delta T = 6.16 \times 10^{-2}$ K，$\Delta p = 0.51$ Pa。

2-14 (1) $\bar{v} = 3.18$ m·s^{-1}；(2) $\sqrt{\overline{v^2}} = 3.37$ m·s^{-1}；(3) $v_p = 4$ m·s^{-1}。

2-15 (1) $\sqrt{\overline{v^2}} = 6.43 \times 10^{-3}$ m·s^{-1}；(2) 略。

2-16 (1) $\sqrt{\overline{v^2}}$ 的变化范围为 393.4 m·s^{-1} 到 313.2 m·s^{-1}；(2) 大气密度的变化范围为 12.60 g·cm^{-3} 到 19.88 g·cm^{-3}。

2-17 (1) $p = 4.14 \times 10^{-17}$ Pa；(2) $\bar{\varepsilon} = 6.21 \times 10^{-23}$ J；(3) $\overline{v^2} = 7.48 \times 10^4$ m^2·s^{-2}。

2-18 $M = 2.7 \times 10^{16}$ kg。

2-19 $T = 272.12$ ℃。

2-20 (1) 土卫六的表面温度是 -179.15 ℃；(2) $\rho = 5.448$ kg·m^{-3}；(3) 略。

2-21 (1) $m = 1.242 \times 10^{-14}$ kg；(2) $N = 4.15 \times 10^{11}$；(3) $d = 2.98\ \mu$m。

2-22 (1) 略；(2) 略；(3) $T = 4\,527$ K；(4) 略。

2-23 (1) $\sqrt{\overline{v^2}} = 11\,991$ m·s^{-1}；(2) $v = 617\,434$ m·s^{-1}；(3) 略。

2-24 (1) 木星，$v' = 61\,550$ m·s^{-1}，$\sqrt{\overline{v_1^2}} = 1\,321$ m·s^{-1} $= 0.021\,4v'$；地球，$v'' = 11\,183$ m·s^{-1}，$\sqrt{\overline{v_2^2}} = 1\,655$ m·s^{-1} $= 0.148v''$；(2) 略；(3) 略。

2-25 对火星，$v_1 = 5.05 \times 10^3$ m·s^{-1}，$(\sqrt{\overline{v^2}})_{CO_2} = 3.69 \times 10^2$ m·s^{-1}，$(\sqrt{\overline{v^2}})_{H_2} = 1.73 \times 10^3$ m·s^{-1}；对木星，$v_2 = 5.96 \times 10^4$ m·s^{-1}，$(\sqrt{\overline{v^2}})_{H_2} = 1.27 \times 10^3$ m·s^{-1}。

2-26 略。

2-27 略。

2-28 (1) 略；(2) $K = \dfrac{N}{v_0}$；(3) $\bar{v} = \dfrac{v_0}{2}$，$\sqrt{\overline{v^2}} = \dfrac{v_0}{\sqrt{3}}$。

2-29 略。

2-30 (1) $g(x) = \dfrac{4}{\sqrt{\pi}} e^{-x^2} x^2$；(2) $h(\varepsilon_k) = \dfrac{2}{\sqrt{\pi}} \left(\dfrac{1}{kT}\right)^{\frac{3}{2}} \cdot \sqrt{\varepsilon_k} \exp\left(-\dfrac{\varepsilon_k}{kT}\right)$。

2-31 $\varepsilon_k = \dfrac{1}{2}kT$。

2-32 略。

2-33 $\overline{v^{-1}} = \dfrac{4}{\pi}\left(\dfrac{\pi m}{8kT}\right)^{\frac{1}{2}}$。

2-34 略。

2-35 1.004 29∶1。

2-36 $p = \dfrac{p_0}{2}\left[\exp\left(-\dfrac{\overline{v}St}{2V}\right)+1\right]$。

2-37 $\overline{v} = \sqrt{\dfrac{9\pi kT}{8m}}$，$\sqrt{\overline{v^2}} = \sqrt{\dfrac{4kT}{m}}$，$\dfrac{1}{2}m\overline{v^2} = 2kT$。

2-38 $t = 100$ s。

2-39 $t = 2.6$ s。

2-40 (1) $p(z) = 0.939 p_{0\text{Venus}} = 86.36 p_{0\text{Earth}}$；(2) $\sqrt{\overline{v^2}} = 644.5$ m·s^{-1}。

2-41 (1) $\nu = 4.37\times10^{-3}$ mol；(2) $p = 80\,238.8$ Pa，$\nu = 3.46\times10^{-3}$ mol；(3) 略。

2-42 $m = 2.1\times10^{-22}$ kg。

2-43 $h = 1.93\times10^3$ m。

2-44 (1) 略；(2) 略；(3) $p = 0.312$ atm，直接用等温气压公式计算得 $p' = 0.349$ atm，可见两者计算结果相差不大。

2-45 (1) $n(\vec{r}) = n_0\exp\left(\dfrac{m\omega^2 r^2}{2kT}\right)$，其中 n_0 为回旋体中心粒子密度；(2) 略。

2-46 $\overline{\varepsilon_p} = kT - \dfrac{mgL}{\exp\left(\dfrac{mgL}{kT}\right)-1}$，$\overline{\varepsilon_k} = \dfrac{3}{2}kT$。

2-47 (1) $p = 1.35\times10^5$ Pa；(2) $T = 362$ K，$\overline{\varepsilon_k} = 7.49\times10^{-21}$ J。

2-48 (1) $C_V = 1\,385$ J·kg^{-1}·K^{-1}；(2) 略。

2-49 (1) 平动自由度3个，转动自由度3个，振动自由度6个；(2) $C_{V,m} = 9R$，若为刚性分子，$s = 0$，$C_{V,m} = 3R$。

2-50 $\Delta U = \dfrac{3}{4}RT$。

2-51 (1) $\Delta E_r = 2\,493$ J；(2) $I = 1.95\times10^{-46}$ kg·m^2；(3) $\overline{\omega^2} = 4.4\times10^{13}$ circle·min^{-1}。

第 3 章

3-1 $C = 1\,012$ J·kg^{-1}·K^{-1}。

3-2 $p = \dfrac{p_1+p_2}{2}$，$T = \left(\dfrac{T_1 T_2}{p_1 T_2 + p_2 T_1}\right)(p_1+p_2)$。

3-3 (1) $C = 2\,506$ J·kg^{-1}·K^{-1}；(2) 计算结果偏大。

3-4 (1) $\Delta Q = 37.791$ J；(2) $Q = 45\,349.2$ J。

3-5 大约能跑23分钟41秒。

3-6 (1) $Q = 97.92$ J；(2) $m' = 40.8$ g。

3-7 (1) $W = 1\,538$ J；(2) $\Delta T = 0.012$ K。

3-8 $\Delta T = 0.157$ K。

3-9 (1) $C_m = 215.4$ J·kg^{-1}·K^{-1}；(2) 略；(3) 计算结果偏小了。

3-10 (1) $Q_1 = 63\,330$ J；(2) $Q_2 = 6\,930$ J。

3-11 $m = 3.45$ kg。

3-12 $m = 3.52\times10^{16}$ kg。

3-13 $m = 0.07$ kg。

3-14 $Z = 5.6\times10^9$ s^{-1}。

3-15 $\eta = 4.0\times10^{-5}$ N·s·m^{-2}。

3-16 $\eta = 7.88\times10^{-5}$ N·s·m^{-2}。

3-17 $\omega = \omega_0\exp\left(-\dfrac{\pi\eta R^2}{md}t\right)$。

3-18 (1) 取管子左端为原点，管轴向右为 x 轴正向，$\dfrac{d\rho}{dx} = 1.03$ kg·m^{-4}；(2) $\Delta N = 9.87\times10^{15}$；(3) $M = 7.5\times10^{-7}$ g。

3-19 略。

3-20 $W = 0.6$ J。

3-21 (1) 半径大的易于下沉；(2) $r_c = \dfrac{2\alpha}{(\rho-\rho_w)gt}$。

3-22 $\Delta T = 1.08\times10^{-5}$ K。

3-23 略。

3-24 至少需要 1.7×10^7 条毛细管才可以形成这样一个泉。

3-25 略。

3-26 $(r_t - r_b) \approx \dfrac{\rho g d^3}{8\alpha}$。

3-27 $h = 0.034$ m。

3-28 (1) $p_B = 9.94\times10^4$ Pa；(2) $r = 0.143$ mm。

3-29 $h = 0.22$ m。

3-30 (1) $h = 0.143$ m；(2) $dF = \rho g x l\, dx$。

3-31 (1) $\dfrac{\kappa_{Ar}}{\kappa_{He}} = 0.112$；(2) $\dfrac{D_{Ar}}{D_{He}} = 0.112$。

3-32 (1) $T = 326.26$ K ≈ 53.11 ℃；(2) $m = 0.115$ kg。

3-33 (1) $T = 267.4$ K = −5.8 ℃；(2) $\Phi_p = 11.27$ W。

3-34 $\kappa = 0.004$ W·m^{-1}·K^{-1}。

3-35 (1) $\Phi=196$ W;(2) 需要施加 196 W 的电能。

3-36 (1) $\Phi=5.39$ W;(2) $L_2=0.24$ m。

3-37 $T_2=105.5$ ℃。

3-38 $d=0.08$ m。

3-39 (1) $\Phi=2.13\times10^4$ W;(2) $\Phi=6.43\times10^3$ W。

3-40 (1) 略;(2) $l=\sqrt{\dfrac{2\kappa(T_2-T_1)t}{L_{H_2O}\rho}}\propto\sqrt{t}$;(3) $t=453\ 804$ s≈5.3 day;(4) $t'\approx135\ 680$ day≈371 year。

3-41 $T=-4.125$ ℃。

3-42 $Q=12.03$ W。

3-43 (1) $R_1=1.6\times10^{11}$ m;(2) $R_2=5.4\times10^6$ m;(3) 略。

3-44 (1) $Q=83.6$ J;(2) $\bar{C}=1.86$ J·mol^{-1}·K^{-1};(3) $C=5.60$ J·mol^{-1}·K^{-1}。

3-45 $m=5.72$ g。

3-46 (1) $Q=142.88$ J;(2) 基础新陈代谢速率为 $v=178.59$ J·s^{-1}。

3-47 Φ 增长 1.4 倍,地球表面温度 T_E 增加 24 %。

3-48 $T_M=235$ K。

3-49 $T_1=22.56$ K, $T_2=374.3$ K。

3-50 (1) $P=3\ 388$ W,第三个过程皮肤吸收的太阳能辐射的功率最大;(2) $m=5.04$ kg;(3) $m'=1.75$ kg,穿上这种浅色衣服后,每小时为了保持体温恒定所蒸发的水分大大减少。

第 4 章

4-1 (1) $t=16.35$ min;(2) $v=139.5$ m·s^{-1}。

4-2 (1) $W=1.006\ 3$ J;(2) $N=3.56\times10^{22}$。

4-3 弹头有近 95.8 % 的铅会熔化。

4-4 (1) $\Delta V=4.32\times10^{-4}$ m^3;(2) $\Delta W=648$ J;(3) $\Delta Q=714\ 748$ J;(4) $\Delta U=714\ 100$ J;(5) $C_V=2.508\times10^3$ J·kg^{-1}·K$^{-1}\approx C_p$。

4-5 $W=RT\ln\dfrac{v_i-b}{v_f-b}+\left(\dfrac{a}{v_i}-\dfrac{a}{v_f}\right)$。

4-6 (1) $Q_V=4.920\times10^5$ J;(2) $Q_p=6.938\times10^5$ J;(3) $Q=6.678\times10^5$ J。

4-7 (1) 气体的终态温度为 947.8 K;(2) 气体的终态温度为 899.9 K。

4-8 $Q_p=-461\ 905$ J·mol^{-1},负号表示合成时要放热。

4-9 $\dfrac{Q}{m}=3.354\times10^5$ J·kg^{-1}。

4-10 $Q=7.711\times10^5$ J, $W=9.096\times10^4$ J。

4-11 (1) $\nu==21.5$ mol;(2) $\Delta U=-17\ 866.5$ J;(3) $W=-7\ 146.6$ J;(4) $\Delta Q=17\ 866.5$ J。

4-12 $h'=\sqrt{h^2+\dfrac{2QR}{k(R+2C_{V,m})}}$。

4-13 (1) 初态和终态的温度相同;(2) $\Delta Q=4\ 000$ J;(3) 沿虚线,气体吸收的热量为 $\Delta Q=8\ 000$ J。

4-14 (1) 气体在此过程中吸收热量,$\Delta Q=3\ 000$ J;(2) 气体在此过程中吸收热量,$\Delta Q'=2\ 000$ J;(3) 从上面结果得(1)和(2)中求得的热量不同,因为两条路径不一样,沿不同路径气体从外界吸收的热量不同。

4-15 (1) $T_2=320.52$ K$=47.37$ ℃;(2) $\Delta U=338$ J。

4-16 $T_2=284.77$ K。

4-17 (1) $W=1.025\times10^4$ J;(2) 右侧终态温度 $T=614$ K;(3) 左侧终态温度 $T'=3\ 530$ K;(4) 传给左侧气体的热量 $Q=1.08\times10^5$ J。

4-18 压缩一次会使筒内气体温度大约改变 30 K。实际中并非每次打气都会使气筒升高如此高的温度。

4-19 (1) $l_2=0.034$ m,距底部 0.034 m 处;(2) $T_2=451.00$ K;(3) $\Delta W=6.3\times10^4$ J。

4-20 (1) $v=1\ 034$ m·s^{-1};(2) $h=5.45\times10^4$ m。

4-21 $\gamma=1.277$。

4-22 略。

4-23 (1) $v_1=330$ m·s^{-1};(2) $v_2=348$ m·s^{-1};(3) $v_3=330$ m·s^{-1}。

4-24 (1) 略;(2) 绝热前后气体的温度分别为 150 K 和 113.6 K;(3) 最小压强为 $p_c=6.82\times10^4$ Pa。

4-25 (1) 等温过程中对外做功为 $W_1=3\ 286.6$ J,等压过程中对外做功为 $W_2=5\ 983.2$ J,绝热过程中对外做功为 $W_3=2\ 330.1$ J;(2) 略;(3) 略;(4) 略。

4-26 $C_V=BR$, $C_p=(B+1)R$, $n=\dfrac{B+1}{B}$。

4-27 如果气体是理想气体,$T=\gamma T_0$, $V=\gamma V_0$。

4-28 A、B 两边气体的温度分别约为 270.5 K 和 359 K。

4-29 最高温度 $T_h=240.7$ K。当 $V=V_e=2.5\times10^{-3}$ m^3 时,đ$Q=0$;当 $V<V_e$ 时,则 đ$Q>0$,吸热;当 $V>V_e$ 时,则 đ$Q<0$,放热。

4-30 略。

4-31 (1) $Q_2 = 120.75$ J;(2) 热机需要循环的圈数为 $n = 3\,791$。

4-32 (1) $W = 29.7$ J;(2) $Q_2 = 105.3$ J;(3) $T_2 = 45.21$ ℃;(4) $m = 0.086\,6$ kg。

4-33 (1) $\eta = 2.26\%$;(2) $E_p = 29.4$ J,$Q = 1\,302.6$ J;(3) 约 5 块糖。

4-34 略。

4-35 (1) $\eta = 7.0\%$;(2) 从表面温暖的水中需要吸收热量的速率是 $Q_1 = 3 \times 10^3$ kW,热量释放到冷水中的速率是 $Q_2 = 2\,790$ kW;(3) 流经这个系统的冷水的速率是 $m = 6 \times 10^5$ kg·h^{-1}。

4-36 $\eta = 13.4\%$。

4-37 略。

4-38 (1) 略;(2) $\eta = 48.20\%$。

4-39 (1) $W = 1.22 \times 10^{12}$ J;(2) 蒸发的水质量为 $m = 2.2 \times 10^9$ g。

4-40 略。

4-41 暖气系统中的水得到的热量为 9.98×10^7 J,这一热量是煤所发热量的 2.99 倍。

4-42 (1) 略;(2) $v = 13.96$ m·s^{-1};(3) 略。

4-43 36 L 的水。

4-44 (1) $Q = 808\,650$ J;(2) $W = 336\,937.5$ J;(3) 释放的热量为 1.14×10^6 J。

4-45 35 W。

4-46 (1) $Q_1 = 3.09 \times 10^7$ J;(2) $W = 2.50 \times 10^6$ J。

4-47 电费 0.66 元。

4-48 昼间卡诺机功率为 10.9 kW,夜间卡诺热机功率为 24.6 kW。

4-49 (1) 功率为 $P = 8.47$ W;(2) 用电需要花费 0.1 元;改用冰排热的话,需要花费 5 元。

4-50 (1) $Q_1 = 13.19$ J;(2) 如果用电阻加热,需要 13.19 J 的电能输入;(3) 略。

4-51 $T = 296.2$ K。

4-52 (1) 2.7 元;(2) 29.55 元;(3) 3.1 元。

4-53 $T = 249.18$ K。

4-54 $T = 290.15$ K。

第 5 章

5-1 略。

5-2 说法不正确。

5-3 略。

5-4 略。

5-5 略。

5-6 略。

5-7 $u = aT^4$。

5-8 (1) $\dfrac{dQ_{1m}}{dt} = \dfrac{T_1}{T_1 - T_2}\dfrac{dW}{dt}$;

(2) $T_1 = T_2 + \dfrac{1}{2\alpha}\left(\dfrac{dW}{dt}\right)\left[1 + \sqrt{1 + 4\alpha T_2/\left(\dfrac{dW}{dt}\right)}\right]$。

5-9 略。

5-10 略。

5-11 $S(T, V) = \dfrac{4}{3}VaT^3$。

5-12 $\Delta S = 70.85$ J·K^{-1},总熵变大了。

5-13 $\Delta S = 0.047$ J·K^{-1}。

5-14 (1) 这是一个不可逆过程;(2) $T = 31.27$ ℃;(3) 系统的总熵变 $\Delta S = 464.67$ J·K^{-1}。

5-15 $\Delta S = -6.31$ J·K^{-1}。

5-16 $\Delta S = 5.00 \times 10^4$ J·K^{-1}。

5-17 温度的变化,仍为 15 ℃;压强 $p = 20$ atm;熵变 $\Delta S = 18.4$ J·K^{-1}。

5-18 $\Delta S = 5.80$ J·K^{-1}。

5-19 $dS = 6.67 \times 10^8$ J·K^{-1}。

5-20 (1) $\Delta S_1 = -107.41$ J·K^{-1};(2) $\Delta S_2 = 146.73$ J·K^{-1};(3) 铜棒 $\Delta S_3 = 0$;(4) 整个系统的熵变 $\Delta S = 39.32$ J·K^{-1}。

5-21 总熵变 $\Delta S = mc\ln\dfrac{T_m}{T_0} + \dfrac{mL}{T_m}$。

5-22 (1) 石头的熵变化为 $\Delta S_1 = -5.39 \times 10^{13}$ J·K^{-1};(2) 地壳的熵变化为 $\Delta S_2 = 1.34 \times 10^{14}$ J·K^{-1};(3) 总的熵变化为 $\Delta S = 8.01 \times 10^{13}$ J·K^{-1}。

5-23 $\Delta S_{铜} = -55.86$ J·K^{-1};$\Delta S_{水} = 65.45$ J·K^{-1};整个系统的熵变 $\Delta S = 9.59$ J·K^{-1}。

5-24 熔化的冰的质量 $m_{ice} = 1.56 \times 10^3$ kg,陨石的熵变化 $\Delta S_1 = -1.92 \times 10^4$ J·K^{-1};冰山的熵变化 $\Delta S_2 = 1.91 \times 10^6$ J·K^{-1},宇宙的熵变化 $\Delta S = 1.89 \times 10^6$ J·K^{-1}。

5-25 总熵改变量 $\Delta S = \rho A L c_p\left(1 + \ln\dfrac{1+y}{2} + \dfrac{y}{1-y}\ln y\right)$,其中 $y = \dfrac{T_C}{T_B}$,是介于 0 和 1 之间的正数。

5-26　略。

5-27　(1) $\Delta S_{水} = \dfrac{I^2 Rt}{T}$，$\Delta S_{电阻} = 0$；

(2) $\Delta S_{电阻器} = mc\ln\left(\dfrac{I^2 Rt}{mcT} + 1\right)$。

5-28　略。

5-29　(1) $C_V = \dfrac{5}{2}\nu R$，$C_p = \dfrac{7}{2}\nu R$；(2) 内能密度为 $u = \dfrac{U}{V} = \dfrac{5}{2}p$，只与压强有关，故在 0 ℃ 与 21 ℃ 两种温度下的内能密度大小相等。

5-30　(1) 放给 300 K 热源的热量是 1 200 J，放给 200 K 热源的热量是 −200 J，即从 200 K 热源吸热了 200 J；(2) 400 K 热源的熵变是 −3 J·K^{-1}，300 K 热源的熵变是 4 J·K^{-1}，200 K 热源的熵变是 −1 J·K^{-1}。

5-31　(1) $T_f = 50$ ℃，$\Delta U = 0$，$\Delta S = 10.12$ J·K^{-1}；(2) $T_f = 319.26$ K，$\Delta S = 0$，$\Delta U = -3252$ J。

5-32　由于没有做功和热交换，气体的内能保持不变，温度保持 300 K 不变。终态压力为 $\dfrac{3}{2}$ atm。总熵的变化 $\Delta S = 0.057$ J·K^{-1}。

5-33　(1) $\Delta S = 3.63$ J·K^{-1}；(2) $\Delta S = 1.83 \times 10^{-5}$ J·K^{-1}；(3) $\Delta S = 1.83 \times 10^{-5}$ J·K^{-1}。

5-34　(1) $\Delta S_A = C\ln\dfrac{T_1 + T_2}{2T_1}$，$\Delta S_B = C\ln\dfrac{T_1 + T_2}{2T_2}$；(2) 略。

5-35　$\eta = 14.3\%$。

5-36　(1) 略；(2) $\Delta U = \dfrac{9}{2}pV$；(3) $\Delta S = 4R\ln 2$。

5-37　$\Delta S_{AB} = C_{p,m}\ln 3$。

5-38　$\Delta S = \nu_A R\ln\dfrac{V_A + V_B}{V_A} + \nu_B R\ln\dfrac{V_A + V_B}{V_B}$。(2) 第二种情况的初、终态与第一种情况的均相同，因此熵的改变也相等，即

$$\Delta S = \nu_A R\ln\dfrac{V_A + V_B}{V_A} + \nu_B R\ln\dfrac{V_A + V_B}{V_B}$$

(3) 第二种情况下，把外界热源与两气体看成一个总的孤立系统，系统内两气体的混合过程是可逆过程，故系统的熵不变。即 $\Delta S + \Delta S_{热源} = 0$，所以热源熵的改变为

$$\Delta S_{热源} = -\Delta S = -\nu_A R\ln\dfrac{V_A + V_B}{V_A}$$

$$-\nu_B R\ln\dfrac{V_A + V_B}{V_B}$$

5-39　$\Delta S = 5.76$ J·K^{-1}。

5-40　略。

5-41　略。

5-42　(1) 略；(2) 这个热机的输出功率最大为 $W = \dot{q}C(\sqrt{T_1} - \sqrt{T_2})^2$。

5-43　(1) $W_{max} = 0.50 \times 10^8$ J；(2) $W_{max} = 6.05 \times 10^8$ J；(3) $W_{max} = 2.60 \times 10^7$ J。

5-44　$T_h = 500$ K。

5-45　$T_h = 400$ K。

5-46　$\Delta S = C_p\left(\ln\dfrac{T_f}{T_i} + \dfrac{T_i}{T_f} - 1\right)$。

5-47　(1) 平均来说，箱子的每一半含有 300 个气体分子；(2) $\Delta S = Nk\ln 2$；(3) 每个分子处在各自原来所在的那一侧箱子的概率为 1/2，因此 600 个分子各自回到原来所在箱子一侧的概率为 $1/2^{600}$。

5-48　$\Delta S = 10.04$ J·K^{-1}。

5-49　$\Delta S = 1.91\dfrac{pV}{T}$。

5-50　$\dfrac{W_2}{W_1} = e^{8.86 \times 10^{25}}$，即微观状态数增大了 $e^{8.86 \times 10^{25}}$ 倍。

5-51　(1) $W = 2\,500$ MW；(2) 它每天要消耗的无烟煤的质量为 $m = 8.15 \times 10^6$ kg；(3) 发电厂向河中注入热量的功率是 1 500 MW；(4) $\nu = 7.16 \times 10^2$ m^3·s^{-1}；(5) 河的熵增加的速率是 $\Delta S = 5.147 \times 10^6$ J·K^{-1}·s^{-1}。

第 6 章

6-1　$\Delta U = 3\,206$ J。

6-2　(1) 开始液化时，系统必须全部是饱和蒸气，体积为 $V_g = 6.75 \times 10^{-3}$ m^3；(2) 液化终了全部变为液体，体积为 $V_l = 1.5 \times 10^{-5}$ m^3；(3) $V'_l = 1.27 \times 10^{-5}$ m^3，$V'_g = 9.87 \times 10^{-4}$ m^3。

6-3　(1) $p = 1.404 \times 10^3$ Pa；(2) $m = 10.37$ g。

6-4　$T = 373.43$ K。

6-5　$T = 600.75$ K。

6-6　$\dfrac{dT}{dz} = 4.1 \times 10^{-3}$ K·m^{-1}，即地表附近每降低 1 m，硅

酸盐熔点升高 4.1×10^{-3} K。

6-7 略。

6-8 在汽化过程中所提供的能量用于做机械功的百分比为
$$\frac{p(V_g-V_l)}{l}\approx 7.4\,\%;$$
$\Delta h = h_g - h_l = l = 2.26\times 10^6$ J;
$\Delta u = u_g - u_l = l - p(V_g - V_l) \approx 2.1\times 10^6$ J;
$\Delta S = \dfrac{l}{T} = \dfrac{2.26\times 10^6}{373.15} = 6\,057$ J·K^{-1}。

6-9 $\rho_l = \dfrac{\rho_s}{1+\dfrac{l_m \Delta T}{Txg}}$。

6-10 $l = 1.44\times 10^5$ J·mol^{-1}。

6-11 (1) 汽化热为 $L_1 = 4.895\times 10^5$ J·kg^{-1},熔解热为 $L_2 = 8.139\times 10^4$ J·kg^{-1},升华热 $L_3 = L_1+L_2 = 5.709\times 10^5$ J·kg^{-1};(2) $\left(\dfrac{\mathrm{d}p}{\mathrm{d}T}\right)_{tr} = 4.763\times 10^3$ Pa·K^{-1}。

6-12 (1) $T_{tr} = 181.4$ K,$p_{tr} = 13.5$ mmHg;(2) 摩尔升华热为 $L_{s\to g,m} = 3.12\times 10^4$ J·mol^{-1},摩尔汽化热为 $L_{l\to g,m} = 2.55\times 10^4$ J·mol^{-1},摩尔熔解热为 $L_{s\to l,m} = 5.7\times 10^3$ J·mol^{-1}。

6-13 在 15 ℃时极限真空度 $p = 9.0\times 10^{-2}$ Pa;在 −15 ℃时极限真空度为 $p' = 4.1\times 10^{-3}$ Pa,若增加一个液氮冷阱,此时的极限真空度会极低。

6-14 略。

6-15 略。

6-16 略。

6-17 $V_C = 2b$,$T_C = \dfrac{a}{4Rb}$,$p_C = \dfrac{a}{4b^2}\mathrm{e}^{-2}$。

第7章

7-1 $W_{\min} = 6\,807.27$ kJ·kg^{-1};$W'_{\min} = 1.1\times 10^5$ kJ·kg^{-1}。

7-2 (1) $\lambda_D = 2.76\times 10^{-12}$ m;(2) $\lambda_D = 8.73\times 10^{-15}$ m;
(3) $\lambda_D = 1.24\times 10^{-15}$ m;(4) $\lambda_D = 8.74\times 10^{-17}$ m。

7-3 (1) $\omega_{pe} = 5.6\times 10^4$ rad·s^{-1},$\omega_{pi} = 1.3\times 10^3$ rad·s^{-1};
(2) $\omega_{pe} = 1.8\times 10^7$ rad·s^{-1},$\omega_{pi} = 4.2\times 10^5$ rad·s^{-1};
(3) $\omega_{pe} = 1.8\times 10^9$ rad·s^{-1},$\omega_{pi} = 7.9\times 10^6$ rad·s^{-1};
(4) $\omega_{pe} = 5.6\times 10^{11}$ rad·s^{-1},$\omega_{pi} = 1.3\times 10^{10}$ rad·s^{-1}。

7-4 $\lambda_D = 1.95\times 10^{-16}$ m,$\tau_{pe} = 1.8\times 10^{-12}$ s·rad^{-1}。

7-5 略。

7-6 $m = 1.65\times 10^7$ kg。

参 考 书 目

[1] 王竹溪.热力学[M].北京:高等教育出版社,1955.
[2] 李椿,章立源,钱尚武.热学[M].2版.北京:高等教育出版社,2008.
[3] 张玉民,阮耀钟.热学[M].北京:高等教育出版社,1991.
[4] 范宏昌.热学[M].北京:科学出版社,2003.
[5] John B. Fenn.热的简史[M].李乃信,译.北京:东方出版社,2009.
[6] 肖国屏.热学[M].北京:高等教育出版社,1989.
[7] 秦允豪.热学[M].2版.北京:高等教育出版社,2004.
[8] 朱华.热学基础[M].杭州:浙江大学出版社,2009.
[9] 李洪芳.热学[M].2版.北京:高等教育出版社,2001.
[10] 张三慧.大学物理学:力学、热学[M].3版.北京:清华大学出版社,2008.
[11] 赵凯华,罗蔚茵.热学[M].2版.北京:高等教育出版社,2005.
[12] Art Hobson.物理学的概念与文化素养[M].4版.秦克诚,刘培森,周国荣,译.北京:高等教育出版社,2008.
[13] 赵凯华.定性与半定量物理学[M].2版.北京:高等教育出版社,2008.
[14] 林宗涵.热力学与统计物理学[M].北京:北京大学出版社,2007.
[15] 汪志诚.热力学与统计物理学[M].北京:人民教育出版社,1980.
[16] 曹烈兆,周子舫.热学:热力学与统计物理学[M].北京:科学出版社,2008.
[17] 赵峥.物理学与人类文明十六讲[M].北京:高等教育出版社,2008.
[18] 马腾才,胡希伟,陈银华.等离子体物理原理[M],合肥,中国科学技术大学出版社,2012。
[19] 李定,陈银华,马锦秀,杨维紘.等离子体物理学[M].北京:高等教育出版社,2006.
[20] 金佑民,樊友三.低温等离子体物理学基础[M].北京,清华大学出版社,1983.
[21] 舒泉声,等.低温技术与应用[M].北京:科学出版社,1983.
[22] 盛裴轩,毛节泰,李建国,等.大气物理学[M].北京:北京大学出版社,2003.
[23] 徐玉貌,刘红年,徐桂玉.大气科学概论[M].南京:南京大学出版社,2000.
[24] H. Preston-Thomas. The international temperature scale of 1990 (ITS-90), Metrologia 27, 3-10, 1990.
[25] H. Young, R. Freedman, University Physics: with Modern physics[M], Boston: Addison-Wesley, 2011.
[26] D. Giancoli, Physics: Principles with Applications[M], New Jersey, Pearson Education, 2005.
[27] Wang L, Zhu X D, Ke B, Ni T L, Ding F, Chen M D, Wen X H, and Zhou H Y. Effect of bias in patterning diamond by a dual electron cyclotron resonance – radio frequency hybrid oxygen plasma[J]. Thin Solid Films, 518, 1985, 2010.
[28] Ni T L, Ding F, Zhu X D, Wen X H, and Zhou H Y. Cold microplasma plume produced by a compact and flexible generator at atmospheric pressure[J]. Applied Physics Letter, 92, 241503, 2008.

附录　热学中常用的物理常量

阿伏伽德罗常量　$N_A = 6.022\,136\,7 \times 10^{23}\,\text{mol}^{-1}$

普适气体常量　$R = 8.314\,472\,\text{J} \cdot \text{mol}^{-1} \cdot \text{K}^{-1}$

玻耳兹曼常量　$k = 1.380\,650 \times 10^{-23}\,\text{J} \cdot \text{K}^{-1}$

斯特藩-玻耳兹曼常量　$\sigma = 5.67 \times 10^{-8}\,\text{W} \cdot \text{m}^{-2} \cdot \text{K}^{-4}$

普朗克常量　$h = 6.626\,068\,96 \times 10^{-34}\,\text{J} \cdot \text{s}$

真空中的光速　$c = 2.997\,924\,58 \times 10^{8}\,\text{m} \cdot \text{s}^{-1}$

电子静止质量　$m_e = 9.109\,382\,15 \times 10^{-31}\,\text{kg}$

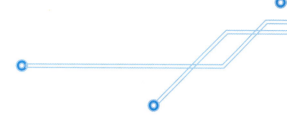

常用概念中英文索引

阿伏伽德罗定律 Avogadro's law　35

饱和 saturation　234
饱和蒸气压 saturated vapour pressure　234
冰点 ice point　18
玻色-爱因斯坦分布 Bose-Einstein distribution　104,105
比热 specific heat　113
表面张力 surface tension　127
布朗运动 Brownian movement　45

超导电性 superconductivity　269
超流动性 superfluidity　260,267
弛豫 relaxation　11,148
磁约束聚变 magnetic confinement fusion　284

道尔顿分压定律 Dolton's law of partial pressure　37
等离子体 plasma　271
定居时间 dwell time　51
等体过程 isochoric process　33,166
等温过程 isothermal process　167
等压过程 isobaric process　33,166
低温物理学 low temperature physics　267
多方过程 polytropic process　170,171

范德瓦耳斯方程 van der Waals equation　40,72
范德瓦耳斯键 van der Waals bond　48,49
费米-狄拉克分布 Fermi-Dirac distribution　104,105
非平衡态 nonequilibrium state　11
沸腾 boiling　236
分子力 molecular force　46,53
分子束 molecular beam　83
辐射 radiation　4

功 work　3

共价键 covalent bond　48,49
惯性约束聚变 inertial confinement fusion　284
国际实用温标 international practical temperature scale　23
过冷 supercooling　27,51
过热 superheating　51,238

焓 enthalpy　161
耗散结构 dissipative structure　225
核聚变 nuclear fusion　281,282
黑体 black body　4,140
化学势 chemical potential　224,245

简并度 degeneracy　21,101
金属键 metallic bond　48,49
焦耳定律 Joule's law　164
焦耳-汤姆孙效应 Joule-Thomson effect　173
经典统计 classical statistics　99,105
晶体 crystal　25
绝对零度 absolute zero　262
绝热过程 adiabatic process　167
绝热去磁 adiabatic demagnetization　261,262

卡诺定理 Carnot theorem　193
卡诺循环 Carnot cycle　178
克劳修斯不等式 Clausius inequality　200
可逆过程 reversible process　189

理想气体 ideal gas　22
理想气体状态方程 equation of state of ideal gas　34
量子数 quantum number　101
量子统计 quantum statistics　105
临界现象 critical phenomenon　251
临界状态 critical state　252

麦克斯韦速度分布律 Maxwell's distribution law of velocity　76
麦克斯韦-玻耳兹曼分布 Maxwell-Boltzmann distribution　104
毛细现象 capillarity　133

内能 internal energy　95
凝结 condensation　233

碰撞 collision　55
平衡态 equilibrium state　4,10
平均自由程 mean free path　56

气体动理论 kinetic theory of gases　125
汽化 vaporization　233
潜热 latent heat　114,231
氢键 hydrogen bond　48,49

热传递 heat transfer　113
热功当量 mechanical equivalent of heat　154
热机 heat engine　177
热力学 thermodynamics　3,4,5
热力学第二定律 second law of thermodynamics　188
热力学第零定律 zeroth law of thermodynamics　12
热力学第三定律 third law of thermodynamics　262
热力学第一定律 first law of thermodynamics　155
热力学平衡 thermodynamical equilibrium　10,277
热力学温标 thermodynamical temperature scale　23

热力学系统 thermodynamical system　8
热量 heat　111
热容 heat capacity　95
热质说 caloric theory　3
熔解 melting　241
润湿 wetting　132

三相点 triple point　16
熵 entropy　6,203
升华 sublimation　242
湿度 humidity　240
输运 transport in gases　117

态函数 state function　114

温标 temperature scale　16
温度 temperature　3

相与相变 phase and phase transition　230

液晶 liquid crystal　27
永动机 perpetual machine　156

涨落 fluctuation　5,64
准静态过程 quasi-static process　148
自由度 freedom　92
最概然速率 the most probable speed　79